普通高等学校规划教材

机床数控技术

Jichuang Shukong Jishu

主　编　许德章　刘有余
副主编　苏学满　徐振法

中国科学技术大学出版社

内 容 简 介

本书以数控系统内部信息流处理过程为主线展开阐述，包括数控加工工艺、数控加工编程、数控机床装备三大部分，内容全面、新颖、丰富，组织结构合理。全书共分 8 章，包括绪论、数控加工技术、数控加工的程序编制、数控机床的轮廓控制原理、计算机数控装置、位置检测装置、数控机床的伺服系统、数控机床的机械结构，并在附录中给出 FANUC 数控系统代码指令和数控技术常用术语中英文对照。

本书可作为普通高等工科院校机械类机床数控技术专业本科教材，也可作为高职高专院校的同类专业教材，还可供从事数控技术、数控机床研究和设计的工程技术人员参考。

图书在版编目(CIP)数据

机床数控技术/许德章，刘有余主编. —合肥：中国科学技术大学出版社，2011. 8(2020. 1 重印)

ISBN 978-7-312-02839-7

Ⅰ. 机… Ⅱ. ① 许… ② 刘… Ⅲ. 数控机床—高等学校—教材 Ⅳ. TG659

中国版本图书馆 CIP 数据核字（2011）第 148826 号

出版 中国科学技术大学出版社
安徽省合肥市金寨路 96 号，230026
http://press. ustc. edu. cn
https://zgkxjsdxcbs. tmall. com
印刷 安徽省瑞隆印务有限公司
发行 中国科学技术大学出版社
经销 全国新华书店
开本 787 mm×1092 mm 1/16
印张 18. 25
字数 467 千
版次 2011 年 8 月第 1 版
印次 2020 年 1 月第 5 次印刷
定价 40. 00 元

前　　言

机床数控技术是利用数字化的信息对机床运动及加工过程进行控制的一种方法，是综合了计算机、自动控制、电气传动、精密测量、机械制造和管理信息等技术而形成的一门综合学科，是自动化机械系统、机器人、柔性制造系统、计算机集成制造系统等高新技术的基础，也是机械制造业面向21世纪实现技术改造和技术更新，向机电一体化方向发展的必由之路。对于数控机床及相关自动化机加工设备，掌握其组成、工作原理等基本知识，正确理解其各项性能参数的含义，初步具备使用该类设备的能力是本课程的基本教学任务。

本书面向本科学生，以培养应用型人才为目标，贯彻"少而精"原则，密切衔接其他课程；强调课程基本理论与方法；培养和锻炼学生基本技能与专业素质；提高学生综合应用能力。

本书包括数控加工工艺、数控加工编程、数控机床装备三大部分，介绍了数控加工技术、数控加工的程序编制、数控机床的轮廓控制原理、计算机数控装置、位置检测装置、数控机床的伺服系统、数控机床的机械结构，并在附录中给出FANUC数控系统代码指令和数控技术常用术语中英文对照。

本书以应用为目的，以"必需"、"够用"为度，以讲清概念、强化应用为教学重点。具有以下特点：

1. 适应专业教学改革，密切衔接其他课程

数控加工技术是机械类专业目前发展的主流方向，数控机床编程、使用、维护等方面人才需求旺盛，各高校机械类专业都将"机床数控技术"作为重点建设课程，并积极进行教学改革。本书与相邻课程(如机械CAD/CAM技术、机械制造技术基础)相互衔接，并避免了不必要的交叉重复。

2. 组织结构合理，内容新颖

本书内容循序渐进，符合学生心理特征和认知、技能养成规律；结构、案例新颖，有利于体现教师的主导性和学生的主体性；适应先进的教学方法和手段的运用。

3. 便于教学使用

本书理论精练，知识讲述准确，逻辑严密，理论深度适当，符合专业培养目标和课程教学基本要求；取材合理，深浅适度，符合学生的实际水平。体现了教学内容弹性化、教学要求层次化、教材结构模块化的特点，利于因材施教。

4. 适用范围广泛

本书便于教学和读者自学，适用范围较为广泛。不仅可作为普通高等工科院校机械类机床数控技术专业本科教材，也可用作高职高专院校同类专业的教材，还可供从事数控技术、数控机床设计和研究的工程技术人员参考。

本书由安徽工程大学许德章教授和刘有余老师主编。具体编写分工如下：第1章、第3章、第7章、第8章和附录由刘有余编写；第2章和第6章由苏学满编写；第4章由徐振法编

写;第5章由许德章编写。全书由许德章统稿。

由于机床数控技术发展日新月异,加之编者水平有限、时间仓促等因素,书中难免有疏漏之处,恳请读者批评指正。

编者邮箱:xdz@ahpu.edu.cn 或 liuyyu@ahpu.edu.cn

编　者

2011年6月20日

目　录

前言 …………………………………………………………………………………… (ⅰ)

第 1 章　绪论 …………………………………………………………………………… (1)
1.1　概述 ………………………………………………………………………………… (1)
1.2　数控机床的特点和分类 ………………………………………………………… (4)
1.3　数控机床的发展历程、现状与趋势 …………………………………………… (9)

第 2 章　数控加工技术 ………………………………………………………………… (13)
2.1　数控加工技术特点 ……………………………………………………………… (13)
2.2　数控加工工艺规程设计 ………………………………………………………… (14)
2.3　数控机床用刀具 ………………………………………………………………… (45)

第 3 章　数控加工的程序编制 ………………………………………………………… (52)
3.1　概述 ………………………………………………………………………………… (52)
3.2　数控编程基础 ……………………………………………………………………… (55)
3.3　数控系统的指令 …………………………………………………………………… (63)
3.4　数控车床程序编制 ………………………………………………………………… (73)
3.5　数控铣床程序编制 ………………………………………………………………… (85)
3.6　加工中心程序编制 ………………………………………………………………… (100)
3.7　自动编程简介 ……………………………………………………………………… (105)
3.8　数控机床对刀方法 ………………………………………………………………… (109)

第 4 章　数控机床的轮廓控制原理 …………………………………………………… (117)
4.1　概述 ………………………………………………………………………………… (117)
4.2　脉冲增量插补 ……………………………………………………………………… (118)
4.3　数据采样法 ………………………………………………………………………… (135)
4.4　加工过程的速度控制 ……………………………………………………………… (140)
4.5　刀具半径补偿原理 ………………………………………………………………… (145)

第 5 章　计算机数控装置 ……………………………………………………………… (152)
5.1　概述 ………………………………………………………………………………… (152)
5.2　计算机数控装置的硬件结构 ……………………………………………………… (162)
5.3　计算机数控装置的软件结构 ……………………………………………………… (166)

第6章 位置检测装置 ……(175)
6.1 概述 ……(175)
6.2 旋转变压器 ……(175)
6.3 感应同步器 ……(180)
6.4 光电编码器 ……(182)
6.5 光栅 ……(188)

第7章 数控机床的伺服系统 ……(192)
7.1 概述 ……(192)
7.2 步进电动机及开环进给伺服系统 ……(196)
7.3 直流伺服电动机及速度控制 ……(209)
7.4 交流伺服电动机及速度控制 ……(217)
7.5 直线电动机及其在数控机床上的应用 ……(222)
7.6 伺服系统的位置控制 ……(227)
7.7 主轴伺服系统 ……(230)

第8章 数控机床的机械结构 ……(239)
8.1 概述 ……(239)
8.2 数控机床的主传动装置 ……(240)
8.3 数控机床的进给传动装置 ……(246)
8.4 数控机床的导轨与回转工作台 ……(255)
8.5 数控机床的自动换刀装置 ……(263)
8.6 数控机床的辅助装置 ……(270)

附录 ……(274)
A FANUC 0i Mate TC 系统车床 G 代码指令系列 ……(274)
B FANUC 0i Mate MC 系统铣床及加工中心 G 代码指令系列 ……(276)
C FANUC 数控系统 M 指令代码系列 ……(279)
D SINUMERIK 802D 系统车床 G 代码指令系列 ……(280)
E SINUMERIK 802D 系统铣床及加工中心 G 代码指令系列 ……(281)
F SINUMERIK 数控系统其他指令 ……(282)
G 数控技术常用术语中英文对照 ……(283)

参考文献 ……(286)

第1章　绪　　论

1.1　概　　述

数控机床(Numerical Control Machine Tools)是一种将数字计算技术应用于机床的控制技术。它把机械加工过程中的各种控制信息用代码化的数字表示,通过信息载体输入数控装置;经运算处理由数控装置发出各种信号控制机床的动作,按图纸要求的形状和尺寸,自动将零件加工出来。数控机床是一种典型的机电一体化产品,较好地解决了复杂、精密、小批量、多品种零件加工问题,是一种柔性、高效能的自动化机床,代表了现代机床控制技术的发展方向。

实现加工制造及生产过程数控化,是当今制造业的发展方向,也是机械制造业面向21世纪实现技术改造和技术更新,向机电一体化方向发展的必由之路。数控产业是关系到国家战略地位和体现国家综合国力水平的重要基础性产业,其水平高低是衡量一个国家制造业现代化程度的核心标志。

1.1.1　数控技术的基本概念

数字控制(Numerical Control)技术,简称数控(NC)技术,指用数字化的信息对机床运动及加工过程进行控制的一种技术。早期用硬件逻辑电路来实现;目前,广泛采用通用或专用计算机实现数字程序控制,即计算机数控(Computer Numerical Control,简称CNC)。采用数控技术的自动控制系统称为数控系统。装备了数控系统,能实现运动和加工过程自动控制的机床称为数控机床,数控系统是数控机床的"大脑"。随着生产的发展,数控技术已广泛应用于金属切削机床、三坐标测量仪、工业机器人、数控绘图仪、数控雕铣机等机械设备上。

1.1.2　数控机床的组成

数控机床一般由输入输出装置、数控装置、伺服系统、检测反馈装置和机床本体等组成,如图1.1所示。

1. 输入输出装置

输入输出装置的作用是进行数控加工或运动控制程序、加工与控制数据、机床参数以及坐标轴位置、检测开关的状态等数据的输入以及显示、存储和打印。键盘(面板)和显示器是数控设备必备的最基本的输入输出装置；此外，根据控制存储介质的不同，早期的数控机床还配光电阅读机，磁带机或软盘驱动器等；功能较高的数控机床可能还配备一套自动编程机或 CAD/CAM 系统。

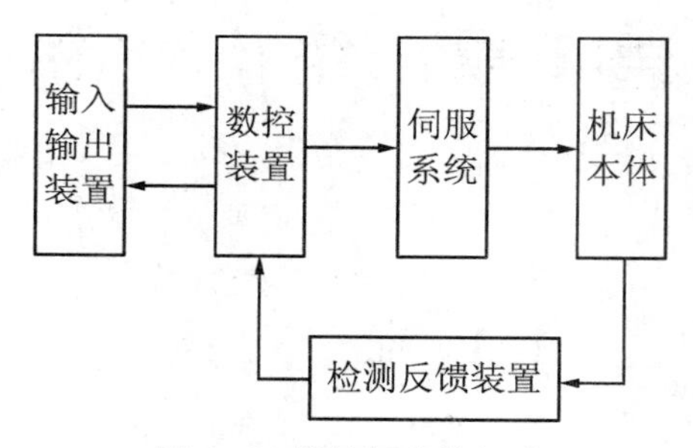

图 1.1 数控机床的组成

2. 数控装置

数控装置是数控系统的核心。它由输入输出接口线路、控制器、运算器和存储器等部分组成。数控装置的作用是将输入装置输入的数据通过内部的逻辑电路或控制软件进行编译、运算和处理，并输出各种信息和指令，控制机床各部分有序运动和动作。

在这些控制信息和指令中，最基本的控制是坐标轴的进给速度、进给方向和进给位移量指令。它经插补运算后生成，提供给伺服驱动，经驱动器放大，最终控制坐标轴的移动，它直接决定了刀具或坐标轴的移动轨迹。

此外，根据系统和设备的不同，在数控机床上，还可能有主轴的转速、转向和启、停指令；刀具的选择和交换指令；冷却、润滑装置的启、停指令；工件的松开、夹紧指令；工作台的分度等辅助指令。在基本的数控系统中，它们是通过接口，以信号的形式提供给外部辅助控制装置，由辅助控制装置对以上信号进行必要的编译和逻辑运算，放大后驱动相应的执行器件，带动机床机械部件、液压气动等辅助装置完成指令规定的动作。

3. 伺服系统

伺服系统包括伺服控制电路、功率放大电路和伺服电机等。其接受来自数控装置的指令信息，经信号变换和电压、功率放大，由执行元件将其转变为角位移或直线位移，以驱动数控设备各运动部件实现所要求的运动。数控机床一般都采用直流伺服电机或交流伺服电机作为执行元件，其中交流伺服电机是发展趋势，并已逐步取代直流伺服电机；简易数控机床往往也选用步进电机作为执行元件。伺服驱动器的类型取决于执行元件，两者必须配套使用。伺服系统要求具有良好的快速反应性能，能准确而灵敏地跟踪数控装置发出的指令信号。

4. 检测反馈装置

检测反馈装置由检测元件和相应的检测与反馈电路组成。其作用是检测运动部件的位移、速度和方向，并将其转化为电信号，反馈给数控装置，构成闭环控制系统。常用的检测元件有脉冲编码器、旋转变压器、感应同步器、光栅和磁尺等。开环控制系统没有检测反馈装置。

5. 机床本体

数控机床的机床本体与传统机床相似，由主轴传动装置、进给传动装置、床身、工作台以及辅助运动装置、液压气动系统、润滑系统、冷却装置等组成。但数控机床在整体布局、外观造型、传动系统、刀具系统的结构以及操作机构等方面都已有很大变化，特别是采用高性能的主轴及进给伺服驱动装置，其机械传动结构得到了简化。

1.1.3 数控机床的工作流程

数控机床是根据所编制的数控加工程序（NC程序），自动控制机床部件的运动，从而加工出符合图纸要求的零件。数控机床的工作流程如图1.2所示。

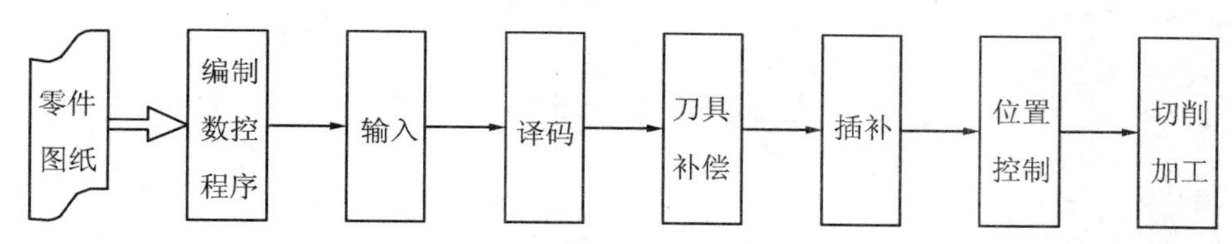

图1.2 数控机床的工作流程

1. 编制数控程序

零件加工之前，首先要根据零件图纸将零件加工的全部工艺过程、工艺参数、几何参数，以及操作步骤等，按规定的代码及程序格式编制出数控加工程序。数控加工程序应规定出机床全部动作过程。早期的数控机床还需将数控加工程序由穿孔机制成穿孔带，以便输入。对于简单的零件，通常采用手工编程；对于形状复杂的零件，一般在计算机上借助CAD/CAM软件自动编程。

2. 输入

输入的任务是把零件程序、控制参数和补偿数据输入到数控装置中去。程序输入方法因输入设备而异，有纸带阅读机输入、键盘输入、磁带和磁盘输入，以及通信方式输入。程序输入过程有两种方式：一种是边输入边加工（适合程序较长而数控系统内存较小的情况），即在前一个程序段加工时，输入后一个程序段的内容；另一种是将整个加工程序一次性输入到数控装置的内部存储器，加工时再从内部存储器中逐段调出进行处理。

3. 译码

输入数控装置的程序是由程序段组成的，程序段以文本格式（通常用ASCII码）表达出零件几何信息、工艺信息，以及其他辅助信息，计算机不能直接识别它们。译码程序就像一个翻译，按照一定的语法规则将上述信息解释成计算机能够识别的数据形式，并按照一定的数据格式存放在指定的内存专用区域。译码过程中还要对程序段进行语法检查，有错则立即报警。

4. 刀具补偿

零件加工程序通常是按零件轮廓轨迹编制的，而数控机床在加工过程中控制的是刀具中心轨迹，因此在加工前必须将零件轮廓轨迹变换成刀具中心的轨迹。刀补处理就是完成这种转换的程序。刀具补偿包括刀具半径补偿和刀具长度补偿。

5. 插补

数控加工程序仅规定了待加工轮廓的种类（如直线、圆弧）、终点和进给速度，而刀具在起点（即刀具当前所在位置，无需规定）与终点之间移动的轨迹决定了轮廓形状，其轨迹由插补功能实现。插补就是根据给定速度和给定轮廓线型的要求，在轮廓起点与终点之间，确定一些中间点的方法，即“数据密化”的过程。在每个插补周期内运行一次插补程序，产生一次位置增量，从而形成一个个微小的直线数据段。插补完一个程序段（即加工一条曲线）通常须经过若干个插补周期。

6. 位置控制和切削加工

插补的结果是产生一个周期内的位置增量；位置控制的任务是在每个采样周期内，将插补计算出的指令位置与实际反馈位置相比较，用其差值去控制伺服电机，电机驱动机床的运动部件及刀具相对于工件按规定的轨迹和速度进行加工。

1.2 数控机床的特点和分类

1.2.1 数控机床的特点

与通用机床和专用机床相比，数控机床具有以下主要特点。

1. 加工精度高，产品质量稳定

数控机床设计制造时，采取了许多措施，其机械部分的精度、刚度和热稳定性均较高。数控机床最小位移量普遍达到0.01～0.0001 mm；数控机床进给传动链的反向间隙与丝杠螺距误差等均可由数控装置进行补偿，一般还具有位置检测装置，可将移动部件实际位移量或丝杠、伺服电机的转角反馈到数控系统进行闭环控制，因此，可获得比机床本身精度还高的加工精度，加工精度可达±0.005 mm，定位精度可达±0.002～±0.005 mm。数控机床加工零件的质量由机床保证，无人为操作误差的影响，所以同一批零件的尺寸一致性好，质量稳定。

2. 可加工复杂异形零件

数控机床能加工普通机床难以加工或根本不能加工的复杂异形零件。如二轴联动或二轴以上联动的数控机床，可高质高效地加工母线为曲线的旋转体曲面零件、凸轮零件及各种复杂空间曲面类零件，且加工精度一般不受零件形状及复杂程度的影响。

3. 劳动生产率高

数控机床的主轴转速和进给量范围比普通机床的范围大，良好的结构刚性允许数控机床采用大的切削用量，从而有效地节省了机动时间。带有自动换刀装置的数控加工中心，可进行车铣复合、镗铣复合等工序集中加工，减少了半成品的周转时间，生产率的提高更为明显，同时也提高了加工精度。

4. 加工零件的适应性强，灵活性好

在数控机床上改变加工零件时，只须变换零件的加工程序，调整刀具参数等，就能实现新零件的加工，不须改变机械部分和控制部分的硬件，给复杂结构零件的单件、小批量生产以及试制新产品提供了极大的方便。

5. 工人劳动强度轻

数控机床对零件的加工是按事先编好的程序自动完成的，操作者除了操作键盘、装卸零件、安装刀具、完成关键工序的中间检测以及监控机床的运行之外，无需进行繁重的重复性手工操作，劳动强度与紧张程度均可大为减轻，劳动条件也得到相应的改善。

6. 生产管理水平高

数控机床是机械加工自动化的基础装备，以数控机床为基础建立起来的 FMC、FMS、CIMS 等综合自动化系统使机械制造的集成化、智能化和自动化得以实现。这是由于数控机床控制系统采用数字信息与标准化代码输入、并具有通信接口，容易实现数控机床之间的数据通信，最适宜计算机之间的连接，组成工业控制网络，实现自动化生产过程的计算、管理和控制。

1.2.2 数控机床的适用范围

因数控机床投资费用较高，还不能用来替代其他类型的设备，故其有一定的应用范围。从图 1.3(a)可看出，通用机床多适用于零件结构不太复杂、生产批量较小的场合；专用机床适用于生产批量很大的零件；数控机床适用于形状复杂的零件。随着数控机床的普及，其适用范围由 *BCD* 线向 *EFG* 线扩大。从图 1.3(b)可看出，在多品种、中小批量生产情况下，采用数控机床加工，费用更为合理。

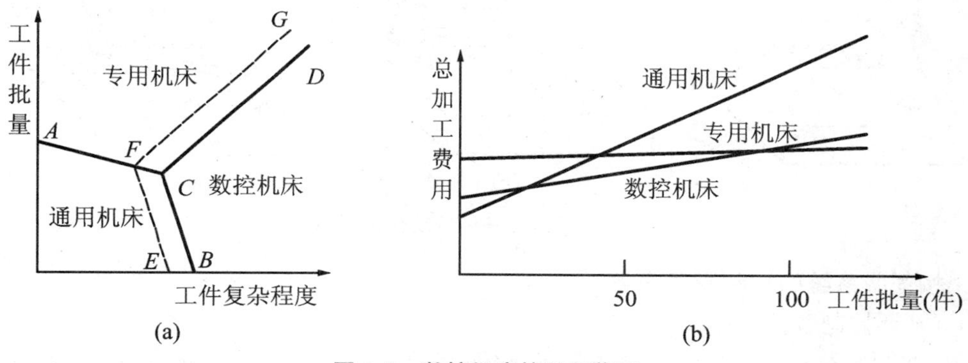

图 1.3　数控机床的适用范围

由此可见，数控机床最适宜加工以下类型的零件：

① 中小批量的零件；

② 须进行多次改型设计的零件；

③ 加工精度要求高、结构形状复杂的零件，如箱体类，曲线、曲面类零件；

④ 有难测量、难控制进给、难控制尺寸的不开敞内腔的壳体或盒型零件；

⑤ 必须在一次装夹中复合完成铣、镗、铰或攻丝等多工序的零件。

1.2.3 数控机床的分类

数控机床品种繁多、功能各异，可以从不同的角度对其进行分类。

1. 按机械加工的运动轨迹分类

(1) 点位控制数控机床

刀具从某一位置移到下一个位置的过程中，不考虑其运动轨迹，只要求刀具能最终准确到达目标位置,运动过程中不切削,各坐标轴之间的运动无任何联系,如图 1.4(a)所示。通常采用快速趋近、减速定位的方法,以获得较高移动速度和定位精度。现在单纯采用点位控制的数控机床已不多见,典型机床如数控坐标镗床、数控钻床、数控冲床、数控点焊机等。

(2) 直线控制数控机床

此机床不仅要保证点与点之间的准确定位,而且要控制两相关点之间的位移速度和路线,其轨迹一般是平行于各坐标轴或与坐标轴成一定夹角的直线,如图 1.4(b)所示。运动过程中要切削,须具备刀具补偿功能和主轴转速控制功能。现在单纯的直线控制数控机床也不多见,典型机床如简易数控车床、简易数控铣床。

(3) 轮廓控制数控机床

数控系统能同时控制两个或两个以上的轴,对位置及速度进行严格的不间断控制,如图 1.4(c)所示。运动过程中要切削,须具备直线和圆弧插补、刀具补偿、机床轴向运动误差补偿、丝杠的螺距误差和齿轮的反向间隙误差补偿等功能,可加工出符合图纸要求的复杂形状(任意形状的曲线或曲面)的零件。现在的数控机床一般都是轮廓控制数控机床,如数控车床、数控铣床、加工中心。

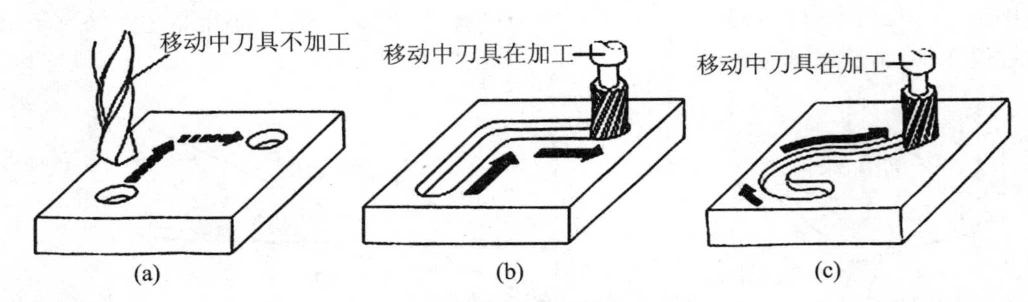

图 1.4 数控机床按运动轨迹分类

2. 按伺服系统的控制原理分类

(1) 开环控制数控机床

开环控制数控机床不带位置检测装置,也不将位移的实际值反馈回去与指令值进行比较修正,控制信号的流程是单向的,如图 1.5 所示。

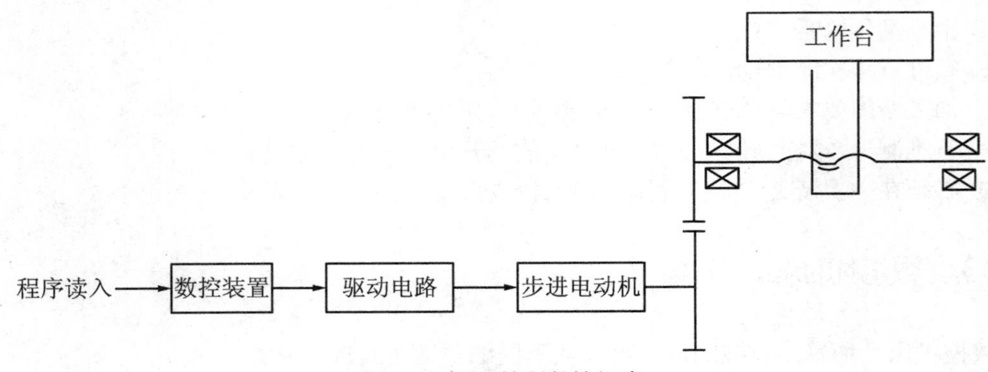

图 1.5 开环控制数控机床

该系统使用功率步进电机作为执行元件。数控装置每发出一个指令脉冲,经驱动电路功率放大后，就驱动步进电机旋转一个角度，再由传动机构带动工作台移动。该系统精度取决于步进电机的步距精度、工作频率以及传动机构的传动精度，难于实现高精度加工。该系统的优点是结构简单、成本较低、调试维修方便，适用于对精度、速度要求不十分高的经济型、中小型数控机床。

（2）全闭环控制数控机床

这种系统带有位置检测装置，将位移的实际值反馈回去与指令值比较，用比较后的差值控制机床移动，直至差值消除时才停止修正动作的系统。如图1.6所示，安装在工作台上的位置检测装置把工作台的实际位移量转变为电量，反馈到控制器与指令信号相比较，得到的差值经过放大和变换，最后驱动工作台向减少误差的方向移动，直到差值为零，工作台才停止移动。该系统精度理论上仅取决于检测装置的精度，消除了放大和传动部分的误差、间隙误差等的直接影响。该系统定位精度高，但系统较复杂，调试和维修较困难，对检测元件要求较高，且有一定的保护措施、成本高，适用于大型或比较精密的数控设备。

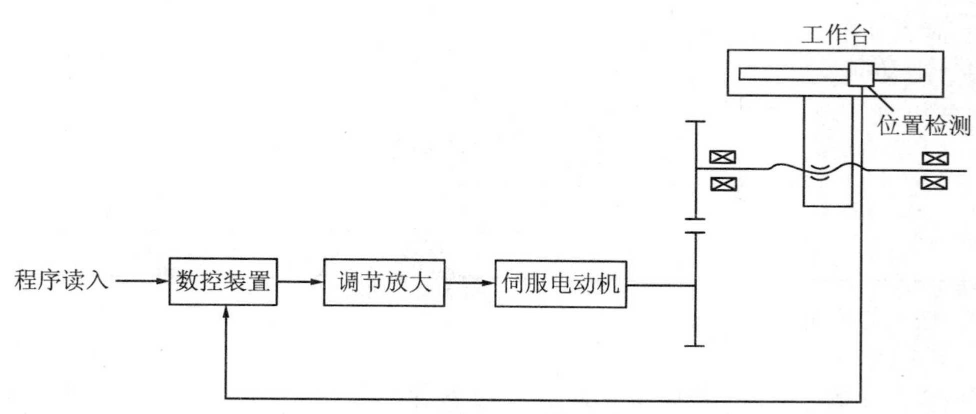

图1.6　全闭环控制数控机床

（3）半闭环控制数控机床

半闭环控制数控机床与全闭环控制数控机床的不同之处仅在于将检测元件装在传动链的旋转部位，它所检测得到的不是工作台的实际位移量，而是与位移量有关的旋转轴的转角量，如图1.7所示。该系统精度比闭环差，但系统结构简单，便于调整，检测元件价格低，系统稳定性能好。目前，大多数数控机床都采用半闭环伺服系统。

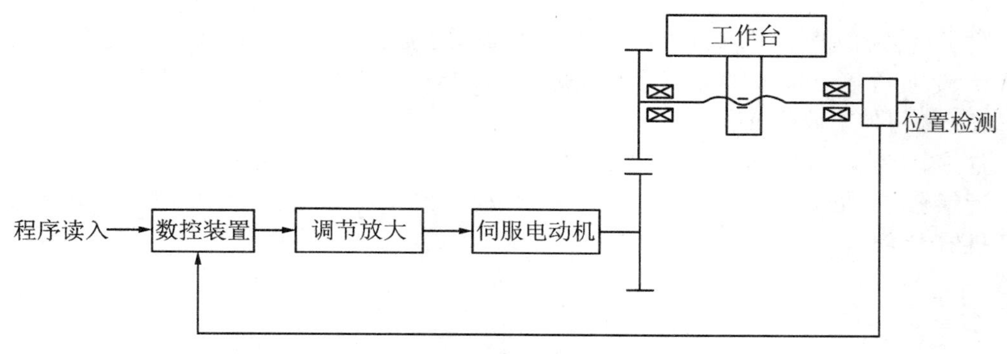

图1.7　半闭环控制数控机床

3. 按功能水平分类

数控机床按数控系统的功能水平可分为高级型、普通型和经济型数控机床。这种分类的界限是相对的，不同时期的划分标准有所不同，就目前的发展水平来看，大体可按表1.1进行分类。

表1.1 数控机床按功能水平分类

项　目	低　档	中　档	高　档
分辨率和进给速度	10 μm,8～15 m/min	1 μm,15～24 m/min	0.1 μm,15～100 m/min
伺服进给类型	开环、步进电机系统	半闭环直流或交流伺服系统	闭环直流或交流伺服系统
联动轴数	2轴	3～5轴	3～5轴
主轴功能	不能自动变速	自动无级变速	自动无级变速、C轴功能
通信能力	无	RS-232C或DNC接口	MAP通信接口、联网功能
显示功能	数码管显示、CRT字符	CRT显示字符、图形	三维图形显示、图形编程
内装PLC	无	有	有
主CPU	8 bit CPU	16或32 bit CPU	64 bit CPU

4. 按工艺用途分类

(1) 金属切削数控机床

目前，传统的金属切削机床基本都实现了数控化，与传统的车、铣、钻、磨、齿轮加工相对应的数控机床有数控车床、数控铣床、数控钻床、数控磨床、数控齿轮加工机床等。这些机床的动作和运动都是数字控制，具有较高的生产率和自动化程度。

加工中心是一种带有自动换刀装置的数控机床，突破了一台机床只能进行一种工艺加工的传统模式。它是以工件为中心，能实现工件在一次装夹后自动地完成多种工序的加工。常见的有以加工箱体类零件为主的镗铣类加工中心和几乎能够完成各种回转体类零件所有工序加工的车削中心。

(2) 特种加工数控机床

除了金属切削数控机床外，数控技术也大量用于数控电火花线切割机床、数控电火花成型机床、数控等离子弧切割机床、数控火焰切割机床以及数控激光加工机床等。

(3) 板材加工数控机床

常见的应用于金属板材加工的数控机床有数控剪板机、数控卷板机和数控折弯机等。

近年来，其他机械设备中也大量采用了数控技术，如数控多坐标测量机、自动绘图机及工业机器人等。

1.3　数控机床的发展历程、现状与趋势

随着科技与生产的发展，机械产品日益精密复杂，更新换代日趋频繁，要求加工设备具有更高的精度和效率；另外，在产品加工过程中，单件小批量生产的零件占机械加工总量的80%以上，加工这种品种多、批量少、形状复杂的零件也要求通用性和灵活性较高的加工设备。数控机床就是一种灵活、通用、高精度、高效率的“柔性”自动化生产设备。

1.3.1　数控机床的发展阶段

数控机床是为了解决复杂型面零件加工的自动化而产生的。1948年，美国PARSONS公司在研制加工直升机叶片轮廓用检查样板的机床时，首先提出了数控机床的设想，在麻省理工学院的协助下，于1952年试制成功世界上第一台数控机床样机。后又经过3年时间的改进和自动程序编制的研究，数控机床进入实用阶段，市场上出现了商品化数控机床。1958年，美国KEANEY & TRECKER公司在世界上首先研制成功带有自动换刀装置的加工中心。

数控机床是伴随着电子技术、计算机技术、自动控制和精密测量等相关技术的发展而发展的，先后经历了两个发展阶段，共五代。

第一个阶段为NC阶段，其数控功能全部由硬件实现，故称为硬件数控，这个阶段数控系统的发展经历了三代。

第一代数控：1952～1959年，采用电子管、继电器构成的专用数控装置；

第二代数控：从1959年开始，采用晶体管分立元件电路的专用数控装置；

第三代数控：从1965年开始，采用中、小规模集成电路的专用数控装置。

第二个阶段为CNC阶段，其数控功能部分由硬件实现，部分由软件实现，故称为软、硬件数控，这个阶段数控系统的发展经历了两代。

第四代数控：从1970年开始，采用大规模集成电路的小型通用计算机控制的数控系统；

第五代数控：从1974年开始，采用微处理器的微型计算机控制的数控系统。

自20世纪70年代末到80年代末，数控机床在全世界范围内得到了长足发展和广泛应用。迄今为止，生产中使用的数控系统大多都是从20世纪70年代发展起来的第五代数控系统。

从20世纪90年代开始，微电子技术和计算机技术的发展突飞猛进，PC机的发展尤为突出，在软硬件以及外围器件等各个方面的进展日新月异，计算机所用芯片的集成化程度越来越高，功能越来越强，而成本却越来越低，原来在大、中型机上才能实现的功能现在在微型机上就可以实现，在美国首先出现了所谓在PC机平台上开发的数控系统，即PC数控系统，也就是我们现在说的第六代数控系统。

我国于1958年开始研制数控机床，80年代前由于国外的技术封锁和我国的基础条件的限制，数控技术的发展较为缓慢，在生产中广泛使用的是简易的数控机床，它们以单片机作

为控制核心，多以数码管作为显示器，用步进电机作为执行元件。80年代初，由于引进了国外先进的数控技术，使我国的数控机床在质量和性能上都有了很大的提高。它们具有完备的手动操作面板和友好的人机界面，可以配直流或交流伺服驱动，实现半闭环或闭环的控制，能对2～4轴进行联动控制，具有刀库管理功能和丰富的逻辑控制功能。90年代起，我国向高档数控机床方向发展，一些高档数控攻关项目通过国家鉴定并陆续在工程上得到应用，比较典型的有航天Ⅰ型、华中Ⅰ型、华中－2000型等。这些数控系统实现了高速、高精度和高效经济的加工效果，能完成高复杂度的五坐标曲面实时插补控制，加工出高复杂度的整体叶轮及复杂刀具。

1.3.2 数控机床的技术现状

目前，数控机床正在发生根本性变革，由专用型封闭式开环控制模式向通用型开放式实时动态全闭环控制模式发展。在集成化基础上，数控系统实现了超薄型、超小型化；在智能化基础上，综合了计算机、多媒体、模糊控制、神经网络等多学科技术，数控系统实现了高速、高精、高效控制，加工过程中可以自动修正、调节与补偿各项参数，实现了在线诊断和智能化故障处理；在网络化基础上，CAD/CAM与数控系统集成为一体，机床联网，实现了中央集中控制的群控加工。

近年来，随着加工中心、网络控制技术、信息技术的发展，出现了以数控机床为基础的自动化生产系统，即分布式数控（Distributed Numerical Control，简称DNC）、柔性制造系统（Flexible Manufacture System，简称FMS）及计算机集成制造系统（Computer Integrated Manufacturing Systems，简称CIMS），这是单机数控向计算机控制的多机控制系统的发展。

（1）分布式数控

分布式数控是指用一台中央计算机直接控制和管理一群数控设备进行零件加工或装配的系统，也称为计算机群控系统。在DNC系统中，各台数控机床都各自有独立的数控系统，并与中央计算机组成计算机网络，实现分级控制管理。中央计算机不仅用于编制零件的程序以控制数控机床的加工过程，而且能控制工件与刀具的输送，同时还具有生产管理、工况监控及刀具寿命管理等能力，形成了一条由计算机控制的数控机床自动生产线。

（2）柔性制造单元和柔性制造系统

柔性制造单元（FMC）由加工中心与工件自动交换装置组成，同时，数控系统还增加了自动检测与工况自动监控等功能，如工件尺寸测量补偿、刀具损坏和寿命监控等。柔性制造单元既可作为组成柔性制造系统的基础，也可用作独立的自动化加工设备。

柔性制造系统（FMS）是在DNC基础上发展起来的一种高度自动化的加工生产线，由数控机床、物料和工具自动搬运设备、产品零件自动传输设备、自动检测和试验设备等组成。这些设备及控制分别组成了加工系统、物流系统和中央管理系统。

柔性制造系统是当前机械制造技术发展的方向，能解决机械加工中高度自动化和高度柔性化的矛盾，使两者有机地结合于一体。

（3）计算机集成制造系统

计算机集成制造系统（CIMS）的核心是一个公用的数据库，对信息资源进行存储与管理，并与各个计算机系统进行通信。在此基础上，需要有3个计算机系统，一是进行产品设计与工艺设计的计算机辅助设计与计算机辅助制造系统,即CAD/CAM;二是计算机辅助生产计划与计算机生产控制系统,即CAP/CAC,此系统对加工过程进行计划、调度与控制,FMS是这个系统的主体;三是计算机工厂自动系统,它可以实现产品的自动装配与测试,材料的自动运输与处理等。在上述3个计算机系统外围,还需要利用计算机进行市场预测、编制产品发展规划、分析财政状况和进行生产管理与人员管理。虽然CIMS涉及的领域相当广泛,但数控机床仍然是CIMS不可缺少的基本工作单元。

国际上,德国的数控机床质量及性能良好,尤其是大型、重型、精密数控机床。德国重视数控机床主机及配套件的先进实用;美国讲究“效率”和“创新”,注重基础科研,但忽视应用技术;日本在重视人才及机床元部件配套上学习德国,在质量管理及数控机床技术上学习美国,战略上先仿后创,其产量、出口量一直居世界首位。

近几年来,我国数控产业发展迅速,现有20多家数控系统骨干企业,其中以华中数控、广州数控、航天数控等为代表。我国目前已能生产100多种数控机床,数控产品达几千种。一部分普及型数控机床的生产已形成一定规模,产品技术性能指标较为成熟,价格合理,在国际市场上具有一定的竞争力。我国生产的数控系统多以PC机作为控制核心,使得我国生产的数控系统在软、硬件系统方面都有不同程度的提升,增强了市场竞争力。我国已进入世界高速、高精度数控机床生产国的行列,成功开发出九轴联动、可控16轴的高档数控系统,打破了发达国家对我国的技术封锁和价格垄断,国产数控机床的分辨率已经提高到0.001 mm。

虽然我国在数控产品在研发、生产方面有了较大的进步,但我国目前产品主要集中在经济型上,在中档、高档产品上市场比例仍然较小,与国外一些先进产品相比,在可靠性、稳定性、速度和精度等方面均存在较大差距,主要由于:信息化技术基础薄弱,对国外技术依存度高;产品成熟度较低,可靠性不高;创新能力低,市场竞争力不强。

1.3.3 数控机床的发展趋势

数控机床总的发展趋势是高速化、高精度化、高可靠性、多功能、复合化、智能化和开放式结构。主要发展动向是研制开发软、硬件都具有开发式结构的智能化全功能通用数控装置。

(1) 高速化与高精度化

高速化首先要求计算机系统读入加工指令数据后,能高速处理并计算出伺服系统的移动量,并要求伺服系统能高速做出反应。为使在极短的空程内达到高速度和在高行程速度情况下保持高定位精度,必须具有高加(减)速度和高精度的位置检测装置和伺服系统。另外,必须使主轴转速、进给率、刀具交换、托盘交换等各种关键部分实现高速化,并须重新考虑设备的全部特征。

提高数控设备的加工精度,一般通过减少数控系统的控制误差和采用补偿技术来实现。

(2) 复合化

复合化包括工序复合化和功能复合化。工件在一台设备上一次装夹后,通过自动换刀等各种措施来完成多种工序和表面的加工。在一台数控设备上能完成多工序切削加工的加工中心,可替代多机床的加工能力,减少半成品库存量,又能保证和提高形位精度,从而打破了传统的工序界限和分开加工的工序规程。

(3) 智能化

随着人工智能技术的不断发展,并为适应制造业生产高度柔性化、自动化的需要,数控设备中引用了以下几种技术:自适应控制技术、专家系统、故障自诊断功能、智能化交流伺服驱动装置。

(4) 高柔性化

柔性指数控设备适应加工对象变化的能力。今天的数控机床对加工对象的变化有很强的适应能力,并在提高单机柔性化的同时,朝着单元柔性化和系统柔性化方向发展。

(5) 小型化

蓬勃发展的机电一体化技术对 CNC 装置提出了小型化的要求,以便将机、电装置糅合为一体。

(6) 开放式体系结构

新一代的数控系统体系结构向开放式系统方向发展。很多数控系统开发厂家瞄准通用个人计算机所具有的开发性、低成本、高可靠性、软硬件资源丰富等特点,开发出基于 PC 的 CNC。

思考与练习题

1.1 数控技术、计算机数控和数控机床的英文表达及其定义是什么?

1.2 数控机床由哪些部分组成,各有什么作用?

1.3 数控机床的工作流程是什么?

1.4 数控机床有哪些主要特点?

1.5 哪些零件适于采用数控机床加工?

1.6 什么叫做点位控制、直线控制、轮廓控制数控机床?各有何特点及应用?

1.7 简述开环、闭环、半闭环控制数控机床的区别。

1.8 加工中心与普通数控机床的区别是什么?

1.9 简述 DNC、FMS、CIMS 的内涵,阐述 CNC 与这些系统的关系。

1.10 阐述数控机床的发展趋势。

第 2 章　数控加工技术

2.1　数控加工技术特点

数控加工与通用机床加工相比较，在许多方面遵循的原则基本一致。但由于数控机床本身自动化程度较高，控制方式不同，设备费用也高，使数控加工技术又有以下几个特点。

1. 工艺内容复杂、具体、严密

首先，数控加工工艺内容复杂。在数控加工前，要将机床的运动过程、零件的几何信息及工艺信息、刀具的形状、切削用量和进给路线等都编入程序，这就要求程序设计人员具有多方面的知识基础。其次，数控加工工艺内容十分详细具体。通用机床上由操作工人在加工中灵活掌握并可通过适时调整来处理的许多工艺问题，在数控加工时都转变成为编程人员必须事先具体设计和具体安排的内容。再次，数控加工的工艺处理相当严密。在进行数控加工的工艺处理时，必须注意到加工过程中的每一个细节，考虑要十分严密。编程人员不仅必须具备较扎实的工艺基础知识和较丰富的工艺设计经验，而且必须具有严谨踏实的工作作风，才能够做到全面周到地考虑零件加工的全过程，以及正确、合理地编制零件的加工程序。

2. 工序内容组合往往采用工序集中

现代数控机床具有刚性大、精度高、刀库容量大、切削参数范围广及多坐标、多工位等特点，有可能在零件一次安装中完成多种加工方法和由粗到精的全过程，甚至可在工作台上装夹几个相同或相似的零件进行加工。所以组合数控加工工序内容时，往往采用工序集中。

工序集中可减少工件装夹次数，并尽可能在一次装夹后能加工出全部待加工表面，易于保证表面间位置精度，并能减少工序间运输量，缩短生产周期；同时，由于工序数目减少，进而减少机床数量和工艺装备、操作工人数和生产面积，还可简化生产计划和生产组织工作。

3. 对难加工零件采用与传统加工方法不同的工艺

对于简单表面的加工，数控加工与传统加工方法无大差异；但对于一些复杂表面、特殊表面或有特殊要求的表面，数控加工就有着与传统加工根本不同的加工方法。例如：对于曲线、曲面的加工，传统加工是用划线、样板、靠模、预钻、砂轮、钳工等方法，不仅费时费力，而且还不能保证加工质量，甚至产生废品；而数控加工则用多坐标联动自动控制方法加工，加工精度高，可达 0.001～0.1 mm，且不受产品形状及其复杂程度的影响，自动化加工消除了人为误差，使同批产品加工质量更稳定。采用数控加工，要正确选择加工方法和加工内容，有时甚至还要在基本不改变工件原有性能的前提下，对其形状、尺寸、结构等作适应数控加工的修改。

2.2 数控加工工艺规程设计

2.2.1 数控加工工艺概述

数控加工工艺是指使用数控机床加工零件的一种工艺方法，数控加工工艺问题的处理与普通加工工艺基本相同，但设计零件的数控加工工艺时，除了要遵循普通加工工艺的基本原则和方法，同时还必须考虑数控加工本身的特点和零件编程的要求。

数控加工工艺规程设计关系到所编零件加工程序的正确性与合理性。由于数控加工过程是在数控程序的控制下自动进行的，所以对数控程序的正确性与合理性要求甚高，不得有丝毫差错，否则加工不出合格零件；而数控程序是基于数控加工工艺编制的，因此，编制程序前，编程人员必须正确制定数控加工工艺。

1. 数控加工工艺的主要内容

数控加工工艺设计是对工件进行数控加工的前期准备工作，它必须在编制程序之前完成。因为只有在工艺设计方案确定以后，编程才有依据。否则，由于工艺方面的考虑不周，将可能造成数控加工的错误。工艺设计不好，往往要成倍增加工作量，有时甚至要推倒重来。可以说，数控加工设计分析决定了数控程序质量。因此，编程人员一定要先把工艺设计做好，不要急于考虑编程。

数控加工工艺设计与传统加工方法相似，但又有自身特点，主要包括下列内容及步骤：

① 数控加工工艺内容的选择。选择适合在数控机床上加工的零件，确定数控机床加工内容。

② 数控加工方法的选择。根据零件类别和加工表面特征，结合企业现有装备情况和加工能力选择加工方法。

③ 数控加工工艺性分析。进行零件图样和结构工艺性分析，明确加工内容及技术要求，在此基础上确定零件的加工方案。

④ 数控加工工艺路线设计。包括工序的划分与内容确定、加工顺序的安排、数控加工工序与传统加工工序的衔接等。

⑤ 数控加工工序设计。包括工步的划分与进给路线确定、零件的装夹方案与夹具的选择、刀具的选择、切削用量的确定等。

⑥ 数控加工工艺规程文件编制。包括数控编程任务书、数控机床调整单、数控加工工序卡片、数控加工进给路线图、数控加工刀具卡片、数控加工程序单等。

2. 数控加工工艺规程的编制

规定零件制造工艺过程和操作方法等的工艺文件称为工艺规程。它是在具体的生产条件下，以最合理或较合理的工艺过程和操作方法，并按规定的图表或文字形式书写成工艺文件，经审批后用来指导生产的。工艺规程一般包括以下内容：零件加工的工艺路线；各工序的具体加工内容；各工序所用的机床及工艺装备；切削用量及工时定额等。

填写数控加工专用技术文件是数控加工工艺设计的内容之一。这些技术文件既是数控加工的依据、产品验收的依据，也是操作者遵守、执行的规程。技术文件是对数控加工的具体说明，目的是让操作者更明确加工程序的内容、装夹方式、各个加工部位所选用的刀具及其他技术问题。数控加工技术文件主要有：机械加工工艺过程卡、机械加工工序卡、数控加工工序卡、数控刀具卡、数控加工走刀路线图、工件安装和原点设定卡片、数控编程任务书等。以下提供了常用的文件格式，文件格式可根据企业实际情况自行设计。机械加工工艺过程卡和机械加工工序卡与普通机床加工相同，下面主要介绍数控加工与普通加工不同的工艺文件格式。

（1）数控加工工序卡

数控加工工序卡与普通加工工序卡有许多相似之处，所不同的是：工序简图中应注明编程原点与对刀点，要进行简要编程说明（如所用机床型号、程序编号、刀具半径补偿以及镜像对称加工方式等）及切削参数（即程序编入的主轴转速、进给速度、最大背吃刀量或宽度等）的选择，详见表 2.1。

表 2.1　数控加工工序卡

<table>
<tr><td rowspan="2">单位</td><td colspan="3" rowspan="2">机械加工工序卡</td><td colspan="2">产品名称或代号</td><td colspan="2">零件名称</td><td>零件图号</td></tr>
<tr><td colspan="2"></td><td colspan="2"></td><td></td></tr>
<tr><td colspan="4" rowspan="6">工序简图</td><td colspan="2">车间</td><td colspan="3">使用设备</td></tr>
<tr><td colspan="2"></td><td colspan="3"></td></tr>
<tr><td colspan="2">工艺序号</td><td colspan="3">程序编号</td></tr>
<tr><td colspan="2"></td><td colspan="3"></td></tr>
<tr><td colspan="2">夹具名称</td><td colspan="3">夹具编号</td></tr>
<tr><td colspan="2"></td><td colspan="3"></td></tr>
<tr><td>工步号</td><td>工步作业内容</td><td>加工面</td><td>刀具号</td><td>刀补量</td><td>主轴
转速</td><td>进给
速度</td><td>背吃
刀量</td><td>备注</td></tr>
<tr><td></td><td></td><td></td><td></td><td></td><td></td><td></td><td></td><td></td></tr>
<tr><td></td><td></td><td></td><td></td><td></td><td></td><td></td><td></td><td></td></tr>
<tr><td></td><td></td><td></td><td></td><td></td><td></td><td></td><td></td><td></td></tr>
<tr><td>编制</td><td></td><td>审核</td><td></td><td>批准</td><td>年　月　日</td><td></td><td>共　页</td><td>第　页</td></tr>
</table>

（2）数控刀具卡

数控加工时，对刀具的要求十分严格，一般要在机外对刀仪上预先调整刀具直径和长度。刀具卡反映刀具编号、刀具结构、尾柄规格、组合件名称代号、刀片型号和材料等。它是组装刀具和调整刀具的依据，详见表 2.2。

表 2.2 数控加工刀具卡

<table>
<tr><td colspan="2">产品名称或代号</td><td></td><td>零件名称</td><td></td><td>零件图号</td><td></td><td>程序编号</td><td></td></tr>
<tr><td>序号</td><td>刀具号</td><td colspan="2">刀具规格名称</td><td>数量</td><td colspan="3">加工表面</td><td>备注</td></tr>
<tr><td></td><td></td><td colspan="2"></td><td></td><td colspan="3"></td><td></td></tr>
<tr><td></td><td></td><td colspan="2"></td><td></td><td colspan="3"></td><td></td></tr>
<tr><td></td><td></td><td colspan="2"></td><td></td><td colspan="3"></td><td></td></tr>
<tr><td></td><td></td><td colspan="2"></td><td></td><td colspan="3"></td><td></td></tr>
<tr><td></td><td></td><td colspan="2"></td><td></td><td colspan="3"></td><td></td></tr>
<tr><td>编制</td><td></td><td>审核</td><td></td><td>批准</td><td colspan="2"></td><td>共　页</td><td>第　页</td></tr>
</table>

(3) 数控加工走刀路线图

在数控加工中,常常要注意并防止刀具在运动过程中与夹具或工件发生意外碰撞,为此必须告诉操作者关于编程中的刀具运动路线(如从哪里下刀、在哪里抬刀、哪里是斜下刀等)。为简化走刀路线图,一般采用统一约定的符号来表示。不同的机床可以采用不同的图例与格式,表 2.3 为一种常用格式。

表 2.3 数控加工走刀路线图

<table>
<tr><td colspan="2">数控加工
走刀路线图</td><td>零件
图号</td><td></td><td>工序号</td><td colspan="2"></td><td>工步号</td><td>程序号</td><td></td></tr>
<tr><td>机床
型号</td><td></td><td colspan="2">程序段号</td><td></td><td>加工内容</td><td colspan="2">铣轮廓周边</td><td>共　页</td><td>第　页</td></tr>
<tr><td colspan="8" rowspan="4">走刀路线图</td><td colspan="2"></td></tr>
<tr><td>编程</td><td></td></tr>
<tr><td>校对</td><td></td></tr>
<tr><td>审批</td><td></td></tr>
<tr><td>符号</td><td></td><td></td><td></td><td></td><td></td><td></td><td></td><td></td><td></td></tr>
<tr><td>含义</td><td>抬刀</td><td>下刀</td><td>编程
原点</td><td>走刀点</td><td>走刀
方向</td><td>走刀线
相交</td><td>爬斜坡</td><td>铰孔</td><td>行切</td></tr>
</table>

(4) 数控加工工件安装和原点设定卡(简称装夹图和零件设定卡)

它应表示出数控加工原点定位方法和夹紧方法,并应注明加工原点设置位置和坐标方向、使用的夹具名称和编号等,详见表 2.4。

表 2.4　工件安装和原点设定卡

<table>
<tr><td>零件图号</td><td></td><td colspan="3" rowspan="2">数控加工工件安装和原点设定卡片</td><td>工序号</td><td></td></tr>
<tr><td>零件名称</td><td></td><td>装夹次数</td><td></td></tr>
<tr><td colspan="7">工件安装图</td></tr>
<tr><td></td><td></td><td></td><td></td><td></td><td></td><td></td></tr>
<tr><td></td><td></td><td></td><td>第　页</td><td></td><td></td><td></td></tr>
<tr><td>编制(日期)</td><td>审核(日期)</td><td>批准(日期)</td><td>共　页</td><td>序号</td><td>夹具名称</td><td>夹具图号</td></tr>
</table>

(5) 数控编程任务书

它阐明了工艺人员对数控加工工序的技术要求和工序说明，以及数控加工前应保证的加工余量。它是编程人员和工艺人员协调工作和编制数控程序的重要依据之一，详见表 2.5。

表 2.5　数控编程任务书

<table>
<tr><td colspan="2" rowspan="3">工艺处</td><td colspan="3" rowspan="3">编程任务书</td><td colspan="2">产品零件图号</td><td></td><td colspan="2">任务书编号</td></tr>
<tr><td colspan="2">零件名称</td><td></td><td colspan="2"></td></tr>
<tr><td colspan="2">使用数控设备</td><td></td><td>共　页</td><td>第　页</td></tr>
<tr><td colspan="10"></td></tr>
<tr><td colspan="2">编程收到日期</td><td colspan="2"></td><td>经手人</td><td colspan="2"></td><td>批准</td><td colspan="2"></td></tr>
<tr><td>编制</td><td></td><td>审核</td><td></td><td>编程</td><td></td><td>审核</td><td></td><td>批准</td><td></td></tr>
</table>

2.2.2　数控加工工艺分析

1. 数控加工零件的选择

根据数控加工的特点和国内外大量应用实践经验，一般可按适应程度将零件分为 3 类：

(1) 最适应类

① 形状复杂、加工精度要求高，用普通机床无法加工或虽然能加工但很难保证加工质量的零件；

② 用数学描述的复杂曲线或曲面轮廓的零件；

③ 具有难测量、难控制进给、难控制尺寸的内腔型壳体类零件和盒型零件；

④ 必须在一次装夹中完成多道工序的零件。

对于上述零件，是数控加工的首选类零件，先不必过多考虑经济性，应先考虑可行性。

(2) 较适应类

① 在普通机床上加工易受人为因素干扰，价值较高，一旦出现质量问题会造成重大经济损失的零件；

② 在普通机床上加工时为保证精度必须设计和制造复杂工装夹具的零件；

③ 尚未定型产品中的零件；

④ 在普通机床上加工调整时间过长的零件；

⑤ 用普通机床加工时生产率很低或劳动强度很大的零件。

此类零件在分析可加工性后，还要考虑生产效率和经济性。一般认为，它们是数控加工的主要选择对象。

(3) 不适应类

① 生产批量大的零件(不排除个别工序用数控机床加工)；

② 装夹困难，完全靠找正定位来保证加工精度的零件；

③ 加工质量不稳定且数控机床中无自动检测及自动调整工件坐标位置的装置，易产生较大的由于工艺造成变形的零件；

④ 必须用特定工艺装备协调加工的零件。

上述零件如用数控机床加工，在生产效率、经济性上无明显优势，有些情况下还会造成数控设备的精度下降。所以，此类零件一般不应作为数控加工选择的对象。

2. 数控加工内容的确定

对于一个零件来说，并非全部加工工艺内容都适合在数控机床上完成，而往往只是其中的一部分工艺内容适合数控加工。这就需要对零件图样进行仔细的工艺分析，选择那些最适合、最需要进行数控加工的内容和工序。在考虑选择内容时，应结合本企业设备的实际，立足于解决难题、攻克关键问题和提高生产效率，充分发挥数控加工的优势。

(1) 适于数控加工的内容

① 通用机床无法加工的内容应作为优先选择内容；

② 通用机床难加工，质量也难以保证的内容应作为重点选择内容；

③ 通用机床加工效率低、工人手工操作劳动强度大的内容，可在数控机床尚存在富裕加工能力时选择。

总之，数控机床适于加工品种变换频繁、批量较小，加工方法区别大且复杂程度较高的零件或内容。

(2) 不适于数控加工的内容

① 占机调整时间长的加工内容。如以毛坯的粗基准定位来加工第一个精基准的工序。

② 加工部位分散，需要多次安装、设置原点。这时，采用数控加工很麻烦，效果不明显，可安排通用机床加工。

③ 按某些特定的制造依据(如样板等)加工的型面轮廓。主要原因是获取数据困难，容易与检验依据发生矛盾，增加了程序编制的难度。

④ 必须使用专用夹具或工装所加工的工序。

此外，在选择和决定加工内容时，也要考虑生产批量、生产周期、工序间周转等情况。总之，要尽量做到合理，防止把数控机床降格为通用机床使用。

3. 数控加工零件的工艺性分析

在选择并决定数控加工零件及其加工内容后，应对零件的数控加工工艺性进行全面、认真、仔细的分析。主要内容包括产品的零件图样分析、结构工艺性分析和零件安装方式的选择等。

(1) 零件图样分析

首先应熟悉零件在产品中的作用、位置、装配关系和工作条件，搞清楚各项技术要求对零件装配质量和使用性能的影响，找出关键的技术要求，然后对零件图样进行分析。

① 尺寸标注方法分析。零件图上尺寸标注方法应适应数控加工的特点，如图2.1(a)所示，在数控加工零件图上，应以同一基准标注尺寸或直接给出坐标尺寸。这种标注方法既便于编程，又有利于设计基准、工艺基准、测量基准和编程原点的统一。由于零件设计人员一般在尺寸标注中较多地考虑装配等使用方面特性，而不得不采用如图2.1(b)所示的局部分散的标注方法，这样就给工序安排和数控加工带来诸多不便。由于数控加工精度和重复定位精度都很高，不会因产生较大的累积误差而破坏零件的使用特性，因此，可将局部的分散标注法改为同一基准标注或直接给出坐标尺寸的标注法。

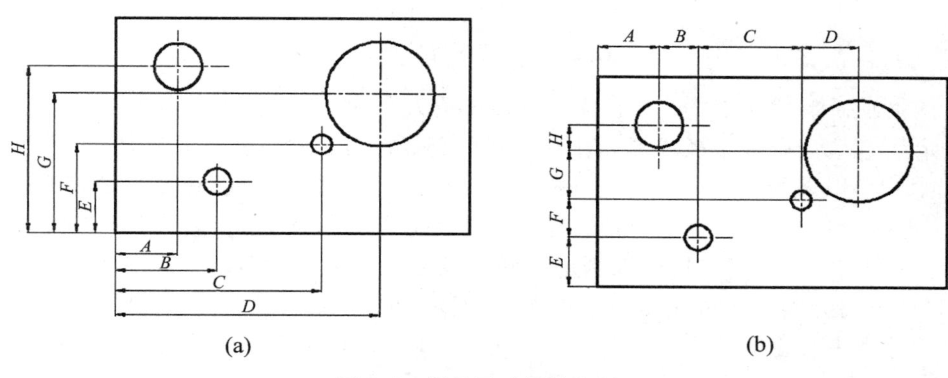

图2.1　零件尺寸标注分析

② 零件图的完整性与正确性分析。构成零件轮廓的几何元素(点、线、面)的条件(如相切、相交、垂直和平行等)，是数控编程的重要依据。手工编程时，要依据这些条件计算每一个节点的坐标；自动编程时，则要根据这些条件才能对构成零件的所有几何元素进行定义，无论哪一条不明确，编程都无法进行。因此，在分析零件图样时，务必要分析几何元素给定条件是否充分，发现问题及时与设计人员协商解决。

③ 零件技术要求分析。零件的技术要求主要指尺寸精度、形状精度、位置精度、表面粗糙度及热处理等。这些要求在保证零件使用性能的前提下要经济、合理。过高的精度和表面粗糙度要求会使工艺过程复杂、加工困难、成本提高。

④ 零件材料分析。在满足零件功能的前提下，应选用廉价、切削性能好的材料。而且，材料选择应立足国内，不要轻易选用贵重或紧缺的材料。

(2) 零件的结构工艺性分析

零件的结构工艺性是指所设计的零件在满足使用要求的前提下，所具有的制造可行性和经济性。良好的结构工艺性可以使零件加工容易，节省工时和材料。而较差的零件结构工艺性会使加工困难，浪费工时和材料，有时甚至无法加工。因此，零件加工部位的结构工艺性应符合数控加工的特点，主要考虑如下几个方面。

① 零件的有关尺寸应力求一致，并能用标准刀具加工。图2.2(b)中改为退刀槽尺寸一

致，则减少了刀具的种类，节省了换刀时间。

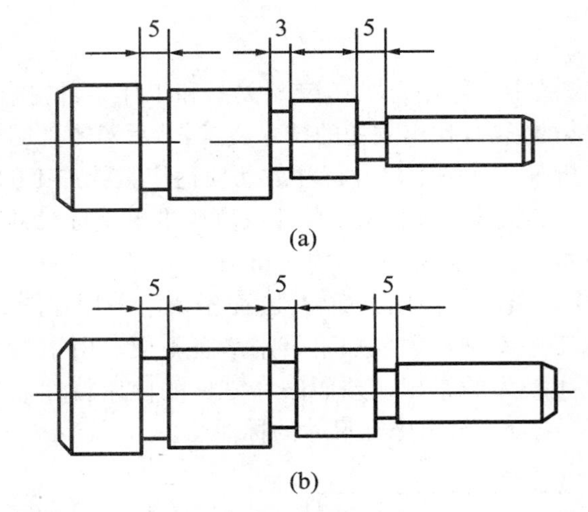

图 2.2 退刀槽尺寸一致

② 内槽圆弧半径 R 的大小决定着刀具直径的大小，所以内槽圆弧半径 R 不应太小。如图 2.3 所示，轮廓内圆弧半径 R 常常限制刀具的直径。若工件的被加工轮廓高度低，转接圆弧半径也大，可以采用较大直径的铣刀来加工，而且加工其底板面时，进给次数相应减少，表面加工质量也会好一些，因此工艺性较好。反之，数控铣削工艺性较差。当 $R<0.2H$（H 为被加工轮廓面的最大高度）时，可以判定零件上该部位的工艺性不好。这种情况下，应选用不同直径的铣刀分别进行粗、精加工，以最终保证零件上内转接圆弧半径的要求。

③ 零件槽底部圆角半径不宜过大。如图 2.4 所示，在铣削槽底平面时，槽底面圆角或底板与肋板相交处的圆角半径 r 越大，铣刀端刃铣削平面的能力越差，效率也越低，当 r 大到一定程度时甚至必须用球头刀加工，这是应当尽量避免的。因为铣刀与铣削平面接触的最大直径 $d=D-2r$（D 为铣刀直径），当 D 越大而 r 越小时，铣刀端刃铣削平面的面积越大，加工平面的能力越强，铣削工艺性当然也越好。有时，当铣削的底面面积较大，底部圆弧 r 也较大时，只能用两把圆角半径 r 不同的铣刀（一把圆角半径 r 小些，另一把圆角半径 r 符合零件图样的要求）分两次进行切削。

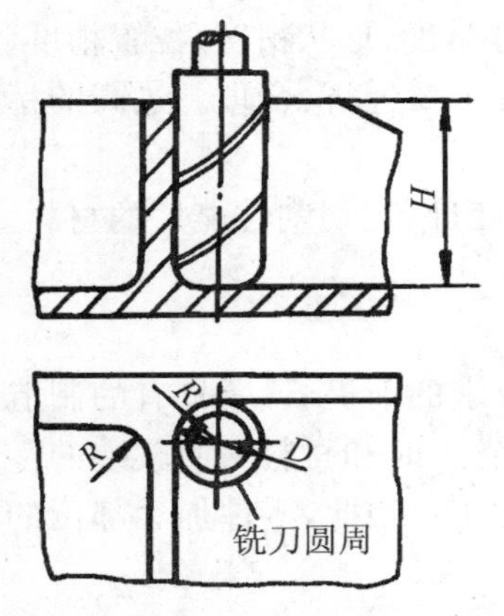

图 2.3 选择较大的轮廓内圆弧半径

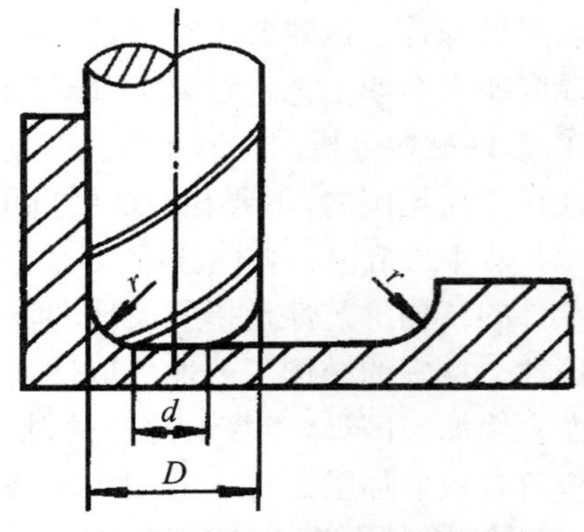

图 2.4 零件槽底部圆角半径不宜过大

2.2.3　数控加工工艺路线设计

工艺路线的拟定是制定工艺规程的重要内容之一,其主要内容包括:选择各加工表面的加工方法、划分加工阶段、划分工序以及安排工序的先后顺序等。设计者应根据从生产实践中总结出来的一些综合性工艺原则,结合本企业的实际生产条件,提出几种方案,通过对比分析,从中选择最佳方案。

1. 数控加工方法的选择

机械零件的结构形状是多种多样的,但它们都是由平面、外圆柱面、内圆柱面或曲面、成型面等基本表面组成的。每一种表面都有多种加工方法,具体选择时应根据零件的加工精度、表面粗糙度、材料、结构形状、尺寸及生产类型等因素,选用相应的加工方法和加工方案。

(1) 平面加工

平面的加工方法常用的有:刨削、铣削、磨削、车削和拉削。精度要求高的平面还需要经过研磨或刮削加工。

(2) 外圆面加工

外圆面的加工方法常用的有车削和磨削。当表面粗糙度要求较高时,还要经光整加工。

(3) 内孔加工

单孔的加工方法有钻孔、扩孔、铰孔、镗孔、拉孔、磨孔和光整加工。一般采用钻、扩、铰,直径大于 20 mm 的孔采用镗削加工,有些盘类的孔采用拉削加工。精度要求高的孔有时采用磨削加工。

(4) 平面轮廓和曲面轮廓的加工

① 平面轮廓

平面轮廓常用的加工方法有数控铣削、线切割及磨削等。对如图 2.5(a)所示的内平面轮廓,当曲率半径较小时,可采用数控线切割方法加工。若选择铣削方法,因铣刀直径受最小曲率半径的限制,直径太小,刚性不足,会产生较大的加工误差。对如图 2.5(b)所示的外平面轮廓,可采用数控铣削方法加工,常用粗铣-精铣方案,也可采用数控线切割方法加工。对精度及表面粗糙度要求较高的轮廓表面,在数控铣削加工之后,再进行数控磨削加工。数控铣削加工适用于除淬火钢以外的各种金属,数控线切割加工可用于各种金属,数控磨削加工适用于除有色金属以外的各种金属。

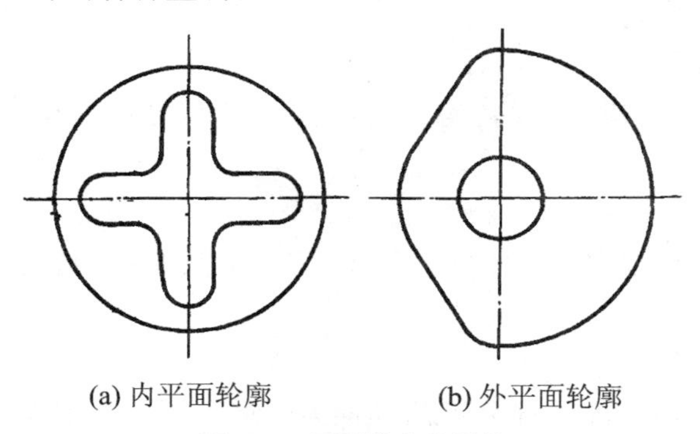

(a) 内平面轮廓　　(b) 外平面轮廓

图 2.5　平面轮廓类零件

② 立体曲面轮廓

立体曲面轮廓的加工方法主要是数控铣削，多用球头铣刀，以“行切法”加工，如图 2.6 所示。根据曲面形状、刀具形状以及精度要求等通常采用二轴半联动或三轴联动。对精度和表面粗糙度要求高的曲面，当用三轴联动的“行切法”加工不能满足要求时，可用模具铣刀，选择四坐标或五坐标联动加工。

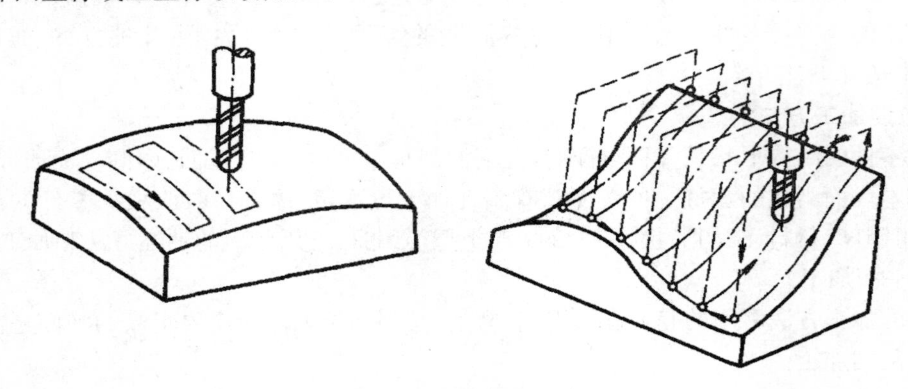

图 2.6 曲面的行切法加工

2. 加工阶段的划分

(1) 粗加工阶段

在这一阶段中要切除大量的加工余量，使毛坯在形状和尺寸上接近零件成品，因此主要目标是提高生产率。

(2) 半精加工阶段

在这一阶段中应为主要表面的精加工做好准备(达到一定加工精度，保证一定的加工余量)，并完成一些次要表面的加工(钻孔、攻螺纹、铣键槽等)，一般在热处理之前进行。

(3) 精加工阶段

保证各主要表面达到图样规定的尺寸精度和表面粗糙度要求，主要目标是全面保证加工质量。

(4) 光整加工阶段

对于零件上精度要求很高，表面粗糙度值要求很小(IT6 及 IT6 以上，$R_a \leqslant 0.2\ \mu m$)的表面，还需进行光整加工。主要目标是以提高尺寸精度和减小表面粗糙度值为主，一般不用以纠正形状精度和位置精度。

(5) 超精密加工阶段

该阶段是按照超稳定、超微量切除等原则，实现加工尺寸误差和形状误差在 $0.1\ \mu m$ 以下的加工技术。

3. 工序的划分

工序划分一般有工序集中和工序分散两种原则，数控加工一般遵循工序集中原则。划分的方法有以下几种：

(1) 按所用刀具划分

即以同一把刀具完成的那一部分工艺过程为一道工序。加工中心常用这种方法划分工序。

（2）按安装次数划分

即以每一次装夹完成的那一部分工艺过程作为一道工序。这种方法适合于加工内容不多的工件，加工完成后就能达到待检状态。

（3）按粗、精加工划分

即以粗加工中完成的那一部分工艺过程为一道工序，精加工中完成的那一部分工艺过程为一道工序。这种划分方法适用于加工后变形较大，需粗、精加工分开的零件，如毛坯为铸件、焊接件或锻件。

（4）按加工部位划分

即以完成相同型面（如内形、外形、曲面和平面等）的那一部分工艺过程为一道工序。用于加工表面多而复杂的零件。

4. 加工顺序的安排

数控铣削加工顺序安排通常按照从简单到复杂的原则，先加工平面、沟槽、孔，再加工内腔、外形，最后加工曲面；先加工精度要求低的表面，再加工精度要求高的部位等。可以参照数控车削加工顺序中的原则进行安排，同时还应注意以下问题：

① 上道工序的加工不能影响下道工序的定位与夹紧，中间穿插有通用机床加工工序的也要综合考虑；

② 一般先进行内形、内腔加工工序，后进行外形加工工序；

③ 以相同定位、夹紧方式或同一把刀具加工的工序，最好连续进行，以减少重复定位次数与换刀次数；

④ 在同一次安装中进行的多道工序，应先安排对工件刚性破坏较小的工序。

总之，顺序的安排应根据零件的结构和毛坯状况，以及定位与夹紧的需要综合考虑。重点要求保证定位夹紧时工件的刚性，并有利于保证加工精度。

5. 数控加工工序与普通工序的衔接

数控加工工序与穿插的传统加工工序要建立相互状态要求，如：要不要留加工余量，留多少；定位面与孔的精度要求及形位公差；对校形工序的技术要求；对毛坯的热处理要求等，都要前后兼顾，统筹衔接。

2.2.4　数控加工工序设计

1. 机床的选择

（1）工序节拍适应性

机床的类型应与工序的划分原则相适应，再根据加工对象的批量和生产节拍要求来决定。若工序是按集中原则划分的，对单件小批生产，应选择通用机床或数控机床；对大批量生产，则应选择高效自动化机床和多刀、多轴机床。若工序是按分散原则划分的，则应选择结构简单的专用机床。

（2）形状尺寸适应性

机床的主要规格尺寸应与工件的外形尺寸和加工表面的有关尺寸相适应。即小工件选小规格的机床加工，大工件则选大规格的机床加工。另外，所选用的数控机床必须能适应被加工零件的形状尺寸要求。如加工空间曲面形状的叶片，往往要选择四轴或五轴联动数控铣床或加工中心。

(3) 加工精度适应性

机床的精度与工序要求的加工精度相适应。如精度要求低的粗加工工序应选用精度低的机床;精度要求高的精加工工序应选用精度高的机床。应根据加工精度要求合理选择,保证有三分之一的储备量。

2. 工件的定位与夹紧方案的确定和夹具的选择

(1) 工件的定位与夹紧方案的确定

① 力求设计基准、工艺基准与编程计算的基准统一;

② 尽量减少装夹次数,尽可能在一次定位装夹后就能加工出全部或大部分待加工表面,以减少装夹误差,提高加工表面之间的相互位置精度;

③ 避免采用占机人工调整式方案,以免占机时间太多,影响加工效率。

(2) 夹具的选择

数控加工的特点对夹具提出了两个基本要求:一是要保证夹具的坐标方向与机床的坐标方向相对固定;二是要能协调零件与机床坐标系的尺寸关系。除此之外,还要考虑以下几点:

① 当零件加工批量不大时,应尽量采用组合夹具、可调夹具和其他通用夹具。

② 在成批生产时才考虑采用专用夹具,并力求结构简单,并应有足够的刚度和强度。

③ 因为在数控机床上通常一次装夹完成工件的全部工序,因此应防止工件夹紧引起的变形造成工件加工不良的影响。夹紧力应靠近主要支承点,力求靠近切削部位。

④ 夹具上各零部件应不妨碍机床对零件各表面的加工,即夹具要敞开,加工部位要开阔,夹具的定位、夹紧机构元件不能影响加工中的进给(如产生碰撞等)。

⑤ 装卸零件要快速、方便、可靠,以缩短准备时间,批量较大时应考虑气动或液压夹具、多工位夹具。

3. 数控刀具的选择

刀具的选择是数控加工工艺中的重要内容,它不仅影响数控机床的加工效率,而且直接影响加工质量。与普通机床相比,数控加工对刀具的要求更高,不仅要求精度高、强度大、刚度好、耐用度高,而且要求尺寸稳定、安装调整方便。

刀具选择的总原则是:安装调整方便,刚性好,耐用度和精度高。在满足加工要求的前提下,尽量选择较短的刀柄,以提高刀具加工的刚性。

在刀具性能上,还应考虑以下几个方面:

① 切削性能好。为适应刀具在粗加工或对难加工材料的工件加工时,能采用大的背吃刀量和高速进给,刀具必须具有能够承受高速切削和强力切削的性能。同时,同一批刀具在切削性能和刀具寿命方面一定要稳定,以便实现按刀具使用寿命换刀或由数控系统对刀具寿命进行管理。

② 精度高。为适应数控加工的高精度和自动换刀等要求,刀具必须具有较高的精度。

③ 可靠性高。要保证数控加工中不会发生刀具意外损坏及潜在缺陷而影响到加工的顺利进行,要求刀具及与之组合的附件必须具有很好的可靠性及较强的适应性。

④ 耐用度高。数控加工的刀具,不论在粗加工或精加工中,都应具有更高的耐用度,以尽量减少更换或修磨刀具及对刀的次数,从而提高数控机床的加工效率及保证加工质量。

⑤ 断屑及排屑性能好。数控加工中,断屑和排屑不像普通机床加工那样能及时由人工处理不致影响加工质量和机床的顺利、安全运行,所以要求刀具应具有较好的断屑和排屑性能。

在经济型数控加工中,由于刀具的刃磨、测量和更换多为人工手动进行,占用辅助时间较长,因此,必须合理安排刀具的排列顺序。一般应遵循以下原则:

① 尽量减少刀具数量;

② 一把刀具装夹后,应完成其所能进行的所有加工部位;

③ 粗、精加工的刀具应分开使用,即使是相同尺寸规格的刀具;

④ 先铣后钻;

⑤ 先进行曲面精加工,后进行二维轮廓精加工;

⑥ 在可能的情况下,应尽可能利用数控机床的自动换刀功能,以提高生产效率等。

数控加工中,应理解并应用以下几个关于刀具的概念:

① 刀位点

刀位点是刀具上用来表示刀具在机床上位置的点,是对刀与加工的基准点。各类刀具的刀位点如图2.7所示。其中切槽刀的刀位点大多设置在左刀尖,也可设置在右刀尖或主切削刃中间点;球头刀的刀位点大多设置在球头顶点,也可设置在球心点。

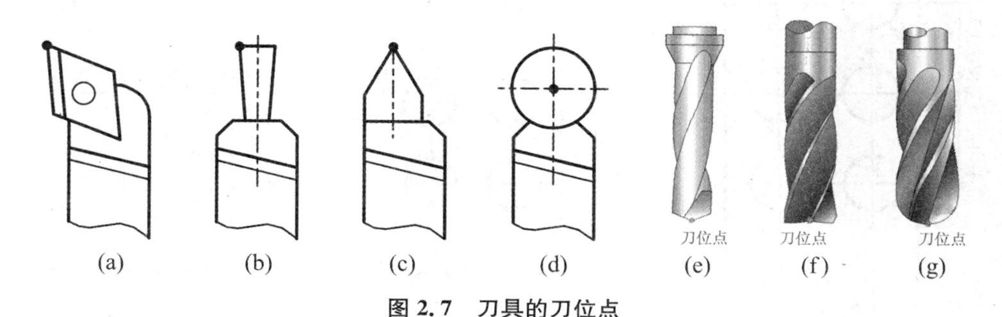

图2.7　刀具的刀位点

② 对刀点

对刀点是指通过对刀确定刀具与工件相对位置的基准点。对刀点可以设置在被加工零件上,也可以设置在夹具上与零件定位基准有一定尺寸联系的某一位置,应尽可能设置在零件的设计基准或工艺基准上,往往就选择在零件的工件原点。

③ 换刀点

数控车床、加工中心等都备有若干把刀具,加工中机床可自动换刀。换刀点就是机床上刀盘(刀架)或工作台自动转位换刀的位置。换刀点要设在零件外面,换刀中不能与零件、机床或夹具发生碰撞。

④ 起刀点

起刀点是指数控加工时,刀具刀位点相对零件运动的起始点,又叫程序起点。由于程序一般从对刀点开始执行,所以对刀点一般就作为起刀点,对刀点往往也作为程序终点。

4. 走刀路线的确定和工步顺序的安排

在数控加工中,刀具刀位点相对于工件运动的轨迹称为进给路线,也称走刀路线。它不但包括了工步的内容,而且也反映出工步的顺序。

工步顺序是指同一道工序中，各个表面加工的先后次序。它对零件的加工质量、加工效率和数控加工中的进给路线有直接影响，应根据零件的结构特点及工序的加工要求等合理安排。工步的划分与安排，一般可随走刀路线来进行，在确定走刀路线时，主要遵循以下几点原则。

（1）保证零件的加工精度和表面粗糙度

加工位置精度要求较高的孔系时，应特别注意安排孔的加工顺序。若安排不当，就可能将坐标轴的反向间隙带入，直接影响位置精度。如图 2.8 所示，镗削图(a)所示零件上 6 个尺寸相同的孔有两种走刀路线。按图(b)所示路线加工时，由于 5、6 孔与 1、2、3、4 孔定位方向相反，Y 向反向间隙会使定位误差增加，从而影响 5、6 孔与其他孔的位置精度。按图(c)所示路线加工时，加工完 4 孔后往上多移动一段距离至 P 点，然后折回来在 5、6 孔处进行定位加工，从而使各孔的加工进给方向一致，避免反向间隙的引入，提高了 5、6 孔与其他孔的位置精度。

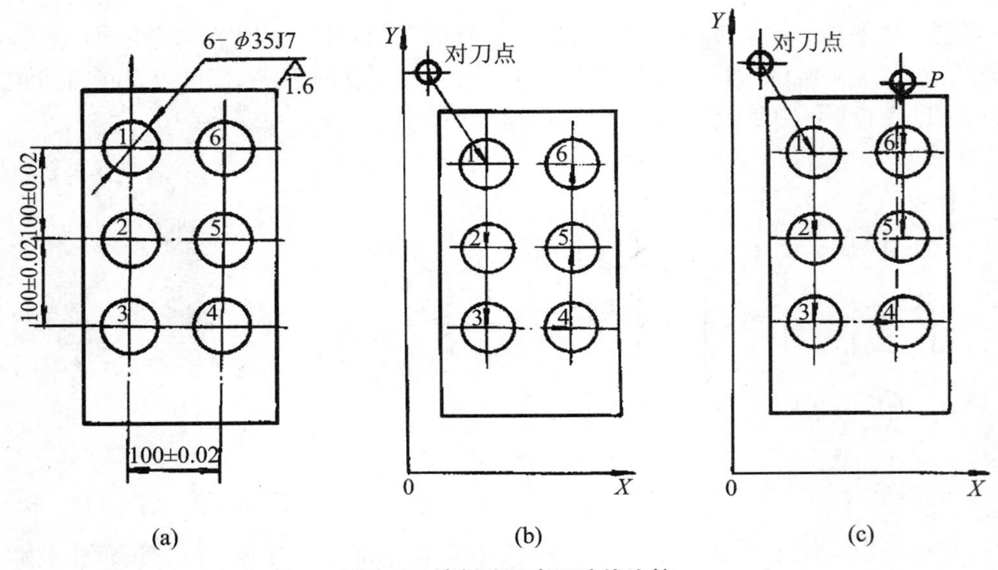

图 2.8 镗削孔系走刀路线比较

（2）使走刀路线最短，减少刀具空行程时间，提高加工效率。

图 2.9 所示为正确选择钻孔加工路线的例子。按照一般习惯，总是先加工均布于同一圆周上的一圈孔后，再加工另一圈孔，如图 2.9(a)所示，但这不是最好的走刀路线。对点位控制的数控机床而言，要求定位精度高，定位过程尽可能快。若按图 2.9(b)所示的进给路线加工，可使各孔间距的总和最小，空程最短，从而节省定位时间。

（3）最终轮廓一次走刀完成

图 2.10(a)所示为采用行切法加工内轮廓。加工时不留死角，在减少每次进给重叠量的情况下，走刀路线较短，但两次走刀的起点和终点间留有残余高度，影响表面粗糙度。图(b)是采用环切法加工，表面粗糙度较小，但刀位计算略为复杂，走刀路线也较行切法长。采用图(c)所示的走刀路线，先用行切法加工，最后再沿轮廓切削一周，使轮廓表面光整。3 种方案中，图(a)方案最差，图(c)方案最佳。

此外,确定加工路线时,还要考虑工件的形状与刚度、加工余量大小,机床与刀具的刚度等情况,确定是一次进给还是多次进给来完成加工,设计刀具的切入与切出方向,铣削加工中采用顺铣还是逆铣等。先完成对刚性破坏小的工步,后完成对刚性破坏大的工步,以免工件刚性不足影响加工精度。

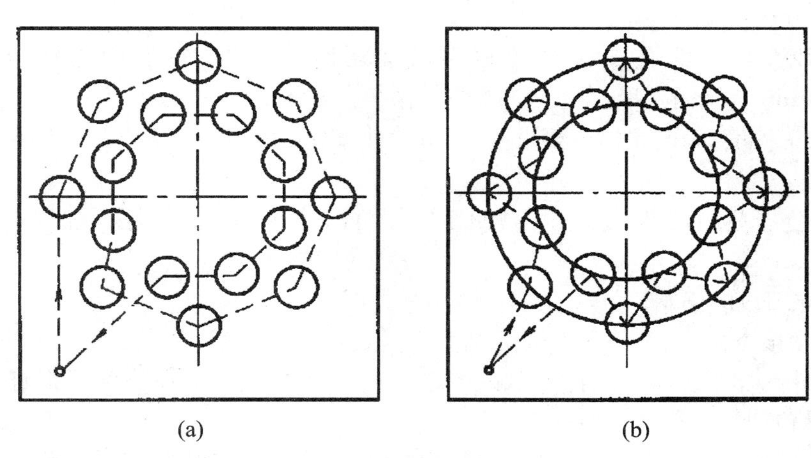

图 2.9 最短加工路线选择

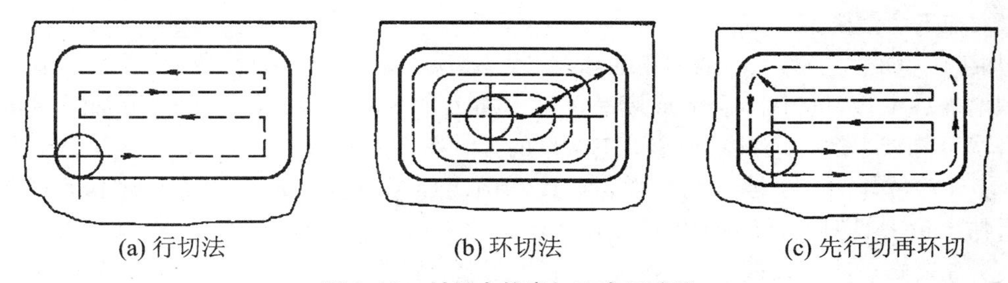

图 2.10 封闭内轮廓加工走刀路线

5. 加工过程中切削用量的确定

数控编程时,编程人员必须确定每道工序的切削用量,并以指令的形式写入程序中。切削用量包括主轴转速、背吃刀量及进给速度等。对于不同的加工方法,需要选用不同的切削用量。切削用量的选择原则是:保证零件加工精度和表面粗糙度,充分发挥刀具切削性能,保证合理的刀具耐用度;并充分发挥机床的性能,最大限度提高生产率,降低成本。

(1) 主轴转速的确定

主轴转速应根据允许的切削速度和工件(或刀具)直径来选择。其计算公式为

$$n = \frac{1000v}{\pi D}$$

式中,v——切削速度,单位为 m/min,由刀具的耐用度决定;

n——主轴转速,单位为 r/min;

D——工件直径或刀具直径,单位为 mm。

计算的主轴转速 n 最后要根据机床说明书选取机床有的或较接近的转速。

(2) 进给速度的确定

进给速度是数控机床切削用量中的重要参数，主要根据零件的加工精度和表面粗糙度要求以及刀具、工件的材料性质选取。最大进给速度受机床刚度和进给系统的性能限制。

确定进给速度的原则：

① 当工件的质量要求能够得到保证时，为提高生产效率，可选择较高的进给速度，一般在 100～200 mm/min 范围内选取。

② 在切断、加工深孔或用高速钢刀具加工时，宜选择较低的进给速度，一般在 20～50 mm/min 范围内选取。

③ 当加工精度，表面粗糙度要求高时，进给速度应选小些，一般在 20～50 mm/min 范围内选取。

④ 刀具空行程时，特别是远距离“回零”时，可以修改该机床数控系统设定的最高进给速度。

(3) 背吃刀量的确定

背吃刀量根据机床、工件和刀具的刚度来决定，在刚度允许的条件下，应尽可能使背吃刀量等于工件的加工余量，这样可以减少走刀次数，提高生产效率。为了保证加工表面质量，可留少量精加工余量，一般 0.2～0.5 mm。

总之，切削用量的具体数值应根据机床性能、相关手册并结合实际经验用类比方法确定。同时，使主轴转速、切削深度及进给速度三者能相互适应，以形成最佳切削用量。

6. 加工余量确定

加工余量的大小对工件的加工质量和生产效率有较大的影响。余量过大，会造成浪费工时，增加成本；余量过小，会造成废品。确定加工余量的基本原则是在保证加工质量的前提下，尽可能减小加工余量。确定加工余量的方法有 3 种：

① 经验估计法。根据实践经验来估计和确定加工余量。为避免因余量不足而产生废品，所估余量一般偏大，仅用于单件小批生产。

② 查表修正法。根据有关手册推荐的加工余量数据，结合本单位实际情况进行适当修正后使用。这种方法目前应用最广。查表时应注意表中的余量值为基本余量值，对称表面的加工余量是双边余量，非对称表面的余量是单边余量。

③ 分析计算法。根据一定的试验资料和计算公式，对影响加工余量的因素进行分析和综合计算来确定加工余量。目前，只在材料十分贵重以及军工生产或少数大量生产的工厂中采用。

2.2.5 数控车削工艺设计

1. 数控车削的主要加工对象

(1) 精度要求高的零件

由于数控车床的刚性好，制造和对刀精度高，以及能方便和精确地进行人工补偿甚至自动补偿，所以它能够加工尺寸精度要求高的零件。此外，由于数控车削时刀具运动是通过高精度插补运算和伺服驱动来实现的，再加上机床的刚性好和制造精度高，所以它能加工对母线直线度、圆度、圆柱度要求高的零件。数控车削对提高位置精度特别有效，在数控车床上加工如果发现位置精度不高，可以用修改程序内数据的方法来校正，从而提高其位置精度。

而在传统车床上加工是无法做这种校正的。

（2）表面粗糙度好的回转体

数控车床能加工出表面粗糙度小的零件，不但是因为机床的刚性和制造精度高，还由于它具有恒线速度切削功能。使用数控车床的恒线速度切削功能，可选用最佳线速度来切削端面，这样切出的粗糙度既小又一致。数控车床还适合于车削各部位表面粗糙度要求不同的零件。粗糙度小的部位可以用减小走刀量的方法来达到，而这在传统车床上是做不到的。

（3）超精密、超低表面粗糙度的零件

磁盘、录像机磁头、激光打印机的多面反射体、复印机的回转鼓、照相机等光学设备的透镜及其模具，以及隐形眼镜等要求超高的轮廓精度和超低的表面粗糙度，它们适合于在高精度、高功能的数控车床上加工，以往很难加工的塑料制散光用的透镜，现在也可以用数控车床来加工。超精车削零件的材质以前主要是金属，现已扩大到塑料和陶瓷。

（4）表面形状复杂的回转体零件

由于数控车床具有直线和圆弧插补功能，部分车床数控装置还有某些非圆曲线插补功能，所以可以车削由任意直线和平面曲线组成的形状复杂的回转体零件和难以控制尺寸的零件，如具有封闭内成型面的壳体零件。图2.11所示壳体零件封闭内腔的成型面，“口小肚大”，在普通车床上是无法加工的，而在数控车床上则很容易加工出来。

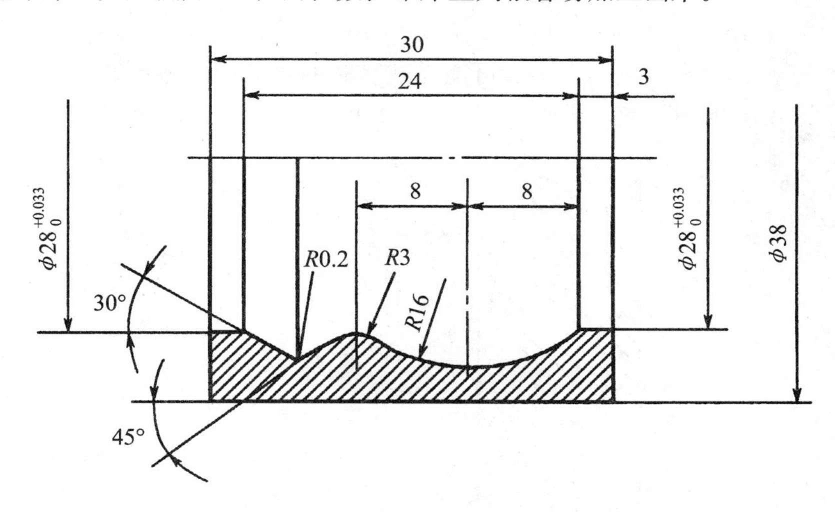

图2.11　成型内腔壳体零件

（5）带横向加工的回转体零件

带有键槽或径向孔，或端面有分布的孔系以及有曲面的盘套或轴类零件，如带法兰的轴套、带有键槽或方头的轴类零件等，这类零件宜选车削加工中心加工。由于加工中心有自动换刀系统，使得一次装夹可完成普通机床的多个工序的加工，减少了装夹次数，实现了工序集中的原则，保证了加工质量的稳定性，提高了生产率，降低了生产成本。

（6）带一些特殊类型螺纹的零件

传统车床所能切削的螺纹相当有限，它只能车等节距的直、锥面公、英制螺纹，而且一台车床只限定加工若干种节距。数控车床不但能车任何等节距的直、锥和端面螺纹，而且能车增节距、减节距，以及要求等节距、变节距之间平滑过渡的螺纹和变径螺纹。

2. 数控车削加工工艺设计

数控车削过程中的工艺问题如下。

(1) 数控车削加工工序的划分

在数控机床上加工零件，工序比较集中，一次装夹应尽可能完成全部工序，常用的工序划分原则有以下两种。

① 保证精度原则

数控加工具有工序集中的条件，粗、精加工常在一次装夹中完成，以保证零件的加工精度，当热变形和切削力变形对零件的加工精度影响较大时，应将粗、精加工分开进行。

② 提高生产效率的原则

数控加工中，为减少换刀次数，节省换刀时间，应将需用同一把刀加工的加工部位全部完成后，再换另一把刀来加工其他部位。同时应尽量减少空行程，用同一把刀加工工件的多个部位时，应以最短的路线到达各加工部位。

实际生产中，数控加工常按刀具或加工表面划分工序。

(2) 分层切削时刀具的终止位置

当某外圆表面的加工余量较多需分层多次走刀切削时，从第二刀开始要注意防止走刀至终点时背吃刀量的突增。如图 2.12 所示，设以 90°主偏角的刀具分层车削外圆，合理的安排应是每一刀的切削终点依次提前一小段距离 e($e=0.05$ mm)。如果 $e=0$，即每一刀都终止在同一轴向位置上，车刀主切削刃就可能受到瞬时的重负荷冲击。如分层切削时的终止位置做出层层递退的安排，有利于延长粗加工刀具的使用寿命。

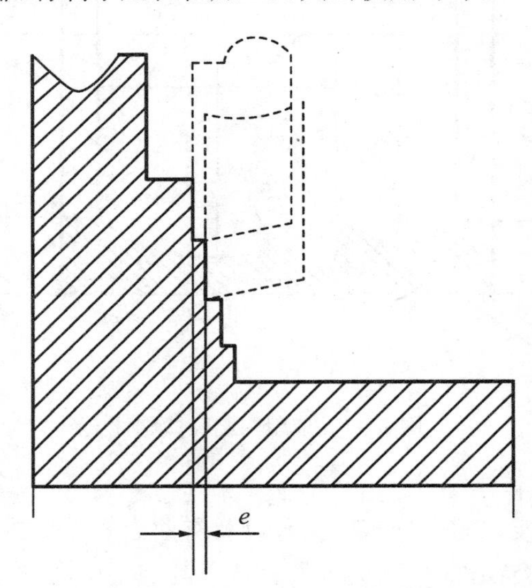

图 2.12 分层切削时刀具的终止位置

(3) “让刀”时刀补值的确定

对于薄壁工件，尤其是难切削材料的薄壁工件，切削时“让刀”现象严重，导致所车削工件尺寸发生变化，一般是外圆变大，内孔变小。“让刀”主要是由工件加工时的弹性变形引起的，“让刀”程度与切削时的背吃刀量密切相关。采用“等背吃刀深度法”，用刀补值做小范围调整，以减少“让刀”对加工精度的影响。如图 2.13 所示，设欲加工的外圆尺寸为 A，双面余

量为 $2t$。试切削时，取 t 值的一半作为切削时的背吃刀量，试切削在该表面的全长上进行，试切削后，程序安排停车，测量该外圆尺寸是否等于 $A+t$，按出现的误差大小调整刀具的刀补值，然后继续运行程序，完成精加工走刀。由于精加工过程与试切削过程采用相同的背吃刀量和同样的切削速度和进给速度，切削抗力相同，工件相应的弹性变形相同，所输入的刀补值刚好能抵消"让刀"所产生的变形，保证车削工件的尺寸精度。

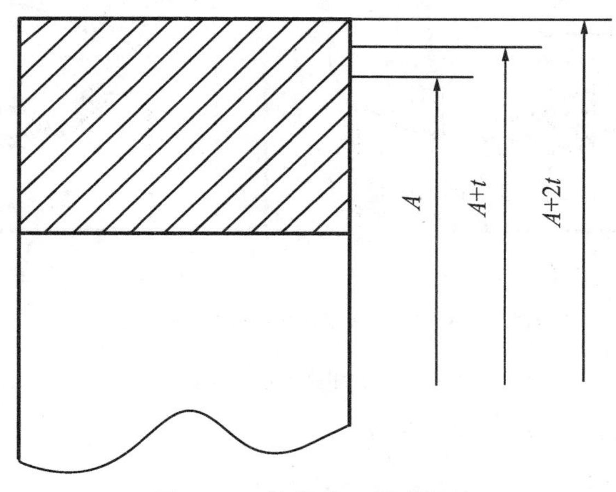

图 2.13　等背吃刀量试切法

(4) 车削时的断屑问题

数控车削是自动化加工，如果刀具的断屑性能太差，将严重妨碍加工的正常进行。为解决这一问题，首先应尽量提高刀具本身的断屑性能，其次应合理选择刀具的切削用量，避免产生妨碍加工正常进行的条带形切屑。数控车削中，最理想的切屑是长度为 50～150 mm，直径不大的螺卷状切屑，或宝塔形切屑，它们能有规律地沿一定方向排除，便于收集和清除。使用上压式的机夹可转位刀片时，可用压板同时将断屑台和刀片一起压紧，使用断屑台来加强断屑效果；车内孔时，则可采用刀具前刀面朝下的切削方式改善排屑。

(5) 切槽的走刀路线

在数控车床上常用切槽刀加工较深的槽型，如果刀宽等于要求加工的槽宽，则切槽刀一次切槽到位，若以较窄的切槽刀加工较宽的槽型，则应分多次切入。先切中间，再切左右。因为刀刃两侧的圆角半径通常小于工件槽底和侧壁的转接圆角半径，左右两刀切下时，当刀具接近槽底，需要各走一段圆弧。如果中间的一刀不提前切削，就不能为这两段圆弧的走刀创造必要的条件。即使刀刃两侧圆角半径与工件槽底两侧的圆角半径一致，仍以中间先切一刀为好，因这一刀切下时，刀刃两侧的负荷是均等的，后面的两刀，一刀是左侧负荷重，一刀是右侧负荷重，刀具的磨损还是均匀的。

3. 数控车削加工进给路线的确定

加工路线的确定首先必须保持被加工零件的尺寸精度和表面质量，其次考虑数值计算简单、走刀路线尽量短、效率较高等。因精加工的进给路线基本上都是沿其零件轮廓顺序进行的，因此确定进给路线的工作重点是确定粗加工及空行程的进给路线。

(1) 对大余量毛坯进行阶梯切削时的加工路线

图 2.14 所示为车削大余量工件的两种加工路线，图(a)是错误的阶梯切削路线，图(b)

按1→5的顺序切削,每次切削所留余量相等,是正确的阶梯切削路线。因为在同样背吃刀量的条件下,按图(a)方式加工所剩的余量过多。

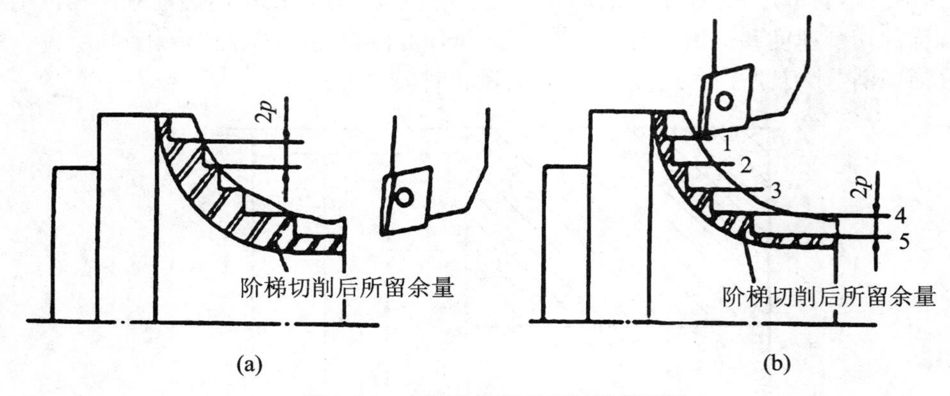

图 2.14 车削大余量毛坯的阶梯路线

根据数控加工的特点,还可以放弃常用的阶梯车削法,改用依次从轴向和径向进刀、顺工件毛坯轮廓走刀的路线,如图2.15所示。

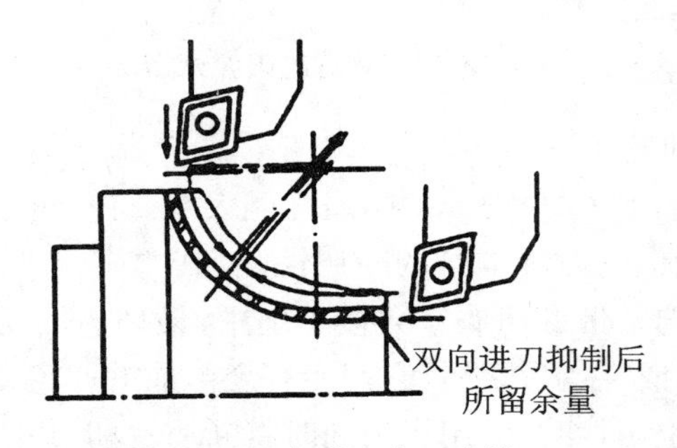

图 2.15 双向进刀走刀路线

(2) 刀具的切入、切出

在数控机床上进行加工时,要安排好刀具的切入、切出路线,尽量使刀具沿轮廓的切线方向切入、切出。

(3) 确定最短的空行程路线

确定最短的走刀路线,除了依靠大量的实践经验外,还应善于分析,必要时辅以一些简单计算。现将实践中的部分设计方法或思路介绍如下。

① 巧用对刀点

图2.16(a)为采用矩形循环方式进行粗车的一般情况示例。其起刀点A的设定是考虑到精车等加工过程中需方便地换刀,故设置在离坯料较远的位置处,同时将起刀点与其对刀点重合在一起,按三刀粗车的走刀路线安排如下:第一刀为$A \to B \to C \to D \to A$;第二刀为$A \to E \to F \to G \to A$;第三刀为$A \to H \to I \to J \to A$。图2.16(b)则是将起刀点与对刀点分离,并设于图示B点位置,仍按相同的切削用量进行三刀粗车,其走刀路线安排如下:起刀点与对刀点分离的空行程为$A \to B$;第一刀为$B \to C \to D \to E \to B$;第二刀为$B \to F \to G \to H \to B$;第三刀为$B \to I \to J \to K \to B$。显然,图(b)所示的走刀路线短。

② 巧设换刀点

为了考虑换(转)刀的方便和安全,有时将换(转)刀点也设置在离坯件较远的位置处(如图 2.16 中 A 点),那么,当换第二把刀后,进行精车时的空行程路线必然也较长;如果将第二把刀的换刀点也设置在图 2.16(b)中的 B 点位置上,则可缩短空行程距离。

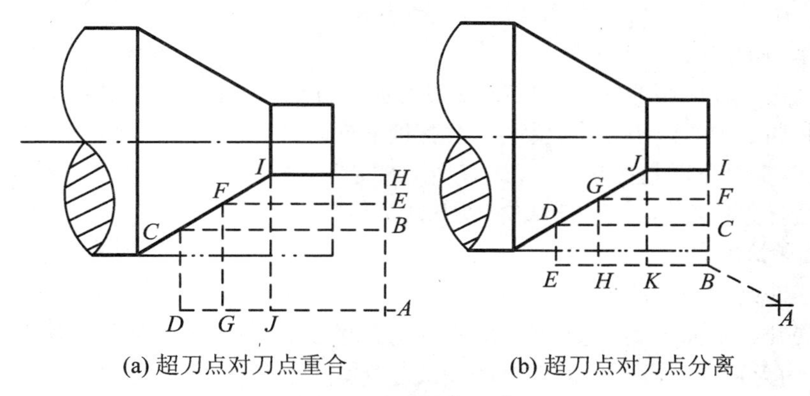

(a) 超刀点对刀点重合　　(b) 超刀点对刀点分离

图 2.16　巧用起刀点

③ 合理安排"回零"路线

在手工编制较复杂轮廓的加工程序时,为使其计算过程尽量简化,既不易出错,又便于校核,编程者(特别是初学者)有时将每一刀加工完后的刀具终点通过执行"回零"(即返回对刀点)指令,使其全都返回到对刀点位置,然后再进行后续程序。这样会增加走刀路线的距离,从而大大降低生产效率。因此,在合理安排"回零"路线时,应使其前一刀终点与后一刀起点间的距离尽量减短,或者为零,即可满足走刀路线为最短的要求。

(4) 确定最短的切削进给路线

切削进给路线短,可有效地提高生产效率,降低刀具损耗等。在安排粗加工或半精加工的切削进给路线时,应同时兼顾到被加工零件的刚性及加工的工艺性等要求,不要顾此失彼。

图 2.17 为粗车工件时几种不同切削进给路线的安排示例。其中,图 2.17(a)表示利用数控系统具有的封闭式复合循环功能而控制车刀沿着工件轮廓进行走刀的路线;图 2.17(b)为利用其程序循环功能安排的"三角形"走刀路线;图 2.17(c)为利用其矩形循环功能而安排的"矩形"走刀路线。

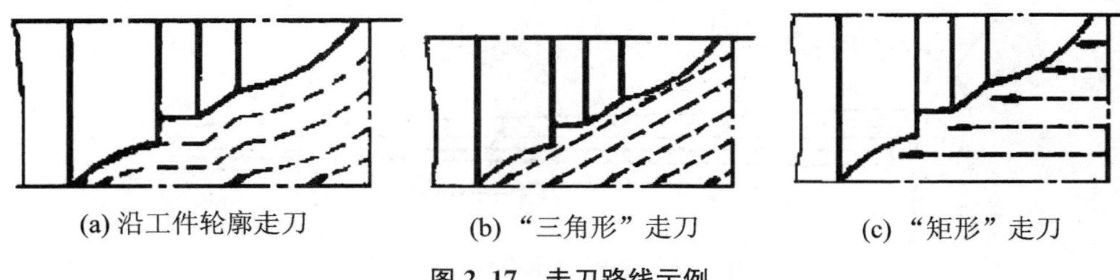

(a) 沿工件轮廓走刀　　(b) "三角形" 走刀　　(c) "矩形" 走刀

图 2.17　走刀路线示例

对以上 3 种切削进给路线,经分析和判断后可知矩形循环进给路线的走刀长度总和为最短。因此,在同等条件下,其切削所需时间(不含空行程)为最短,刀具的损耗小。另外,矩形循环加工的程序段格式较简单，所以这种进给路线的安排，在制定加工方案时应用较多。

2.2.6 数控铣削工艺设计

下面对铣削加工工艺设计方面的内容进行分析。

1. 数控铣削的主要加工对象

数控铣削是一种应用非常广泛的数控切削加工方法，能完成铣削加工的数控设备主要有数控铣床和加工中心。由于多坐标联动，各种平面轮廓和曲面轮廓的零件，如凸轮、模具、叶片、螺旋桨等都可采用数控铣削加工；此外，数控铣床也可进行钻、扩、铰、攻螺纹、镗孔等加工。特别适合数控铣削加工的对象有以下几类。

(1) 平面轮廓零件

平面类零件是指加工面平行或垂直于水平面，或加工面与水平面有一定夹角的零件，这类加工面可展开为平面。图 2.18 所示的零件均为平面类零件，其中曲线轮廓面 A 和正圆台面 B，展开后均为平面。像这种工件上的曲线轮廓内、外形，特别是由数学表达式给出的非圆曲线与列表曲线等曲线轮廓适合数控铣削加工。平面类零件是数控铣削加工对象中最简单的一类，一般只需三坐标数控铣床的两坐标联动就可以加工出来。

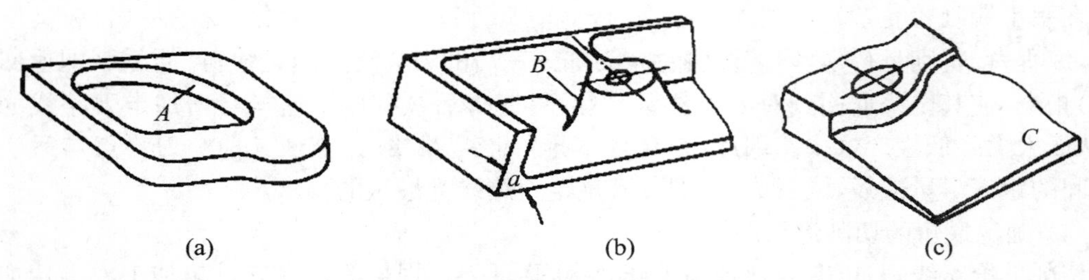

图 2.18 典型的平面轮廓零件

(2) 变斜角类零件

加工面与水平面的夹角呈连续变化的零件称为变斜角类零件，多为飞机零部件及检验夹具与装配型架等。图 2.19 为飞机上的一种变斜角梁条。该零件在第 2 肋至第 5 肋的斜角从 3°10′均匀变化为 2°32′，从第 5 肋至第 9 肋再均匀变化为 1°20′，从第 9 肋至第 12 肋又均匀变化为 0°。

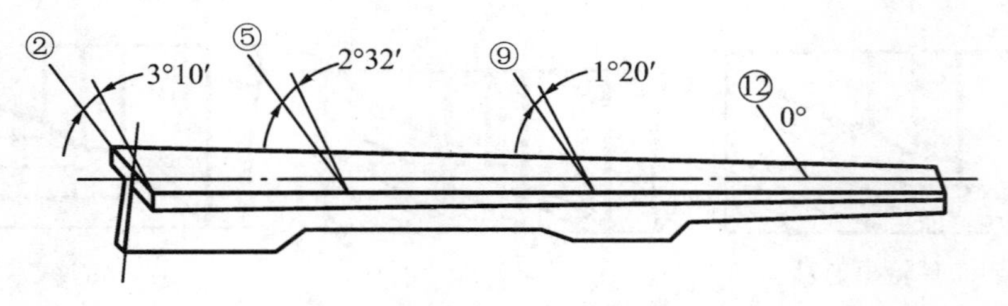

图 2.19 典型的变斜角类零件

变斜角类零件的加工面不能展开为平面，但在加工中，加工面与铣刀圆周接触的瞬间为一条直线。最好采用四坐标或五坐标数控铣床摆角加工，在没有上述机床时，也可采用三坐标数控铣床进行两轴半坐标近似加工。

(3) 空间曲面轮廓零件

加工面为空间曲面的零件称为空间曲面轮廓零件，如模具、叶轮、螺旋桨等。图2.20所示零件的加工面不能展成平面，一般使用球头铣刀铣削，加工面与铣刀始终为点接触，若采用其他刀具加工易产生干涉而铣伤邻近表面。像这种空间曲面，特别是已给出数学模型的空间曲面适合数控铣削加工，一般使用三坐标及以上数控铣床，根据需要可采用的加工方法有：行切加工、三坐标联动加工、四坐标联动加工、五坐标联动加工。

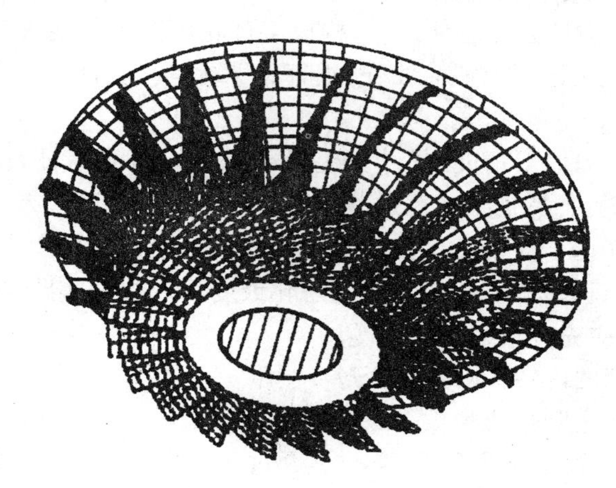

图2.20　叶轮

(4) 多孔箱体类零件

数控铣床上可以加工相互位置要求较高的多孔箱体类零件，如钻孔、扩孔、铰孔、镗孔、锪孔、攻螺纹等。由于孔加工多采用定尺寸刀具，须频繁换刀，当加工孔的数量较多时，就不如用加工中心方便快捷了。

2. 数控铣削加工工艺分析

数控铣削加工工艺性问题涉及面很广，下面结合编程的可能性与方便性提出一些必须分析和审查的内容。

(1) 数控铣削加工内容的选择

数控铣床的工艺范围比传统铣床宽，但其价格较传统铣床高得多，因此，选择数控铣削加工内容时，应从实际需要和经济性两个方面考虑。通常选择下列加工部位为其加工内容：

① 工件上的曲线轮廓内、外形，特别是由数学表达式给出的非圆曲线与列表曲线等曲线轮廓；

② 已给出数学模型的空间曲面；

③ 形状复杂，尺寸繁多，划线与检测困难的部位；

④ 用通用铣床加工时难以观察、测量和控制进给的内外凹槽；

⑤ 以尺寸协调的高精度孔或面；

⑥ 能在一次安装中顺带铣出来的简单表面或形状；

⑦ 采用数控铣削后能成倍提高生产效率，大大减轻劳动强度的一般加工内容。

但对于简单的粗加工表面、需长时间占机做人工调整(如以毛坯粗基准定位划线找正)的粗加工表面、毛坯上的加工余量不太充分或不太稳定的部位及必须用细长铣刀加工的部位(一般指狭窄深槽或高肋板小转接圆弧部位)等不宜选作数控铣削的加工内容。

(2) 零件结构工艺分析

关于数控加工的零件图和结构工艺性分析,在前面 2.2.2 小节已作介绍,下面结合数控铣削加工的特点作进一步说明。

针对数控铣削加工的特点,下面列举出一些经常遇到的工艺性问题作为对零件图进行工艺性分析的要点来加以分析与考虑。

① 图纸尺寸的标注方法是否方便编程,构成工件轮廓图形的各种几何元素的条件是否充要,各几何元素的相互关系(如相切、相交、垂直和平行等)是否明确,有无引起矛盾的多余尺寸或影响工序安排的封闭尺寸等。

② 零件尺寸所要求的加工精度、尺寸公差是否都可以得到保证,不要认为数控机床加工精度高而放弃这种分析。特别要注意过薄的腹板与缘板的厚度公差,"铣工怕铣薄",数控铣削也是一样,因为加工时产生的切削拉力及薄板的弹性退让极易产生切削面的振动,使薄板厚度尺寸公差难以保证,其表面粗糙度也将恶化或变坏。根据实践经验,当面积较大的薄板厚度小于 3 mm 时就应充分重视这一问题。

③ 内槽及缘板之间的内转接圆弧是否过小。

④ 零件铣削面的槽底圆角或腹板与缘板相交处的圆角半径 r 是否太大。

⑤ 零件图中各加工面的凹圆弧(R 与 r)是否过于零乱,是否可以统一。因为在数控铣床上多换一次刀要增加不少新问题,如增加铣刀规格,计划停车次数和对刀次数等,不但给编程带来许多麻烦,增加生产准备时间而降低生产效率,而且也会因频繁换刀增加了工件加工面上的接刀阶差而降低了表面质量。所以,在一个零件上的这种凹圆弧半径在数值上的一致性问题对数控铣削的工艺性显得相当重要。一般来说,即使不能寻求完全统一,也要力求将数值相近的圆弧半径分组靠拢,达到局部统一,以尽量减少铣刀规格与换刀次数。

⑥ 零件上有无统一基准以保证两次装夹加工后其相对位置的正确性。有些工件要在铣完一面后再重新安装铣削另一面,如图 2.21 所示。由于数控铣削时不能使用通用铣床加工时常用的试切方法来接刀,往往会因为工件的重新安装而接不好刀(即与上道工序加工的面接不齐或造成本来要求一致的两对应面上的轮廓错位)。为了避免上述问题的产生,减小两次装夹误差最好采用统一基准定位,因此零件上最好有合适的孔作为定位基准孔。如果零件上没有基准孔,也可以专门设置工艺孔作为定位基准(如在毛坯上增加工艺凸耳或在后续工序要铣去的余量上设基准孔)。如实在无法制出基准孔,起码也要用经过精加工的面作为统一基准。如果连这也办不到,则只好只加工其中一个最复杂的面,另一面放弃数控铣削而改由通用铣床加工。

⑦ 分析零件的形状及原材料的热处理状态会不会在加工过程中变形,哪些部位最容易变形。因为数控铣削最忌讳工件在加工时变形,这种变形不但无法保证加工的质量,而且经常造成加工不能继续进行下去,这时就应当考虑采取一些必要的工艺措施进行预防,如对钢件进行调质处理,对铸铝件进行退火处理,对不能用热处理方法解决的,也可考虑粗、精加工及对称去余量等常规方法。此外,还要分析加工后的变形问题采取什么工艺措施来解决。

(3) 零件毛坯的工艺性分析

零件在进行数控铣削加工时，由于加工过程的自动化，使余量的大小、如何装夹等问题在设计毛坯时就要仔细考虑好。否则，如果毛坯不适合数控铣削，加工将很难进行下去。下列几方面应作为毛坯工艺性分析的要点。

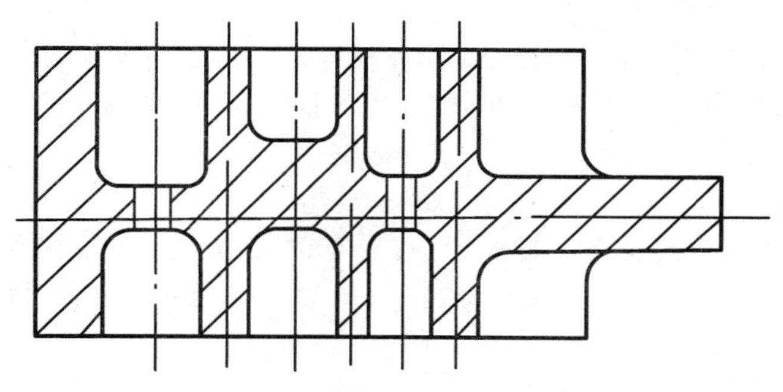

图2.21　必须两次安装加工的零件

① 毛坯应有充分、稳定的加工余量

毛坯一般是铸、锻件。因模锻时的欠压量与允许的错模量会造成余量多少不等；铸造时也会因砂型误差、收缩量及金属液体的流动性差不能充满型腔等造成余量不等。此外，锻、铸后，毛坯的翘曲与扭曲变形量的不同也会造成加工余量不充分、不稳定。因此，除板料外，不论是锻件、铸件还是型材，只要准备采用数控铣削加工，其加工面均应有较充分的余量。

② 分析毛坯的装夹适应性

主要是考虑毛坯在加工时定位夹紧方面的可靠性与方便性，以便在一次安装中加工出较多表面。对不便于装夹的毛坯，可考虑在毛坯上另外增加装夹余量或工艺凸台、工艺凸耳等辅助基准。如图2.22所示，该工件缺少合适的定位基准，在毛坯上铸出两个工艺凸耳，在凸耳上制出定位基准孔。

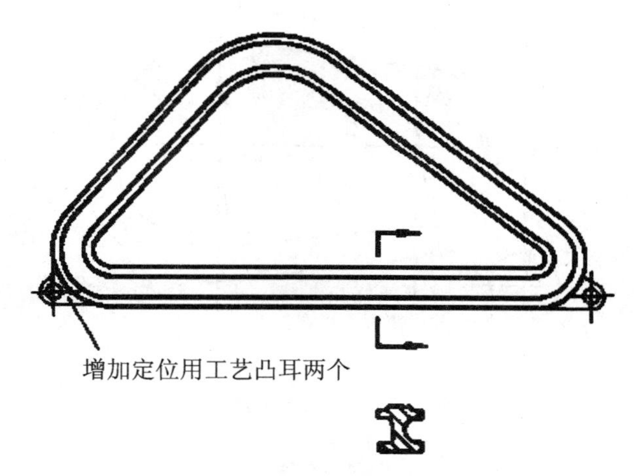

图2.22　增加辅助基准示例

③ 分析毛坯的余量大小及均匀性

主要是考虑在加工时要不要分层切削，分几层切削。还要分析加工中与加工后的变形程度，考虑是否应采取预防性措施与补救措施。如对于热轧中、厚铝板，经淬火时效后很容易在加工中与加工后变形，最好采用经预拉伸处理后的淬火板坯。

3. 数控铣削加工工艺路线设计

数控铣削加工工艺路线的主要内容包括选择各加工表面的加工方法、划分加工阶段、划分工序以及安排工序的先后顺序等。

(1) 数控铣削加工方案的选择

对于数控铣床，应重点考虑几个方面：能保证零件的加工精度和表面粗糙度；使走刀路线最短，既可简化程序段，又可减少刀具空行程时间，提高加工效率；应使数值计算简单，程序段数量少，以减少编程工作量。

① 内孔表面加工方法的选择

在数控铣床上加工内孔表面的加工方法主要有钻孔、扩孔、铰孔、镗孔和攻螺纹等，应根据被加工孔的加工要求、尺寸、具体生产条件、批量的大小及毛坯上有无预制孔等情况合理选用。

② 平面的加工方法

在数控铣床上加工平面主要采用端铣刀和立铣刀加工。粗铣的尺寸精度和表面粗糙度一般可达 IT11～IT13，R_a6. 3～25 mm；精铣的尺寸精度和表面粗糙度一般可达 IT8～IT10，R_a1. 6～6. 3 mm。需要注意的是：当零件表面粗糙度要求较高时，应采用顺铣方式。

③ 平面轮廓的加工方法

这类零件的表面多由直线和圆弧或各种曲线构成，通常采用三坐标数控铣床进行两轴半坐标加工。图 2. 23 为由直线和圆弧构成的平面轮廓 $ABCDEA$，采用刀具半径为 R 的立铣刀沿周向加工，双点划线 $A'B'C'D'E'A'$ 为刀具中心的运动轨迹。为保证加工面光滑，刀具沿 PA' 切入，沿 $A'K$ 切出，让刀具沿 KL 及 LP 返回程序起点。在编程时应尽量避免切入和进给中途停顿，以防止在零件表面留下划痕。

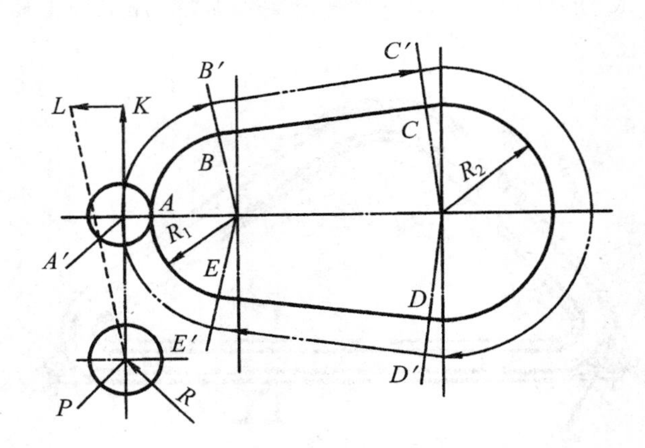

图 2. 23 平面轮廓铣削

④ 固定斜角平面的加工方法

固定斜角平面是与水平面呈一固定夹角的斜面，常用的加工方法如下：

a. 当零件尺寸不大时，可用斜垫板垫平后加工；如果机床主轴可以摆角，则可以摆成适当的定角，用不同的刀具来加工，如图 2. 24 所示。当零件尺寸很大，斜面斜度又较小时，常用行切法加工，但加工后，会在加工面上留下残留面积，需要用钳修方法加以清除。当然，加工斜面的最佳方法是采用五坐标数控铣床，主轴摆角后加工，可以不留残留面积。

b. 对于正圆台和斜筋表面，一般可用专用的角度成型铣刀加工。其效果比采用五坐标数控铣床摆角加工好。

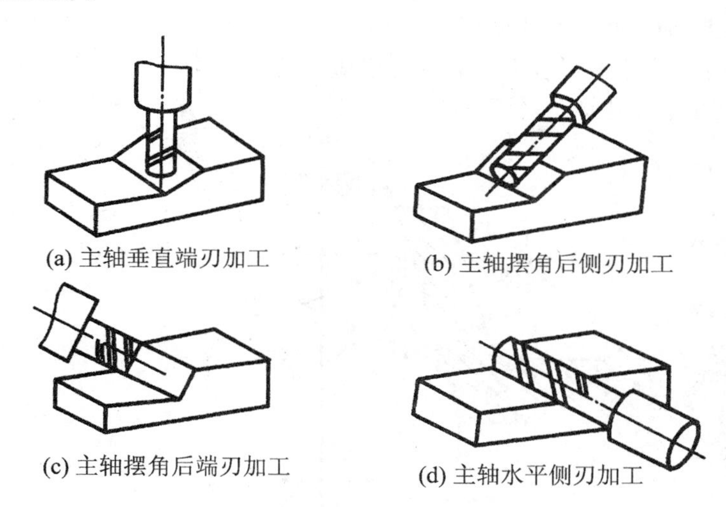

图 2.24　主轴摆角加工固定斜面

⑤ 变斜角面的加工

a. 对曲率变化较小的变斜角面，用四坐标联动的数控铣床，采用立铣刀（但当零件斜角过大，超过机床主轴摆角范围时，可用角度成型铣刀加以弥补）以插补方式摆角加工，如图 2.25(a)所示。加工时，为保证刀具与零件型面在全长上始终贴合，刀具绕 A 轴摆动角度 α。

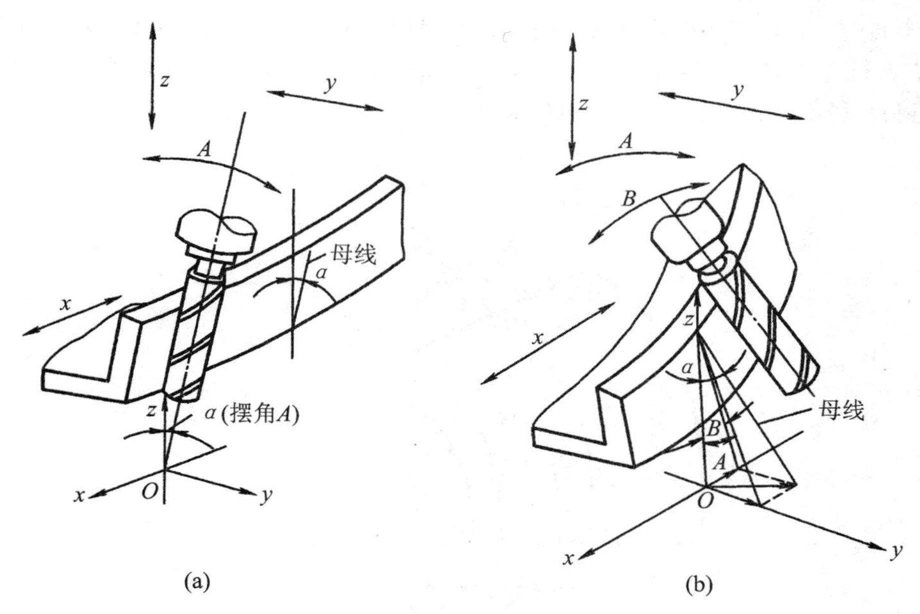

图 2.25　四、五坐标数控铣床加工零件变斜角面

b. 对曲率变化较大的变斜角面，用四坐标联动加工难以满足加工要求，最好用五坐标联动数控铣床，以圆弧插补方式摆角加工，如图 2.25(b)所示。图中，夹角 A 和 B 分别是零

件斜面母线与 Z 坐标轴夹角 α 在 ZOY 平面上和 XOY 平面上的分夹角。

c. 采用三坐标数控铣床两坐标联动，利用球头铣刀和鼓形铣刀，以直线或圆弧插补方式进行分层铣削加工，加工后的残留面积用钳修方法加以清除，图 2.26 所示是用鼓形铣刀铣削变斜角面的情形。由于鼓形铣刀的鼓径可以做得比球头铣刀的球径大，所以加工后的残留面积高度小，加工效果比球头铣刀好。

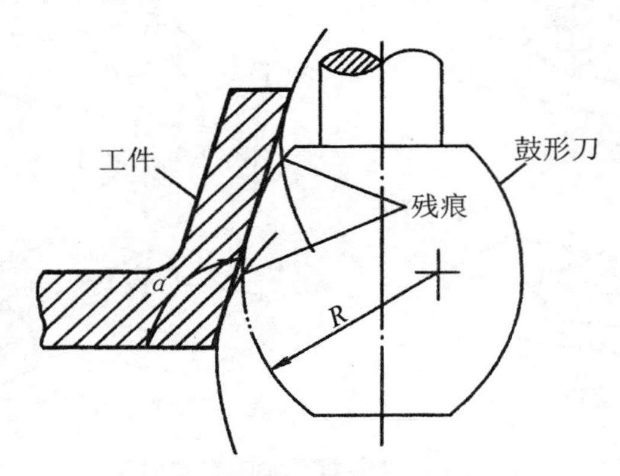

图 2.26 用鼓形铣刀分层铣削变斜角面

⑥ 曲面轮廓的加工方法

立体曲面加工应根据曲面形状、刀具形状以及精度要求采用不同的铣削方法。

a. 两坐标联动的三坐标行切法加工。X、Y、Z 三轴中任意二轴作联动插补，第三轴作单独的周期进刀，称为二轴半坐标联动。如图 2.27 所示，将 X 向分成若干段，圆头铣刀沿 YZ 面所截的曲线进行铣削，每一段加工完成进给 ΔX，再加工另一相邻曲线，如此依次切削即可加工整个曲面。在行切法中，要根据轮廓表面粗糙度的要求及刀头不干涉相邻表面的原则选取 ΔX。行切法加工中通常采用球头铣刀。球头铣刀的刀头半径应选得大些，有利于散热，但刀头半径不应大于曲面的最小曲率半径。

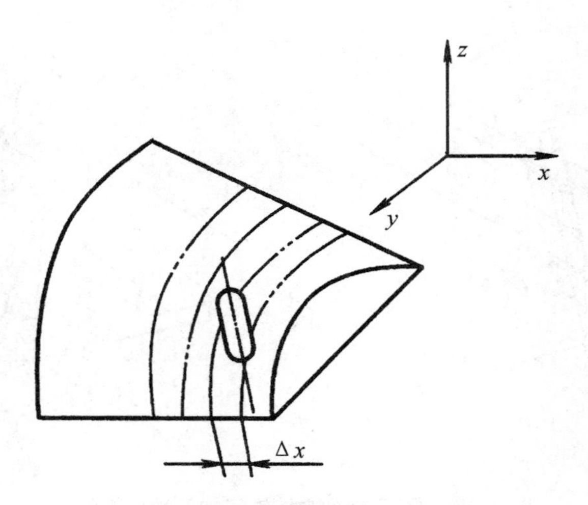

图 2.27 两轴半坐标曲面行切法

b. 用球头铣刀加工曲面时，总是用刀心轨迹的数据进行编程。图 2.28 为二轴半坐标加工的刀心轨迹与切削点轨迹示意图。$ABCD$ 为被加工曲面，P_{yz} 平面为平行于 yz 坐标面的一个行切面，其刀心轨迹 O_1O_2 为曲面 $ABCD$ 的等距面 $IJKL$ 与平面 P_{yz} 的交线，显然 O_1O_2 是一条平面曲线。在此情况下，曲面的曲率变化会导致球头刀与曲面切削点的位置改变，因此切削点的连线 ab 是一条空间曲线，从而在曲面上形成扭曲的残留沟纹。

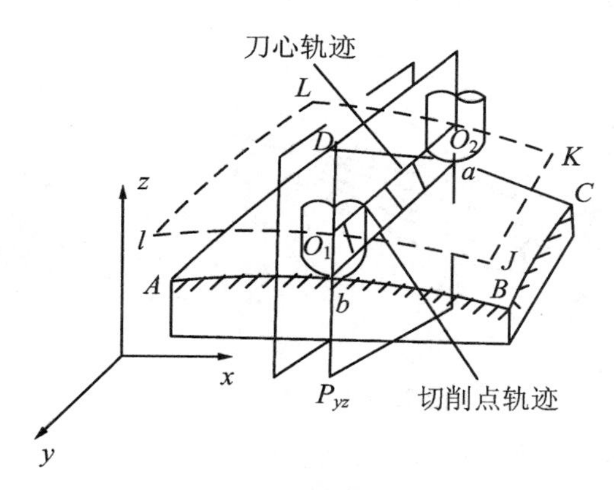

图 2.28　二轴半坐标加工

由于二轴半坐标加工的刀心轨迹为平面曲线，故编程计算比较简单，数控逻辑装置也不复杂，常在曲率变化不大及精度要求不高的粗加工中使用。

c. 三坐标联动加工。X、Y、Z 三轴可同时插补联动。用三坐标联动加工曲面时，通常也用行切方法。如图 2.29 所示，P_{yz} 平面为平行于 yz 坐标面的一个行切面，它与曲面的交线为 ab，若要求 ab 为一条平面曲线，则应使球头刀与曲面的切削点总是处于平面曲线 ab 上（即沿 ab 切削），以获得规则的残留沟纹。显然，这时的刀心轨迹 O_1O_2 不在 P_{yz} 平面上，而是一条空间曲面（实际是空间折线），因此需要 X、Y、Z 三轴联动。三轴联动加工常用于复杂空间曲面的精确加工（如精密锻模），但编程计算较为复杂，所用机床的数控装置还必须具备三轴联动功能。

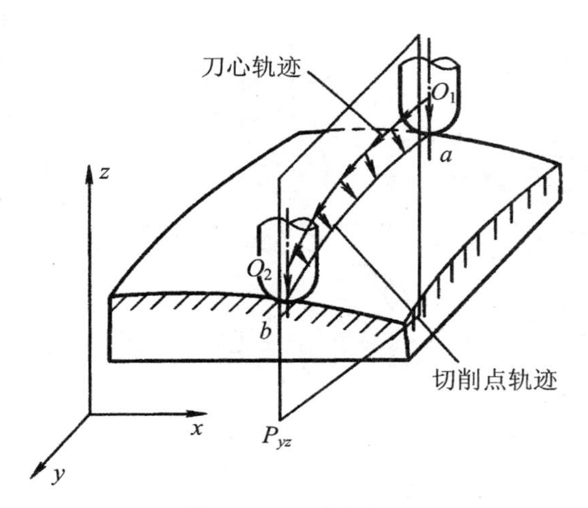

图 2.29　三坐标加工

d. 四坐标加工。如图 2.30 所示工件，侧面为直纹扭曲面。若在三坐标联动的机床上用圆头铣刀按行切法加工时，不但生产效率低，而且表面粗糙度大。为此，采用圆柱铣刀周边切削，并用四坐标铣床加工。即除三个直角坐标运动外，为保证刀具与工件型面在全长始终贴合，刀具还应绕 O_1（或 O_2）作摆角运动。由于摆角运动导致直角坐标（图中 Y 轴）须作附加运动，所以其编程计算较为复杂。

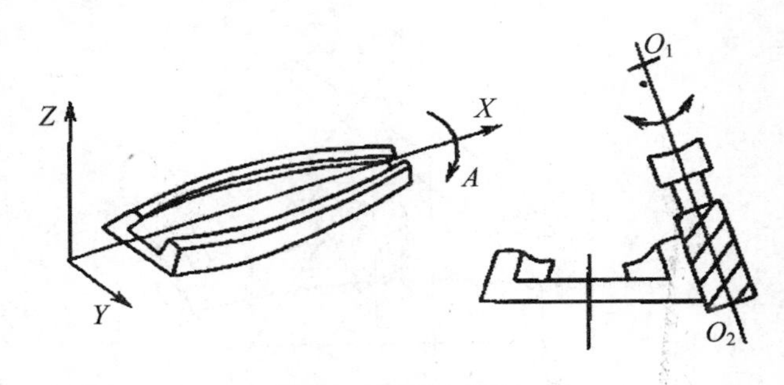

图 2.30　四轴坐标加工

e. 五坐标加工。螺旋桨是五坐标加工的典型零件之一，其叶片的形状和加工原理如图 2.31 所示。在半径为 R_1 的圆柱面上与叶面的交线 AB 为螺旋线的一部分，螺旋升角为 Ψ_i，叶片的径向叶型线（轴向割线）EF 的倾角 α 为后倾角。螺旋线 AB 用极坐标加工方法，并且以折线段逼近。逼近段 mn 是由 C 坐标旋转 $\Delta\theta$ 与 Z 坐标位移 ΔZ 的合成。当 AB 加工完成后，刀具径向位移 ΔX（改变 R_1），再加工相邻的另一条叶型线，依次加工即可形成整个叶面。由于叶面的曲率半径较大，所以常采用面铣刀加工，以提高生产率并简化程序。因此为保证铣刀端面始终与曲面贴合，铣刀还应作由坐标 A 和坐标 B 形成的 θ_1 和 α_1 的摆角运动。在摆角的同时，还应作直角坐标的附加运动，以保证铣刀端面始终位于编程值所规定的位置上，即在切削成型点，铣刀端平面与被切曲面相切，铣刀轴心线与曲面该点的法线一致，所以需要五坐标加工。这种加工的编程计算相当复杂，一般采用自动编程。

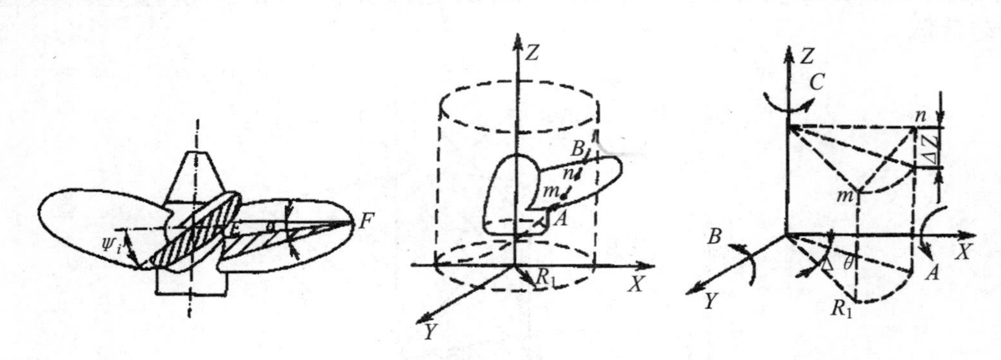

图 2.31　螺旋桨的五坐标加工示例

(2) 进给路线的确定

① 铣削外轮廓的进给路线

a. 铣削平面零件外轮廓时，一般采用立铣刀侧刃切削。刀具切入工件时，应避免沿零件外轮廓的法向切入，而应沿切削起始点的延伸线逐渐切入工件，保证零件曲线的平滑过渡。在切离工件时，也应避免在切削终点处直接抬刀，要沿着切削终点延伸线逐渐切离工件。如图 2.32 所示。

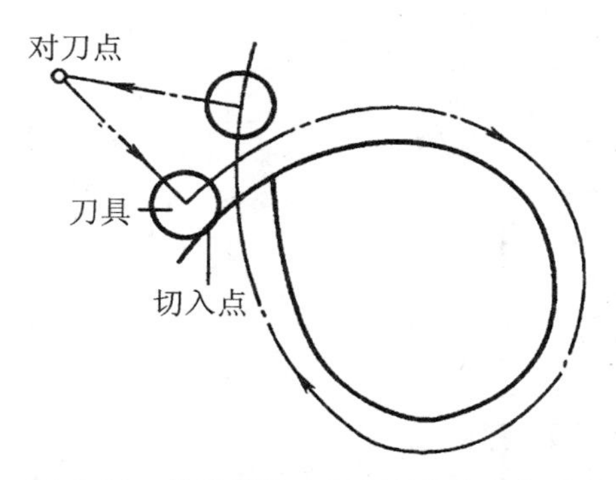

图 2.32　外轮廓加工刀具的切入和切出

b. 当用圆弧插补方式铣削外整圆时，要安排刀具从切向进入圆周铣削加工，当整圆加工完毕后，不要在切点处直接退刀，而应让刀具沿切线方向多运动一段距离，以免取消刀补时刀具与工件表面相碰，造成工件报废。如图 2.33 所示。

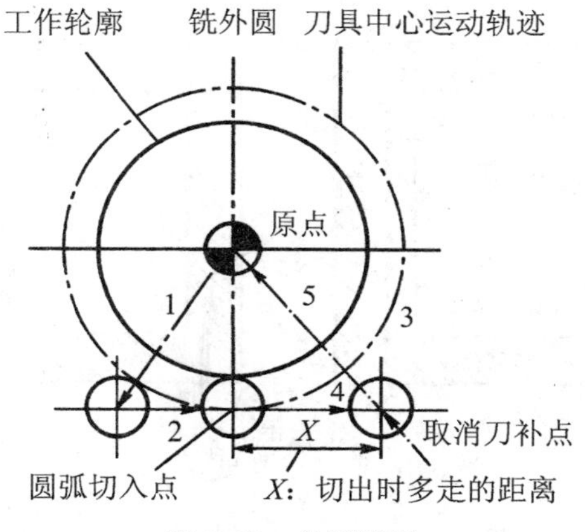

图 2.33　外圆铣削

② 铣削内轮廓的进给路线

铣削封闭的内轮廓表面，若内轮廓曲线不允许外延，如图 2.34 所示，刀具只能沿内轮廓曲线的法向切入、切出，此时刀具的切入、切出点应尽量选在内轮廓曲线两几何元素的交点处。当用圆弧插补铣削内圆弧时要遵循从切向切入、切出的原则，最好安排从圆弧过渡到圆弧的加工路线，如图 2.35 所示，这样可以提高内孔表面的加工精度和质量。当内部几何元素相切无交点时，如图 2.36 所示，为防止刀补取消时在轮廓拐角处留下凹口，刀具切入、切出点应远离拐角。

③ 铣削曲面轮廓的进给路线

铣削曲面时，常用球头刀采用“行切法”进行加工。对于边界敞开的曲面加工，可采用两种加工路线，如图 2.37 所示发动机叶片，当采用图 2.37(a)所示的加工方案时，每次沿直线加工，刀位点计算简单，程序少，加工过程符合直纹面的形成，可以准确保证母线的直线度。当采用图 2.37(b)所示的加工方案时，符合这类零件曲面特征，便于加工后检验，叶形的准确度较高，但程序较多。由于曲面零件的边界是敞开的，没有其他表面限制，球头刀应由边界外开始加工。

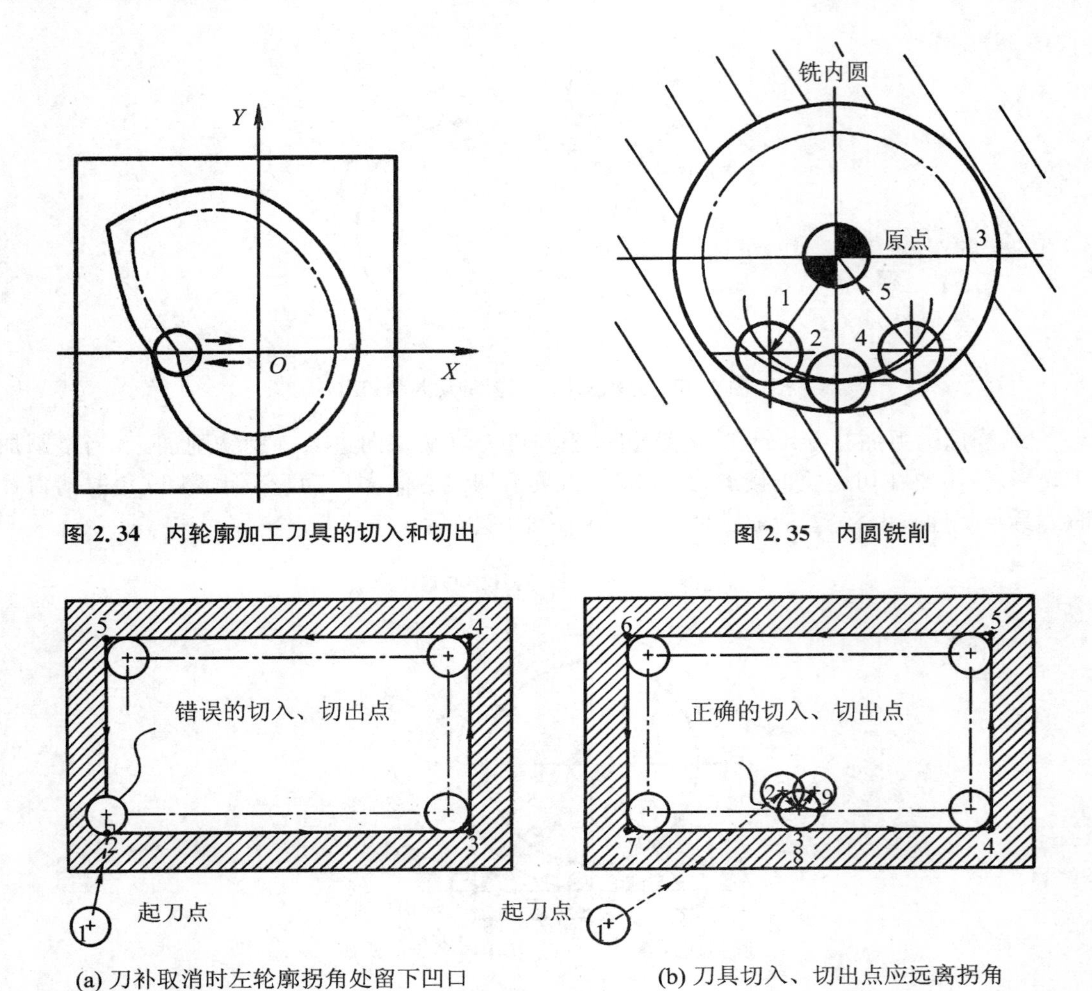

图 2.34 内轮廓加工刀具的切入和切出

图 2.35 内圆铣削

(a) 刀补取消时左轮廓拐角处留下凹口

(b) 刀具切入、切出点应远离拐角

图 2.36 无交点内轮廓加工刀具的切入和切出

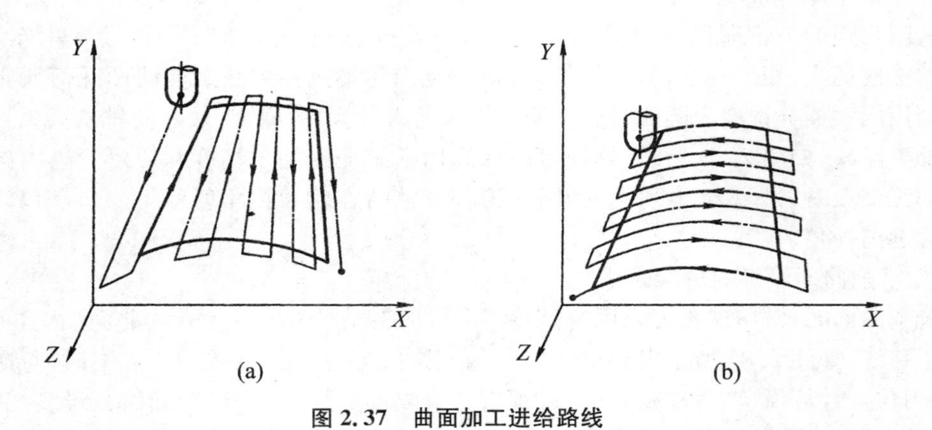

(a)

(b)

图 2.37 曲面加工进给路线

2.3　数控机床用刀具

机床与刀具的发展是相辅相成、相互促进的。刀具是由机床、刀具和工件组成的切削加工工艺系统中最活跃的因素，刀具切削性能的好坏取决于刀具的材料和刀具结构。切削加工生产率和刀具寿命的高低、加工成本的多少、加工精度和加工表面质量的优劣等，在很大程度上取决于刀具材料、刀具结构及切削参数的合理选择。

2.3.1　数控加工常用刀具的种类及特点

数控加工刀具必须适应数控机床高速、高效和自动化程度高的特点，一般应包括通用刀具、通用连接刀柄及少量专用刀柄。刀柄要连接刀具并装在机床动力头上，因此已逐渐标准化和系列化。数控刀具的分类有多种方法。

根据刀具结构可分为：① 整体式；② 镶嵌式，采用焊接或机夹式连接，机夹式又可分为不转位和可转位两种；③ 特殊型式，如复合式刀具，减震式刀具等。

根据制造刀具所用的材料可分为：① 高速钢刀具；② 硬质合金刀具；③ 金刚石刀具；④ 其他材料刀具，如立方氮化硼刀具，陶瓷刀具等。

从切削工艺上可分为：① 车削刀具，分外圆、内孔、螺纹、切割刀具等多种；② 钻削刀具，包括钻头、铰刀、丝锥等；③ 镗削刀具；④ 铣削刀具等。

为了适应数控机床对刀具耐用、稳定、易调、可换等的要求，近几年机夹式可转位刀具得到广泛的应用，在数量上达到整个数控刀具的 30%～40%，金属切除量占总数的 80%～90%。

数控刀具与普通机床上所用的刀具相比，有许多不同的要求，主要有以下特点：

(1) 刚性好(尤其是粗加工刀具)，精度高，抗震及热变形小；

(2) 互换性好，便于快速换刀；

(3) 寿命高，切削性能稳定、可靠；

(4) 刀具的尺寸便于调整，以减少换刀调整时间；

(5) 刀具应能可靠地断屑或卷屑，以利于切屑的排除；

(6) 系列化，标准化，以利于编程和刀具管理。

2.3.2　数控车削刀具

数控车床刀具种类繁多，功能互不相同。根据不同的加工条件正确选择刀具是编制程序的重要环节，因此要对车刀的种类及特点有一个基本的了解。

图 2.38 为常用车刀的种类、形状和用途。

目前数控机床用刀具的主流是可转位刀片的机夹刀具。下面对可转位刀具作简要的介绍。

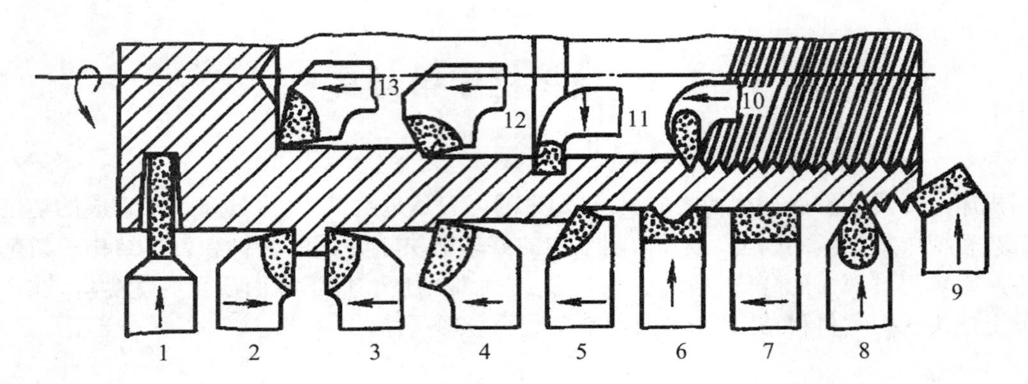

图 2.38 常用车刀的种类、形状和用途

1—切断刀 2—90°左偏刀 3—90°右偏刀 4—弯头车刀 5—直头车刀 6—成型车刀 7—宽刃精车刀 8—外螺纹车刀 9—端面车刀 10—内螺纹车刀 11—内槽车刀 12—通孔车刀 13—盲孔车刀

1. 数控车床可转位刀具特点

数控车床所采用的可转位车刀，其几何参数是通过刀片结构形状和刀体上刀片槽座的方位安装组合形成的，与通用车床相比一般无本质的区别，其基本结构、功能特点是相同的。但数控车床的加工工序是自动完成的，因此对可转位车刀的要求又有别于通用车床所使用的刀具，具体要求和特点如表 2.6 所示。

表 2.6 可转位车刀特点

要 求	特 点	目 的
精度高	采用 M 级或更高精度等级的刀片；多采用精密级的刀杆；用带微调装置的刀杆在机外预调好	保证刀片重复定位精度，方便坐标设定，保证刀尖位置精度
可靠性高	采用断屑可靠性高的断屑槽型或有断屑台和断屑器的车刀；采用结构可靠的车刀，采用复合式夹紧结构和夹紧可靠的其他结构。	断屑稳定，不能有紊乱和带状切屑；适应刀架快速移动和换位以及整个自动切削过程中夹紧不得有松动
换刀迅速	采用车削工具系统；采用快换小刀夹	迅速更换不同形式的切削部件，完成多种切削加工，提高生产效率
刀片材料	刀片较多采用涂层刀片	满足生产节拍要求，提高加工效率
刀杆截形	刀杆多采用正方形刀杆，但因刀架系统结构差异大，有的须采用专用刀杆	刀杆与刀架系统匹配

2. 可转位车刀的种类

可转位车刀按其用途可分为外圆车刀、仿形车刀、端面车刀、内圆车刀、切槽车刀、切断车刀和螺纹车刀等。

3. 可转位车刀的结构形式

(1) 杠杆式

结构如图 2.39 所示，由杠杆、螺钉、刀垫、刀垫销、刀片组成。这种方式依靠螺钉旋紧压靠杠杆，由杠杆的力压紧刀片达到夹固的目的。其特点适合各种正、负前角的刀片，有效的前角范围为－60°～＋180°；切屑可无阻碍地流过，切削热不影响螺孔和杠杆；两面槽壁给刀片有力的支撑，并确保转位精度。

(2) 楔块式

结构如图 2.40 所示，由紧定螺钉、刀垫、销、楔块、刀片组成。这种方式依靠销与楔块的挤压力将刀片紧固。其特点适合各种负前角刀片，有效前角的变化范围为－60°～＋180°。两面无槽壁，便于仿形切削或倒转操作时留有间隙。

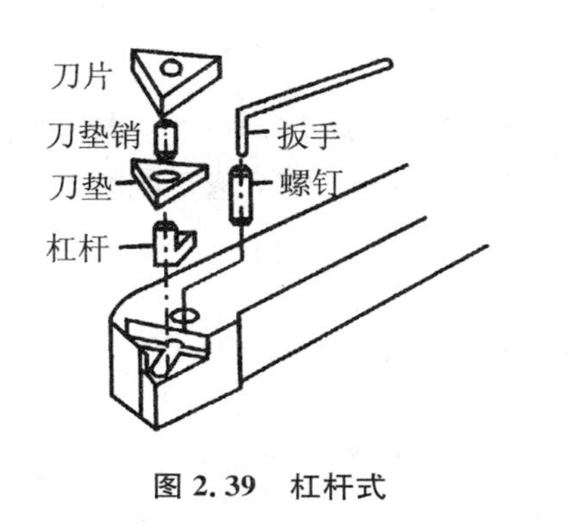

图 2.39　杠杆式

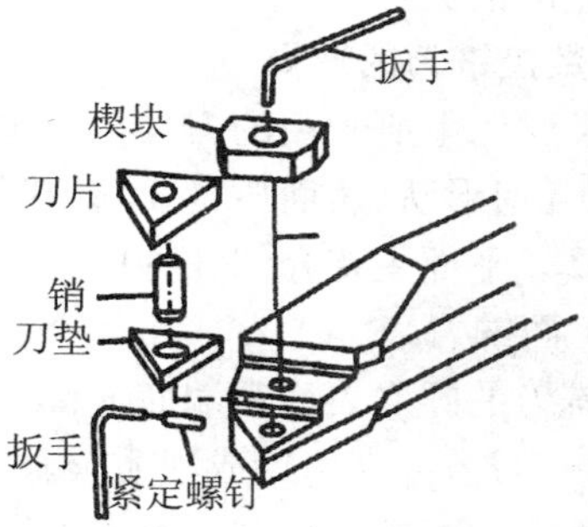

图 2.40　楔块式

(3) 楔块夹紧式

结构如图 2.41 所示，由紧定螺钉、刀垫、销、压紧楔块、刀片组成。这种方式依靠销与楔块的压力将刀片夹紧。其特点同楔块式，但不如楔块式切屑流畅。

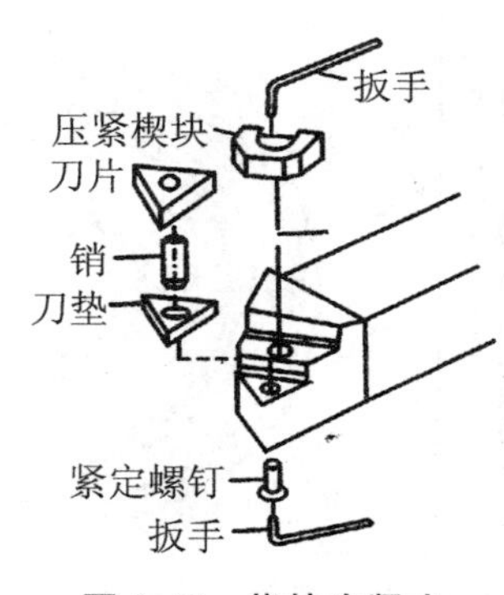

图 2.41　楔块夹紧式

此外还有螺栓上压式、压孔式、上压式等形式。

2.3.3　数控铣削刀具

1. 数控铣削刀具的基本要求

(1) 铣刀刚性要好

一是为提高生产效率而采用大切削用量的需要；二是为适应数控铣床加工过程中难以调整切削用量的特点。在数控铣削中，因铣刀刚性较差而断刀并造成工件损伤的事例是常有的，所以解决数控铣刀的刚性问题是至关重要的。

(2) 铣刀的耐用度要高

尤其是当一把铣刀加工的内容很多时，如刀具不耐用而磨损较快，就会影响工件的表面质量与加工精度，而且会增加换刀引起的调刀与对刀次数，也会使工作表面留下因对刀误差而形成的接刀台阶，降低了工件的表面质量。

除上述两点之外，铣刀切削刃的几何角度参数的选择及排屑性能等也非常重要，切屑粘刀形成积屑瘤在数控铣削中是十分忌讳的。总之，根据被加工工件材料的热处理状态、切削性能及加工余量，选择刚性好、耐用度高的铣刀，是充分发挥数控铣床生产效率和获得满意加工质量的前提。

2. 数控铣刀的选择

数控铣床上所采用的刀具主要有铣削用刀具和孔加工用刀具两大类。根据被加工零件的材料、几何形状、表面质量要求、热处理状态、切削性能及加工余量等，选择刚性好、耐用度高的刀具。下面主要介绍几种应用于数控铣削加工的刀具。

(1) 面铣刀

面铣刀的圆周表面和端面上都有切削刃，端部切削刃为副切削刃。面铣刀多制成套式镶齿结构，刀齿为高速钢或硬质合金，刀体为 40Cr。

面铣刀主要用于面积较大平面铣削和较平坦的立体轮廓的多坐标加工。按刀片和刀齿的安装方式不同面铣刀可分为整体焊接式、机夹焊接式和可转位式三种。可转位式如图 2.42 所示。由于整体焊接式和机夹焊接式面铣刀难以保证焊接质量，刀具耐用度低，重磨较费时，目前已逐渐被可转位式面铣刀所取代。

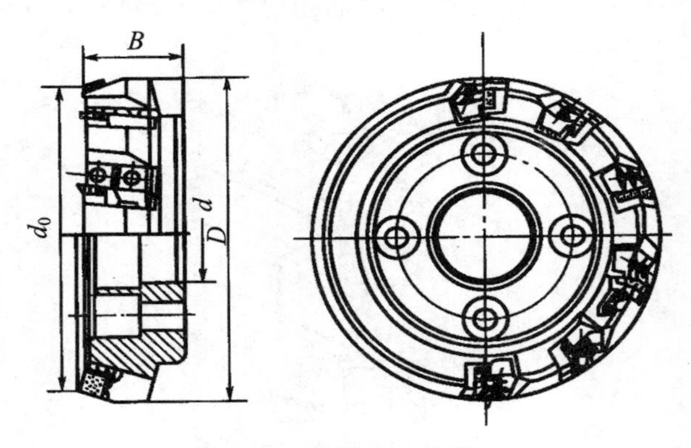

图 2.42 可转位式面铣刀

可转位式面铣刀是将可转位刀片通过夹紧元件夹固在刀体上，当刀片的一个切削刃用钝后，直接在机床上将刀片置位或更新刀片。因此，这种铣刀在提高产品质量和加工效率，降低成本，操作使用方便等方面都具有明显的优势。

(2) 立铣刀

立铣刀也可称圆柱铣刀，是数控铣削加工中最常用的一种铣刀，广泛用于加工平面类零件，硬质合金立铣刀如图 2.43 所示。立铣刀圆柱表面和端面上都有切削刃，它们可同时进行切削，也可单独进行切削。立铣刀圆柱表面的切削刃为主切削刃，端面上的切削刃为副切削刃。主切削刃一般为螺旋齿。因为立铣刀的端面中间有凹槽，所以不可以作轴向进给。

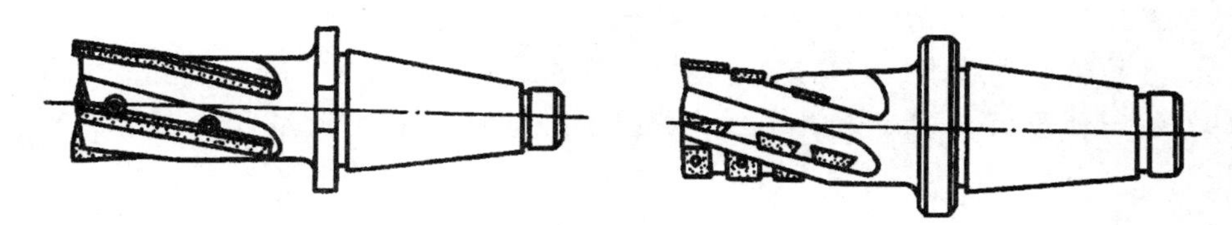

图2.43　硬质合金立铣刀

(3) 模具铣刀

其结构特点是球头或端面上布满了切削刃,圆周刃与球头刃圆弧连接,可以作径向和轴向进给。硬质合金模具铣刀如图2.44所示。

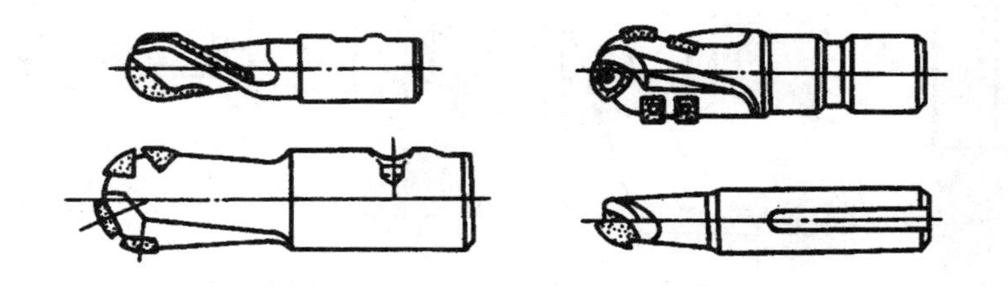

图2.44　硬质合金模具铣刀

(4) 球头铣刀

适用于加工空间曲面零件,有时也用于加工平面类零件较大的转接凹圆弧。如图2.45所示。

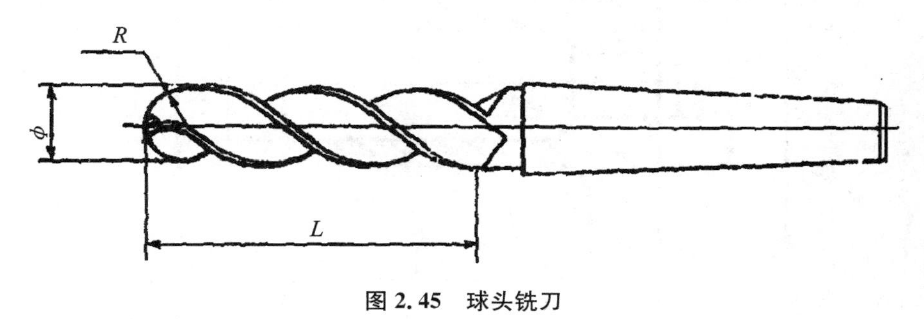

图2.45　球头铣刀

思考与练习题

2.1　简述数控加工工艺的特点。

2.2　数控加工工艺规程设计的内容及步骤有哪些?

2.3　数控加工工艺规程文件有哪些?

2.4　数控车削的主要加工对象有哪些?

2.5　数控铣削的主要加工对象有哪些?

2.6　数控加工工序的划分方法有哪些,加工顺序的安排原则有哪些?

2.7 简述刀位点、对刀点与换刀点的概念及它们之间的区别。

2.8 数控铣削进给路线的确定,总体上有哪些原则?

2.9 编制如图 2.46 所示轴类零件的数控车削加工工艺(毛坯为 45 号钢棒料)。

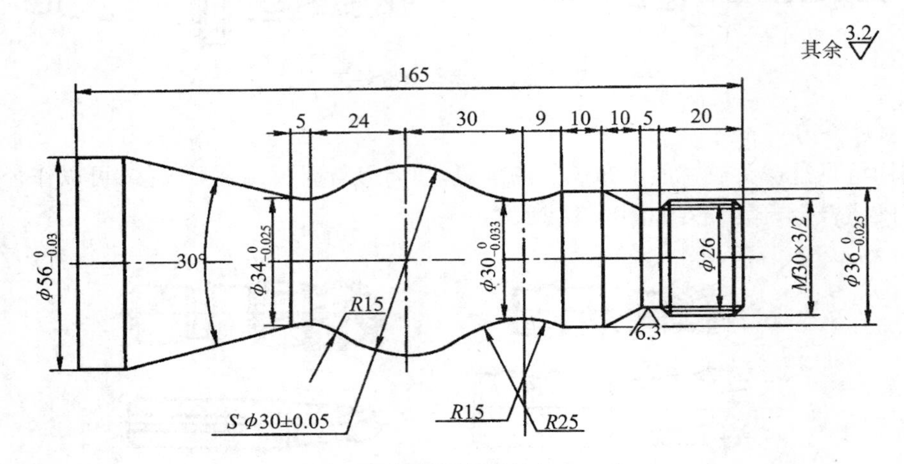

图 2.46 轴类零件数控加工工艺

2.10 编制如图 2.47 所示盘类零件的数控车削加工工艺(毛坯为铸件)。

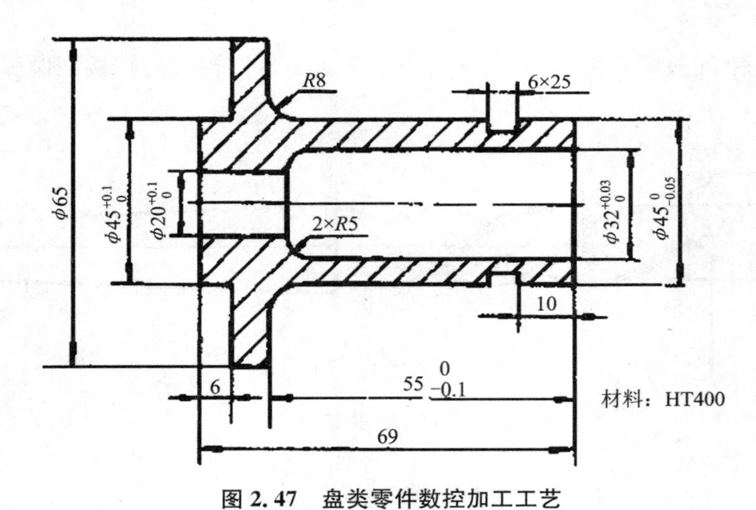

图 2.47 盘类零件数控加工工艺

2.11 加工如图 2.48 所示的具有 3 个台阶的槽腔零件,试编制槽腔的数控铣削加工工艺(其余表面已加工)。

2.12 加工如图 2.49 所示的法兰,先制定出该零件的整个机械加工工艺过程(毛坯为锻件),然后再制定 A 面的数控铣削加工工艺。

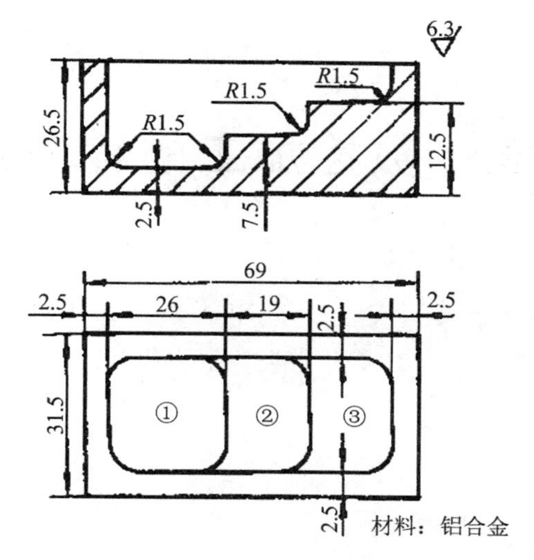

图 2.48　槽腔零件数控加工工艺

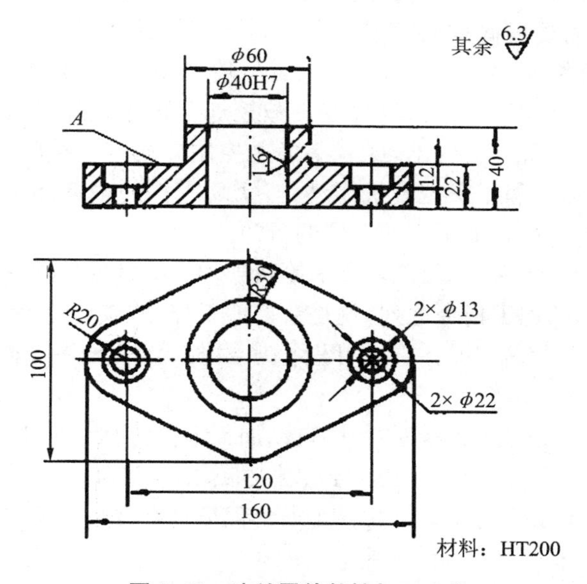

图 2.49　法兰零件数控加工工艺

第3章　数控加工的程序编制

3.1　概　　述

3.1.1　数控编程的基本概念

与普通机床要由人来操作不同，数控机床是按照加工程序自动进行零件加工的。在数控机床上加工零件，首先要根据被加工零件图纸确定零件的几何信息（如零件轮廓形状、尺寸等）及工艺信息（如进给速度、主轴转速、主轴正反转、换刀、冷却液的开关等），再根据数控机床编程手册规定的代码与程序格式编写零件数控加工程序，然后把数控加工程序记录在控制介质（如穿孔纸带、磁带、磁盘）上，或者不通过控制介质而直接将加工程序输入数控机床的数控装置，用数控加工程序来控制机床动作，实现零件的全部加工过程，只要改变控制机床动作的加工程序即可达到加工不同零件的目的。

根据被加工零件的图纸、技术及工艺要求等切削加工的必要信息，按照具体数控系统所规定的指令和格式编制的加工指令序列，就是数控加工程序，或称零件程序。从零件图的分析到制成数控加工程序单的全部过程称为数控程序编制，简称数控编程（NC Programming）。

由于数控机床要按照预先编制好的程序自动加工零件，因此，加工程序不仅关系到能否高精、高效加工出合格的零件，而且还影响到数控机床的正确使用和数控加工特点的发挥，甚至还会影响到机床、操作者的安全。这就要求编程员具有较高素质，须通晓机械加工工艺以及机床、刀夹具、数控系统的性能，熟悉工厂的生产特点和生产习惯；在工作中，编程员不但要责任心强、细心，而且还要和操作人员默契配合。

3.1.2　编程的内容与步骤

一般来讲，数控编程的内容和步骤如图3.1所示，包括分析零件图纸、工艺处理、数学处理、编制数控程序、输入数控系统、程序检验、首件试切削。

1. 分析零件图纸

分析设计部门提供的零件图纸，选择适合在数控机床上加工的零件和工艺内容；根据零件类别和加工表面特征，结合企业现有装备情况和加工能力，选择加工方法；进行零件图纸和结构工艺性分析，明确加工内容及技术要求，在此基础上确定零件的加工方案。

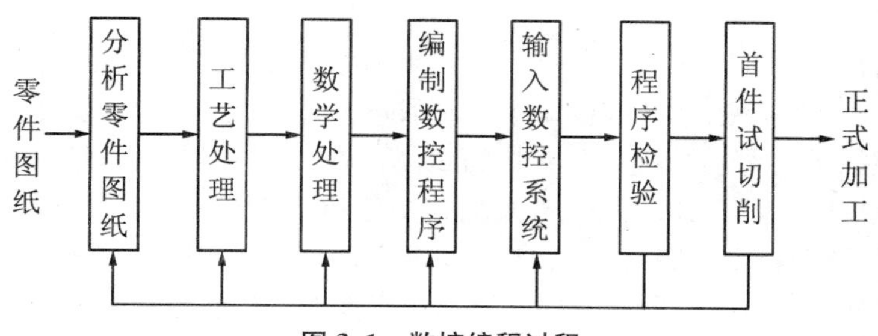

图 3.1　数控编程过程

2. 工艺处理

根据零件的材料、形状、尺寸、精度、毛坯、热处理状态进行数控加工工艺路线设计，包括工序的划分与内容确定、加工顺序的安排、数控加工工序与传统加工工序的衔接等；然后进行数控加工工序设计，包括工步的划分与进给路线的确定、零件的装夹方案与夹具的选择、刀具的选择、切削用量的确定等。一般需要编制数控加工工艺规程文件，包括数控编程任务书、数控机床调整单、数控加工工序卡片、数控加工进给路线图和数控加工刀具卡片等。应特别注意对刀点选在容易定位、容易检查的位置；换刀点应选在不撞刀且空行程较短的位置；加工路线的选择主要应考虑尽量缩短加工路线、减少空行程、提高生产率，应满足零件加工精度和表面粗糙度的要求，应有利于简化数学处理，减少程序段数目和编程工作量。

3. 数学处理

数控编程中要知道每个程序段的起点、终点和轮廓线型，而零件图中给出的一般是零件的几何特征尺寸，如长、宽、高、半径等。数学处理的任务就是根据图纸数据求出编程所需的数据，即在设定的编程坐标系内，根据零件图的几何形状、尺寸、走刀路线，计算零件轮廓或刀具运动轨迹的坐标值。对于没有刀具补偿功能的数控机床，一般要计算刀心轨迹；现代数控机床一般都具备刀具补偿功能，即只要计算零件轮廓坐标值。目前，一般数控系统具备直线和圆弧插补功能，对于加工形状比较简单的零件轮廓（如直线与圆弧），须要计算出零件轮廓线上基点（各几何元素的起点、终点、圆弧的圆心坐标、两几何元素的交点或切点）的坐标值；对于加工形状比较复杂的非圆曲线轮廓（如渐开线、双曲线等），须要用小直线段或圆弧段逼近，按精度要求计算出各节点（逼近非圆曲线的若干个直线段或圆弧段的交点或切点）坐标值，一般须利用计算机进行辅助计算。

4. 编制数控程序

完成以上工作后，就可按数控系统的指令代码和程序段格式，逐段编制零件加工程序单。编程人员只有对数控机床的性能、指令功能、代码书写格式等非常熟悉，才能编制出正确的零件加工程序。

5. 输入数控系统

程序编制好后，可通过键盘直接输入数控系统；也可将程序记录在控制介质（如穿孔纸带、磁盘、磁带等）上，通过控制介质输入；现代数控加工大多利用数控系统的通信功能来传输程序，即利用数控装置的 RS232C 接口与计算机通信，通过数据线将在计算机中编好的程序输入数控系统；有些数控机床还有 DNC 接口，上位计算机与下位数控机床可联网分布式数控加工。

6. 程序检验

编制完成的程序在正式加工前，一定要经过检验。检验程序语法是否有误，刀具路径是否正确，刀具是否碰撞零件、夹具或机床等。一般可采用空走刀检验，或使用模拟软件进行模拟，也可用石蜡、木材等易切削的材料进行试切。在具有CRT屏幕图形显示功能和动态模拟功能的数控机床上，用图形模拟刀具轨迹的方法进行检验更为方便。检验中，如果发现语法错误，系统一般会自动报警，根据报警号及内容，编程员可对相应出错程序段进行检查、修改；如果有刀具轨迹错误，应分析原因并返回相应步骤进行适当修改。

7. 首件试切削

程序检验只能检查运动正确与否，不能检查由于刀具调整不当或数学处理误差而造成的加工精度超出图纸技术要求。正式加工前，一般还要进行首件试切削，以检验加工精度。为安全起见，首件试切削一般采用单段运行方式，逐段运行以检查机床的每步动作。加工完毕，检测所有尺寸、表面粗糙度及形位公差，如超出图纸技术要求，分析原因并采取措施加以纠正，或者修改程序，或者进行尺寸补偿。

3.1.3 数控编程方法

数控编程的方法有手工编程、自动编程和CAD/CAM编程三类。

1. 手工编程

由人工完成程序编制的全部工作，包括使用计算机进行数学处理，称为手工编程(Manual Programming)。现代数控机床大多具备丰富的循环指令功能，手工编程可灵活应用这些指令，将极大降低编程难度，缩短程序段长度，提高程序可读性与代码执行效率。对于几何形状、数学处理较简单、程序段不多的零件，采用手工编程较容易完成，且省时简便，因此在点位加工及由直线与圆弧组成的轮廓加工中，手工编程仍广泛应用。但对于形状复杂、工序很长、计算烦琐的零件，特别是具有非圆曲线、列表曲线及曲面的零件，手工编程就有一定的困难，往往耗时长、效率低，出错概率增大，有时甚至无法编出程序，必须采用自动编程方法。

2. 自动编程

除分析零件图纸和制定工艺方案由人工进行外，其余工作均是利用计算机专用软件自动实现的编程方法，称为计算机辅助自动编程(Automatic Programming)，包括语言式自动编程和图形交互式自动编程两种方法。

语言式自动编程是编程人员根据零件的图纸要求，分析其工艺特点，以语言(零件源程序)的形式表达出零件的几何元素、工艺参数和刀具运动轨迹等加工信息。零件源程序是用编程系统规定的语言和语法编写的，如APT语言等。源程序有别于手工编程的加工程序，它不能直接被数控机床所接受，必须把源程序输入到计算机，由数控语言编译程序自动进行编译、数学处理、后置处理等工作，制作出可以直接用于数控机床的数控加工程序。所编程序还可通过屏幕进行检查，有错误时可由人工编辑修改，直至程序正确为止。计算机对源程序的处理方式是编程人员必须一次性将编程信息全部向计算机交代清楚，计算机则对这些信息一次性处理完毕，并马上得到结果。

数控语言接近于自然语言，为解决多坐标数控机床加工曲面、曲线提供了有效方法，编程效率一般比手工编程高。但采用数控语言定义零件几何形状不易描述复杂的几何图形，缺乏直观性；缺乏对零件形状、刀具运动轨迹的直观显示。

3. CAD/CAM 编程

CAD/CAM 编程是利用计算机辅助设计(CAD)软件的图形编程功能，将零件的几何图形绘制到计算机上，形成零件的图形文件，或者直接调用由 CAD 系统完成的产品设计文件中的零件图形文件，然后再直接调用图形交互式自动编程软件数控编程模块，进行刀具轨迹处理，由计算机自动对零件加工轨迹的每一个节点进行运算和数学处理，从而生成刀位文件。之后，再经相应的后置处理，自动生成数控加工程序，并可在计算机上动态模拟刀具的加工轨迹图形。

图形交互式自动编程极大地提高了数控编程效率，它使从设计到编程的信息流成为连续，可实现 CAD/CAM 集成，为实现计算机辅助设计(CAD)和计算机辅助制造(CAM)一体化建立了桥梁。因此，这种编程方法也习惯地称为 CAD/CAM 自动编程。

3.2　数控编程基础

3.2.1　数控机床的坐标系

在数控机床上加工零件，刀具或工作台等运动部件的动作是由数控系统发出的指令来控制的。为了确定运动部件的移动方向和移动位移，就须在机床上建立坐标系。

1. 坐标和运动方向命名原则

为简化数控加工程序编制并保证程序具有通用性，国际标准化组织(ISO)对数控机床的坐标及其方向制定了统一的标准。我国根据 ISO 国际标准也制定了 JB/T 3051－1999《数控机床坐标和运动方向的命名》的标准。

机床加工过程中，有的是刀具相对于工件运动(如车床)，有的是工件相对于刀具运动(如铣床)。标准规定：无论是刀具相对于工件运动，还是工件相对于刀具运动，都假定工件是静止的，而刀具相对于静止的工件运动；并且，以刀具远离工件的运动方向为正方向。这样，编程人员编程时就不必考虑是刀具移向工件，还是工件移向刀具，只须根据零件图纸进行编程即可。

2. 坐标轴的命名

标准规定数控机床的坐标系采用右手定则的笛卡儿坐标系。如图 3.2 所示，X、Y、Z 为移动坐标，相互垂直，大拇指指向为 X 轴的正方向，食指指向为 Y 轴的正方向，中指指向为 Z 轴的正方向；A、B、C 分别为绕 X、Y、Z 轴旋转的旋转坐标轴，其正方向根据右手螺旋定则来确定。

对于工件相对静止的刀具而运动的机床，坐标系命名时，在坐标系相应符号上应加注标记“′”，如 X'、Y'、A'等。加“′”字母表示的工件运动正方向与不加“′”之同一字母表示的刀具运动方向相反。对于编程人员来说，应只考虑不带“′”的运动方向；对于机床制造者，则须考虑带“′”的运动方向。

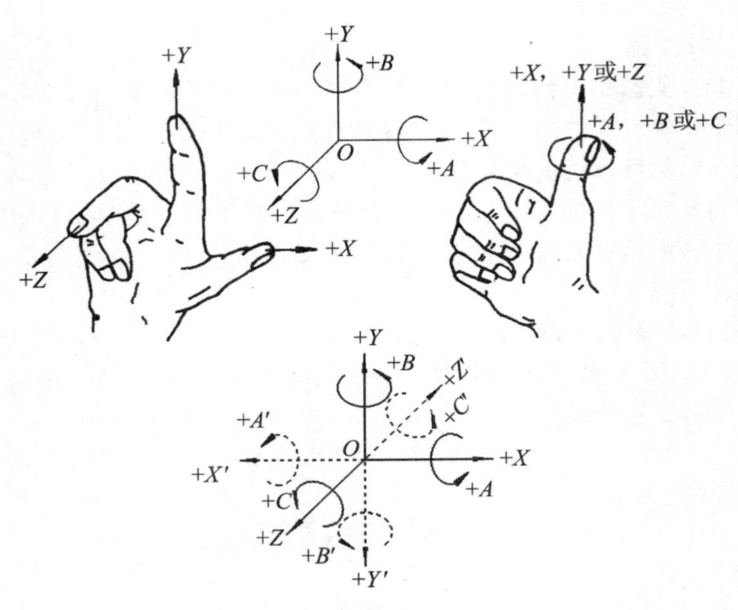

图 3.2　右手直角笛卡儿坐标系

3. 坐标轴的确定

坐标系的各个坐标轴与机床的主要导轨相平行。图 3.3 至图 3.6 所示为几种常用机床的坐标系，其他机床的坐标系可参考机床说明书。确定坐标轴时，一般先确定 Z 轴，再确定 X 轴，最后确定 Y 轴。

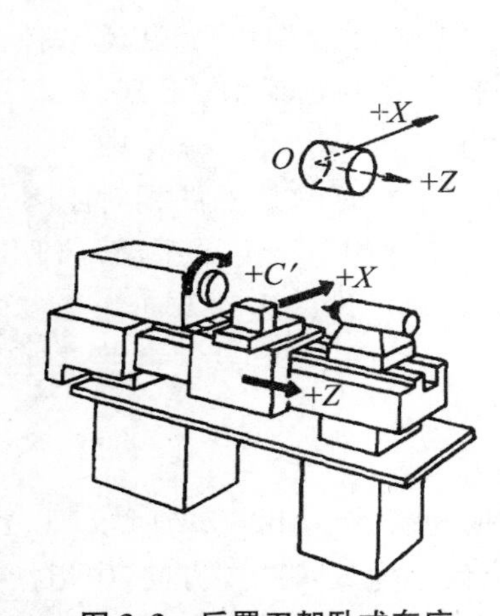

图 3.3　后置刀架卧式车床

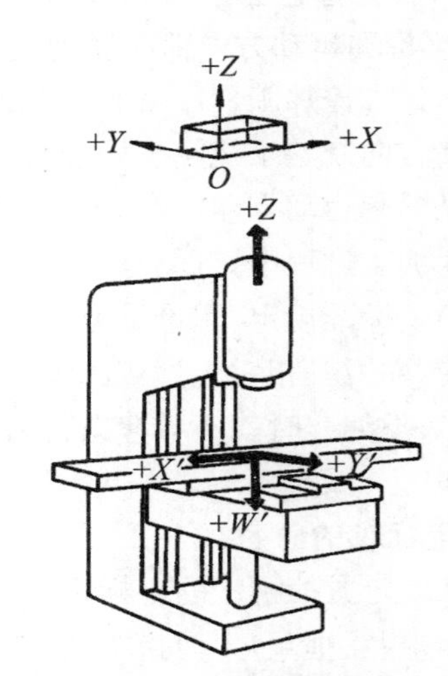

图 3.4　立式升降台铣床

(1) Z 轴的确定

规定平行于机床主轴(传递切削动力)轴线的刀具运动方向作为 Z 轴，如卧式车床和铣床等，以机床主轴轴线作为 Z 轴。对于没有主轴的机床，如牛头刨床，规定垂直于装夹工件的工作台的方向为 Z 轴方向。对于有几根主轴的机床，如龙门铣床，选择其中一个与工作台面相垂直的主轴为主要主轴，并以它来确定 Z 轴方向。

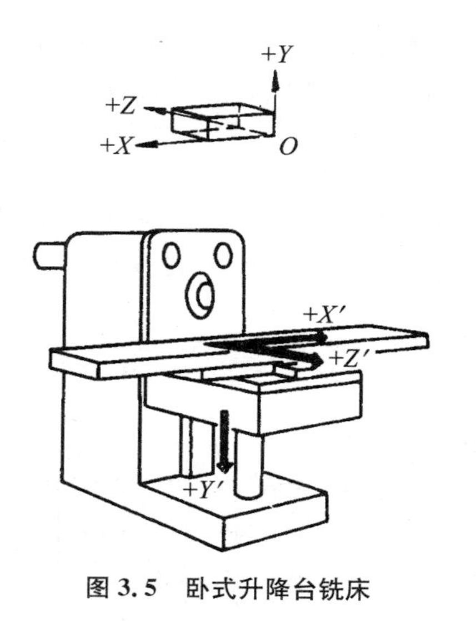

图 3.5　卧式升降台铣床

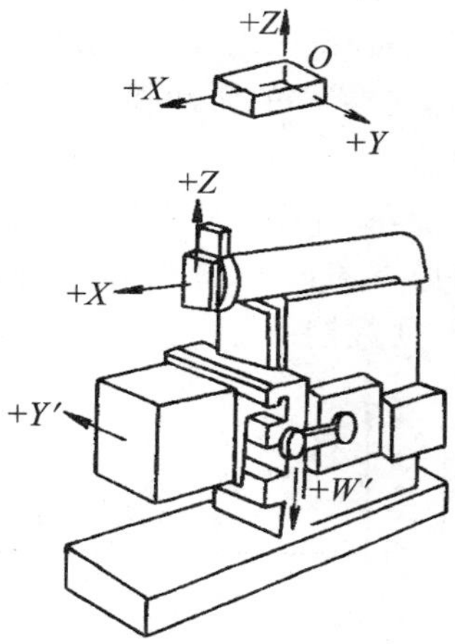

图 3.6　牛头刨床

(2) X 轴的确定

规定 X 轴为水平方向，且垂直于 Z 轴并平行于工件的装夹平面。对于工件旋转的机床，如车床、磨床等，X 轴在工件的径向且平行于横向滑座。对于刀具旋转的机床，若 Z 轴为垂直的，如立式铣床、钻床等，面对刀具(主轴)向立柱方向看，X 轴的正方向指向右边；若 Z 轴是水平的，如卧式铣床、镗床等，则从刀具(主轴)后端向工件方向看，X 轴的正方向指向右边。对于没有主轴的机床，如刨床等，则选定主要切削方向为 X 轴方向。

(3) Y 轴的确定。Y 轴垂直于 X、Z 坐标轴，当 X、Z 轴方向确定后，可根据右手直角笛卡儿坐标系来确定。对于卧式车床，由于刀具无须作垂直方向运动，故不须规定 Y 轴。

(4) 附加坐标。如果机床除有 X、Y、Z 主要的直线运动坐标外，还有平行于它们的坐标运动，可分别指定为 U、V、W；如还有第三组直线运动，则分别指定为 P、Q、R。

4. 机床坐标系与工件坐标系

根据坐标原点设定位置的不同，数控机床的坐标系可分为机床坐标系和工件坐标系。

(1) 机床参考点与机床坐标系

为建立机床坐标系在数控机床上设有一固定位置点，称为机床参考点(用 R 或◐表示)，其固定位置由各轴向的机械挡块来确定。对数控铣床、加工中心而言，机床参考点一般选在 X、Y、Z 坐标的正方向极限位置处；对数控车床而言，机床参考点选在车刀退离主轴端面和旋转中心线较远的某一固定点。机床开机后，运动部件一般先要回机床参考点。

机床坐标系是数控机床安装调试时便设定好的固定坐标系，并设有固定的坐标原点，即机床原点(又称机械原点，用 M 或⊕表示)，它是数控机床进行加工运动的基准点，由机床制造厂确定。机床原点与机床参考点的位置关系固定，存放在数控系统中。一般可将机床原点设在机床参考点处，如数控铣床、加工中心；也有厂家将数控车床的机床原点选在主轴旋转中心线与卡盘左端面的交点处。机床回参考点后，即建立起机床坐标系。

(2) 工件坐标系

工件坐标系(又称编程坐标系)是编程人员根据零件图纸及加工工艺等建立的坐标系，其各轴应与所使用的数控机床相应的坐标轴平行，正方向一致。工件坐标系原点称为工件原点(又称编程原点,用 W 或⊕表示)。工件坐标系一般供编程使用,工件原点可根据图纸自行确定,不必考虑工件毛坯在机床上的实际装夹位置,但应考虑到对刀与编程的方便性,并尽量选择在零件的设计基准或工艺基准上。一个零件的加工程序可一次或多次设定或改变工件原点。

加工前,工件随夹具安装到机床上,可通过对刀来测量工件原点与机床原点间的距离,得到工件原点偏置值(图 3.7),并输入数控系统;加工时,工件原点偏置值便能自动加到工件坐标系上,使数控系统可按机床坐标系进行加工。

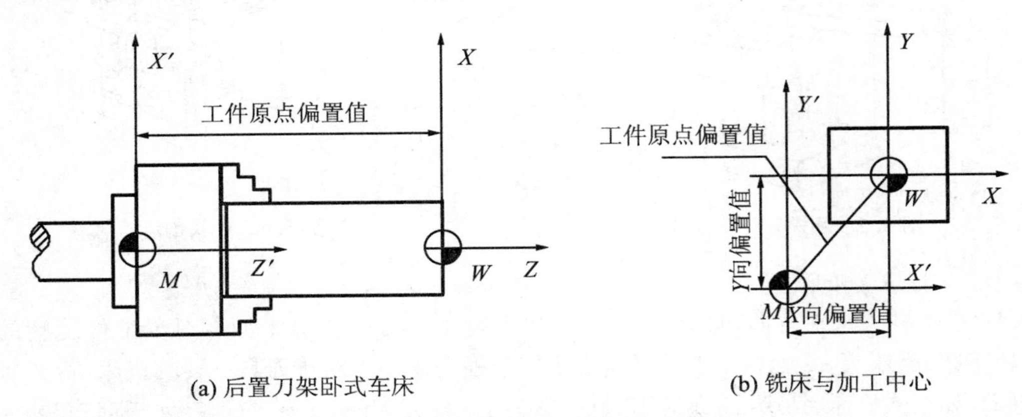

(a) 后置刀架卧式车床　　(b) 铣床与加工中心

图 3.7　机床坐标系与工件坐标系的关系

5. 绝对坐标系与相对坐标系

(1) 绝对坐标系

刀具(或机床)运动轨迹的坐标值均是以固定的坐标原点为基准来计量的坐标系,称为绝对坐标系。如图 3.8 所示,A、B 两点的坐标均以固定的坐标原点 O 计算的,其值分别为:$X_A=10$,$Y_A=20$,$X_B=50$,$Y_B=40$。

(2) 相对(增量)坐标系

刀具(或机床)运动轨迹(直线或圆弧段)的终点坐标值是相对于起点坐标值来计量的坐标系,称为相对坐标系,又称增量坐标系。如图 3.8 所示,假定加工直线由 A 到 B,则 A、B 两点的相对(增量)坐标值分别为 $U_A=0$,$V_A=0$,$U_B=40$,$V_B=20$,该处的 U-V 坐标系即为相对(增量)坐标系,其坐标原点是跟随加工轮廓而移动的。

现代数控系统一般都具有这两种坐标编程的功能,编程人员可根据编程的便捷性合理选用。

6. 脉冲当量与编程尺寸的表示方法

数控系统所能实现的最小位移量称为脉冲当量,又称最小设定单位或最小指令增量。数控系统每发出一个脉冲,机床工作台就移动一个脉冲当量的距离。脉冲当量是机床加工精度的重要技术指标,一般为 0.01～0.0001 mm,视具体机床而定。

编程时,所有的编程尺寸都应转换成与脉冲当量相对应的数量。编程尺寸有两种表示法:一种是以脉冲当量为最小单位来表示;另一种是以毫米为单位,以有效位小数来表示。如某坐标点尺寸为 $X=524.295$ mm,$Y=36.52$ mm,脉冲当量为0.01 mm,则采用第一种表示为:X52430,Z3652;第二种表示为:X524.30,Z36.52。目前两种表示方法在数控机床都有应用,尤以第二种表示较多,编程时一定要视具体机床要求而行。

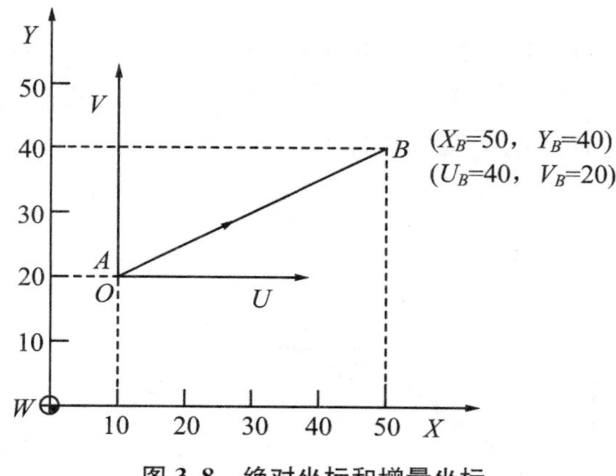

图 3.8　绝对坐标和增量坐标

3.2.2　零件的数学处理

现代数控机床一般都具备直线与圆弧插补功能以及刀具补偿功能,所以,对于由直线与圆弧组成的形状比较简单的零件轮廓,数学处理的任务就是计算轮廓线上基点的坐标值;对于含有非圆曲线的形状比较复杂的零件轮廓,数学处理的任务是按精度要求计算出各节点的坐标值。

1. 基点坐标的计算

由直线和圆弧组成的零件轮廓上各几何元素的起点、终点、圆弧的圆心坐标、两几何元素的交点与切点称为基点。基点的计算,可以用联立方程组求解,也可以利用几何元素间的三角函数关系求解,还可以采用计算机辅助计算。这里只简单介绍联立方程组求解基点坐标的方法。基点一般是直线与直线、直线与圆弧、圆弧与圆弧的交点与切点。计算原理与步骤如下:

(1) 选定工件坐标系,列出构成基点的两个几何元素的解析方程。

对于所有直线,均可转化为一次方程的一般形式:

$$Ax + By + c = 0 \tag{3-1}$$

对于所有圆弧,均可转化为圆的标准方程的形式:

$$(x - \xi)^2 + (y - \eta)^2 = R^2 \tag{3-2}$$

式中,ξ、η 为圆弧的圆心坐标;R 为圆弧半径。

(2) 将各基点两相邻几何元素的方程联立起来,即可解出各基点(交点或切点)的坐标。

2. 节点坐标的计算

在只有直线和圆弧插补功能的数控机床上加工双曲线、抛物线、阿基米德螺线或列表曲线时,就须用直线段或圆弧段去逼近被加工曲线。逼近非圆曲线的若干个直线段或圆弧段的交点与切点称为节点。非圆曲线节点的计算需按精度要求进行,一般须利用计算机进行辅助计算。计算方法有很多种,采用直线段逼近的有等间距法、等弦长法和等误差法等;采用圆弧段逼近的有曲率圆法、三点圆法和相切圆法等。这里仅介绍用直线段逼近非圆曲线的等误差法的节点计算。

(1) 基本原理

如图 3.9 所示，设零件轮廓曲线为 $y=f(x)$，先以点 a 为圆心，以 $\delta_{允}$ 为半径作圆；再作该圆与轮廓曲线公切的一条直线 MN，M、N 为切点，求出切线的斜率；过点 a 作 MN 的平行线交曲线于 b 点；然后以 b 点依同样方法作出 c 点，这样即可作出所有节点 a,b,c,d……可以证明，任意两相邻节点间的逼近误差相等。

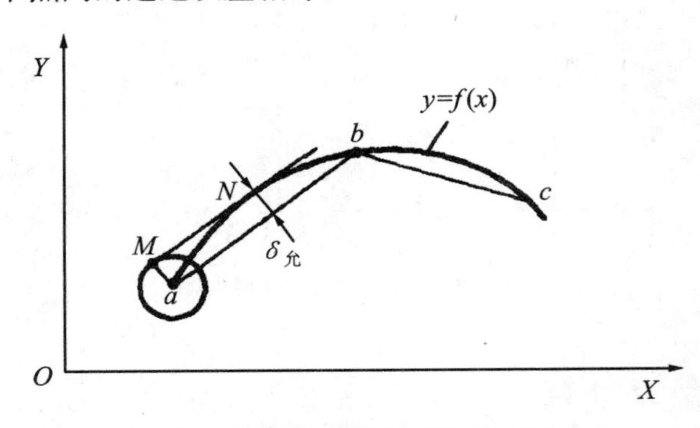

图 3.9 等误差法直线段逼近非圆曲线

(2) 计算步骤

① 以起点 $a(x_a,y_a)$ 为圆心，以 $\delta_{允}$ 为半径作圆。圆的标准方程为

$$(x-x_a)^2+(y-y_a)^2=\delta_{允}^2 \tag{3-3}$$

② 求圆与曲线公切线 MN 的斜率。先用以下方程联立求 $M(x_M,y_M)$、$N(x_N,y_N)$ 点坐标：

$$\begin{cases} \dfrac{y_N-y_M}{x_N-x_M}=-\dfrac{x_M-x_a}{y_M-y_a} \quad \text{（圆切线方程）} \\ (y_M-y_a)^2+(x_M-x_a)^2=\delta_{允}^2 \quad \text{（圆方程）} \\ \dfrac{y_N-y_M}{x_N-x_M}=f'(x_N) \quad \text{（曲线切线方程）} \\ y_N=f(x_N) \quad \text{（曲线方程）} \end{cases} \tag{3-4}$$

则

$$k=\frac{y_N-y_M}{x_N-x_M} \tag{3-5}$$

③ 过 a 点与直线 MN 平行的直线方程为

$$y-y_a=k(x-x_a) \tag{3-6}$$

④ 与曲线方程联立求解 $b(x_b,y_b)$ 点坐标：

$$\begin{cases} y-y_a=k(x-x_a) \\ y=f(x) \end{cases} \tag{3-7}$$

⑤ 按以上各步骤依次求得各节点 $c,d,\cdots$。

3.2.3 程序结构与格式

数控系统种类繁多，所使用的数控程序语言规则和格式也不尽相同。国际上已形成两种通用的标准，即国际标准化组织的ISO标准和美国电子工业协会的EIA标准，我国根据ISO标准也制定了GB/T 8870－1988、JB/T 3208－1999等标准，不同标准之间有一定差异。由于国内外FANUC数控系统应用较多，本章将介绍FANUC系统指令代码及数控加工程序的编制方法。当针对具体数控系统编程时，应严格按机床编程手册中的规定进行程序编制。

数控程序的最小单元是字符，包括字母A～Z、符号、数字0～9三类。其中，26个字母称为地址码，用作程序功能指令识别的地址；符号主要用于数学运算及程序格式的要求；数字可以组成一个十进制数或与字母组成一个代码。

1. 程序结构

现以FANUC系统的一个简单数控加工程序为例，说明程序结构。

程序开始标记　%

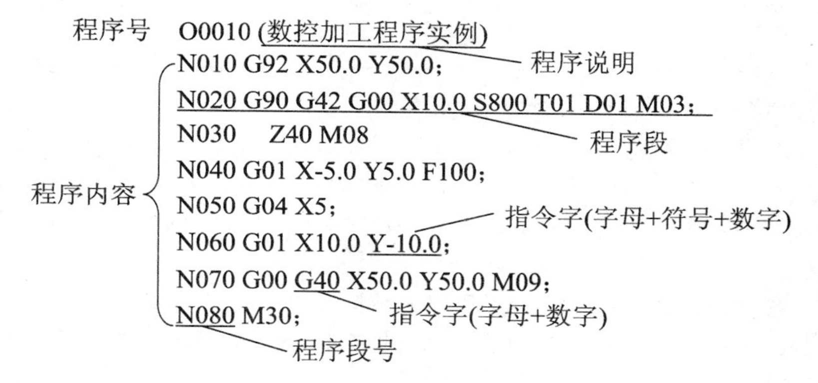

程序结束标记　%

从上面的程序可以看出，程序以%作为程序开始和结束的标记，程序主体是由程序号和程序内容构成的，程序内容是由若干个程序段组成的。%下面的O0010为程序号。程序中的每一行称为程序段。程序开始标记、程序号、程序段、程序结束标记是数控加工程序必须具备的4个要素。本章所编程序省略开始和结束的标记，仅给出程序主体。

(1) 程序号

在程序的开头要有程序号，即为零件加工程序的编号，以便进行程序检索。FANUC系统采用英文字母O及其后若干位(最多4位)十进制数表示，O为程序号地址码，其后数字为程序的编号。不同的数控系统，程序号地址码所用字符可不相同。如AB8400系统用P；而SINUMERIK系统则用%。

(2) 程序段

若干个程序段是整个程序的核心，规定了数控机床要完成的全部动作，每个程序段表示一个完整的加工工步或动作。每个程序段由程序段号(有些系统可以省略)和若干个指令字组成，以“;”(SINUMERIK系统以“LF”)结束；每个指令字又由字母、符号(或缺)和数字组成。最后一个程序段以指令M02、M30或M99(子程序结束)结束程序，以结束零件加工。

2. 程序段格式

目前国内外广泛采用字－地址可变程序段格式。如O0010程序所示，每个指令字前有地址(G,X,F,M,…)，各字的排列顺序没有严格要求，指令字的位数可多可少(但不得大于规定的最大允许位数),不需要的字以及与上一程序段相同的续效字可以不写。该格式的优点是程序简短、直观,以及容易检验、修改。一般的书写顺序按表 3.1 所示从左往右进行书写,建议(但不强制)读者依此顺序编制程序,以提高程序可读性及可维护性。

表 3.1 程序段书写顺序格式

<table>
<tr><td>1</td><td>2</td><td>3</td><td>4</td><td>5</td><td>6</td><td>7</td><td>8</td><td>9</td><td>10</td><td></td><td>11</td></tr>
<tr><td>N~</td><td>G~</td><td>X~
U~
P~
A~
D~</td><td>Y~
V~
Q~
B~
E~</td><td>Z~
W~
R~
C~</td><td>I~J~
K~R~</td><td>D~
H~</td><td>F~</td><td>S~</td><td>T~</td><td>M~</td><td>;
(或 LF
或 CR)</td></tr>
<tr><td rowspan="2">程序段号</td><td>准备功能</td><td colspan="4">尺 寸 字</td><td>补偿功能</td><td>进给功能</td><td>主轴功能</td><td>刀具功能</td><td>辅助功能</td><td rowspan="2">结束符号</td></tr>
<tr><td colspan="10">指 令 字</td></tr>
</table>

例如:N160 G01 X32.0 Z-102.0 F100 S800 T0101 M03;

其中,"N160"是程序段号,是用以识别程序段的编号,由程序段地址码 N 和后面的若干位数字来表示;"G01"是准备功能指令字;"X32"和"Z-102"为尺寸指令字;"F100"为进给功能指令字;"S800"为主轴功能指令字;"T0101"为刀具功能指令字;"M03"为辅助功能指令字。

3. 主程序和子程序

数控加工程序可设计为主程序加子程序的结构模式。有时被加工零件上有多个形状和尺寸都相同的加工部位,或顺次加工几个相同的工件,若按通常的方法编程,则有一定量的连续程序段在几处完全重复出现。为缩短程序、简化编程工作,可将这些重复的程序段单独抽出,按规定的格式编成子程序,并存储在子程序存储器中。调用子程序的程序称为主程序,它与子程序是各自独立的程序文件。主程序执行中间可调用子程序,子程序执行完将返回主程序调用位置,并继续执行主程序后续程序。子程序可以被多次重复调用,也可调用其他子程序,即"多层嵌套"调用(一般不宜嵌套过深),从而可以大大简化编程工作。带子程序的程序执行过程如图 3.10 所示。

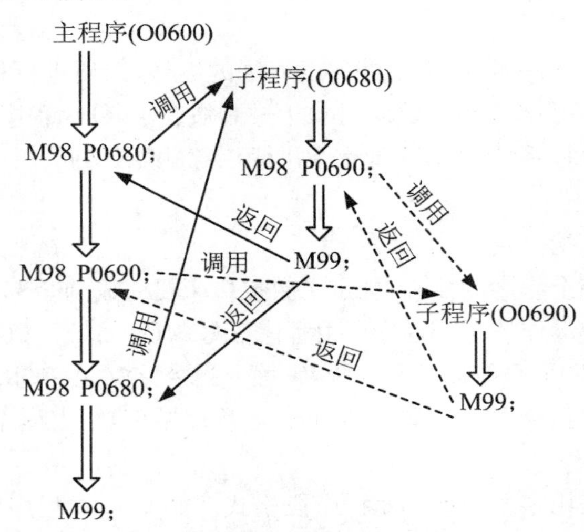

图 3.10 带子程序的程序执行过程

3.3　数控系统的指令

如表 3.1 所示，程序段的指令字可分为尺寸字和功能字。其中，常用的功能字(功能指令)有准备功能 G 指令和辅助功能 M 指令；另外，还有进给功能 F 指令，主轴转速功能 S 指令，刀具功能 T 指令等。这些功能字用以描述工艺过程的各种操作和运动。

3.3.1　常用准备功能 G 指令

准备功能 G 指令为准备性工艺指令，由地址码 G 及其后的两位数字组成，从 G00～G99 共 100 种。该指令在数控系统插补运算之前须要预先规定，为插补运算作好准备的工艺指令，从而使机床或数控系统建立起某种加工方式。G 指令通常位于程序段中尺寸字之前。FANUC 系统铣削 G 指令参见本书附录 A；FANUC 系统车削及加工中心 G 指令参见本书附录 B。本节介绍常用的准备功能 G 指令。

数控程序指令可分为模态指令(又称续效指令)和非模态指令(又称非续效指令)两类。模态指令指在某一段程序应用后可以一直保持有效状态，直到撤销这些指令；非模态指令是指单段有效指令，仅在编入的程序段中有效。如附录 A 所示，第二列中数字组号所对应的 G 指令即为模态指令，且同一个数字(如 01)所对应的 G 指令为同一组模态指令；第二列中"#"对应的 G 指令是非模态指令。如 O0010 程序所示，N020 中 G00 是模态指令，在 N030 中仍然有效，但在 N040 中被同一组的 G01 指令所撤销并代替，后续程序段 G01 就继续有效，所以 N060 中 G01 可以省略。N020 中 G90、G42 和 G00 是非同组的模态指令，可以同时出现在一个程序段中，不影响各自指令续效；但同一组的模态指令(如 G00、G01、G02 等)不能出现在一个程序段中，否则只有最后的指令有效。

1. 与运动有关的指令

(1) 快速点定位指令(G00)

G00 指令使刀具以点定位控制方式从刀具当前位置，以系统设定的速度快速移动到坐标系的另一点。快速运动到将近定位点时，通过 1～3 级降速以实现精确定位。G00 是模态指令。

程序格式：N～ G00 X～ Y～ Z～；

其中，X、Y、Z 为终点坐标。G00 指令只作快速移动到位，对刀具与工件的运动轨迹不作严格要求，可以是直线、斜线或折线，具体轨迹一般由制造厂确定，编程时应注意参考所用机床的说明书，避免刀具与工件等发生干涉碰撞；运动时也不进行切削加工，一般用作空行程运动，其运动速度由机床系统设置的参数确定。G00 指令程序段中不须指定进给速度 F，如果指定了，对本程序段无效，但可对后续程序段续效。

(2) 直线插补指令(G01)

G01 指令用以控制两个坐标(或三个坐标)以联动的方式，按程序段中规定的进给速度 F，从刀具当前位置插补加工出任意斜率的直线，到达指定位置。G01 是模态指令。

程序格式:N~ G01 X~ Y~ Z~ F~;

其中,X、Y、Z 为终点坐标,F 为进给速度。直线插补加工中,直线的起点是刀具的当前位置,程序段中无须指定。G01 指令程序段中必须指定进给速度 F,或者前面程序段已经指定,本程序段续效。

(3) 圆弧插补指令(G02、G03)

圆弧插补指令用以控制两个坐标以联动的方式按程序段中规定的进给速度 F,从刀具当前位置插补加工出任意形状的圆弧,到达指定位置。如图 3.11 所示,在刀具当前位置(A)与指定位置(B)间插补加工某一确定半径值的圆弧,共有 4 种可能性的路径,其中 AB 右侧两种路径(1 和 2)为顺时针圆弧,左侧两种路径(3 和 4)为逆时针圆弧。编程时,顺圆弧用 G02 指令,逆圆弧用 G03 指令,G02 和 G03 都是模态指令。

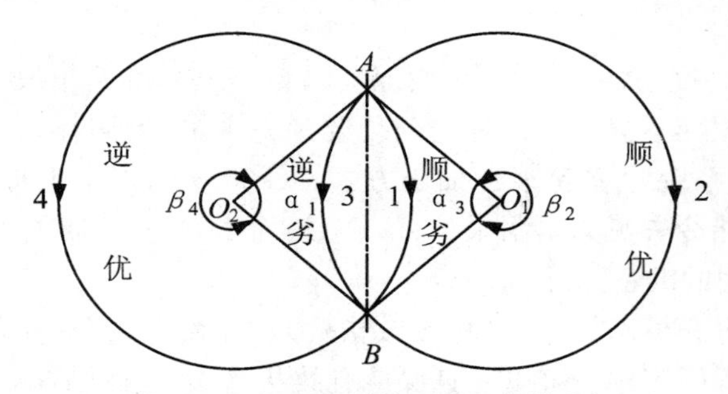

图 3.11 加工圆弧的 4 种可能性路径

圆弧顺、逆方向判别方法:如图 3.12 所示,沿垂直于要加工的圆弧所在平面(如 XOY 平面)的坐标轴(如 Z 轴)从正方向往负方向看,刀具相对于工件轮廓顺时针转动就是顺圆弧,用 G02 指令;逆时针转动就是逆圆弧,用 G03 指令。特别注意,用前置刀架卧式车床加工圆弧,XOZ 坐标系中圆弧的顺逆方向与我们的习惯正好相反。

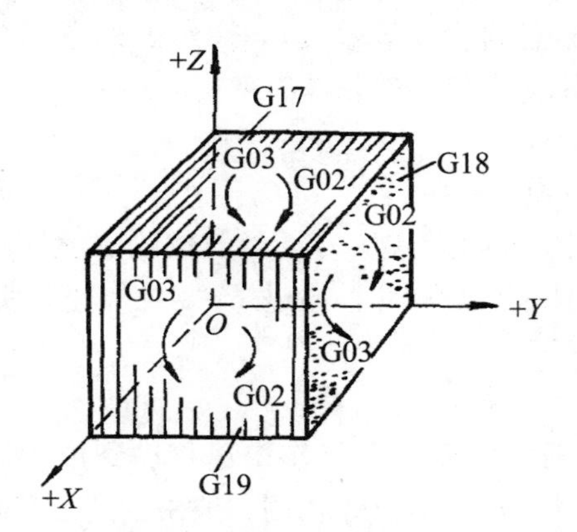

图 3.12 圆弧顺逆方向前判别

圆弧插补指令的程序格式有多种,常用的有以下两种格式。

① 半径指定法

如图 3.11 所示,同为 G02 指令的顺圆弧仍有两种可能性的路径(1 和 2),加工轨迹不唯一。分析 1 和 2 两路径,发现路径 1 的圆心角 $\alpha_1 \leqslant 180°$,为劣圆弧;而路径 2 的圆心角为

$180°<\beta_2<360°$，是优圆弧。逆圆弧情形相似。编程时，可用半径尺寸字 R 带“±”号的方法以区别优劣圆弧，使加工轨迹唯一；劣圆弧用正半径值，优圆弧用负半径值。

程序格式：

$$N\sim \begin{Bmatrix} G17 \\ G18 \\ G19 \end{Bmatrix} \begin{Bmatrix} G02 \\ G03 \end{Bmatrix} \begin{Bmatrix} X\sim\ Y\sim \\ X\sim\ Z\sim \\ Y\sim\ Z\sim \end{Bmatrix} R\sim\ F\sim;$$

其中，G17、G18、G19 指定圆弧所在的平面，G02、G03 指定圆弧顺、逆类型，X、Y、Z 为终点坐标，R～指定圆弧优、劣类型及其半径值，F 为进给速度。注意，半径指定法不能用来加工整圆。

② 圆心指定法

圆心指定法直接指定圆心位置，从而能使顺圆弧或劣圆弧中两种可能性的加工轨迹唯一确定。

程序格式：

$$N\sim \begin{Bmatrix} G17 \\ G18 \\ G19 \end{Bmatrix} \begin{Bmatrix} G02 \\ G03 \end{Bmatrix} \begin{Bmatrix} X\sim\ Y\sim \\ X\sim\ Z\sim \\ Y\sim\ Z\sim \end{Bmatrix} \begin{Bmatrix} I\sim\ J\sim \\ I\sim\ K\sim \\ J\sim\ K\sim \end{Bmatrix} F\sim;$$

其中，G17、G18、G19 指定圆弧所在的平面，G02、G03 指定圆弧顺、逆类型，X、Y、Z 为终点坐标，F 为进给速度。在 G90 或 G91 状态，I、J、K 中的坐标字均为圆弧圆心相对圆弧起点在 X、Y、Z 轴方向上的增量值。I、J、K 为零时可以省略。圆心指定法能用来加工整圆。

(4) 暂停指令(G04)

G04 指令可使刀具作短暂的无进给光整加工，经过指令的暂停时间，再继续执行下一程序段。用于车槽、钻镗孔，也可用于拐角轨迹控制。G04 是非模态指令。

程序格式：$N\sim\ G04 \begin{Bmatrix} X\sim \\ P\sim \end{Bmatrix};$

如用地址码 X，后面数值带小数点，单位为 s；如用地址码 P，则后面用不带小数点的整数，单位为 ms。如 G04 X5.0 表示暂停 5 s，G04 P1000 表示暂停 1 s。有些机床，P 后面的数字表示刀具或工件空转的圈数。SINUMERIK 系统暂停时间地址码用 F，也有系统用 U、K 作为地址码。

2. 与尺寸单位和坐标值有关的指令

(1) 英制/米制编程指令(G20～G21)

G20 指令为英制编程(单位为英寸)，G21 指令为米制编程(单位为 mm)，两者为同一组模态指令。机床出厂前一般设定为 G21 状态。在一个程序内，不能同时使用 G20 和 G21 指令，且必须在坐标系确定前指定。G20 或 G21 指令断电前后一致，即断电前使用 G20 或 G21 指令，上电后仍有效，除非重新设定。特别注意，与加工有关的参数(坐标值、进给速度、螺纹导程、刀具补偿值等)的单位须与编程单位一致。

(2) 绝对尺寸指令与相对(增量)尺寸指令(G90～G91)

数控铣床中，G90 表示程序段的坐标字按绝对坐标编程；G91 表示程序段的坐标字按增量坐标编程。一般数控系统在初始状态(开机时状态)时自动设置为 G90 绝对值编程状态。

例 3.1　如图 3.13 所示，设 AB 段直线已加工完毕，刀具位于 B 点，现欲加工 BC 段直线，则加工程序段为：

绝对尺寸指令：N0020　G90　G01　X40　Y10　F100；

增量尺寸指令：N0020　G91　G01　X30　Y－20　F100；

采用G90或G91指定尺寸指令方式，在不同程序段间可以相互切换，但在同一程序段中只能用一种。

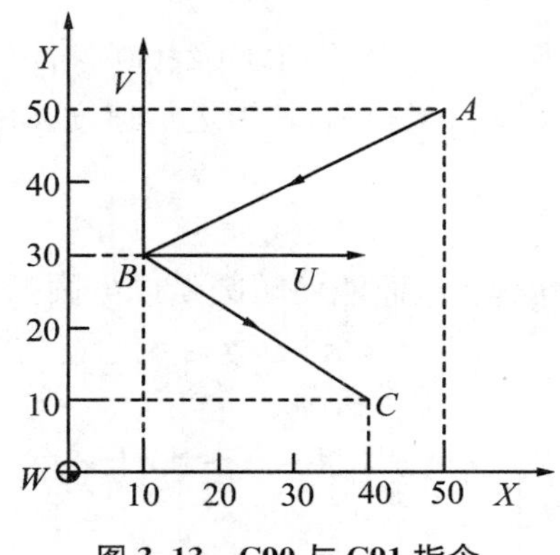

图3.13　G90与G91指令

数控车床的绝对尺寸和增量尺寸不用G90、G91指定，而用X、Z表示绝对尺寸指令，用U、W表示增量尺寸指令。如：

N0020　G01　U40　W－2　F100；

且车床可在一个程序段中并用绝对尺寸和增量尺寸，称为混合尺寸编程，如：

N0020　G01　X80　W－2　F100；

注意：对绝对坐标编程，若后一程序段的某一尺寸值同上一程序段相同，可省略不写；对增量坐标编程，若后一程序段的某一尺寸值为零，可省略不写。

3. 与参考点有关的指令

机床参考点是机床上通过位置传感器确认的绝对位置基准点，是为建立机床坐标系而设定的固定位置点，其位置由各轴向的机械挡块来确定。除机床参考点外，一般数控机床还可用参数设置第2到第4参考点，这3个参考点是建立在机床参考点（第1参考点）之上的，而且是虚拟的。

(1) 返回参考点（G28、G30）

G28指令用于返回机床参考点（等同于手动返回机床参考点），G30指令用于返回第2、3或第4参考点。G28和G30是非模态指令。

程序格式：N～ $\left\{\begin{matrix}\text{G28}\\ \text{G30 P～}\end{matrix}\right\}$ X～ Y～ Z～；

其中，X、Y、Z为中间点位置坐标（绝对值坐标/增量值坐标）；P～为P2、P3或P4，指返回第2、3或4参考点。如程序段：N0060 G30 P3 X40.0 Y20.0；执行过程如图3.14所示，为 $A\rightarrow M\rightarrow R$，刀具（工作台）将快速定位运动到中间点（$M$），然后再从中间点回到第3参考点（$R$）。这样可使回参考点操作有可能避开某些干涉点。G28/G30指令中的坐标值将被NC作为中间点存储。

G28一般用于加工结束后使工件移出加工区，以便卸下加工完毕的零件和装夹待加工的零件；G30 指令一般用于自动换刀时，换刀位置与机床参考点不同的场合。使用 G28/G30 指令时，应先取消刀具补偿功能。

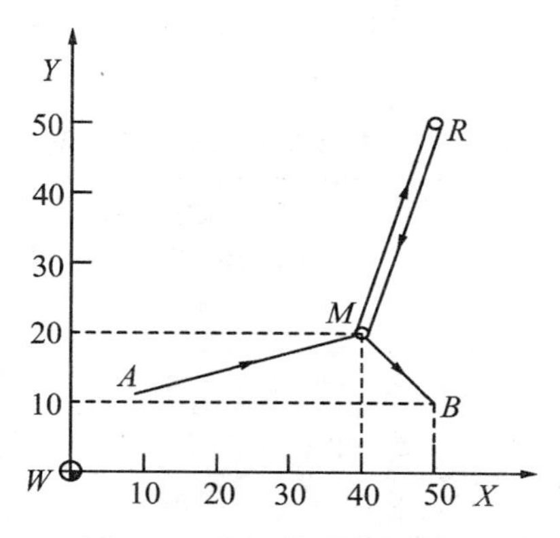

图 3.14　G30 指令执行过程

(2) 从参考点返回(G29)

G29 指令用于使刀具(工作台)从参考点经由中间点快速定位运动到指令位置，该指令必须在 G28/G30 后的程序段中立即给出。

程序格式：N～ G29 X～ Y～ Z～；

其中，X、Y、Z 为终点坐标(绝对值坐标/增量值坐标)，在增量值模态下，为终点相对于中间点的坐标增量。中间点的位置由前面程序段中 G28 或 G30 指令确定。如图 3.14 所示，如有程序段：N0070 G29 X50.0 Y10.0；则执行过程为 $R \to M \to B$。

(3) 返回参考点检查(G27)

G27 指令用于检查机床是否能准确返回参考点。

程序格式：N～ G27 X～ Y～ Z～；

其中，X、Y、Z 为参考点在工件坐标系中的坐标值。执行动作是：刀具(工作台)以快速定位方式运动到 X、Y、Z 位置，然后检查该点是否为参考点，如果是，参考点灯点亮；如果不是，则发出一个警报，并中断程序运行。使用 G27 指令时，应先取消刀具补偿功能。

4. 与坐标系有关的指令

(1) 机床坐标系选择指令(G53)

G53 指令使刀具(工作台)快速运动到机床坐标系中指定的坐标值位置。一般地，该指令在 G90 模态下执行。G53 是非模态指令。

程序格式：N～ (G90) G53 X～ Y～ Z～；

其中，X、Y、Z 是机床坐标系位置绝对尺寸，可使刀具快速定位到机床坐标系中该位置上。

(2) 工件坐标系选取指令(G54～G59)

G54～G59 指令用来选取工件坐标系。加工前，一般通过对刀将所设工件原点相对于机床原点的偏置值，以 MDI 方式输入原点偏置寄存器中；加工中，通过程序指令 G54～G59 来从相应的存储器中读取数值，并按照工件坐标系中的坐标值运动。G54～G59 共 6 个指令，可设定 6 个不同的工件坐标系，适用于多种不同零件间隔重复批量生产而程序不变，或一个工作台上同时加工几个工件的工件坐标系设定。G54～G59 是模态指令，在机床重开机时仍然存在。

例 3.2　如果预置 1＃工件坐标系偏移量：X－160.000，Y－380.000；预置 3＃工件坐标系偏移量：X－350.000，Y－240.000。程序段如表 3.2 所示，则终点在机床坐标系中的坐标值如表中第 2 栏所示，执行过程如图 3.15 所示。

表 3.2　工件坐标系选取指令实例

程序段内容	终点在机床坐标系中的坐标值	注　　释
……		
N0120 G90 G54 G00 X30.0 Y100.0；	X－130.0，Y－280.0	选择 1＃坐标系，快速定位
N0130 G01 X－122.0 F100；	X－282.0，Y－280.0	直线插补
N0140 G00 X0 Y0；	X－160.0，Y－380.0	快回 1＃工件坐标系原点
N0150 G53 X0 Y0；	X0，Y0	选择机床坐标系
N0160 G56 X30.0 Y100.0；	X－320.0，Y－140.0	选择 3＃坐标系，快速定位
N0170 G01 X－122.0；	X－472.0，Y－140.0	直线插补，F 为 100(模态)
N0180 G00 X0 Y0；	X－350.0，Y－240.0	快回 3＃工件坐标系原点
……		

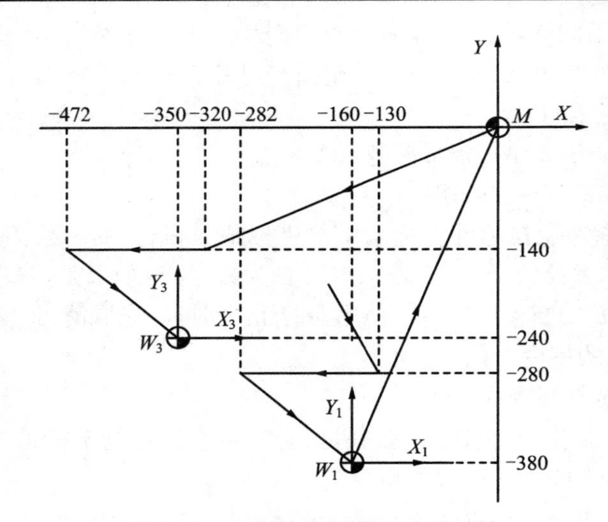

图 3.15　工件坐标系选取执行过程

(3) 工件坐标系设定指令(车床用 G50，铣床用 G92)

G50 或 G92 指令用来设定工件坐标系。车床使用 G50 指令，而铣床使用 G92 指令。G50/G92 是非模态指令，但由该指令建立的工件坐标系却是模态的，在机床重开机时消失。

程序格式：N～ (G90)$\begin{Bmatrix} \text{G50} \\ \text{G92} \end{Bmatrix}$ X～ Y～ Z～；

机床执行上述程序并不产生运动，只是设定工件坐标系，使得在这个工件坐标系中，当前刀具所在点的坐标值为 X、Y、Z。实际上，该指令也是给出了一个偏移量，此偏移量是所设工件坐标系原点在原来的机床(工件)坐标系中的坐标值,是间接给出的。从 G50/G92 的功能可以看出,这个偏移量也就是刀具在原机床(工件)坐标系中的坐标值与 X、Y、Z 指令值之差。如果多次使用 G50/G92 指令,则每次使用 G50/G92 指令给出的偏移量将会叠加。对于每一个预置的工件坐标系(G54～G59),这个叠加的偏移量都是有效的。

例 3.3　如果预置 1＃工件坐标系偏移量:X－160.000,Y－160.000;预置 5＃工件坐标系偏移量:X－350.000,Y－260.000。程序段如表 3.3 所示,则终点在机床坐标系中的坐标值如表中第 2 栏所示,执行过程如图 3.16 所示。

表 3.3　工件坐标系设定指令实例

程序段内容	终点在机床坐标系中的坐标值	注　释
……		
N0220 G90 G54 G00 X0 Y0;	X－160.0,Y－160.0	选择 1＃坐标系,快速定位到工件原点
N0230 G92 X90.0 Y150.0;	X－160.0,Y－160.0	刀具不运动,建立新工件坐标系 1p＃,新坐标系中当前点坐标值为 X90.0 Y60.0
N0240 G00 X0 Y0;	X－250.0,Y－310.0	快速定位到新工件坐标系原点 W_{1p}
N0250 G58 X0 Y0;	X－440.0,Y－410.0	选择 5＃坐标系,因为前段程序已用 G92 偏移,实质是 5p＃坐标系,快速定位到坐标系原点 W_{5p}
N0260 X90.0 Y150.0;	X－350.0,Y－260.0	快速定位到原 5＃坐标系原点 W_5
……		

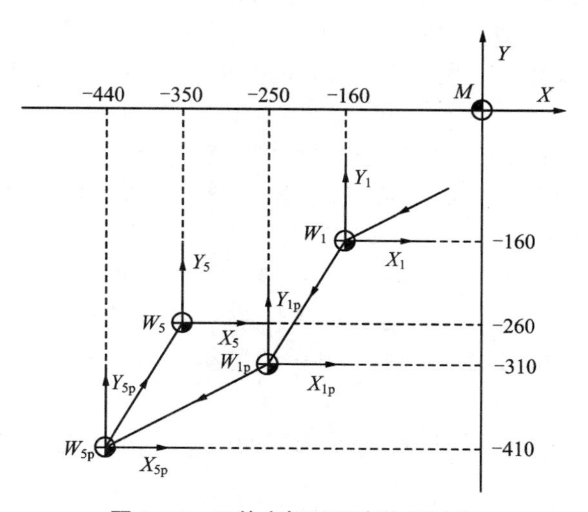

图 3.16　工件坐标系设定执行过程

注意:

① 用 G50/G92 设置工件坐标系,应特别注意起点和终点必须一致,即程序结束前,应使

刀具移到X、Y、Z指令字中的坐标点，这样才能保证重复加工不乱刀。

② 该指令程序段要求坐标值 *X*、*Y*、*Z* 必须齐全，不可缺少，并且只能使用绝对坐标值，不能使用增量坐标值。

③ 在一个零件的全部加工程序中，根据需要，可重复设定或改变工件原点。

④ 虽然G50/G92和G54～G59都能设定工件坐标系，但G50/G92是通过程序来设定、选用工件坐标系的；而G54～G59是在加工前就设定好工件坐标系，在程序中进行调用的。

(4) 坐标平面选取指令(G17、G18、G19)

坐标平面选取指令是用来选择圆弧插补的平面和刀具半径补偿平面的。对于三坐标运动机床，特别是二轴半机床，常须用这些指令指定机床在哪一平面进行运动。G17、G18、G19指令分别表示在 *XOY*、*XOZ*、*YOZ* 坐标平面内进行加工，如图3.12所示。如果在 *XOY* 平面内运动，G17可以省略；而车床总是在 *XOZ* 平面内运动，故无须编写G18。

3.3.2 辅助功能M指令

辅助功能M指令由地址码M及其后的两位数字组成，是控制机床辅助动作的指令，从M00～M99共100种。FANUC数控系统M指令参见本书附录C。

M指令也有模态指令与非模态指令之别，按其逻辑功能也分成组，如M03、M04、M05为同一组。同一组的M指令不可在同一程序段中同时出现。非模态指令仅在其出现的程序段中有效。

下面简单介绍常用的M指令含义。

① M00：程序停止。在完成程序段的其他指令后，用以停止主轴、进给和冷却液，并停止执行后续程序。如想要在加工中使机床暂停，以进行必需的手动操作(检验工件、调整、排屑等)，可使用M00指令。手动操作完成后，按“启动键”即可继续执行后续程序。

② M01：选择停止。与M00相似，所不同的是，只有操作面板上的“选择停开关”处于接通状态，M01指令才起作用。常用于关键尺寸的抽样检验或临时暂停。按“启动键”可继续执行后续程序。

③ M02和M30：程序结束。在完成程序段的所有指令后，使主轴、进给和冷却液停止，一般用在最后一个程序段中，表示加工结束。M02指令不能返回程序起始位置，而M30能使程序返回到开始状态。

④ M03、M04和M05：主轴正转、反转和停转。所谓主轴正转是指主轴转向与 *C* 轴正方向一致，即相对 *Z* 轴符合右手螺旋定则。如果主轴转向与 *C* 轴正方向相反，即是主轴反转。一般情况下，主轴停转的同时也进行制动，并关闭冷却液。M03和M04需与S指令一起使用，主轴才能转动。

⑤ M06：换刀。常用于加工中心刀库换刀前的准备动作，不包括刀具选择，也可以自动关闭冷却液和主轴。

⑥ M07、M08和M09：2号冷却液开、1号冷却液开和冷却液关。2号冷却液一般是雾状冷却液，1号冷却液一般是液状冷却液。M09用来注销M07、M08、M50和M51。

⑦ M10和M11：机床滑座、工件、夹具、主轴等运动部件的卡紧和松开。

⑧ M19：主轴准停。指令主轴定向停止在预定的角度位置上。

⑨ M98 和 M99：程序调用和子程序结束。如图 3.10 所示，子程序以 M99 结束，不能以 M02 或 M30 结束。主程序中调用子程序格式为：N～ M98 P～；其中，P 指定子程序的编号。

3.3.3 F、S、T 指令

(1) F 指令

进给速度功能。用来指定各运动坐标轴及其任意组合的进给速度或螺纹导程。F 指令是模态指令。现代机床大多采用直接指定法，根据与之配合使用的 G 指令的不同，该方法有两种速度表示法：

① 每分钟进给量(车床用 G98，铣床用 G94)。

程序格式：N～ $\left\{\begin{matrix}G98\\G94\end{matrix}\right\}$ F～；

其中，车床用 G98 指令，铣床用 G94 指令；地址码 F 后面跟的数值就是进给速度的大小。对于直线进给，如 G94 F100 表示铣床进给速度为 100 mm/min；对于回转轴，如 G94 F10 表示铣床每分钟进给速度为 10°。

② 每转进给量(车床用 G99，铣床用 G95)，单位为"mm/r"。

程序格式：N～ $\left\{\begin{matrix}G99\\G95\end{matrix}\right\}$ F～；

其中，车床用 G99 指令，铣床用 G95 指令。如 G95 F1.5 表示铣床主轴每转一转进给 1.5 mm。G98/G94 与 G99/G95 是同一组模态指令，可以互为取消。G98/G94 为初始化指令。

(2) S 指令

主轴转速功能。可用来指定主轴的转速，现代机床也多采用直接指定法，由地址码 S 及其后的若干位数字组成。S 指令也是模态指令。根据与之配合使用的 G 指令的不同，有两种转速表示法：

① 恒转速(G97，单位 r/min)。

程序格式：N～ G97 S～；

② 表面恒线速(G96，单位 m/min)。

程序格式：N～ G96 S～；

如 G97 S800 表示主轴转速为 800 r/min；G96 S200 表示表面恒切削速度为200 m/min。G96 和 G97 是同一组模态指令，可以互为取消。G97 为初始化指令。

特别指出，进给速度和主轴转速可通过数控机床操作面板上的进给速度倍率开关和主轴转速倍率开关进行调整，倍率开关通常在 0～200%之间设有众多挡位，实际速度是编程速度与速度倍率之积。

另外，S 指令还可与限定主轴最高转速 G 指令(车床用 G50，铣床用 G92)配合使用，以钳制主轴最高转速：

程序格式：N～ $\left\{\begin{matrix}G50\\G92\end{matrix}\right\}$ S～；

其中,S～是主轴最高转速(r/min),若后续程序设定转速超过此值,则被钳制在该转速。

(3) T 指令

刀具功能。在有自动换刀功能的数控机床上,该指令用以选择所需的刀具号或刀补号。T 指令由地址码 T 及其后的两位或四位数字组成,由不同系统自行确定和定义。M06 要求机床自动换刀,而所换的刀具号则由 T 指令来指定。例如:T03 M06 表示将当前刀具换为 03 号刀具;T0302 表示选用 03 号刀具和 02 号刀补值;T0300 表示取消 03 号刀具的刀补值。

例 3.4 在数控铣床上加工如图 3.17 所示零件,请用增量值尺寸方式编制数控加工程序(不考虑刀具补偿)。

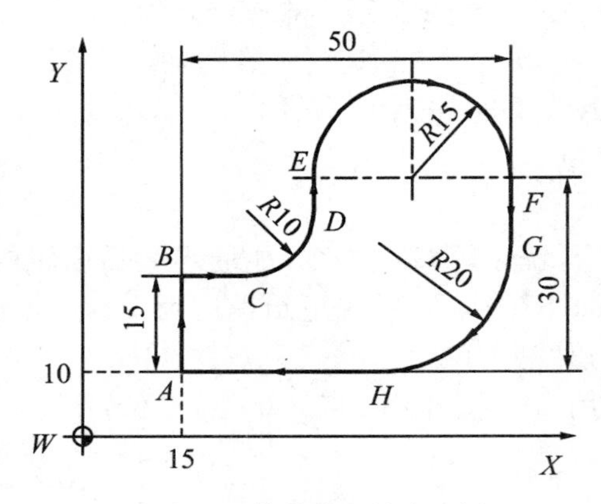

图 3.17 简单编程综合实例

解:采用 ø8 mm 的立式铣刀,以工件原点为起刀点,编程如表 3.4 所示。

表 3.4 简单编程综合实例程序

O0020	程序号
N0010 G91 G94 G97 G21 G17;	设定初始化指令
N0020 G92 X0 Y0;	建立工件坐标系
N0030 G00 X15.0 Y10.0 S500 M03 M08;	快进到接近 *A*
N0040 G01 Y15.0 F100;	直线工进到 *B*
N0050 X10.0;	直线工进到 *C*
N0060 G03 X10.0 Y10.0 R10.0 F80;	逆圆工进到 *D*
N0070 G01 Y5.0 F100;	直线工进到 *E*
N0080 G02 X30.0 R15.0 F80;	逆圆工进到 *F*
N0090 G01 Y－10.0 F100;	直线工进到 *G*
N0100 G02 X－20.0 Y－20.0 R20.0 F80;	顺圆工进到 *H*
N0110 G01 X－30.0 F100;	直线工进到 *A*
N0120 G00 X－15.0 Y－10.0 M09 M05;	取消刀偏,回至原点
N0130 M02;	程序结束

3.4　数控车床程序编制

数控车床主要用于加工轴类、套类和盘类等回转体零件，可通过程序控制自动完成端面、内外圆柱面、锥面、圆弧面、螺纹等内容的切削加工，并可进行切槽、切断、钻、扩、铰孔等加工。

3.4.1　数控车削的编程特点

(1) 被加工零件的径向尺寸图样标注和测量值大多以直径值表示，故一般径向用绝对值编程时，X 以直径值表示；用增量值编程时，U 以径向实际位移量的两倍值表示，并附上方向符号(正号省略)。

(2) 由于车削加工常用棒料作为毛坯，加工量较大，为简化编程，数控系统常备有不同形式的固定循环，如内外圆柱面循环、内外圆锥面循环、切槽循环、端面切削循环、内外螺纹加工循环等，可进行多次重复循环切削。

3.4.2　数控车床的刀具补偿

数控车床的刀具补偿可分为两类，即刀具位置补偿和刀尖圆弧半径补偿。

1. 刀具位置补偿

刀具位置补偿亦称刀具长度补偿，是刀具几何位置偏移及磨损补偿，可用来补偿不同刀具之间的刀尖位置偏移。

如图 3.18 所示，在编程与实际加工中，一般以其中一把刀具为基准，并以该刀具的刀尖位置 A 点为依据来建立工件坐标系。当其他刀具转到加工位置时，由于刀具几何尺寸差异及安装误差，刀尖的位置 B 相对于 A 点就有偏移量 Δx、Δz。这样，原来以对刀点 A 设定的工件坐标系对这些刀具就不适用了。利用刀具位置补偿功能可以对刀具轴向和径向偏移量 Δx、Δz 实行修正，将所有刀具的刀尖位置都移至对刀点 A。每把刀具的偏移值(或称补偿值)都事先用手工对刀和测量工件加工尺寸的方法测得，并输入到相应的存储器中。

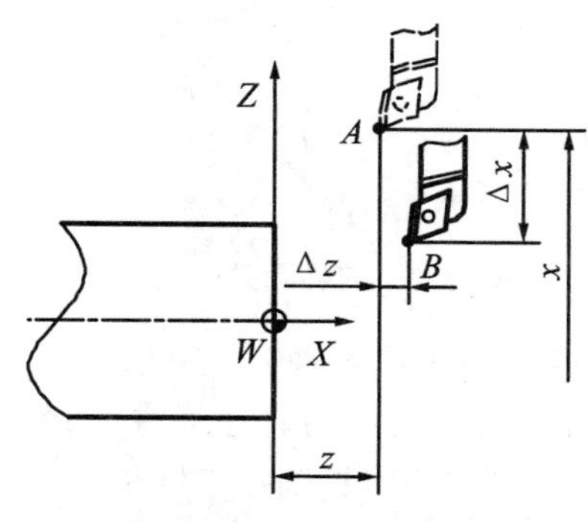

图 3.18　刀具位置补偿

此外，由于刀具磨损或重新安装造成的刀尖位置有偏移时，只要修改相应的存储器中的位置补偿值，而无须更改程序。

2. 刀尖圆弧半径补偿

为提高刀具强度和降低加工表面粗糙度，车刀刀尖常磨成半径较小的圆弧，而编程时，常以刀位点(理想刀尖)来进行，如果直接按零件轮廓编程，在切削圆锥面或圆弧面时，将引起过切或欠切现象，如图 3.19 所示。

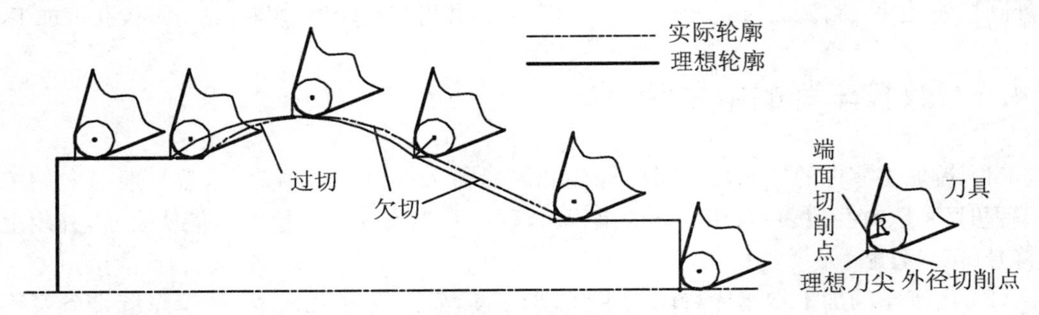

图 3.19 刀尖圆弧半径引起过切或欠切

欲避免过切或欠切，有两种方法：① 加工前计算出刀位点运动轨迹，再编程加工。这种方法数学处理量大，在老式数控系统或自动编程中有所应用。② 按零件轮廓的坐标数据编程，由系统根据工件轮廓和刀尖半径及刀尖方位自动计算出刀具中心轨迹。现代数控系统都具备刀尖圆弧半径补偿功能，因此在手工编程中广泛应用这种方法。

使用刀尖圆弧半径补偿功能时，按零件的实际轮廓编程，并在控制面板上手工输入刀尖圆弧半径及刀尖方位号，数控装置便能自动地计算出刀尖中心轨迹，并按刀尖中心轨迹运动。如图 3.20 所示。当刀具磨损或刀具重磨后刀具半径变小，这时只须手工输入改变后的刀具半径，而不须修改已编好的程序。

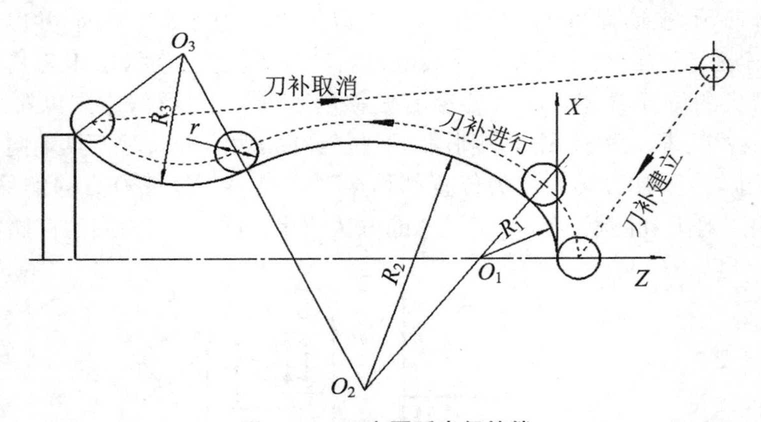

图 3.20 刀尖圆弧半径补偿

刀尖圆弧半径是否须要补偿以及采用何种方式补偿，可使用 G40、G41、G42 设定。沿垂直于加工平面的第三轴的反方向看去，再沿刀具运动方向看，若刀具偏在工件轮廓左侧，就是刀尖圆弧半径左补偿，用 G41 指令；若刀具偏在工件轮廓右侧，就是刀尖圆弧半径右补偿，用 G42 指令，如图 3.21 所示。G41、G42 都用 G40 指令取消。

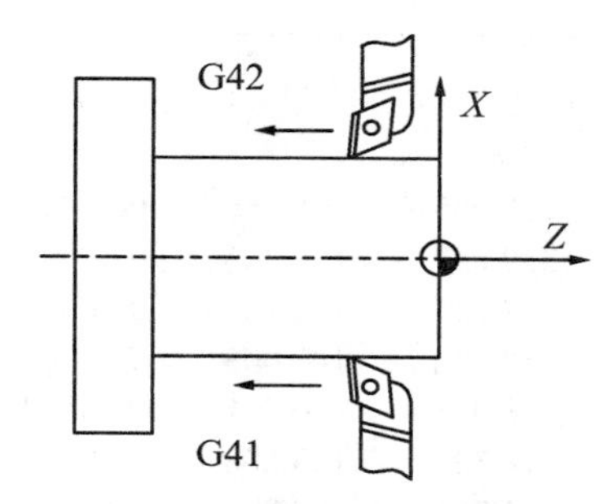

图 3.21 刀尖圆弧半径补偿指令判断

程序格式：

$$N\sim\begin{Bmatrix}G41\\G42\\G40\end{Bmatrix}\begin{Bmatrix}G00\\G01\end{Bmatrix}X(U)\sim Z(W)\sim;$$

刀尖圆弧半径补偿执行过程如图 3.20 所示，有以下 3 步：

(1) 刀具补偿建立

刀尖圆弧中心从与编程轨迹重合过渡到与编程轨迹偏离一个刀具半径值的过程。

(2) 刀具补偿进行

执行有 G41、G42 指令的程序段后，刀尖圆弧中心始终与编程轨迹相距一个刀具半径值的偏置量。

(3) 刀具补偿取消

刀具离开工件，刀尖圆弧中心轨迹又过渡到与编程轨迹重合的过程。

3. 刀具补偿值的设定

刀具补偿有刀具位置补偿和刀尖圆弧半径补偿。刀具位置补偿用以补偿不同刀具之间的刀尖位置偏移，有 X 向和 Z 向；刀尖圆弧半径补偿用以补偿由于刀尖圆弧半径及刀尖位置方向所造成的加工误差，有刀尖圆弧半径补偿量 R 和刀尖方位号 T(图 3.22)。加工工件前，可用操作面板上的功能键 OFFSET 分别设定、修改每把刀具对应的刀具补偿号中 X、Z、R、T 参数，如图 3.23 所示。

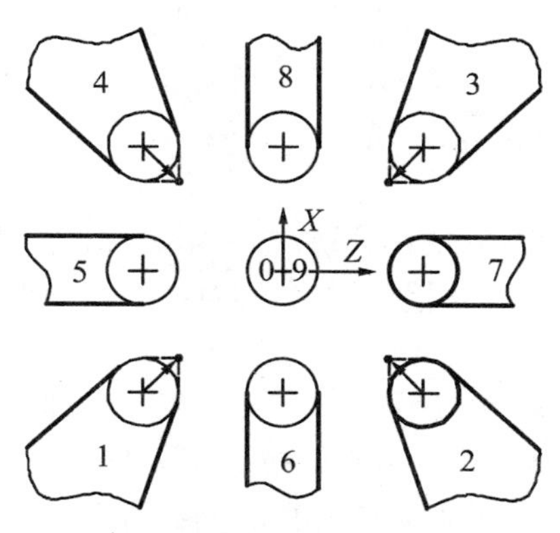

图 3.22 后置刀架假定刀尖方位号

工件补正/现状			00010	N0200
番号	X	Z	R	T
C01	−225.005	−105.966	000.500	03
C02	−219.255	−103.326	002.500	08
C03	−217.305	−102.165	001.060	01
C04	−210.306	−106.008	003.100	07
C05	−206.011	−100.561	002.050	02
C06	−218.321	−103.208	002.000	08
C07	−217.361	−102.207	001.405	04
C08	−221.062	−100.560	003.500	05

现在位置(相对坐标)

U 0.000 W 0.000

ADRS MX 25.300 S 0 T

JOG **** *** ***

[摩耗] [现状] [SETTING] [坐标系] [(操作)]

图 3.23 刀具偏置与刀具方位界面

4. 刀具补偿的实现

刀具补偿功能(刀具位置补偿和刀尖圆弧半径补偿)是由程序中指定的T代码和刀尖圆弧半径补偿代码共同实现的。

T代码由字母T和其后的4位数字所组成:T××××,其中前两位数字为刀具号,后两位数字为刀具补偿号。如T0103表示调用1号刀具,选用3号刀具补偿。刀具补偿号实际上是刀具补偿寄存器的地址号,可以是00~32中任意一个数。刀具补偿号为00时,表示不进行补偿或取消刀具补偿。如图3.23所示,对应于每个刀具补偿号,都有X、Z、R、T参数。补偿寄存器中预置的刀具位置和刀尖圆弧半径,包括基本尺寸和磨损尺寸两分量,控制器处理这些分量,计算并得到最后尺寸(总和长度、总和半径)。在激活补偿寄存器时这些最终尺寸生效,即补偿是按总和长度及总和半径进行的。

刀具补偿的实现过程是:假如某个程序段中的T指令为T0102,则数控系统自动按02号存储器中的刀具补偿值修正01号刀具的位置偏移和进行刀尖圆弧半径的补偿,并根据程序段中的G41/G42指令来决定刀尖圆弧半径补偿的方向是左偏置还是右偏置。

3.4.3 简化编程功能指令

为简化数控车床编程,数控系统针对数控加工常见动作过程按规定的动作顺序,以子程序形式设计了指令集,用NC代码直接调用,分别对应不同的加工循环动作。

1. 单一固定循环

(1) 外径/内径车削固定循环(G90)

外径/内径车削循环用G90指令,是模态指令。该循环指令包括圆锥面车削循环和圆柱面车削循环功能,用于零件的内、外圆锥面和内、外圆柱面的车削加工。

程序格式:

N~ G90 X(U)~ Z(W)~ I~ F~;(内、外圆锥面)

N～ G90 X(U)～ Z(W)～ F～;(内、外圆柱面)

外圆锥面车削循环路径如图 3.24(a)所示,为梯形循环,刀具从循环起点先沿 *X* 轴快速进刀,再沿圆锥面进给切削,后沿 *X* 轴工进退刀,最后沿 *Z* 轴快速返回循环起点。图中虚线表示快速移动,实线表示按 *F* 指定的进给速度移动;*X*、*Z* 为圆柱面切削终点(图中 *E* 点)坐标值,*U*、*W* 为圆柱面切削终点相对于循环起点的增量值;*I* 为圆锥面车削始点与车削终点的半径差,起点 *X* 轴坐标大于终点 *X* 轴坐标时,*I* 为正,反之为负。外圆柱面车削循环路径如图 3.24(b)所示,为矩形循环,可认为是外圆锥面车削循环的特例(*I*=0)。内圆锥面/圆柱面车削循环路径及编程与之相似。

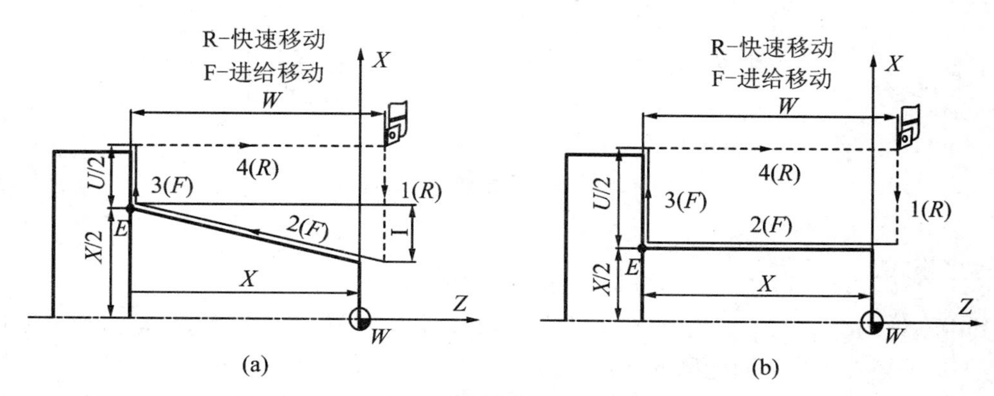

图 3.24　外径车削固定循环路径

(2) 端面车削固定循环(G94)

端面车削固定循环用 G94 指令,也是模态指令。该循环指令包括锥形端面车削固定循环和垂直端面车削固定循环功能。

程序格式:

N～ G94 X(U)～ Z(W)～ K～ F～;(锥形端面)

N～ G94 X(U)～ Z(W)～ F～;(垂直端面)

循环路径如图 3.25 所示,与 G90 类似,为梯形或矩形循环,刀具从循环起点先沿 *Z* 轴快速进刀,再沿 *X* 轴(或锥端面)进给切削,后沿 *Z* 轴工进退刀,最后沿 *X* 轴快速返回循环起点。程序格式中 X(U)、Z(W)、F 的含义同 G90 指令;*K* 为端面车削始点与端面车削终点在 *Z* 方向的坐标增量,起点 *Z* 轴坐标大于终点 *Z* 轴坐标时,*K* 为正,反之为负。垂直端面车削固定循环是锥形端面车削固定循环的特例(*K*=0)。

2. 复合固定循环

车削加工阶梯相差较大的轴时,由于加工余量较大,往往须要多次切削,且每次加工的轨迹相差不大。利用复合固定循环功能,只要编出精加工路线(最终走刀路线),依程序格式设定粗车时每次的被吃刀量、精车余量、进给量等参数,系统就会自动计算出粗加工走刀路线,控制机床自动重复切削直到完成工件全部加工为止。可大为简化编程。

(1) 外径/内径粗车复合循环(G71)

G71 指令适用于用圆柱毛坯料粗车外径和用圆筒毛坯料粗车内径,特别是在切除余量较大的情况下。

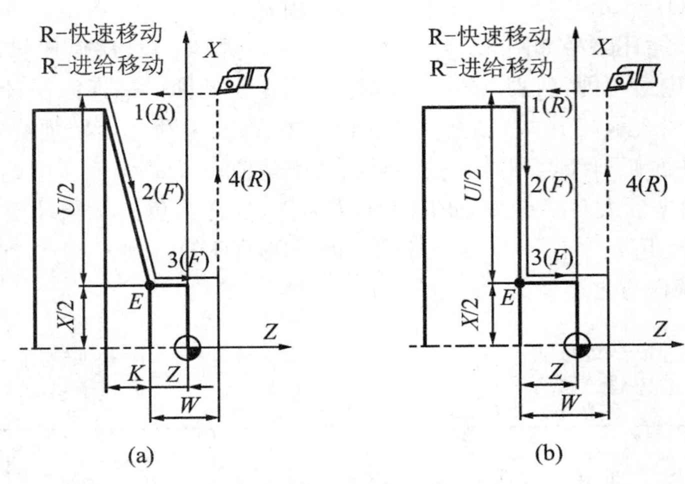

图 3.25 端面车削固定循环路径

程序格式：
N~ G71 U(Δd) R(e)；
N~ G71 P(ns) Q(nf) U(Δu) W(Δw) F~ S~ T~；

其中地址码含义见表 3.5。G71 粗车外径加工路径如图 3.26 所示，C 是粗加工循环的起点，A 是毛坯外径与端面轮廓的交点。加工路线为：$C\to D\to E\to F\to G\to\cdots\to H\to I\to A$，按图中箭头所示方向进刀和退刀；每次 X 轴上的进给量为 Δd，从切削表面沿 45°退刀的距离为 e，Δw 和 $\Delta u/2$ 分别为轴向和径向精车余量。图中直线 AB、AA' 与粗加工最后沿轮廓面运动轨迹 HI 间包容的区域即为粗加工 G71 循环切削内容；粗加工之后的精加工(G70)路线为：$A\to A'\to B$。

表 3.5 车削固定循环指令中地址码的含义

地址	含 义
ns	指定精加工程序第一个程序段的段号
nf	指定精加工程序最后一个程序段的段号
Δi	粗车时，径向(X 轴方向)切除的余量(半径值)
Δk	粗车时，轴向(Z 轴方向)切除的余量
Δu	径向(X 轴方向)的精车余量(直径值)
Δw	轴向(Z 轴方向)的精车余量
Δd	每次车削深度(在外径和端面粗车循环)或粗车循环次数(在固定形状粗车循环)
e	退刀量

(2) 端面粗车复合循环(G72)

G72 指令适用于棒料毛坯端面方向上粗车，特别是在切除余量较大的情况下。

程序格式：
N~ G72 W(Δd) R(e)；
N~ G72 P(ns) Q(nf) U(Δu) W(Δw) F~ S~ T~；

其中地址码含义见表 3.5。G72 与 G71 指令类似，不同之处就是刀具路径是按径向方向车削循环的。如图 3.27 所示，加工路线为：$C \to D \to E \to F \to G \to \cdots \to H \to I \to A$；粗加工之后的精加工(G70)路线为：$A \to A' \to B$。

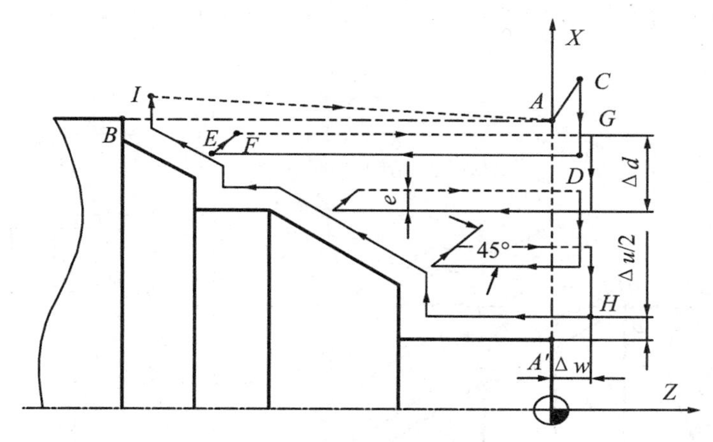

图 3.26　外径粗车复合循环 G71

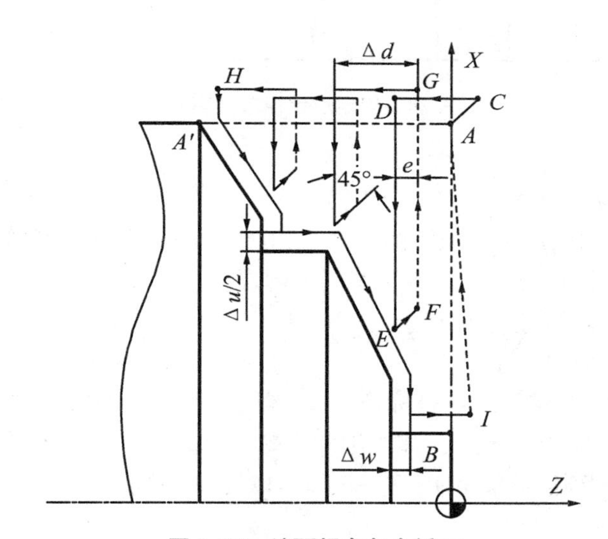

图 3.27　端面粗车复合循环

(3) 固定形状粗车复合循环(G73)

G73 指令适用于毛坯轮廓形状与零件轮廓形状基本接近时的粗车。

程序格式：$\begin{cases}\text{N}\sim\ \text{G73 U}(\Delta\text{i})\ \text{W}(\Delta\text{k})\ \text{R(d)};\\ \text{N}\sim\ \text{G73 P(ns) Q(nf) U}(\Delta\text{u})\ \text{W}(\Delta\text{w})\ \text{F}\sim\ \text{S}\sim\ \text{T}\sim;\end{cases}$

其中地址码含义见表 3.5。如图 3.28 所示，加工路线：$C \to D \to E \to F \to \cdots \to G \to H \to A$；粗加工之后的精加工(G70)路线为：$A \to A' \to B$。

(4) 精车循环(G70)

G70 精车循环用于在粗车复合循环指令 G71、G72 或 G73 后进行精车。

程序格式：N～ G70 P(ns) Q(nf)；

其中地址码含义见表 3.5。必须先使用 G71、G72 或 G73 指令后，才可使用 G70 指令。在 G70 车削循环期间，刀尖圆弧半径补偿功能有效。

特别注意：在粗车循环 G71、G72、G73 状态下，优先执行 G71、G72、G73 指令中的 F、S、T，若 G71、G72、G73 中不指定 F、S、T，则在 G71 程序段前编程的 F、S、T 有效；在精车循环 G70 状态下，优先执行 ns～nf 程序段中的 F、S、T，若 ns～nf 程序段中不指定 F、S、T，则默认为粗加工时的 F、S、T。

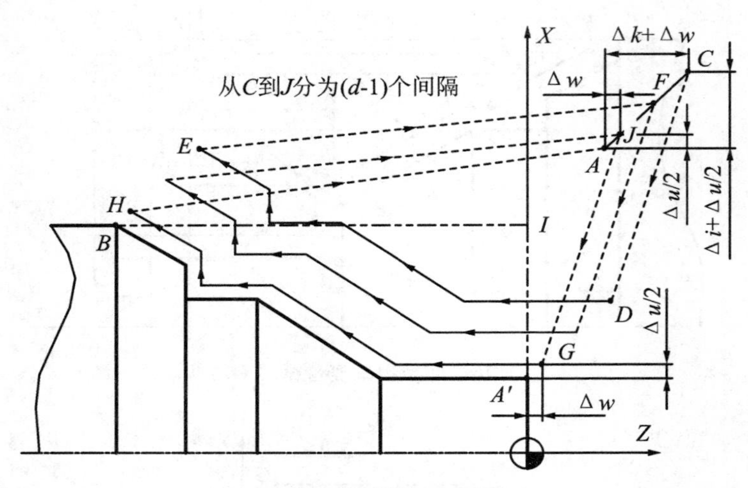

图 3.28　固定形状粗车循环 G73

3. 螺纹加工指令

(1) 单行程螺纹切削(G32/G33)

G32/G33 指令可切削加工等螺距圆柱螺纹、等螺距圆锥螺纹和等螺距端面螺纹，为模态指令。G32 用于车削英制螺纹，G33 用于车削公制螺纹。

程序格式：$N\sim \begin{Bmatrix} G32 \\ G33 \end{Bmatrix} X(U)\sim\ Z(W)\sim\ F\sim$；

其中，X(U)、Z(W)为螺纹终点坐标，F 为以螺纹导程给出的每转进给率，如果是单线螺纹，则为螺纹的螺距，单位为 mm/r。如车削圆锥螺纹，如图 3.29 所示，斜角 α 在 45°以下时，螺纹导程以 Z 轴方向指定；斜角 α 在 45°～90°时，以 X 轴方向指定。

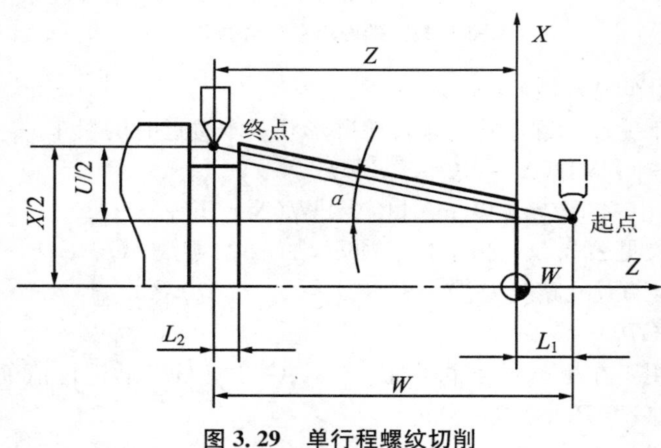

图 3.29　单行程螺纹切削

(2) 简单螺纹切削循环(G92)

G92 为简单螺纹切削循环指令，是模态指令，切削方式为直进式，程序格式：

N～ G92 X(U)～ Z(W)～ I～ F～；(圆锥螺纹)

N～ G92 X(U)～ Z(W)～ F～；(圆柱螺纹)

其中，X(U)、Z(W)为螺纹终点坐标，F 为以螺纹导程给出的每转进给率，如果是单线螺纹，则为螺纹的螺距，单位为 mm/r。I 为锥螺纹切削起点与切削终点半径的差值，I 值正负判断方法与 G90 相同；圆柱螺纹 $I=0$ 时，可以省略。螺纹车削到接近螺尾处，以接近 45°退刀，退刀部分长度 r 可以通过机床参数控制在 $0.1L \sim 12.7L$(L 为螺纹导程)之间。刀具从循环起点，按图 3.30 与图 3.31 所示走刀路线，从循环起点 A 开始，按 $A \to B \to C \to D \to A$ 路径进行自动循环，最后返回到循环起点；图中虚线表示按 R 快速移动，实现按 F 指定的进给速度移动。

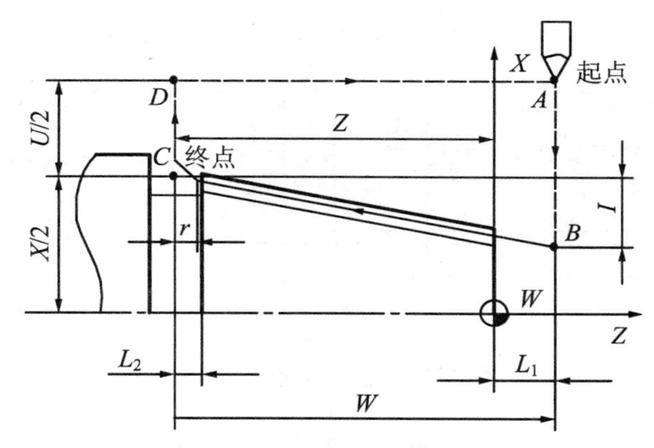

图 3.30　简单圆柱螺纹切削循环

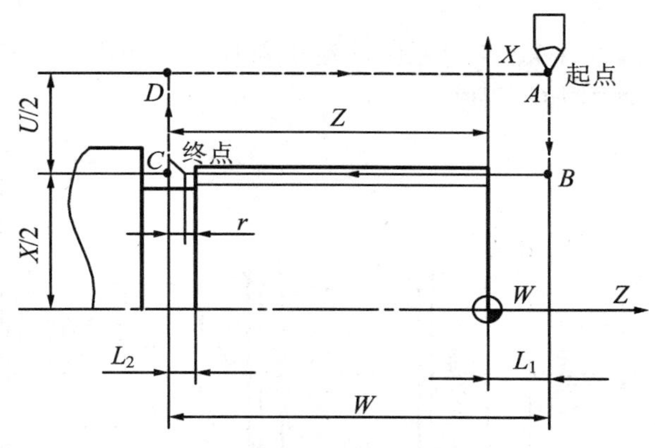

图 3.31　简单圆锥螺纹切削循环

(3) 螺纹切削复合循环(G76)

G76 为螺纹切削复合循环指令，其较 G32/G33、G92 指令简洁，在程序中只须指定一次有关参数，则螺纹加工过程自动进行，G76 螺纹切削循环采用斜进式，一般适用于大螺距低精度螺纹的加工。

程序格式：$\begin{cases} \text{N}\sim \text{ G76 P(m) (r) (a) Q}(\Delta d_{\min})\text{ R(d)}; \\ \text{N}\sim \text{ G76 X(U)}\sim \text{ Z(W)}\sim \text{ R(i) P(k) Q}(\Delta d)\text{ F(L)}; \end{cases}$

其中，m 表示精车重复次数（1～99）；r 表示螺纹尾端倒角值，在 0.1L～9.9L 之间，以 0.1L 为一单位（即为 0.1 的整数倍），用 00～99 两位数字指定，其中 L 为螺纹导程；α 表示刀尖角度，从 80°、60°、55°、30°、29°、0°六个角度选择；$\Delta d_{\min}$ 表示最小切削深度（半径值）；d 表示精加工余量（半径值）；Δd 表示第一刀粗切深（半径值）；X(U)、Z(W) 表示螺纹根部终点的坐标值；i 表示锥螺纹的半径差，$I=0$ 则为直螺纹；k 表示螺纹高度（半径值）；L 表示螺纹导程值。P、Q 不支持小数点输入。指令执行过程如图 3.32 所示。

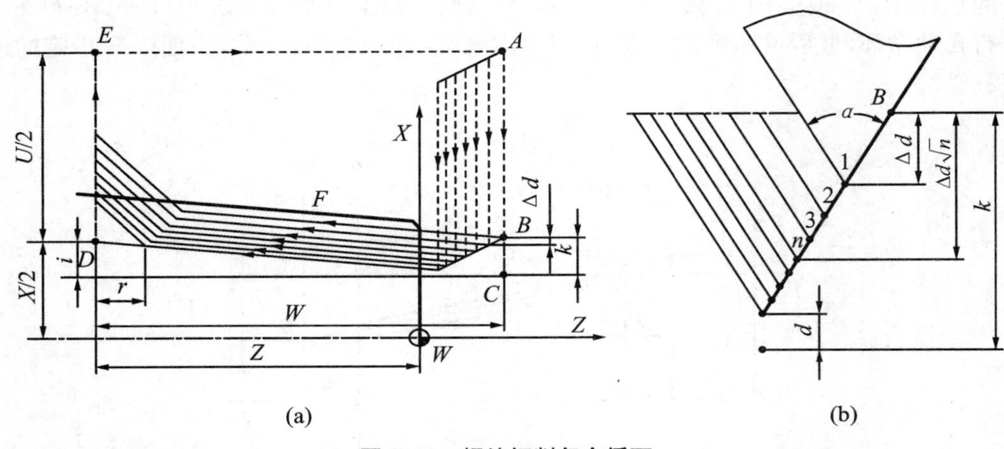

图 3.32 螺纹切削复合循环

3.4.4 数控车床编程实例

例 3.5 在 FANUC 0i Mate TC 系统数控车床上加工如图 3.33 所示轴类零件，毛坯为 45 号圆钢棒料，试编制数控加工程序。

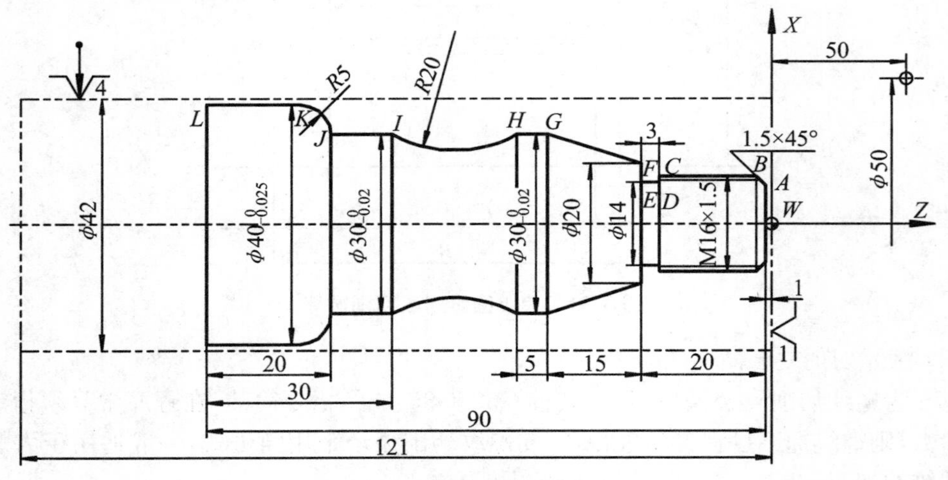

图 3.33 数控车床编程实例

解：(1) 加工工艺分析

查国标 GB/T 702－2008，毛坯采用 ø42 热轧圆钢。采用工序集中方法一次装夹加工，毛坯长度定为 121 mm，其中右端面留 1 mm 加工余量，左端留 30 mm 用于装夹及车床安全距离。轴类零件须按其(毛坯)长度确定装夹方法，对于 $L/D<4$ 的短轴类零件，采用液压卡盘装夹一端来进行车削加工；对于 $4\leqslant L/D<10$ 的长轴类零件，在工件的一端用卡盘夹持，在尾端用活顶尖顶紧工件安装。本零件 $L/D=2.69$，故采用液压卡盘装夹一端来进行车削加工。

根据先粗后精和先主后次的原则确定工艺方案和走刀路线：车右端面→粗车外廓→精车外廓→切退刀槽→车 M16 螺纹→切断。其中精车外廓详细走刀路线为：倒角→车螺纹外径圆柱面→车 ø20 右端面→车圆锥面→车 ø30 圆柱面→车 *R*20 圆弧面→车 ø30 圆柱面→车 *R*5 圆弧面→车 ø40 圆柱面。

(2) 选择刀具及确定切削参数

共选用 5 把刀具，均采用涂层硬质合金机夹刀片。刀具布置图见图 3.34。各刀具切削参数应根据工件、机床等因素查阅相关手册确定，也可由经验确定。本例各刀具切削参数确定如表 3.6 所示。

表 3.6　切削参数表

刀具号	刀具名称	主轴转速	进给速度
T01	外圆左偏粗车刀	800 r/min 或 100 m/min	0.15 mm/r 或 120 mm/min
T02	外圆左偏精车刀	1000 r/min	0.08 mm/r 或 157 mm/min
T03	切槽刀，刃宽 3 mm	60 m/min	0.05 mm/r
T04	螺纹车刀	400 r/min	1.5 mm/r

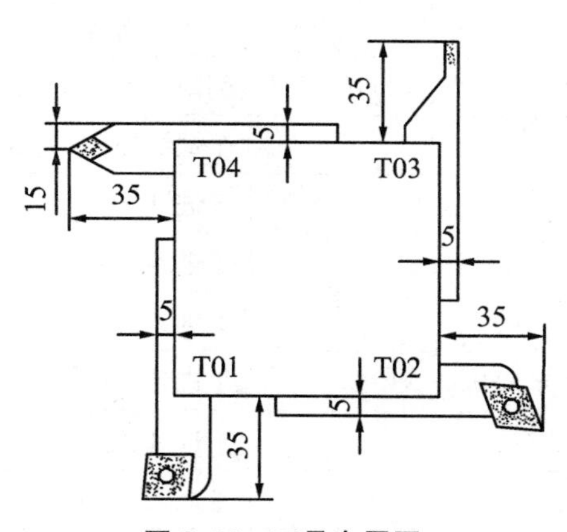

图 3.34　刀具布置图

(3) 数学处理

建立工件坐标系如图 3.33 所示，工件原点设在毛坯右端面与轴线交点处。起刀点、换刀点设在(50,50)处。

① 计算零件各基点位置坐标值：*A*(13.0，－1.0)；*B*(16.0，－2.5)；*C*(16.0，－18.0)；*D*(14.0，－18.0)；*E*(14.0，－21.0)；*F*(20.0，－21.0)；*G*(29.99，－36.0)；*H*(29.99，－41.0)；

I(29.99,−61.0);J(29.99,−71.0);K(39.988,−76.0);L(39.988,−91.0)。

② 查表或计算螺纹结构尺寸。推荐查阅GB/T 196—2003,确认M16×1.5螺纹大径为16 mm、小径为14.376 mm。也可通过近似公式来计算。

(4) 编制数控车削加工程序

见表3.7。

表3.7 数控车床编程实例

程 序	说 明
O0030	程序号
N0010 G90 G97 G21 G40;	设定初始化指令
N0020 G50 X50.0 Z50.0 T0101;	设定工件坐标系
N0030 G00 X50.0 Z10.0 S800 M04;	选01号刀具和01号刀具补偿值,预启动
N0040 G50 S1800;	限制主轴最高转速
N0050 G96 S100;	设定粗车主轴恒线速度加工100 m/min
N0060 G98 F120;	设定进给速度120 mm/min
N0070 G41 G00 X45.0 Z2.0 M08;	刀尖圆弧半径左补偿
N0080 G94 X−0.5 Z−1.0 F120;	车工件左端面循环,F120可以省略
N0090 G40 G00 X50.0 Z2.0;	取消刀补
N0100 G42 G99 G00 X45.0 Z0.0;	刀具半径右补偿,快进至粗车循环起始点
N0110 G71 U2.0 R0.5;	G71外径粗车复合循环
N0120 G71 P0120 Q0220 U0.5 W0.25 F0.15;	
N0130 G00 X11.0;	开始定义精车轨迹,Z轴不移动
N0140 G97 G01 X16 Z−2.5 F0.08 S1000;	倒角1.5×45°,工进到B点
N0150 Z−21.0;	车螺纹外径ø16 mm圆
N0160 U4.0;	工进到F点
N0170 U9.99 W−15.0;	工进到G点
N0180 W−5.0;	工进到H点
N0190 G02 X29.99 Z−61.0 R20.0;	工进到I点
N0200 G01 W−10.0;	工进到J点
N0210 G03 U9.998 W−5.0 I0.0 K−5.0;	工进到K点
N0220 G01 Z−92.0;	工进到L点
N0230 G01 U3.0;	径向退刀,完成精车程序段
N0240 G00 G40 X50.0 Z50.0 T0100 M05 M09;	快速返回换刀点,取消刀补
N0250 X60.0 T0202 M04;	选用02号刀具和02号刀具补偿值
N0260 G42 G00 Z0.0 M08;	快进至循环起点,刀具半径右补偿

续表

程　序	说　明
N0270 G70 P0120 Q0220；	精车循环
N0280 G00 G40 X100.0 Z100.0 T0200 M05 M09；	快速返回换刀点，取消刀补
N0290 G96 S60；	设定切槽恒线速度 60 m/min
N0300 G99 G00 X25.0 T0303 M04；	选用 03 号刀具和 03 号刀具补偿值
N0310 G42 Z－21.0 M08；	快进至切槽起点，刀具半径右补偿
N0320 G01 X12.0 F0.05；	切槽
N0330 G01 X22.0 F0.2；	退刀
N0340 G00 G40 X50.0 Z50.0 T0300 M05 M09；	快速返回换刀点，取消刀补
N0350 G97 S400；	设定主轴恒转速 400 r/min
N0360 X20.0 T0404 M04；	选用 04 号刀具和 04 号刀具补偿值
N0370 G42 G00 Z2.0 M08；	快进至螺纹循环起点，刀具半径右补偿
N0380 G92 X15.2 Z－19.5 F1.5；	螺纹切削第一次循环，切深 0.4 mm
N0390 X 14.6；	螺纹切削第二次循环，切深 0.3 mm
N0400 X 14.376；	螺纹切削第三次循环，切深 0.112 mm
N0410 G00 G40 X50.0 Z50.0 T0400 M05 M09；	快速返回换刀点，取消刀补
N0420 G96 S60；	设定切槽恒线速度 60 m/min
N0430 G00 X45.0 T0303 M04；	选用 03 号刀具和 03 号刀具补偿值
N0440 G42 Z－94.0 M08；	快进至切断起点，刀具半径右补偿
N0450 G01 X－0.5 F0.05；	切断
N0460 G00 G40 X50.0 Z50.0 T0300 M05 M09；	快速返回起刀点，取消刀补
N0470 M30；	程序结束

3.5　数控铣床程序编制

数控铣床具有多坐标联动，可以加工具有各种平面轮廓和曲面轮廓的零件，如凸轮、模具、叶片、螺旋桨等；此外，数控铣床也可进行钻、扩、铰、攻螺纹、镗孔等加工。

3.5.1　数控铣削的编程特点

（1）数控铣床上没有刀库和自动换刀装置，如需换刀，由人工手动换刀。

（2）数控铣床常具有多种特殊插补功能，如圆柱插补、螺旋线插补等，一般还有极坐标、镜像、比例缩放等编程指令，可通过两个或更多个坐标轴联动，加工任意平面轮廓及复杂的空间曲面轮廓；另外，数控铣床常备有多种固定循环功能，如孔加工固定循环指令。编程时要充分合理地选用这些功能，以提高加工精度和效率。

3.5.2 数控铣床的刀具补偿

数控铣床的刀具补偿可分为两类，即刀具长度偏置（补偿）和刀具半径补偿。

1. 刀具长度偏置（补偿）指令（G43、G44、G49）

在数控铣床或加工中心上，刀具长度偏置指令一般用于刀具轴向（*Z* 向）的补偿，它使刀具在 *Z* 向上的实际位移量比程序给定值增加或减少一个偏置量，则当刀具在长度方向的尺寸发生变化时，可以在不改变程序的情况下，通过改变偏置量，加工出所要求的零件尺寸。应用刀具长度偏置指令，编程时，不必考虑刀具的实际长度及各把刀具不同的长度尺寸；加工前，用 MDI 方式将各把刀具的"刀具长度偏置值"（实际刀具长度与编程时设置的刀具长度之差）输入数控系统相应"刀具长度偏置值"存储器中；加工时，系统通过指定偏置号（H 指令）选择"刀具长度偏置值"存储器，即可正确加工。当由于刀具磨损、更换刀具等原因引起刀具长度尺寸变化时，只要修正刀具长度偏置量，而不必调整程序或刀具。

程序格式：

$$\mathrm{N}\sim \begin{Bmatrix} \mathrm{G43} \\ \mathrm{G44} \end{Bmatrix} \mathrm{Z}\sim\ \mathrm{H}\sim;$$

其中，G43 为正偏置，即将 Z 坐标尺寸字与 H 指令中长度偏置的量相加，按其结果进行 *Z* 轴运动，如图 3.17 所示。G44 为负偏置，即将 Z 坐标尺寸字与 H 中长度偏置的量相减，按其结果进行 *Z* 轴运动。G49 为取消刀偏，用来撤销 G43 和 G44，有的系统用 G40 指令，也可用 H00 取消刀具长度偏置。

H 指令（偏置号）存储器中存入的"刀具长度偏置值"可正可负，图 3.35 所示为正值情况。若为负值，则 G43、G44 指令使刀具向图示对应的反方向移动一个"刀具偏置值"，执行结果正好与图示情况相反。

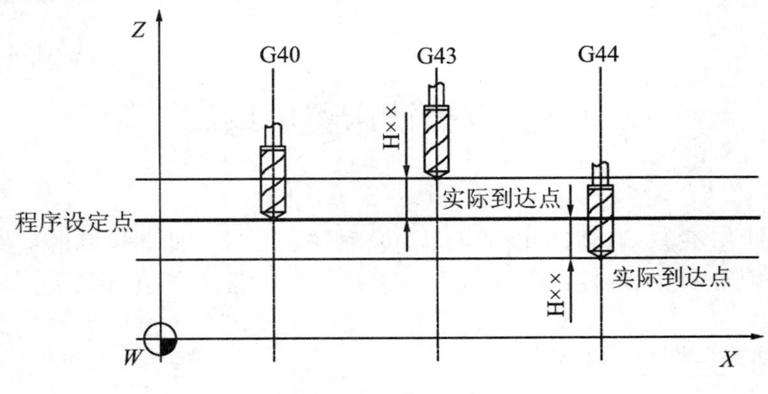

图 3.35 刀具长度偏置

2. 刀具半径补偿指令（G41、G42、G40）

（1）刀具半径补偿概念

实际的铣刀或钻刀等都是有半径的，加工平面内零件轮廓时，刀位点不能简单地沿零件轮廓曲线加工，否则将使工件尺寸缩小（或放大）一个刀具半径值。刀位点的运动轨迹即加工路线应该与零件轮廓曲线有一个刀具半径值大小的偏移量，如图 3.36 所示。刀具半径补偿功能就是要求数控系统能根据工件轮廓和刀具半径自动计算出刀具中心轨迹，在加工曲线轮廓时，只按被加工工件的轮廓曲线编程，同时在程序中给出刀具半径的补偿指令，就可加工出具有轮廓曲线的零件，使编程工作大为简化。

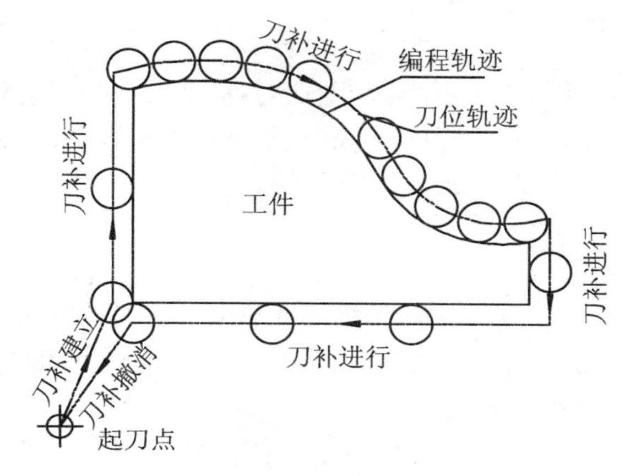

图 3.36　刀具半径补偿

（2）刀具半径补偿指令

应用刀具半径补偿指令，按工件轮廓曲线编程，加工前，用 MDI 方式将各把刀具的“刀具半径补偿值”输入数控系统相应“刀具半径补偿值”存储器中；加工时，系统通过指定补偿号（D 指令）选择“刀具半径补偿值”存储器，即可正确加工。

程序格式：

$$N\sim \begin{Bmatrix} G41 \\ G42 \end{Bmatrix} D\sim;$$

其中，G41 为刀具半径左补偿，G42 为刀具半径右补偿。沿垂直于加工平面的第三轴的反方向看去，再沿刀具运动方向看，若刀具偏在工件轮廓的左侧，即是刀具半径左补偿，用 G41 指令；若刀具偏在工件轮廓的右侧，则是刀具半径右补偿，用 G42 指令。G40 为取消刀补，用来撤销 G41 或 G42。G41、G42、G40 为同一组的模态指令，D 也为模态指令。

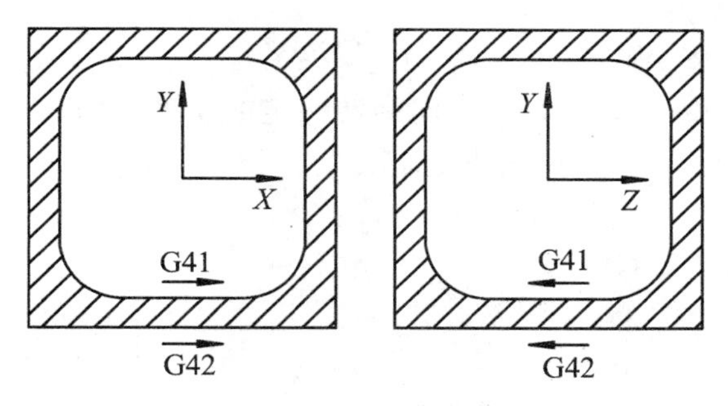

图 3.37　G41 和 G42 的方向判定

(3) 刀具半径补偿过程

如图3.36所示，一般也有3步：刀具补偿建立、刀具补偿进行、刀具补偿撤销。

刀具半径补偿功能，除了可免去刀具中心轨迹的人工计算外，还可以利用同一加工程序去适应不同的情况，如：利用刀具半径补偿功能作粗、精加工余量补偿；刀具磨损后，重输刀具半径，不必修改程序；利用刀具半径补偿功能进行凹凸模具的加工等。

3.5.3 简化编程功能指令

铣削过程中，常常遇到一些加工结构相似或对称，还有些加工动作顺序固定，为简化编程，数控系统一般提供简化编程功能指令，如图形变换功能指令、孔加工固定循环指令等。灵活应用这些指令，将极大提高编程效率和正确率。

1. 图形变换功能指令

(1) 比例缩放功能指令(G51、G50)

G51指令可使原编程尺寸按指定比例缩小或放大，也可将图形按指定规律进行镜像变换。G50指令为比例缩放取消，用来撤销G51。G51、G50为同一组模态指令。

① 各轴以相同比例缩小与放大

程序格式：N～ G51 X～ Y～ Z～ P～；　　(比例缩放指令)

……　　(比例缩放编程)

N～ G50；　　(取消比例缩放)

其中，X、Y、Z为比例缩放中心坐标值，如省略，默认为刀具当前位置；P为缩放比例，最小输入增量为0.001，范围为：0.001～999.999。

② 各轴以不同比例缩小与放大

程序格式：N～ G51 X～ Y～ Z～ I～ J～ K～；　　(比例缩放指令)

……　　(比例缩放编程)

N～ G50；　　(取消比例缩放)

其中，X、Y、Z为比例缩放中心坐标值，如省略，默认为刀具当前位置；I、J、K分别为X、Y、Z轴对应的缩放比例，在0.001～9.999和－0.001～－9.999范围内，且I、J、K不能带小数点，如比例为1.000时，应输入1000；I、J、K指定负比例时，为镜像加工。

注意：G51指令可将其后程序段中的图形按指定的比例缩放加工，但对偏移量无影响，即对刀具补偿值没有影响。

(2) 坐标旋转功能指令(G68、G69)

G68指令可使图形按指定中心及方向旋转一定的角度。G69指令为坐标旋转功能取消，用来撤销G68、G68、G69为同一组模态指令。

程序格式：N～ $\begin{Bmatrix} \text{G17} \\ \text{G18} \\ \text{G19} \end{Bmatrix}$ G68～ $\begin{Bmatrix} X\sim\ Y\sim \\ X\sim\ Z\sim \\ Y\sim\ Z\sim \end{Bmatrix}$ R～；

……　　(坐标旋转编程)

N～ G69；　　(取消坐标旋转)

其中，X、Y、Z(任意两个，由平面选择指令G17、G18或G19确定)为旋转中心坐标值，如

X、Y、Z 省略，默认旋转中心为刀具当前位置；R 为旋转角度，最小输入增量为 0.001°，范围为：−360.000°～360.000°，正值表示逆时针旋转，负值表示顺时针旋转。

例 3.6　如图 3.38 所示，平面上有 4 个三角形凸台，高为 5 mm，请编制加工这 4 个凸台的数控加工程序。

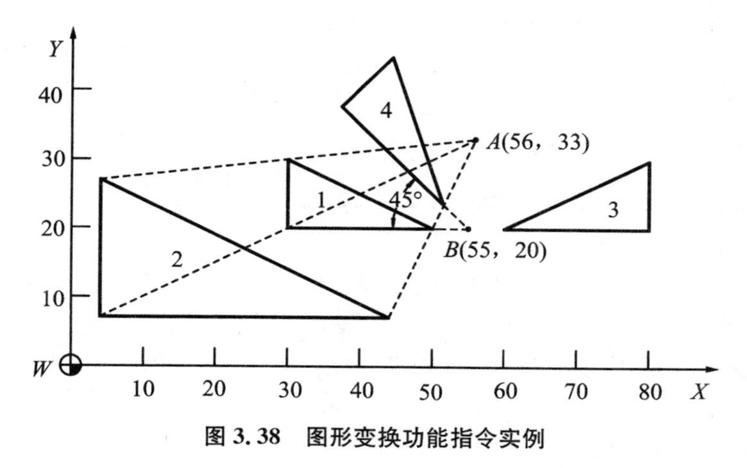

图 3.38　图形变换功能指令实例

解：设刀具起刀点为(0,0,10)，主程序及子程序如表 3.8 所示。

表 3.8　图形变换功能指令实例程序

主　程　序	说　　明
O0040	程序号
N0010 G90 G94 G97 G21 G40 G49；	设定初始化指令
N0020 G92 X0 Y0 Z10；	建立工件坐标系
N0030 M98 P0050；	调用子程序，加工图形 1
N0040 G51 X56.0 Y33.0 P2；	比例缩放
N0050 M98 P0050；	调用子程序，加工图形 2
N0060 G51 X55.0 Y20.0 I−1000 J1000；	镜像加工
N0070 M98 P0050；	调用子程序，加工图形 3
N0080 G50；	取消比例缩放
N0090 G17 G68 X55.0 Y20.0 R−45.000；	坐标旋转
N0100 M98 P0050；	调用子程序，加工图形 4
N0110 G69；	取消坐标旋转
N0120 M30；	程序结束
子　程　序	**说　　明**
O0050	
N0010 G41 G00 X30.0 Y20.0 D01 S1000 M03 M08；	快进，准备加工
N0020 G43 G01 Z−5.0 H01 F100；	下刀

续表

子 程 序	说 明
N0030 Y30.0；	加工轮廓
N0040 X50.0 Y20.0；	
N0050 X30.0；	
N0060 G49 Z10.0；	抬刀
N0070 G40 G00 X0.0 Y0.0 M05 M09；	快回至起刀点
N0080 M99；	子程序结束

2. 孔加工固定循环指令

数控铣床、镗铣加工中心和车削中心上一般都具备孔加工固定循环功能，包括钻孔、镗孔和攻螺纹等，使用一个程序段即可完成一个孔的全部加工动作。继续加工孔时，如果孔加工的动作无须变更，则程序中所有模态数据都可以不写，因而可大大简化程序，减少编程工作量。

(1) 孔加工固定循环概念

孔加工固定循环都是由多个简单动作组合而成的。如图 3.39 所示，一个固定循环一般由以下 6 个动作顺序组成。

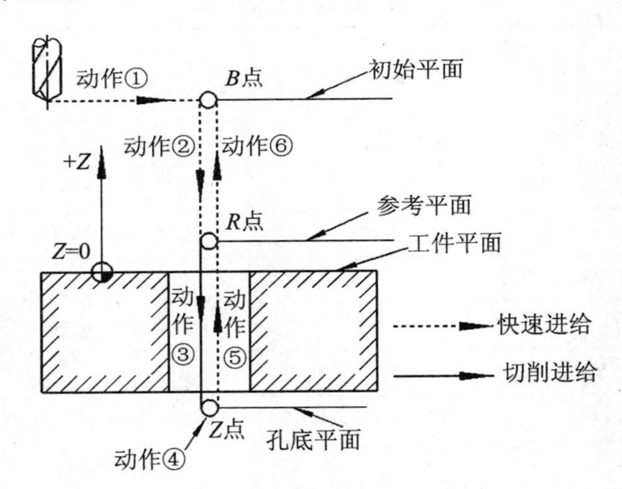

图 3.39 钻孔固定循环动作

动作 1：X、Y 平面内快速定位于初始点 B；

动作 2：快速移动到加工表面上方参考点 R；

动作 3：孔加工；

动作 4：孔底动作，包括暂停、主轴准停、刀具偏移等；

动作 5：退回到参考点 R；

动作 6：快速返回初始点 B。

在孔加工中有 3 个作用平面：

① 初始平面

初始点 B 所在的与 Z 轴垂直的平面，称为初始平面。初始平面是为了安全操作而设定的一个平面。初始平面到工件表面的距离可以任意设定一个安全高度。当使用同一把刀具加工若干个孔时，只有孔间存在障碍须要跳跃或全部加工完成时，才使刀具返回到初始平面上的初始点。

② 参考平面

参考点 R 所在的与 Z 轴垂直的平面，称为参考平面，它是刀具下刀时自快进转为工进的高度平面，与工件表面的距离主要考虑工件表面尺寸的变化，一般可取 2～5 mm。

③ 孔底平面

孔底点 Z 所在的与 Z 轴垂直的平面，称为孔底平面。加工盲孔时，孔底平面就是孔底部的 Z 轴高度；加工通孔时，一般刀具要伸出工件底面一段距离，主要保证全部孔深都加工到尺寸；钻孔时还要考虑到钻头、钻尖对孔深的影响。

孔加工可在 XOY、XOZ 或 YOZ 平面内定位，选择加工平面有 G17、G18 和 G19 三条指令，对应的孔轴线分别为 Z 轴、Y 轴和 X 轴。立式数控铣床加工孔时，其加工平面仅限于 XOY，孔加工轴线为 Z 轴，下面主要讨论立式数控铣床孔加工固定循环指令。常用固定循环指令及其功能和动作如表 3.9 所示。

表 3.9 孔加工固定循环指令

G指令	孔加工动作（$-Z$方向）	孔底动作	Z轴返回动作（$+Z$方向）	应 用
G73	间歇进给	—	快速移动	高速深孔往复排屑钻
G74	切削进给	暂停→主轴正转	快速移动	攻左旋螺纹
G76	切削进给	主轴准停→刀具偏移	快速移动	精镗孔
G80	—	—	—	取消孔加工固定循环
G81	切削进给	—	快速移动	钻孔
G82	切削进给	暂停	快速移动	钻孔、锪孔、镗孔
G83	间歇进给	—	快速移动	深孔往复排屑钻
G84	切削进给	暂停→主轴反转	切削进给	攻右旋螺纹
G85	切削进给	—	切削进给	精镗孔
G86	切削进给	主轴停止	快速移动	镗孔
G87	切削进给	主轴准停→刀具偏移	快速移动	反镗孔
G88	切削进给	暂停→主轴停止	手动/快速	镗孔
G89	切削进给	暂停	切削进给	精镗阶梯孔

(2) 孔加工固定循环程序格式

根据不同的循环方式，固定循环的程序格式也不相同。具体应根据循环动作的要求予以定义。常用的固定循环程序格式为

$$N\sim \begin{Bmatrix} G90 \\ G91 \end{Bmatrix} \begin{Bmatrix} G98 \\ G99 \end{Bmatrix} \begin{Bmatrix} G73 \\ \cdots \\ G89 \end{Bmatrix} X\sim\ Y\sim\ Z\sim\ R\sim\ Q\sim\ P\sim\ F\sim\ K\sim;$$

其中，G98 为加工完成后返回初始点 B，G99 为加工完成后返回参考平面(没有动作 6)，如图 3.40 所示；孔加工方式由固定循环指令 G73、G74、G76 和 G81～G89 中的任一个指定；X、Y 为孔的位置坐标；Z 为孔底坐标值，在 G90 模态下，是其绝对坐标值，在 G91 模态下，是孔底相对参考平面的增量坐标值；R 为参考面的 Z 坐标值，在 G90 模态下，是其绝对坐标值，在 G91 模态下，是 R 点平面相对 B 点平面的增量坐标值；Q 指定每次切削深度(G73 或 G83)，或规定孔底刀具偏移量(G76 或 G87)；P 指定刀具在孔底的暂停时间，整数表示，单位为 ms；F 为切削进给速度；K 指定重复加工次数，为非续效代码，在 G90 模态下，可对原来的孔重复加工，在 G91 模态下，可依次加工出分布均匀的若干个孔，如仅加工一次，K1 可省略。

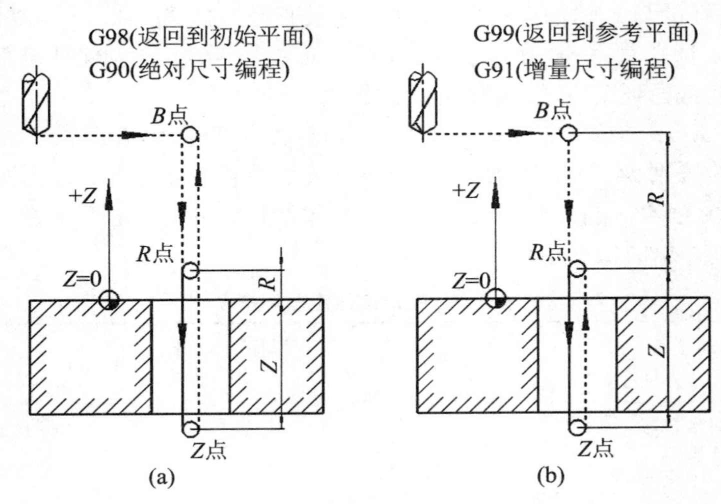

图 3.40　孔加工程序指令字意义

注意：G73、G74、G76 和 G81～G89 是模态指令，孔加工数据也是模态值；G80、G00、G01、G02、G03 等代码可以取消孔加工固定循环，除 F 代码外，全部钻削数据被清除；使用固定循环指令前应使主轴回转；刀具长度补偿指令在刀具至 R 点时生效。

(3) 孔加工固定循环指令

① 定点钻孔循环(G81)

G81 指令可用于一般的通孔加工，循环过程如图 3.41 所示。

程序格式：N～ $\begin{Bmatrix} \text{G90} \\ \text{G91} \end{Bmatrix}$ $\begin{Bmatrix} \text{G98} \\ \text{G99} \end{Bmatrix}$ G81 X～ Y～ Z～ R～ F～ K～；

② 带暂停的钻孔循环(G82)

该指令与 G81 指令不同之处仅在于刀具到达孔底位置时，暂停一段时间再退刀。暂停功能能产生精切效果，因而该指令适合钻盲孔，锪锪孔，镗阶梯孔等。循环过程如图 3.42 所示。

程序格式：N～ $\begin{Bmatrix} \text{G90} \\ \text{G91} \end{Bmatrix}$ $\begin{Bmatrix} \text{G98} \\ \text{G99} \end{Bmatrix}$ G82 X～ Y～ Z～ R～ P～ F～ K～；

③ 深孔往复排屑钻(G83)

G83 指令用于深孔钻削，循环过程如图 3.43 所示。每次切深 Q 值，刀具都快速退回至 R 平面，然后，再快进到前次的切削终点上方，改为进给切削。Z 轴方向的间断进给有利于深孔加工过程中断屑与排屑。

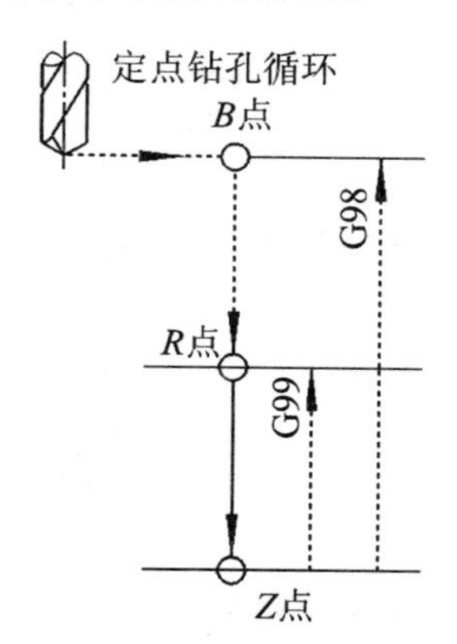

图 3.41　G81 指令

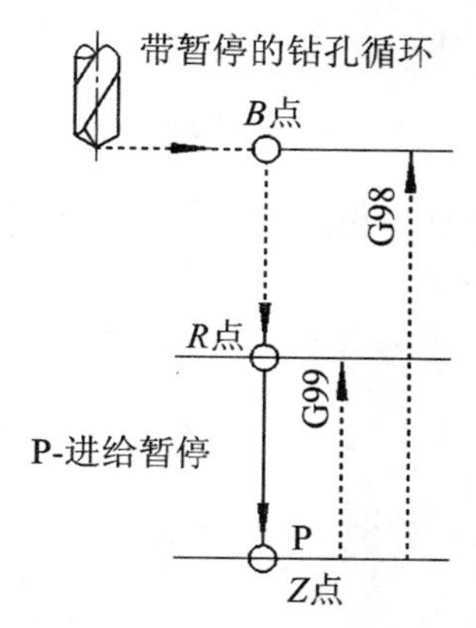

图 3.42　G82 指令

程序格式：N～ $\begin{Bmatrix} \text{G90} \\ \text{G91} \end{Bmatrix}$ $\begin{Bmatrix} \text{G98} \\ \text{G99} \end{Bmatrix}$ G83 X～ Y～ Z～ R～ Q～ F～ K～；

其中，Q 为每次切削深度，是增量值且为正值，由程序给定，末次切削深度为前面几次进刀后的剩余量，小于等于 Q 值；图中 d 为刀具每次由快进转为切削进给的那一点至前次切削终点的距离，由系统参数设定。

④ 高速深孔往复排屑钻循环(G73)

G73 指令与 G83 指令相似，所不同的是，G73 循环中，每次切深到 Q 值后，不是退回到 R 平面，而是退回一段系统参数设定的距离 d，循环过程如图 3.44 所示。G73 循环退刀距离较 G83 短，故其加工速度更快，但排屑效果稍差。

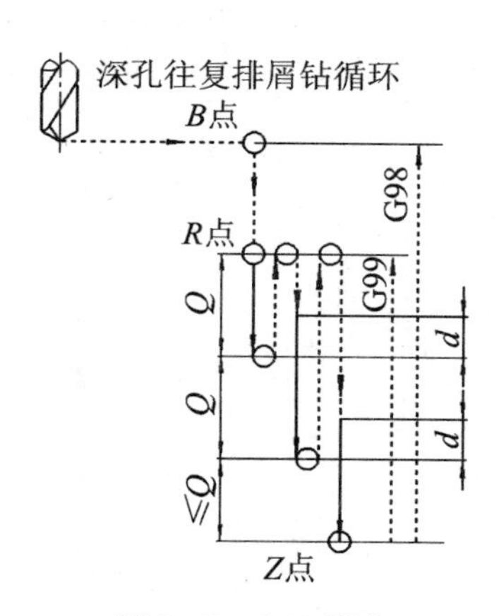

图 3.43　G83 指令

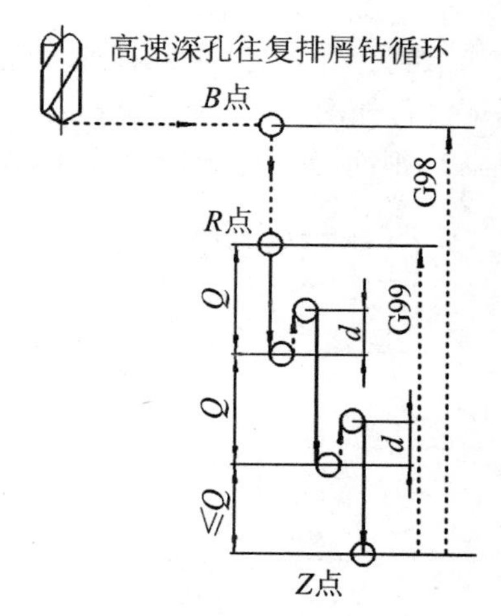

图 3.44　G73 指令

程序格式：N～ $\begin{Bmatrix} \text{G90} \\ \text{G91} \end{Bmatrix}$ $\begin{Bmatrix} \text{G98} \\ \text{G99} \end{Bmatrix}$ G73 X～ Y～ Z～ R～ Q～ F～ K～；

⑤ 攻螺纹循环(G84、G74)

G84 指令用于攻右旋螺纹。循环过程如图 3.45 所示，向下攻丝时主轴正转，孔底暂停后变正转为反转，再退出。

G74 指令用于攻左旋螺纹。循环过程如图 3.46 所示，与 G84 指令相似，只是主轴转向与其正好相反。

程序格式：N～ $\begin{Bmatrix} G90 \\ G91 \end{Bmatrix}$ $\begin{Bmatrix} G98 \\ G99 \end{Bmatrix}$ $\begin{Bmatrix} G84 \\ G74 \end{Bmatrix}$ X～ Y～ Z～ R～ P～ F～ K～；

其中，F 为螺纹导程，在切削螺纹期间速率修正无效，运动不会中途停顿，直到循环结束。

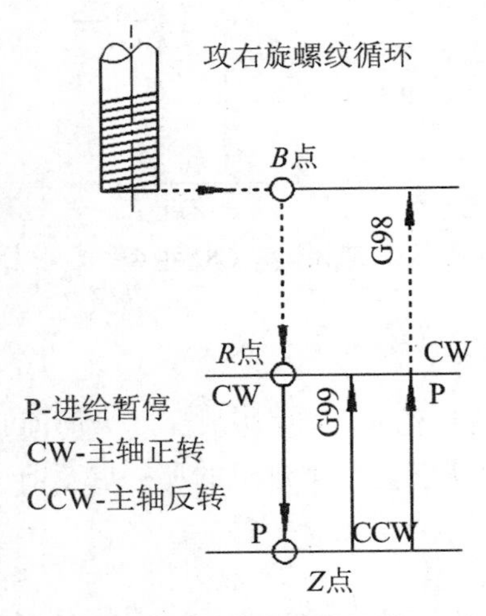

图 3.45 G84 循环指令

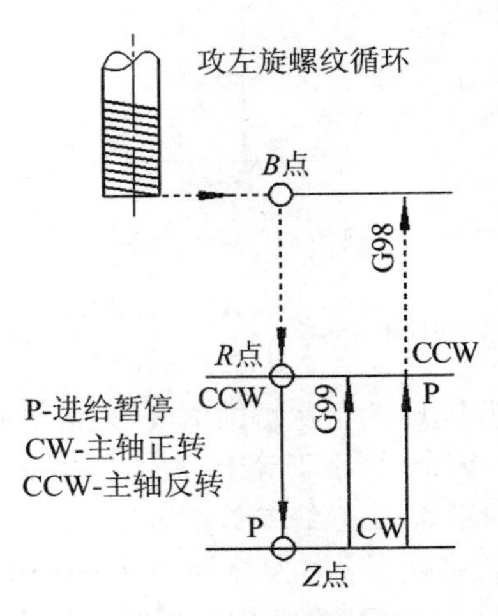

图 3.46 G74 循环指令

⑥ 镗孔循环（G85、G86）

G85、G86 指令用于镗孔循环。G85 循环过程如图 3.47 所示，主轴连续回转，镗刀以切削速度加工到孔底，后又以同样速度返回到 R 平面，G98 模态下，还要快回到 B 平面。G86 指令循环过程如图 3.48 所示，与 G85 区别在于：加工到孔底后，主轴停转，刀具再快速返回 R 平面或 B 平面，然后主轴才恢复转动。

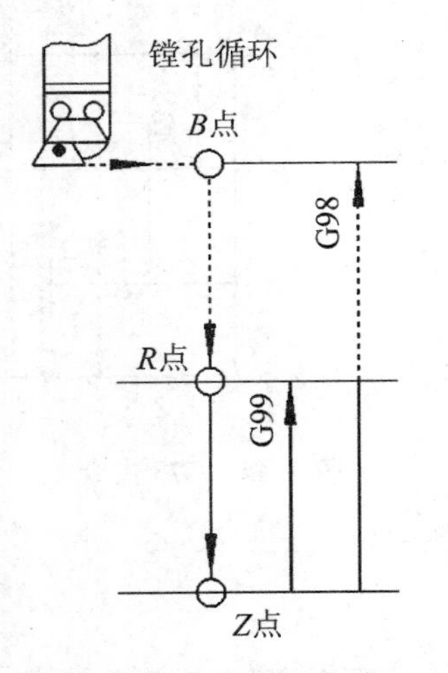

图 3.47 G85 循环指令

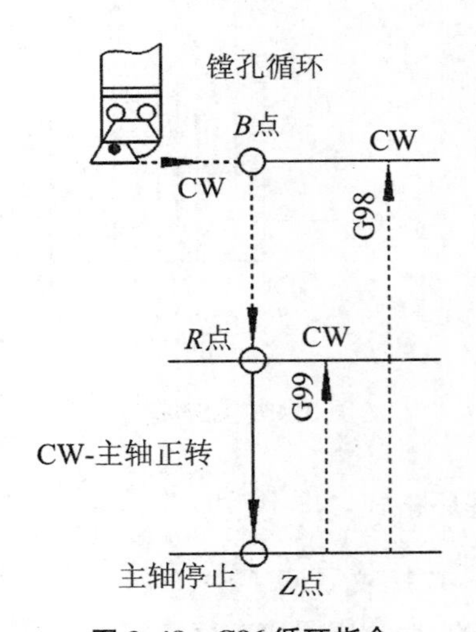

图 3.48 G86 循环指令

程序格式：$N\sim \left\{\begin{matrix}G90\\G91\end{matrix}\right\} \left\{\begin{matrix}G98\\G99\end{matrix}\right\} \left\{\begin{matrix}G85\\G86\end{matrix}\right\} X\sim\ Y\sim\ Z\sim\ R\sim\ F\sim\ K\sim$；

⑦ 精镗孔循环(G76)

G76 指令用于精镗孔循环。循环过程如图 3.49 所示，快速定位到 *B* 点→快进到 *R* 点→加工到孔底→进给暂停、主轴准停、刀具沿刀尖反方向偏移 *Q*→快速退刀到 *R* 平面或初始平面→主轴正转。这样可保证退刀时不划伤工件已加工表面。

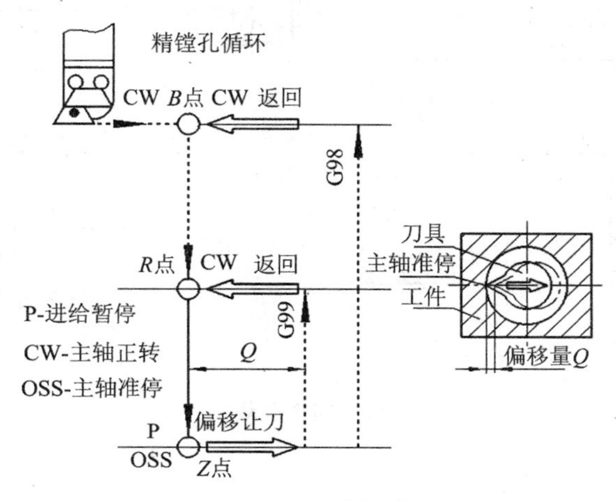

图 3.49　G76 循环指令

程序格式：$N\sim \left\{\begin{matrix}G90\\G91\end{matrix}\right\} \left\{\begin{matrix}G98\\G99\end{matrix}\right\} G76\ X\sim\ Y\sim\ Z\sim\ R\sim\ Q\sim\ P\sim\ F\sim\ K\sim$；

其中，Q 为刀具在孔底的偏移量。

⑧ 反镗孔循环(G87)

G87 指令用于反镗孔循环。循环过程如图 3.50 所示，主轴正转，快速定位到 *B* 点→主轴准停，刀具沿刀尖反方向偏移 *Q*→快进到孔底(*R* 点)→刀具沿刀尖正方向偏移 *Q*→主轴正转，沿 *Z* 轴正方向工进至 *Z* 点→主轴准停→刀具沿刀尖反方向偏移 *Q*→快退到 *B* 平面→刀具沿刀尖正方向偏移 *Q*，主轴正转。

程序格式：$N\sim \left\{\begin{matrix}G90\\G91\end{matrix}\right\} G98\ G87\ X\sim\ Y\sim\ Z\sim\ R\sim\ Q\sim\ P\sim\ F\sim\ K\sim$；

其中，Q 为刀具的偏移量；该指令只能用 G98 模式，即刀具只能返回初始平面。

⑨ 带手动的镗孔循环(G88)

G88 指令用于带手动的镗孔循环。循环过程如图 3.51 所示，刀具加工到孔底后，在孔底暂停，主轴停转，系统进入进给保持状态。此时，可用手动方式，把刀具从孔中完全退出后，再转换为自动方式，按下循环启动键，刀具即快速返回 *R* 平面或 *B* 平面，主轴正转。

程序格式：$N\sim \left\{\begin{matrix}G90\\G91\end{matrix}\right\} \left\{\begin{matrix}G98\\G99\end{matrix}\right\} G88\ X\sim\ Y\sim\ Z\sim\ R\sim\ P\sim\ F\sim\ K\sim$；

⑩ 带暂停的镗孔循环(G89)

G89 指令用于带暂停的精镗孔循环。循环过程如图 3.52 所示，与 G85 相似，区别仅在于 G89 在孔底增加了暂停，以使提高孔底精度。

程序格式：N～ $\begin{Bmatrix} \text{G90} \\ \text{G91} \end{Bmatrix}$ $\begin{Bmatrix} \text{G98} \\ \text{G99} \end{Bmatrix}$ G89 X～ Y～ Z～ R～ P～ F～ K～;

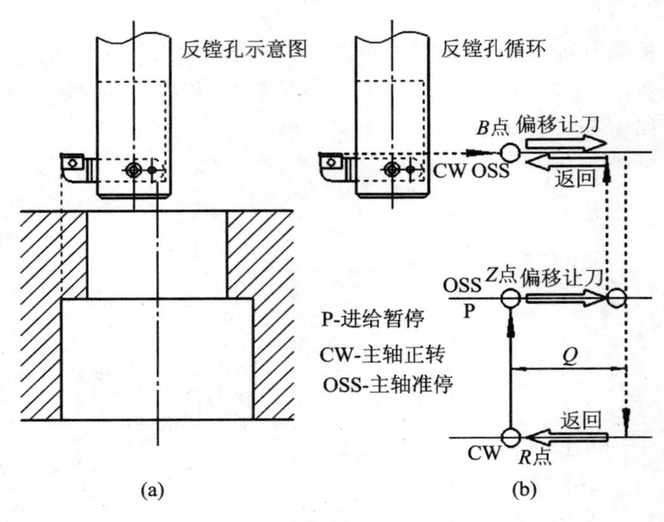

图 3.50 G87 循环指令

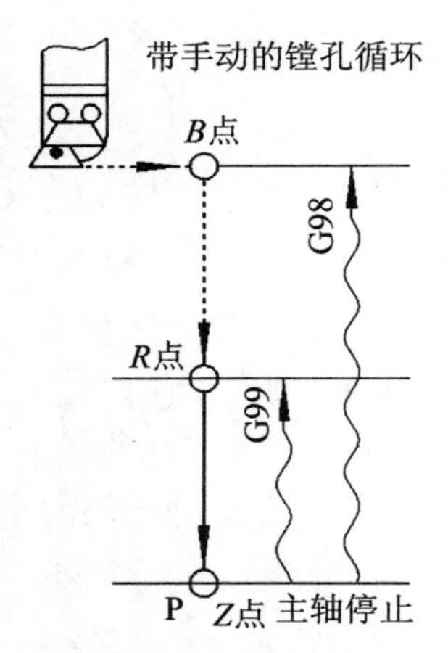

图 3.51 G88 循环指令

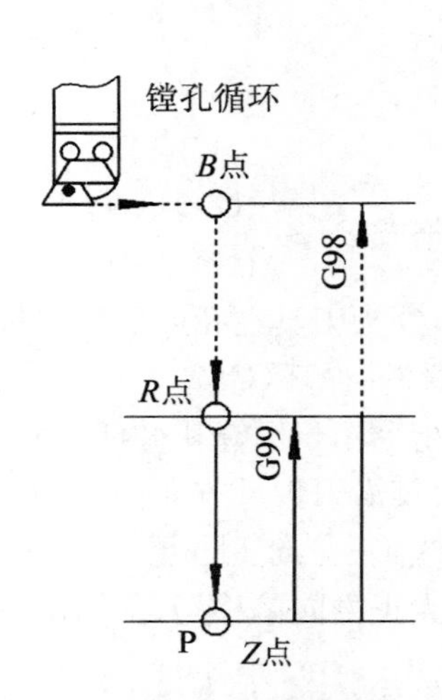

图 3.52 G89 循环指令

⑪ 取消孔加工固定循环(G80)

G80 指令可取消孔加工固定循环，机床将回到执行正常操作状态。孔的加工数据，包括点 R、点 Z 等，都被取消；但移动速率续效。除用 G80 指令外，还可用 G00、G01、G02、G03 等指令取消孔加工固定循环。

3.5.4 数控铣床编程实例

例 3.7 如图 3.53 所示盖类零件，材料为 45 钢，上表面及 ø14 mm、ø10 mm 两孔已加工到尺寸，凸台周边轮廓完成了粗加工，留 2 mm 精加工余量。现利用 FANUC 0i Mate MC 系统数控铣床精加工凸台周边轮廓，并钻削两组 8×ø8 mm 孔，请编制数控加工程序。

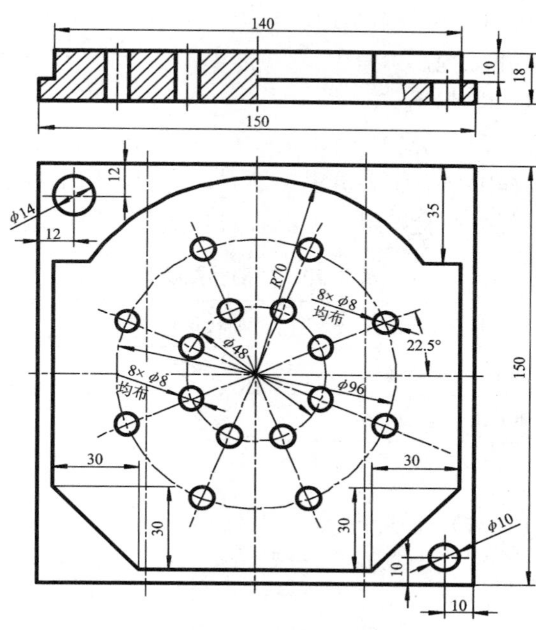

图 3.53　盖类零件图

解:(1) 加工工艺分析

如图 3.54 所示,由于粗加工中已钻出 ø14 mm、ø10 mm 两孔,精加工可以一面两销方式进行定位,采用压板在四角从上往下压紧。建立工件坐标系如图 3.54 所示,起刀点、换刀点设在(115,60,40)处。

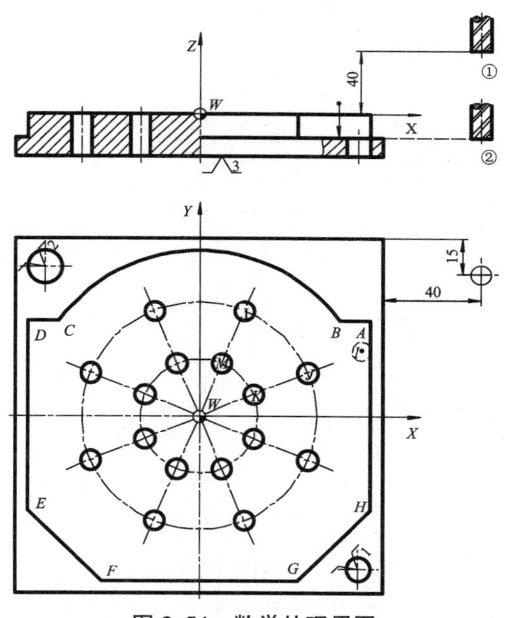

图 3.54　数学处理用图

分两道工序进行加工。第一道工序精铣凸台周边轮廓。走刀路线为:起刀点①→下刀点②→沿 *ABCDEFGHA* 精铣轮廓→抬刀→返回起刀点。第二道工序钻削两组 8×ø8 mm

孔。这里可利用定点钻孔循环指令(G81)、坐标旋转功能指令(G68)和比例缩放功能指令(G51)的镜像功能进行简化编程。

(2) 选择刀具及确定切削参数

共选用两把刀具,精铣轮廓用 ø10 mm 立铣刀,钻孔用 ø8 mm 麻花钻。由于数控铣床没有自动换刀功能,加工过程中须操作人员手工换刀。各刀具切削参数应根据工件、机床等因素查阅相关手册确定,也可由经验确定。本例各刀具切削参数确定如表 3.10 所示。

表 3.10 切削参数表

刀具号	刀具名称	主轴转速(r/min)	进给速度(mm/min)
T01	ø10 mm 立铣刀	550	40
T02	ø8 mm 麻花钻	250	20

(3) 数学处理

计算零件各基点在 XOY 平面内位置坐标值:A(70.0,40.0);B(57.446,40.0);C(−57.446,40.0);D(−70.0,40.0);E(−70.0,−40.0);F(−40.0,−70.0);G(40.0,−70.0);H(70.0,−40.0);I(66.519,27.533);J(44.346,18.369);K(22.173,9.184)。

(4) 编制数控铣削加工程序

由于两道工序间需要手工换刀,每道工序可编制一个(主)程序。精铣凸台周边轮廓程序见表 3.11;钻削两组 8×ø8 mm 孔程序见表 3.12。

表 3.11 精铣凸台周边轮廓程序

程　　序	说　　明
O0060	程序号(自动运行前,手工安装好 ø10 mm 立铣刀)
N0010 G90 G94 G97 G21 G40 G49;	设定初始化指令
N0020 G92 X115.0 Y60.0 Z40.0;	设定工件坐标系
N0030 G43 G00 Z−10.0 H01 S550 M03;	绝对尺寸方式编程,刀具长度偏置,下刀
N0040 G42 X90.0 Y40.0 D01 M08;	刀具半径右补偿,快进至接近工件
N0050 G01 X57.446 F40;	切线方向从 A 点切入,切削进给至 B 点
N0060 G03 X−57.446 Y40.0 R70.0;	逆圆切削进给至 C 点
N0070 G01 X−70.0 Y40.0;	切削进给至 D 点
N0080 G91 Y−80.0;	改为增量尺寸编程方式,切削进给至 E 点
N0090 X30.0 Y−30.0;	切削进给至 F 点
N0100 X80.0;	切削进给至 G 点
N0110 X30.0 Y30.0;	切削进给至 H 点
N0120 Y85.0;	切削进给至 A 点,并沿切线方向切出
N0130 G90 G49 G00 Z40.0 M09;	改为绝对尺寸编程方式,抬刀,取消刀具长度偏置
N0140 G40 X115.0 Y60.0 M05;	返回起刀点,取消刀具半径补偿
N0150 M30;	程序结束

表 3.12　钻削 16×ø8 mm 孔程序

主　程　序	说　　明
O0070	程序号(自动运行前,手工安装好 ø8 mm 麻花钻)
N0010 G90 G94 G97 G21 G40 G49 G80;	设定初始化指令
N0020 G92 X115.0 Y60.0 Z40.0;	设定工件坐标系
N0030 M98 P0071;	调用子程序 0071,钻削第一象限 4 个孔
N0040 G51 X0.0 Y0.0 I−1000 J1000;	关于 Y 轴镜像加工
N0050 M98 P0071;	调用子程序 0071,钻削第二象限 4 个孔
N0060 G51 X0.0 Y0.0 I−1000 J−1000;	关于工件原点镜像加工
N0070 M98 P0071;	调用子程序 0071,钻削第三象限 4 个孔
N0080 G51 X0.0 Y0.0 I1000 J−1000;	关于 X 轴镜像加工
N0090 M98 P0071;	调用子程序 0071,钻削第四象限 4 个孔
N0100 G50;	取消比例缩放(镜像)
N0110 G00 X115.0 Y60.0 Z40.0;	返回起刀点
N0120 M30;	程序结束
一 级 子 程 序	**说　　明**
O0071	程序号(钻削第一象限 4 个孔)
N0010 G90 G43 G00 Z30.0 H02;	绝对尺寸方式编程,刀具长度偏置,下刀至 B 平面
N0020 M98 P0072;	调用子程序 0072,钻孔 J 和孔 K
N0030 G00 Z30.0;	刀具返回 B 平面
N0040 G17 G68 X0.0 Y0.0 R45.000;	坐标旋转 45°
N0050 M98 P0072;	调用子程序 0072,钻孔 L 和孔 M
N0060 G69;	取消坐标旋转
N0070 G49;	取消刀具长度偏置
N0080 M99;	子程序结束
二 级 子 程 序	**说　　明**
O0072	程序号(钻削孔 J 和孔 K)
N0010 G90 G00 X66.519 Y27.533 S250 M03 M08;	XY 平面内定位,准备重复钻孔固定循环
N0020 G91 G99 G81 X−22.173 Y−9.184 Z−23.0 R−27.0 F20 K2;	重复钻孔固定循环,钻削孔 J 和孔 K
N0030 G80;	取消孔加工固定循环
N0040 G90 M09 M05;	恢复绝对尺寸编程
N0050 M99;	子程序结束

3.6 加工中心程序编制

加工中心是从数控铣床发展而来的,但具有数控铣床所不具备的刀库和自动换刀装置(ATC)。因而,加工中心具有数控镗、铣、钻床的综合功能,可实现钻、铣、镗、铰、攻螺纹、切槽等多种加工功能。立式加工中心主轴(Z 轴)是垂直的,适合于加工盖板类零件及各种模具;卧式加工中心主轴(Z 轴)是水平的,主要用于箱体类零件的加工。

3.6.1 加工中心的编程特点

(1) 加工中心具有刀库和自动换刀装置,可一个工序中多次换刀,实现工序集中,能完成精度要求较高的铣、钻、镗、扩、铰、攻丝等复合加工,具有较高的加工精度,生产效率和质量稳定性。

(2) 加工中心虽然可以自动换刀,但在批量小、刀具种类不多时,宜手动换刀,以减少机床调整时间;一般批量大于 10 件、刀具更换频繁,才采用自动换刀。自动换刀要留足够的换刀空间,注意避免发生撞刀事故。

(3) 加工中心编程时,不同工艺内容应编制不同的子程序,可选用不同的工件坐标系,主程序主要完成换刀及子程序的调用。这样便于各工序程序独立调试,也便于调整加工顺序。除换刀程序外,加工中心的编程方法与数控铣床基本相同,编程时也要灵活利用其特殊插补功能和固定循环功能。

3.6.2 加工中心的自动换刀

加工中心的自动换刀功能包括选刀和换刀两部分内容。选刀是把刀库上被指定的刀具自动转到换刀位置,为下次换刀作准备,是通过选刀指令 T× ×来实现的;换刀是把刀库上位于换刀位置的刀具与主轴上的刀具进行自动交换,是由换刀指令 M06 来实现的。通常选刀和换刀可分开进行,不同的加工中心,其过程是不完全一样的。

为节省时间,可在切削过程中选用下一把将用刀具,即在换刀之前的某个程序段就进行选刀,当控制机接到选刀 T 指令后,自动选刀,被选中的刀具处于刀库最下方。

多数加工中心都规定了“换刀点”位置,即定距换刀,一般立式加工中心规定换刀点的位置在机床 Z 轴零点(参考点)。主轴只有移到换刀点位置,控制机接到换刀 M06 指令后,机械手才能执行换刀动作。

因此,换刀程序可设计如表 3.13 所示。

表 3.13　换刀程序

换刀程序	说　　明
……	T01 刀具加工内容
N0120 … T02；	T01 刀具切削加工同时，选下一把将用刀具 T02
……	仍为 T01 刀具加工内容
N0190 G28 Z～ M05；	Z 轴返回参考点(换刀点)，主轴停转
N0200 G28 X～ Y～；	X、Y 轴返回参考点，扩大换刀空间，以避免撞刀
N0210 M06；	换刀，将刀库中刀具 T02 与主轴中刀具 T01 交换
N0220 G43 G29 X～ Y～ Z～ H～ M03 T03；	刀具长度偏置，从参考点返回 T02 加工起始点，主轴启动，选用下一把刀具 T03
……	T02 刀具加工内容

总之，换刀动作必须在主轴停转条件下进行；换刀完毕启动主轴后，方可执行后续程序段的加工动作。换刀 M06 指令必须安排在用“新刀具”进行加工的程序段之前，而下一个选刀指令 T××常紧接安排在这次换刀指令之后，以保证有足够时间选刀，使之不占用加工时间。另外，换刀前还要取消刀具补偿。

3.6.3　加工中心编程实例

例 3.8　如图 3.55 所示板类零件，材料为 45 钢。现利用 FANUC 0i Mate MC 系统立式加工中心，对其中 8 个螺纹孔进行钻、倒角和攻螺纹等加工，请编制数控加工程序。

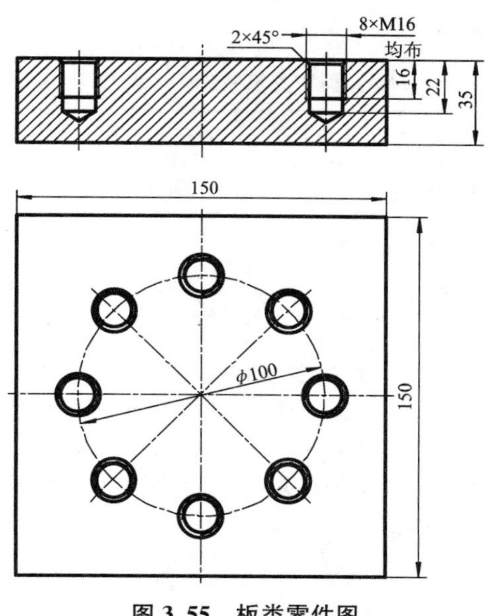

图 3.55　板类零件图

解：(1) 加工工艺分析。如图 3.56 所示，可采用底面和两侧面进行定位，采用压板在四角从上往下压紧。由于零件简单,仅建立一个工件坐标系,如图 3.56 所示。

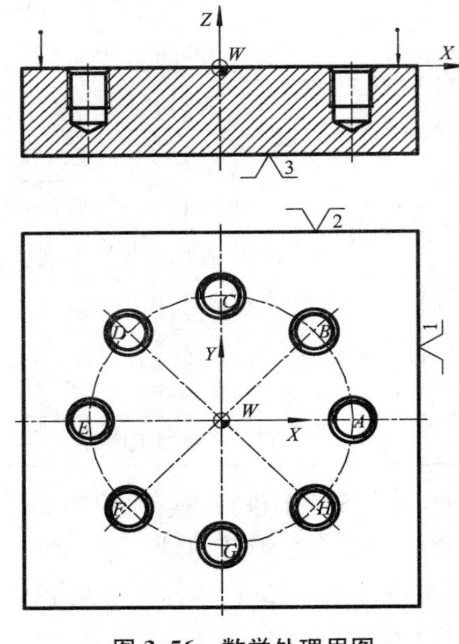

图 3.56 数学处理用图

加工工序为:钻中心孔→钻底孔→倒角→攻螺纹。因此,可以把各工序分别编制成子程序,在主程序中调用加工。每一工序中各孔的加工顺序为:$A \to B \to C \to D \to E \to F \to G \to H$。

(2) 选择刀具及确定切削参数。每一工序选用一把刀具,共需 4 把刀具,加工过程中自动换刀。各刀具及切削参数应根据工件、机床等因素查阅相关手册确定,也可由经验确定。本例各刀具及切削参数确定如表 3.14 所示。

表 3.14 刀具及切削参数表

刀具号	刀具名称	主轴转速(r/min)	进给速度
T01	中心钻	2000	10 mm/min
T02	ø14 mm 麻花钻	1000	10 mm/min
T03	倒角钻头	2000	20 mm/min
T04	M16 丝锥	200	2 r/min

(3) 数学处理。计算零件各基点在 XOY 平面内位置坐标值:A(50.0,0.0);B(35.355,35.355);C(0.0,50.0);D(-35.355,35.355);E(-50.0,0.0);F(-35.355,-35.355);G(0.0,-50.0);H(35.355,-35.355)。底孔深 22 mm,计算后得麻花钻刀位点应到达-25.926 mm。

(4) 编制数控加工程序。采用主程序和子程序结构,主程序主要完成换刀及子程序的调用,子程序完成具体工艺内容。加工程序见表 3.15。

表 3.15　加工中心编程实例程序

主　程　序	说　　明
O0080	程序号
N0010 G94 G97 G21 G40 G49 G80;	设定初始化指令
N0020 G54 G91 G28 Z0.0 T01;	选择工件坐标系,Z 轴返回参考点,选中心钻 T01
N0030 G91 G28 X0.0 Y0.0;	X、Y 轴返回参考点,以避免撞刀
N0040 M06;	换中心钻 T01
N0050 G90 G43 G29 X0.0 Y0.0 Z40.0 H01 S2000 M03 M08 T02;	从参考点返回,T01 长度偏置,启动主轴,开冷却液,选麻花钻 T02
N0060 M98 P0081;	调钻中心孔子程序 0081
N0070 G49;	取消刀具长度偏置
N0080 G91 G28 Z0.0 M05 M09;	Z 轴返回参考点,主轴停转
N0090 G91 G28 X0.0 Y0.0;	X、Y 轴返回参考点,以避免撞刀
N0100 M06;	换 ø14 mm 麻花钻 T02
N0110 G90 G43 G29 X0.0 Y0.0 Z40.0 H02 S1000 M03 M08 T03;	从参考点返回,T02 长度偏置,启动主轴,开冷却液,选倒角钻 T03
N0120 M98 P0082;	调钻孔子程序 0082
N0130 G49;	取消刀具长度偏置
N0140 G91 G28 Z0.0 M05 M09;	Z 轴返回参考点,主轴停转
N0150 G91 G28 X0.0 Y0.0;	X、Y 轴返回参考点,以避免撞刀
N0160 M06;	换倒角钻头 T03
N0170 G90 G43 G29 X0.0 Y0.0 Z40.0 H03 S2000 M03 M08 T04;	从参考点返回,T03 长度偏置,启动主轴,开冷却液,选丝锥 T04
N0180 M98 P0083;	调倒角子程序 0083
N0190 G49;	取消刀具长度偏置
N0200 G91 G28 Z0.0 M05 M09;	Z 轴返回参考点,主轴停转
N0210 G91 G28 X0.0 Y0.0;	X、Y 轴返回参考点,以避免撞刀
N0220 M06;	换 M16 丝锥 T04
N0230 G90 G43 G29 X0.0 Y0.0 Z40.0 H04 S200 M03 M08;	从参考点返回,T04 长度偏置,启动主轴,开冷却液
N0240 M98 P0084;	调攻螺纹子程序 0084
N0250 G49;	取消刀具长度偏置
N0260 G91 G28 Z0.0 M05 M09;	Z 轴返回参考点,主轴停转
N0270 G91 G28 X0.0 Y0.0;	X、Y 轴返回参考点,方便卸下工件

续表

主　程　序	说　　明
N0280 M30；	程序结束

钻中心孔子程序	说　　明
O0081	程序号
N0010 G99 G81 X50.0 Y0.0 Z－2.0 R3.0 F10；	中心孔 A 钻循环
N0020 M98 P0085；	调孔位置二级子程序 0085，继续钻孔 $B\sim H$
N0030 G80；	取消孔加工固定循环
N0040 M99；	子程序结束

钻孔子程序	说　　明
O0082	程序号
N0010 G99 G73 X50.0 Y0.0 Z－25.926 R3.0 Q5.0 F10；	孔 A 钻循环
N0020 M98 P0085；	调孔位置二级子程序 0085，继续钻孔 $B\sim H$
N0030 G80；	取消孔加工固定循环
N0040 M99；	子程序结束

倒角子程序	说　　明
O0083	程序号
N0010 G99 G82 X50.0 Y0.0 Z－2.0 R3.0 P1500 F20；	孔 A 倒角循环
N0020 M98 P0085；	调孔位置二级子程序 0085，继续倒角孔 $B\sim H$
N0030 G80；	取消孔加工固定循环
N0040 M99；	子程序结束

攻螺纹子程序	说　　明
O0084	程序号
N0010 G99 G84 X50.0 Y0.0 Z－16.0 R3.0 P1000 F2；	孔 A 攻螺纹循环
N0020 M98 P0085；	调孔位置二级子程序 0085，继续攻螺纹孔 $B\sim H$
N0030 G80；	取消孔加工固定循环
N0040 M99；	子程序结束

孔位置二级子程序	说　　明
O0085	程序号
N0010 X35.355.0 Y35.355；	孔 B 位置
N0020 X0.0 Y50.0；	孔 C 位置

续表

孔位置二级子程序	说　明
N0030 X－35.355 Y35.355；	孔 D 位置
N0040 X－50.0 Y0.0；	孔 E 位置
N0050 X－35.355 Y－35.355；	孔 F 位置
N0060 X0.0 Y－50.0；	孔 G 位置
N0070 X35.355 Y－35.355；	孔 H 位置
N0080 M99；	子程序结束

3.7　自动编程简介

对于形状复杂、工序很长、计算烦琐的零件，特别是具有非圆曲线、列表曲线及曲面的零件，手工编程有一定困难，往往耗时长、效率低，出错概率增大，有时甚至无法编出程序，必须采用自动编程。自动编程包括以自动编程语言为基础的自动编程方法(称为语言式自动编程)和以计算机绘图为基础的自动编程方法(称为图形交互式自动编程)。

3.7.1　语言式自动编程

语言式自动编程是编程人员根据零件的图纸要求，分析其工艺特点，以语言(零件源程序)的形式表达出零件的几何元素、工艺参数和刀具运动轨迹等加工信息。零件源程序是用编程系统规定的语言和语法编写的。国际上流行的自动编程语言系统有上百种，其中最具有代表性的是美国 MIT 研制的 APT 系统。APT 是 1955 年推出的，1958 年完成了 APT-Ⅱ，可进行曲线自动编程；1961 年推出 APT-Ⅲ，可用于 3～5 坐标立体曲面自动编程；1970 年又推出 APT-Ⅳ，可进行自由曲面编程。语言式自动编程过程一般有以下 4 个阶段：

(1) 编写零件源程序

编写源程序就是用指定的数控语言描述工件的形状尺寸、刀具与工件的相对运动、切削用量、冷却液的打开与关闭，以及其他工艺参数等。数控编程语言比数控代码更接近自然语言，所以编写零件源程序比直接编写数控加工程序简单，零件源程序的可读性也更好一些。这一阶段可以由人工完成，也可由计算机辅助完成。

(2) 翻译

翻译阶段即语言处理阶段。它按源程序的顺序，一个符号一个符号地依次阅读并进行处理。首先分析语句的类型，当遇到几何定义的语句时，则转入几何定义处理程序。根据几何单元名字将其几何类型和标准存入单元信息表，供计算阶段使用。对于其他语句也要处理成信息表的形式。

(3) 数值计算

根据翻译阶段处理的信息生成刀位数据文件，所谓刀位数据就是刀具在加工过程中的一系列坐标位置。刀位数据文件中除了刀位数据外，还包含了必要的工艺信息，如切削用量、冷却液的打开与关闭等。刀位数据文件包含了生成数控代码的全部信息，但它不是数控代码，还不能被数控机床接受。

（4）后置处理

根据计算阶段的信息，通过后置处理生成符合具体数控机床要求的零件加工程序。对于具有不同数控系统的数控机床来说，所使用的数控指令代码形式是不同的。因此不同数控系统的机床，应使用不同的后置处理程序。

3.7.2 图形交互式自动编程

图形交互式自动编程是编程人员根据屏幕菜单提示的内容，以人机对话的方式进行加工工艺的确定、加工模型的建立、刀具轨迹的生成、后置处理，直至输出数控程序的方法。在自动编程技术发展的早期，语言式自动编程应用广泛；随着计算机技术的发展，计算机图形处理功能得到极大增强，图形交互式自动编程应运而生，并成为现今自动编程的主流方法。如 CATIA、EUCLID、UG Ⅱ、Ⅰ－DEAS、SolidWorks、Pro/Engineer、MasterCAM、Cimatron、CAMAND 等软件系统。图形交互式自动编程包括：零件图纸及加工工艺分析、几何造型、刀位轨迹计算及生成、轨迹仿真校验和后置处理生成代码。以下对其主要处理过程作一介绍。

1. 几何造型

利用 CAD 系统的图形编辑功能进行图形构建、编辑修改、曲线、曲面和实体造型等，将零件被加工部位的几何图形准确地绘制在计算机屏幕上；同时，在计算机内自动形成零件图形数据库。这些图形数据作为计算机自动生成刀具轨迹的依据。

被加工零件一般以工程图的形式表达在图纸上，用户可根据图纸建立三维加工模型。因而，CAD 系统应提供强大几何造型功能，不仅应能生成常用的直线和圆弧，还应提供复杂的样条曲线、组合曲线、各种规则的和不规则的曲面等的造型方法，并提供过渡、裁剪、几何变换等编辑手段。

几何造型有两维（2D）和三维（3D）两种方法。早期的 CAD 系统一般是两维的，可进行工程图的设计与绘制，如 AutoCAD 软件；车削加工因为刀具是在平面内移动，一般也仅需两维造型，如 CAXA 数控车软件。现代三维造型软件非常普及，广泛用于数控铣床、加工中心等几何造型中。

几何造型还可分为线框造型和参数化实体造型两种方法。参数化实体造型具有基于特征、全尺寸约束、尺寸驱动和全数据相关等特点，其造型速度比线框造型快，且显示更为直接。

被加工零件数据也可由其他 CAD/CAM 系统导入，因此 CAD 系统应提供标准的数据接口，如 DXF、IGES、STEP 等。

2. 刀具轨迹生成

调用刀具轨迹生成功能，根据工件的形状特点、工艺要求和精度要求，灵活地选用系统中提供的各种加工方式和加工参数（如刀具参数、主轴转速、进给量）等。软件将自动从图形中提取编程所需的信息，进行分析判断，计算节点数据值，并将其转换为刀具位置数据；同时，在屏幕上显示出零件图形和刀具运动轨迹。

3. 轨迹仿真校验

刀具轨迹生成难以保证不会出错，如数据输入错误、抬刀时发生碰撞、过切等。为此，正式加工前必须认真检查和校核数控加工程序，通常还要进行首件试切加工，但这样往往要冒一定的风险，稍有不慎，就会发生损坏刀具，甚至撞坏机床等事故。

CAM系统一般具备轨迹仿真校验功能，是在软件上实现零件加工的试切过程，即将刀具轨迹在计算机屏幕上动态地模拟出来。模拟时，刀具依据生成的刀具轨迹移动，刀具与工件接触之处，工件的形状就会按刀具移动的轨迹发生相应的变化。这样就可以很容易检验生成的刀具轨迹的正确性与是否产生过切。如仿真发现轨迹有误或不理想，可返回上一步修改相应参数，重新生成刀具轨迹，继续仿真校验，直至正确为止。

轨迹仿真校验是在后置处理生成NC程序之前进行的，纠正方便，能代替实际试切过程，减轻调试人员的劳动强度。

4. 后置处理

后置处理是将校验正确的刀具轨迹转换成可以控制机床移动和动作的数控加工程序，即NC代码。由于各种机床配置的数控系统不同（如FANUC、SINUMERIK等），其加工程序指令代码及程序格式也不尽相同。为解决这个问题，CAM系统为常见数控系统设置一个后置处理文件，在进行后置处理之前，编程人员应根据具体数控系统的指令代码及程序格式，事先编辑好该文件，然后利用该文件来处理刀具轨迹，生成与特定机床相匹配的数控加工程序。

例3.9 试用图形交互式自动编程方法编制如图3.57所示零件的数控加工程序。

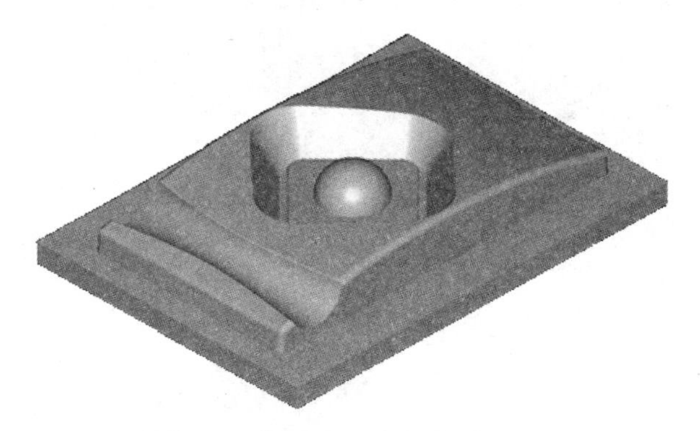

图3.57 图形交互式自动编程实例

解：本题采用Master CAM软件进行编程，具体过程如下。限于篇幅，详细内容从略。

（1）加工工艺的确定

目前主要依靠人工进行，其主要内容包括：核准加工零件的尺寸、公差和精度要求，确定装卡位置，选择刀具，确定加工路线，选定工艺参数等。

（2）几何造型

利用软件CAD功能三维造型，如已有造型好的文件，可直接打开或导入。

（3）刀具轨迹生成

先确定加工坯料及对刀点，再设置工件参数，然后依次进行曲面挖槽粗加工、曲面平行精加工、曲面等高外形精加工、外形加工等方法，生成刀具轨迹，如图 3.58 所示。

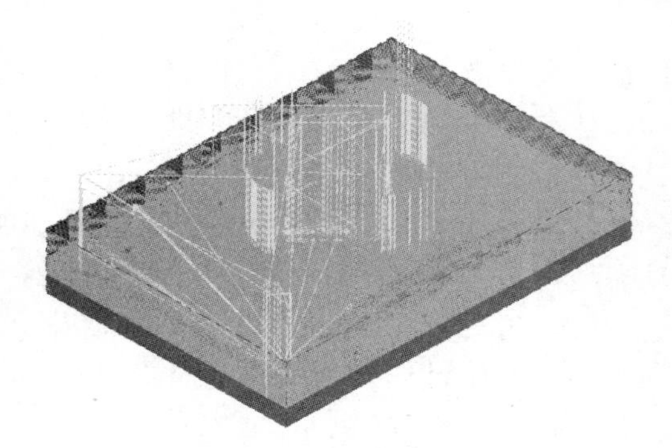

图 3.58 生成的刀具轨迹

(4) 轨迹仿真校验

上一步每采用一种加工方式生成一组刀具轨迹，就对轨迹进行仿真校验，及早发现问题并修改相应参数，重新生成刀具轨迹，继续仿真校验，直至正确为止。图 3.59 所示为曲面挖槽粗加工仿真，图 3.60 所示为曲面平行精加工仿真，图 3.61 所示为清除凹槽残料的外形加工仿真。

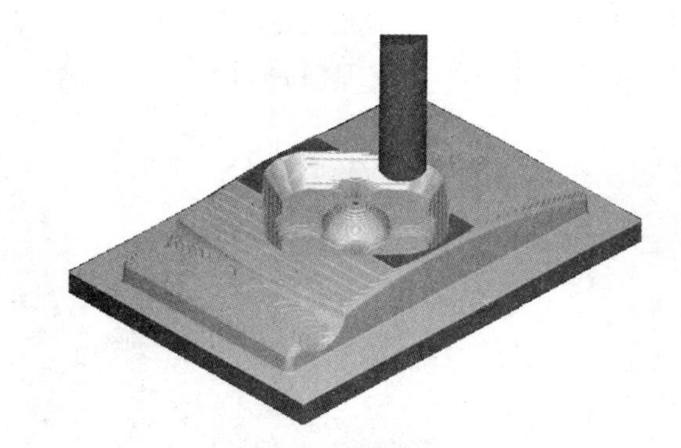

图 3.59 曲面挖槽粗加工仿真

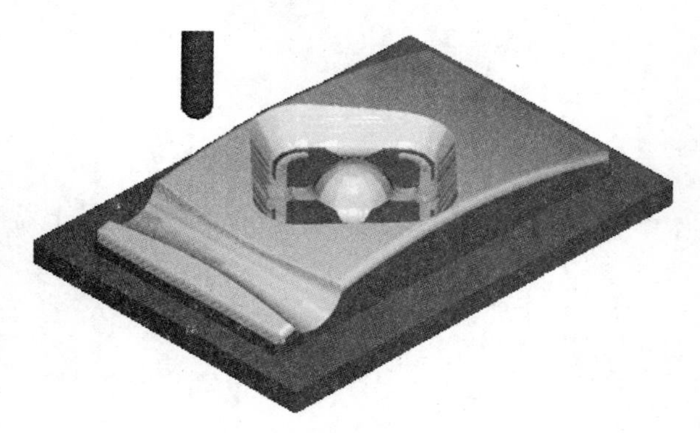

图 3.60 曲面平行精加工仿真

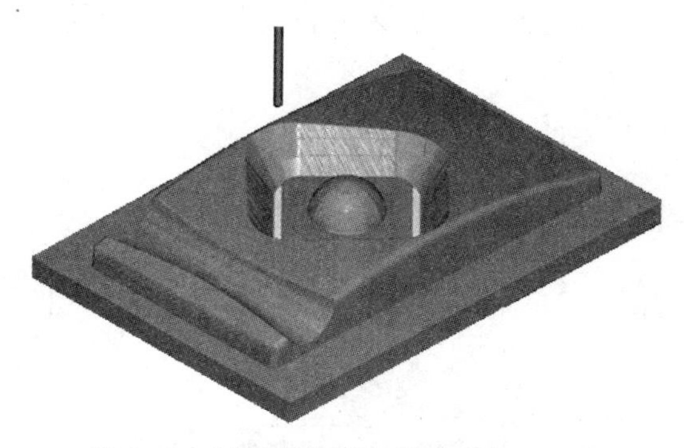

图 3.61　清除凹槽残料的外形加工仿真

(5) 后置处理

打开后处理管理对话框，根据所用机床数控系统进行选择和设置，然后处理所有刀具轨迹，生成数控加工程序，如图 3.62 所示。

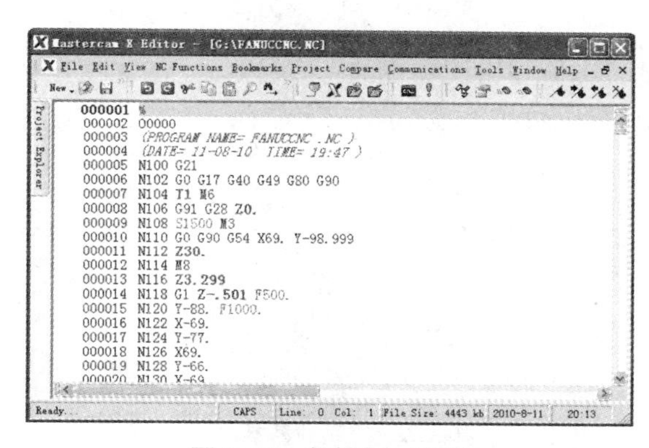

图 3.62　数控加工程序

3.8　数控机床对刀方法

数控加工前，首先要进行对刀操作，即确定工件在机床坐标系中的确切位置。对刀是使“刀位点”与“对刀点”重合的操作，以确定工件坐标系在机床坐标系中的位置。对刀的准确程度将直接影响加工精度，因此，对刀操作一定要仔细，对刀方法应同零件加工精度要求相适应。

3.8.1　数控车床对刀方法

数控车床的对刀方法很多，有试切对刀法、机外对刀仪对刀法、自动对刀法等多种对刀方法。

机外对刀仪对刀法其本质是测量出刀具假想刀尖点到刀具台基准之间 X 及 Z 方向的

距离。利用机外对刀仪可将刀具预先在机床外校对好，以便装上机床后将对刀长度输入相应刀具补偿号即可以使用，如图 3.63 所示。

图 3.63　机外对刀仪对刀

自动对刀法是通过刀尖检测系统实现的，刀尖以设定的速度向接触式传感器接近，当刀尖与传感器接触并发出信号，数控系统立即记下该瞬间的坐标值，并自动修正刀具补偿值。自动对刀过程如图 3.64 所示。

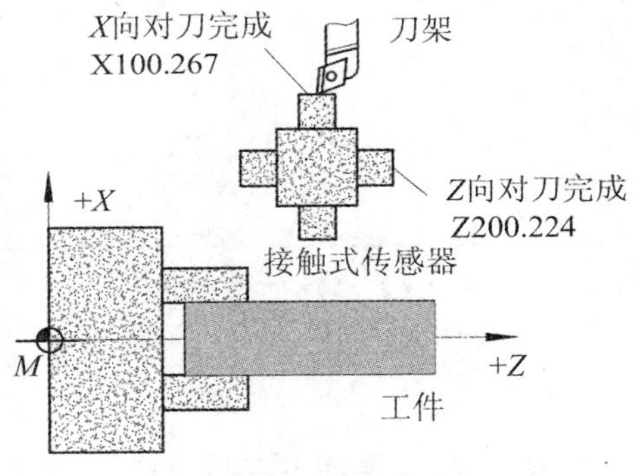

图 3.64　自动对刀

试切对刀是指在机床上使用相对位置检测手动对刀，为最基本的对刀方法。目前，经济型数控车床大多采用“试切-测量-调整”模式的试切对刀法，试切对刀也有多种方法，现以 FANUC 系统数控车床为例进行介绍。

1. 试切方式对刀

(1) 对刀前先手动执行机床回参考点的操作。

(2) 试切外圆。手动(手轮或 JOG 方式)操纵机床加工外圆试切一刀，保持 X 方向位置不变，沿 Z 轴正向退刀，如图 3.65(a)所示。待主轴停转后测量工件的直径 D，或记下 X 方向的机械坐标值。

(3) 在操作面板上，按“OFFSET”键，按“形状”软键出现如图 3.66 所示画面，用“↑”或“↓”键将光标移至与刀号相应的刀补号位置，如果此时测量直径为“25.300”则输入“MX 25.300”，按“INPUT”键输入即可。数控系统会自动计算该直径的回转中心为 X 方向的工件原点。

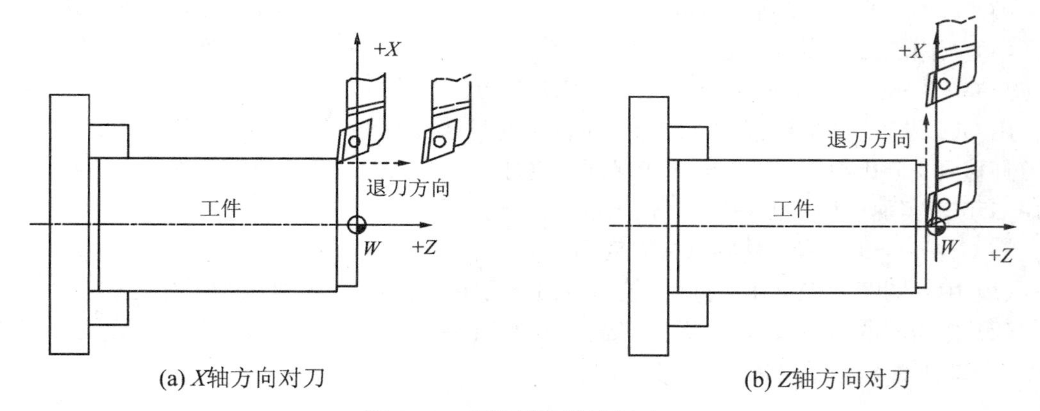

(a) X轴方向对刀　　(b) Z轴方向对刀

图 3.65　直接用刀具试切对刀

工件补正/现状　　00010　N0200

番号	X	Z	R	T
C01	−225.005	−105.966	000.500	03
C02	−219.255	−103.326	002.500	08
C03	−217.305	−102.165	001.060	01
C04	−210.306	−106.008	003.100	07
C05	−206.011	−100.561	002.050	02
C06	−218.321	−103.208	002.000	08
C07	−217.361	−102.207	001.405	04
C08	−221.062	−100.560	003.500	05

现在位置(相对坐标)

U　0.000　　W　0.000

ADRS　MX 25.300　　S 0　　T

JOG　****　***　***

[摩耗]　[现状]　[SETTING]　[坐标系]　[(操作)]

图 3.66　对刀值输入补偿界面

(4) 试切端面。用同样的方法将工件右端面试切一刀，保持刀具 Z 坐标位置不变，沿 X 轴正向退刀，如图 3.65(b)所示。记下此端面的机械坐标值，然后将编程坐标系中此端面对应的坐标值或记下的机械坐标值，按机床说明书的格式要求输入数控系统的特定位置。

(5) 在操作面板上，按“OFFSET”键，按“形状”软键出现如图 3.66 画面，用“↑”或“↓”键将光标移至与刀号相应的刀补号位置。如果对刀右端面为工件原点则输入“MZ 0”按“INPUT”键输入即可。

此时，1 号刀的对刀操作完成，将刀架移至安全换刀位置，换另一把刀，重复(2)～(5)各步骤，如此可对所有刀具进行对刀。加工时，通过调用相应的刀号、刀具补偿号来提取并执行。如“T 0101”，前两位表示 1 号刀，后两位为刀具形状和磨损补偿号。

2. G50 设置工件零点方式对刀

(1) 用外圆车刀先试车一外圆，刀具沿 Z 轴正方向退出后，再切端面到中心。

(2) 选择 MDI 方式,输入 G50 X0 Z0,启动“START”键,把当前点设为零点。

(3) 选择 MDI 方式,输入 G0 X*** Z***,如 G0 X150 Z150,使刀具远离工件。

(4) 调用加工程序自动运行,该程序开头应为:G50 X*** Z***,其中 X、Z 后的坐标值应与 G0 X*** Z*** 中一致,如 G50 X150 Z150。

用 G50 设置工件零点方式对刀时,应特别注意起点和终点必须一致,即程序结束前,应使刀具移到 X150 Z150 点,这样才能保证重复加工不乱刀。值得注意,FANUC 车床数控系统用 G50 来实现这种对刀功能,而铣床数控系统使用 G92。

3. G54～G59 设置工件零点方式对刀

(1) 用外圆车刀先试车一外圆,把刀具沿 Z 轴正方向退出,再切端面到中心。

(2) 把当前的 X 和 Z 轴坐标直接输入到 G54～G59 里,程序即如:G54 G00 X50 Z50。G54～G59 工件坐标系可用 G53 指令清除。

3.8.2 数控铣床对刀方法

数控铣床对刀也有很多方法,现以 FANUC 0i 系统数控铣床和如图 3.67 所示零件为例,介绍生产中常用的两种对刀方法,工件原点设在零件上表面的中心处。

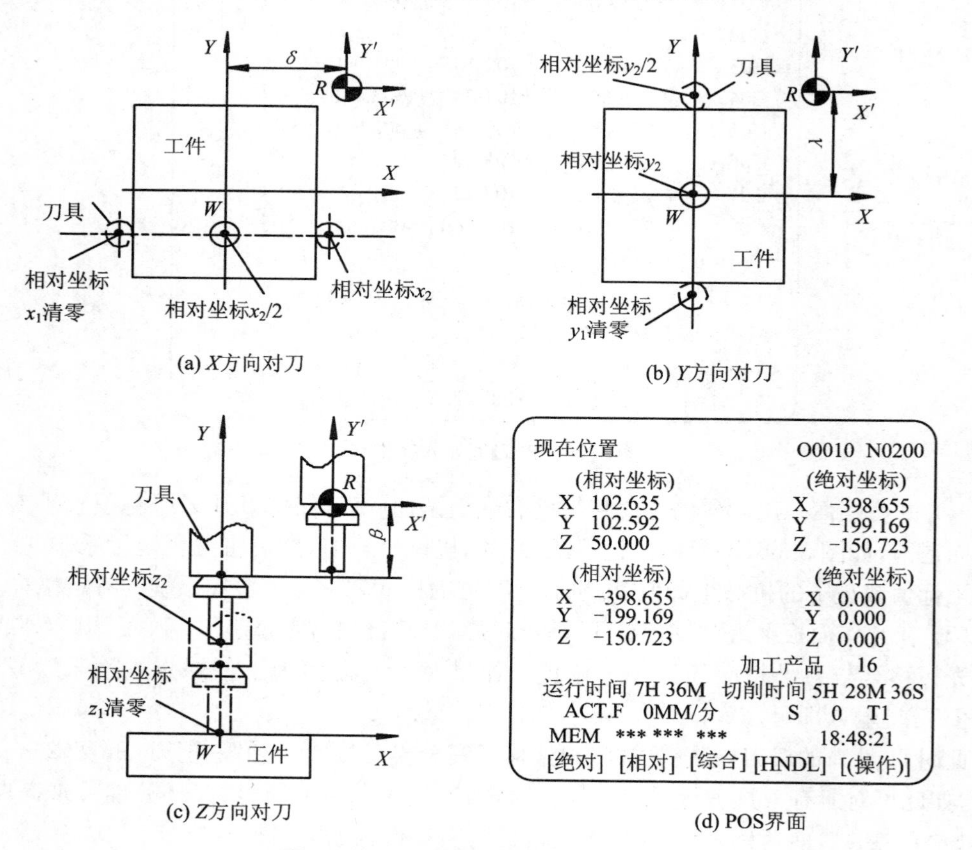

图 3.67 G92 设置工件零点方式对刀

1. G92 设置工件零点方式对刀

(1) 在“回零”方式下使刀具返回机床参考点 R。

(2) 将工件在工作台上定位夹紧，在 MDI 方式下输入 M03 S600，执行该指令使主轴中速正转。

(3) 如图 3.67(a)所示，在“手动增量方式”或“手轮方式”下，先将铣刀抬高，离开工件上表面，然后通过改变倍率，使刀具接近工件左侧面，此时先沿 $-Z$ 向下刀，再沿 $+X$ 向使侧刃与工件左侧面轻微接触(观察，听切削声音、看切痕、看切屑，只要出现其中一种情况即表示刀具接触到工件)，将相对坐标 x_1 清零，然后将铣刀沿 $+Z$ 向退离工件。

(4) 移动铣刀，使其侧刃轻微接触工件右侧面，记录相对坐标值 x_2。

(5) 计算工件坐标系原点的 X 方向相对坐标值 $x_0=x_2/2$，将刀具的 X 坐标移动到该位置。

(6) 同理，如图 3.67(b)所示，试切工件的前后侧面，测量并计算出工件坐标系原点的 Y 方向相对坐标值 $y_0=y_2/2$，将刀具的 Y 方向相对坐标移动到该位置。

(7) 如图 3.67(c)所示，在 x_0、y_0 处，移动铣刀，使其端刃轻微接触工件上表面，将相对坐标 z_1 清零，沿 $+Z$ 向移动铣刀至相对坐标值 z_2(如 50 mm)处，停转主轴。

(8) 程序开头建立工件坐标系指令：G92 X0 Y0 Z50；

用 G92 设置工件零点方式对刀时，应特别注意起点和终点必须一致，即程序结束前，应使刀具移到 X0 Y0 Z50 点，这样才能保证重复加工不乱刀。

上述是试切法直接对刀，方法简单，但会在工件表面留下痕迹，一般用于零件的粗加工；对于精度要求较高的工件，生产中常使用芯棒、塞尺、寻边器等工具。

2. G54～G59 设置工件零点方式对刀

这种对刀方式也可采用试切法，这里介绍采用寻边器和标准芯轴对刀方法。寻边器如图 3.68 所示。

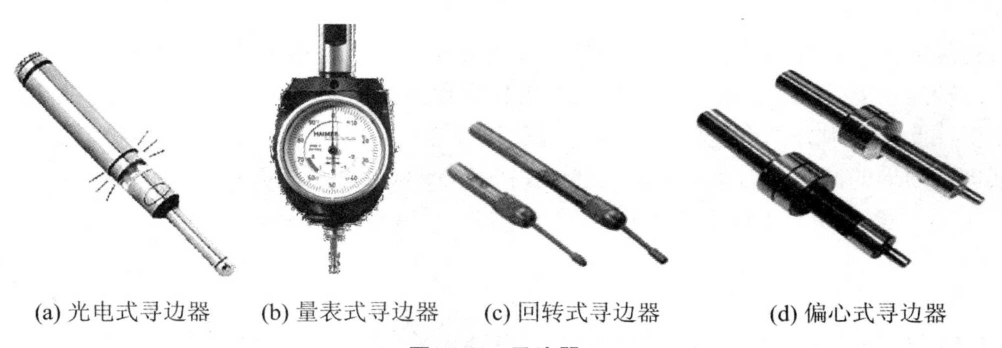

(a) 光电式寻边器　(b) 量表式寻边器　(c) 回转式寻边器　(d) 偏心式寻边器

图 3.68　寻边器

对刀步骤如下：

(1) 在“回零”方式下使刀具返回机床参考点。

(2) 在主轴上安装偏心轴寻边器，在 MDI 方式下输入 M03 S600，执行该指令使主轴中速正转。

(3) 用寻边器先轻微接触工件左侧面，打开 POS 界面，将当前的相对坐标值 x_1 清零，再接触工件右侧面，记录相对坐标值 x_2，然后将寻边器移动到相对坐标 $x_2/2$ 处；同理，将刀具

的 Y 方向相对坐标移动到 $y_2/2$ 处。如图 3.69(a)所示，打开工件坐标系设定界面，将光标移动到 G54 中 X 坐标位置，在屏幕左下方输入 $x0$，按下操作面板上的“测量”键，完成刀具基准点在机床坐标系中的 X 坐标的测量。然后用类似的方法测量出刀具基准点在机床坐标系中的 Y 坐标。

(4) 停止主轴，将寻边器卸下，换上直径为 ø10 mm，长度为 100 mm 的标准芯轴，并在芯轴与工件上表面之间加入厚度为 1 mm 的塞尺，采用手轮方式移动芯轴轻微接触塞尺上表面。打开工件坐标系设定界面，如图 3.69(a)所示，将光标移动到 G54 中 Z 坐标位置，在屏幕左下方输入 $z1$，按下操作面板上的[测量]键，完成刀具基准点在机床坐标系中的 Z 坐标的测量。这样，数控系统会自动计算出工件原点的机械坐标值。

(5) 如图 3.69(b)所示，打开刀具补正界面，在第一组补正量的(形状)H 处输入 20(刀具与芯轴的长度差)，在(形状)D 处输入 12(刀具的直径)。

```
工件坐标系                O 0010     N 0200
 (G54)
 番号  数据            番号  数据
 00     X    0.000     02     X    0.000
 (EXT)  Y    0.000     (G55)  Y    0.000
        Z    0.000            Z    0.000

 01     X  -349.986    03     X    0.000
 (G54)  Y  -150.006    (G56)  Y    0.000
        Z    0.000            Z    0.000
 > Z1
   MDI **** *** ***           8:12:65
 [NO检索][ 测量 ][        ][+输入 ][ 输入 ]
```

(a) 工件坐标系设定界面

```
工具补正                  O 0010     N 0200
番号  形状(H)   摩耗(H)  形状(D)  摩耗(D)
001    20.000    0.000    12.000    0.000
002     5.000    0.000     8.000    0.000
003    -9.061    0.000     3.000    0.000
004     0.000    0.000     0.000    0.000
005     0.000    0.000     0.000    0.000
006     0.000    0.000     0.000    0.000
007     0.000    0.000     0.000    0.000
008     0.000    0.000     0.000    0.000
   现在位置(相对坐标)
X   -357.283  Y   -227.850  Z   -166.950
>                          S  0     T0100
  MDI **** *** ***            8:15:32
[NO检索][ 测量 ][        ][+输入 ][ 输入 ]
```

(a) 刀具补正界面

图 3.69　G54 设置工件零点方式对刀

这种方法是将寻边器和标准芯轴假设作为基准刀具，然后将实际刀具的直径以及它与标准芯轴的长度差在刀具补正界面中进行补偿和设定。这样，如果加工中用到多把刀具时，只须要在此界面中分别设定各把刀具的直径以及它与标准芯轴的长度差，避免了对每把刀具都进行烦琐的试切对刀。对刀后，在程序中建立坐标系并调用刀具的指令为：

G54；(建立 G54 工件坐标系)

……

T01；(换 1 号刀)

G43 H1；(刀具长度补偿，调用 01 组刀具补正量)

……

G42 G01 X0 Y0 Z3 D01；(刀具半径右补偿，调用 01 组刀具补正量)

……

G49；(取消长度补偿)

……

G40 G00 X50 Y50 Z100；(取消半径补偿)

……

如果在工作台上实现多个相同零件的连续加工，需要对每个工件分别建立一个工件坐标系，将各坐标系分别设定为G54～G59等，按照G54法的对刀原理，确定其他工件坐标系的原点，并且将单个零件的加工程序编为子程序，在主程序里调用即可。

思考与练习题

3.1 什么是数控编程？数控编程分为哪几类？手工编程的步骤是什么？

3.2 数控机床的坐标轴与运动方向是怎样规定的？画出下列机床的机床坐标系：①卧式车床；②立式铣床；③牛头刨床。

3.3 机床坐标系与工件坐标系的含义是什么？请阐述它们之间的关系。

3.4 什么是程序段？数控系统现常用的程序段格式是什么？

3.5 准备功能G指令的模态和非模态有什么区别？

3.6 试举例说明绝对值编程和增量值编程的区别。

3.7 简述数控车床的刀具补偿原理，说明其补偿值的设定及实现方法。

3.8 简述数控铣床的刀具补偿的目的及原理，图示说明刀具半径补偿的过程。

3.9 图示说明G90、G94与G92循环指令走刀路径。

3.10 孔加工固定循环的基本组成动作有哪些？并用图示说明。

3.11 指出G92、G50与G54～G59指令的区别。

3.12 何谓图形交互式自动编程？简述其主要过程。

3.13 自动编程为何要进行后置处理？不同的数控系统，后置处理为何不同？

3.14 简述数控车床试切方式对刀的过程。

3.15 简述数控铣床G54～G59设置工件零点方式对刀的过程。

3.16 编制如图3.70所示轴类零件的数控加工程序。

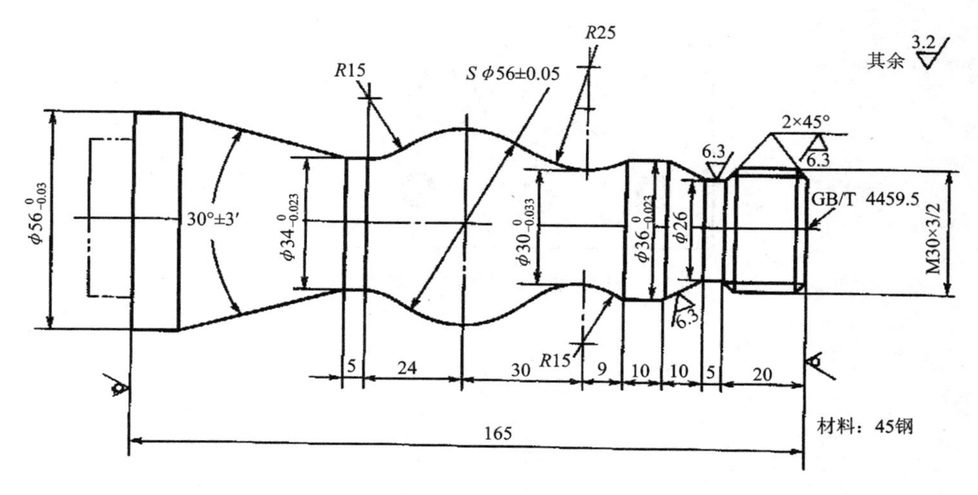

图3.70 车削加工零件图

3.17 用 ø20 的立铣刀，精铣如图 3.71 所示零件轮廓，要求每次最大切削深度不超过 20 mm，其中中间两孔为已加工的工艺孔。试编制数控加工程序。

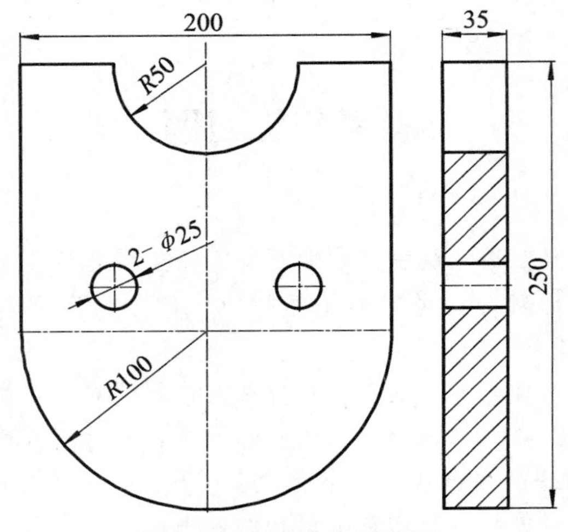

图 3.71 铣削加工零件图

3.18 用立式加工中心加工如图 3.72 所示端盖上各孔，采用底面和两侧面定位、压板压紧。试编制数控加工程序。

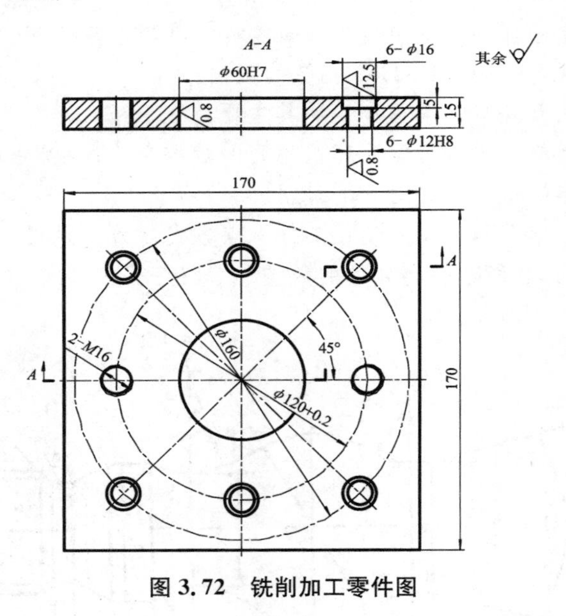

图 3.72 铣削加工零件图

第4章　数控机床的轮廓控制原理

4.1 概　　述

1. 插补的概念

如何控制刀具或工件的运动是机床数字控制的核心问题。要走出平面曲线运动轨迹需要两个坐标的协调运动，要走出空间曲线运动轨迹则要求3个或3个以上坐标的协调运动。运动控制不仅控制刀具相对于工件运动的轨迹，同时还要控制运动的速度。直线和圆弧是构成工件轮廓的基本线条，因此大多数CNC系统一般都具有直线和圆弧插补功能。对于非直线或圆弧组成的轨迹，可以用小段的直线或圆弧来拟合。只有在某些要求较高的系统中，才具有抛物线、螺旋线插补功能。一个零件加工程序除了提供进给速度和刀具参数外，一般都要提供直线的起点和终点，圆弧的起点、终点、顺逆和圆心相对于起点的偏移量。

所谓插补就是根据给定速度和给定轮廓线型的要求，在轮廓已知点之间，确定一些中间点的方法，亦即数据点密化的过程。在对数控系统输入有限坐标点(例如起点、终点)的情况下，计算机根据线段的特征(直线、圆弧、椭圆等)，运用一定的算法，自动地在有限坐标点之间生成一系列的坐标数据，从而自动地对各坐标轴进行脉冲分配，完成整个线段的轨迹运行，使机床加工出所要求的轮廓曲线。对于轮廓控制系统来说，插补是最重要的计算任务，插补程序的运行时间和计算精度影响着整个CNC系统的性能指标，可以说插补是整个CNC系统控制软件的核心。

2. 插补的分类

插补分类的形式很多，按其插补工作由硬件电路还是软件程序完成，可将其分为硬件插补、软件插补和软硬件结合插补：软件完成粗插补，硬件完成精插补。软件插补的结构简单(CNC装置的微处理器和程序)，灵活易变，现代数控系统都采用软件插补器。完全硬件的插补已逐渐被淘汰，只有在特殊的应用场合和作为软件、硬件结合插补时的第二级插补(精插补)使用；从产生的数学模型来分，有一次(直线)插补、二次(圆、抛物线等)插补及高次曲线插补等。一般数控机床的数控装置都具有直线插补和圆弧插补；根据插补所采用的原理和计算方法的不同，可有许多插补方法。目前应用的插补方法分为两类：

(1) 脉冲增量插补

脉冲增量插补又称基准脉冲插补或行程标量插补。这种插补算法的特点是每次插补结束数控装置向每个运动坐标输出基准脉冲序列，每个脉冲插补的实现方法较简单，可以用硬件实现。目前，随着计算机技术的迅猛发展，多采用软件完成这类算法。脉冲的累积值代表运动轴的位置，脉冲产生的速度与运动轴的速度成比例。由于脉冲增量插补转轴的最大速度受插补算法执行时间限制,所以它仅适用于一些中等精度和中等速度要求的经济型计算机数控系统。

基准脉冲插补方法有以下几种:数字脉冲乘法器插补法;逐点比较法;数字积分法;比较积分法;最小偏差法;目标点跟踪法;直接函数法;单步跟踪法;加密判别和双判别插补法。

(2) 数据采样插补

数据采样插补又称为时间标量插补或数字增量插补。这类插补算法的特点是数控装置产生的不是单个脉冲,而是标准二进制字。插补运算分两步完成。第一步为粗插补,它是在给定起点和终点的曲线之间插入若干个点,即用若干条微小直线段来逼近给定曲线,每一微小直线段的长度 ΔL 都相等,且与给定进给速度有关。粗插补在每个插补运算周期中计算一次,因此,每一微小直线段的长度 ΔL 与进给速度 F 和插补周期 T 有关,即 $\Delta L=FT$。第二步为精插补,它是在粗插补算出的每一微小直线段的基础上再作“数据点的密化”工作,这一步相当于直线的脉冲增量插补。

数据采样插补方法适用于闭环、半闭环以直流或交流伺服电机为驱动装置的位置采样控制系统。粗插补在每个插补周期内计算出坐标实际位置增量值,而精插补则在每个采样周期内采样闭环或半闭环反馈位置增量值及插补输出的指令位置增量值。然后算出各坐标轴相应的插补指令位置和实际反馈位置,并将二者相比较,求得跟随误差。根据所求得跟随误差算出相应轴的精速度,并输给驱动装置。我们一般将粗插补运算称为插补,用软件实现。而精插补可以用软件,也可以用硬件实现。

数据采样插补方法很多,常用方法如下:直接函数法;扩展数字积分法;二阶递归扩展数字积分圆弧插补法;圆弧双数字积分插补法;角度逼近圆弧插补法;“改进吐斯丁”(Improved Tustin Method——ITM)法。

上述的方法均为基于时间分割的思想,根据编程的进给速度,将轮廓曲线分割为插补周期的进给段(轮廓步长),即用弦线或割线等逼近轮廓轨迹,然后在此基础上,应用上述不同的方法求解各坐标轴分量。不同的求解方法有不同的逼近精度和不同的计算速度。

4.2 脉冲增量插补

脉冲增量插补就是分配脉冲的计算,在插补过程中不断向个坐标轴发出相互协调的脉冲,控制机床坐标作相应的移动,主要用于采用步进电机驱动的数控系统。脉冲增量插补算法中较为成熟并得到广泛应用的有逐点比较法和数字积分法等。这类插补算法的特点是:

(1) 每次插补的结果仅产生一个单位的行程增量(一个脉冲当量)。以一个脉冲的形式输出给驱动电机。其基本思想是用折线来逼近曲线(包括直线)。

(2) 插补速度与进给速度密切相关。而且还受到步进电机最高运行频率的限制,如当脉冲当量是 10 μm 时,采用该插补算法所获得的最高进给速度是 4~5 m/min。

(3) 脉冲增量插补的实现方法较简单,通常用加法和位移运算的方法就可完成插补。因此,它比较容易由硬件来实现,而且用硬件实现这类算法的速度是很快的,但也有用软件来实现这类算法的。

4.2.1 逐点比较法

逐点比较法是脉冲增量插补最典型的代表，它是一种最早的插补算法，它是用折线来逼近直线和圆弧曲线的，它给定的直线或圆弧之间的最大误差是不超过一个脉冲当量，因此，只要将脉冲当量取得足够小，就可以达到加工精度的要求。

1. 插补原理

该算法的原理是：数控系统在控制过程中，能逐点地计算和判别运动轨迹与给定轨迹的偏差，并根据偏差控制进给轴向给定轮廓靠近，缩小偏差，使加工轮廓逼近给定轮廓。即数控系统每次仅向一个坐标轴输出一个进给脉冲，而每走一步都要通过偏差函数计算，判断偏差点的瞬时坐标同规定加工轨迹之间的偏差，使刀具向减小偏差的方向进给，周而复始，直到插补结束。一般来讲，逐点比较法插补过程中每进给一步都要经过如下4个节拍的处理：

① 偏差判别。判别加工点相对于规定曲线的偏离位置，从而决定进给的方向。

② 进给。根据偏差判别结果，控制刀具向偏差减少的方向进给一步，即向给定的轮廓靠拢。

③ 偏差计算。计算新的加工点相对于规定曲线的偏差，作为下一步偏差判别的依据。

④ 终点判别。判断刀具是否到达加工终点，若到达终点，则停止插补，否则再回到第一个工作节拍。

以上4个节拍不断反复，就可加工出所需要的曲线。工作循环图如图4.1所示。

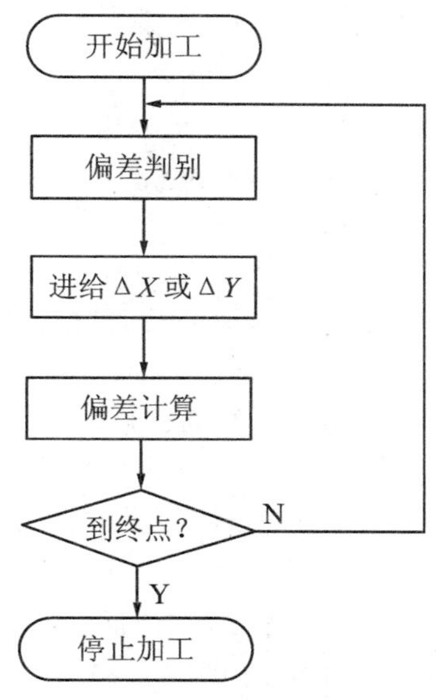

图 4.1 逐点比较法的工作节拍

2. 直线插补

(1) 偏差计算公式

在图4.2所示 xy 平面第一象限内有直线段 OE 以原点为起点，以 $E(x_e, y_e)$ 为终点，直线方程为

$$\frac{y}{x}=\frac{y_e}{x_e}$$

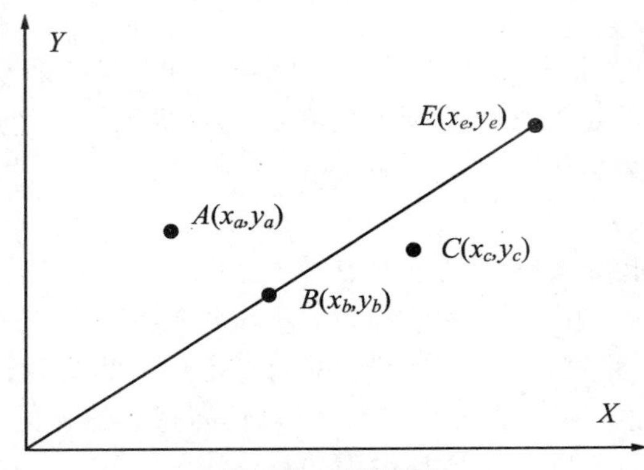

图 4.2 直线方程

可改写为

$$yx_e-xy_e=0 \tag{4-1}$$

如果加工轨迹脱离该直线，则刀位点的 x、y 坐标不满足上述直线方程。设刀位点某一时刻位于 $B(x_b,y_b)$点，它在直线 OE 上，有

$$y_bx_e-x_by_e=0 \tag{4-2}$$

若位于 $A(x_a,y_a)$点，它在直线 OE 的上方，有

$$y_ax_e-x_ay_e>0 \tag{4-3}$$

若位于 $C(x_c,y_c)$点，它在直线 OE 的下方，有

$$y_cx_e-x_cy_e<0 \tag{4-4}$$

令 $F=yx_e-xy_e$ 为偏差判别函数，由偏差 F 即可判别刀位点与直线的位置关系，判别方法如下：当刀位点落在直线上时，$F=0$；当刀位点落在直线上方时，$F>0$；当刀位点落在直线下方时，$F<0$。

(2) 进给

由 F_i 的符号判别进给方向，对于第一象限直线，其偏差符号与进给方向的关系为：$F=0$ 时，表示在 OE 上方，可向 $+X$ 向进给，也可向 $+Y$ 向进给；$F>0$ 时，表示在 OE 上方，应向 $+X$ 向进给；$F<0$ 时，表示在 OE 下方，应向 $+Y$ 向进给。

这里规定刀位点在直线上时，归入 $F>0$ 的情况一同考虑。故得第一象限直线偏差与进给方向的关系应为：当 $F\geqslant0$，则沿 $+X$ 方向进给一步；当 $F<0$，则沿 $+Y$ 方向进给一步。

(3) 偏差计算公式简化

按照上述法则进行运算判别，要求每次进行判别式运算——乘法与减法运算，这在具体电路或程序中实现不是最方便的。一个简便的方法是：每走一步到新加工点，加工偏差用前一点的加工偏差递推出来，这种方法称“递推法”。

设某时第一象限中某点为：$D(x_i,y_i)$，其 F 值为：

$$F_i=y_ix_e-x_iy_e \tag{4-5}$$

若经偏差判别后，$F_i\geqslant0$，沿 $+x$ 方向走一步，则

$$\begin{cases}x_{i+1}=x_i+1\\ y_{i+1}=y_i\end{cases}$$

因而,新点的偏差判别函数为

$$F_{i+1} = y_{i+1}x_e - x_{i+1}y_e = y_ix_e - (x_i+1)y_e = y_ix_e - x_iy_e - y_e = F_i - y_e \quad (4\text{-}6)$$

若经偏差判别后,$F_i<0$,沿$+y$方向走一步,则

$$\begin{cases} x_{i+1} = x_i \\ y_{i+1} = y_i + 1 \end{cases}$$

因而,新点的偏差判别函数为

$$F_{i+1} = y_{i+1}x_e - x_{i+1}y_e = (y_i+1)x_e - x_iy_e = y_ix_e - x_iy_e + x_e = F_i + x_e \quad (4\text{-}7)$$

根据式(4-6)及式(4-7)可以看出,新加工点的偏差值完全可以用前一点的偏差递推出来。

(4) 终点判别

直线插补的终点判别可采用如下3种方法:

① 设置一个减法计数器,在其中存入$\sum = |x_e| + |y_e|$,x或y坐标方向进给时均在计数器中减去1,当$\sum = 0$时,停止插补。

② 设置$\sum x$和$\sum y$两个减法计数器,在其中分别存入终点坐标值x_e和y_e,x或y坐标方向每进给一步时,就在相应的计数器中减去1,直到两个计数器都为0时,停止插补。

③ 选终点坐标值较大的坐标作为计数坐标,用其终值作为计数器初值,仅在该轴走步时才减去1,当减到0时,停止插补。

(5) 逐点比较法直线插补举例

例4.1　第一象限直线OE,起点为$O(0,0)$,终点为$E(5,3)$,请写出用逐点比较法插补此直线的过程并画出运动轨迹图(脉冲当量为1)。

解:插补完这段直线刀具沿x和y轴应走的总步数为$\sum = |x_e| + |y_e| = 5+3 = 8$,插补运算过程见表4.1,刀具的运动轨迹如图4.3所示。

表4.1　逐点比较法直线插补运算过程

循环序号	偏差判别	坐标进给	偏差计算	终点判别
	$F\geqslant 0$	$+x$	$F_{i+1}=F_i-y_e$	$J=\sum=\|x_e\|+\|y_e\|$
	$F<0$	$+y$	$F_{i+1}=F_i+x_e$	
0			$F_0=0, x_e=5, y_e=3$	$J=8$
1	$F_0=0$	$+x$	$F_1=0-3=-3$	$J=7$
2	$F_1=-3$	$+y$	$F_2=-3+5=2$	$J=6$
3	$F_2=2$	$+x$	$F_3=2-3=-1$	$J=5$
4	$F_3=-1$	$+y$	$F_4=-1+5=4$	$J=4$
5	$F_4=4$	$+x$	$F_5=4-3=1$	$J=3$
6	$F_5=1$	$+x$	$F_6=1-3=-2$	$J=2$
7	$F_5=-2$	$+y$	$F_7=-2+5=3$	$J=1$
8	$F_7=3$	$+x$	$F_8=3-3=0$	$J=0$

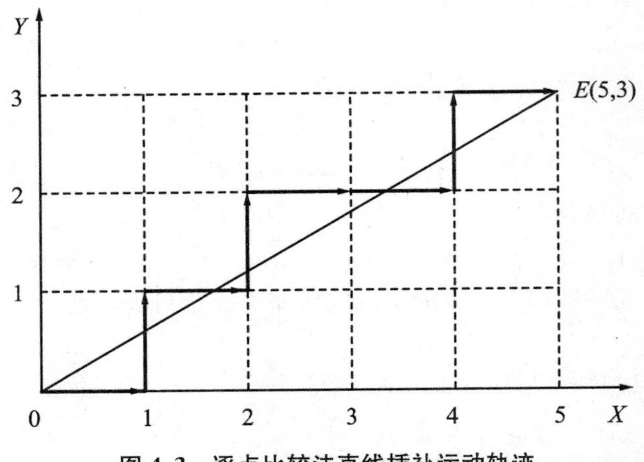

图 4.3 逐点比较法直线插补运动轨迹

(6) 不同象限的直线插补

上面的例子是第一象限的直线，对于第二象限，只要用$|x|$取代x，就可以变换到第一象限，至于输出脉冲，应使x轴向步进电动机反向旋转，而y轴步进电动机仍为正向旋转。同理，第三、四象限的直线也可以变换到第一象限。插补运算时，用$|x|$和$|y|$代替x、y。输出驱动则是：在第三象限，点在直线上方，向$-y$方向进给，点在直线下方，向$-x$方向进给；在第四象限，点在直线上方，向$-y$方向进给，点在直线下方，向$+x$方向进给。4个象限的进给方向如图4.4所示。

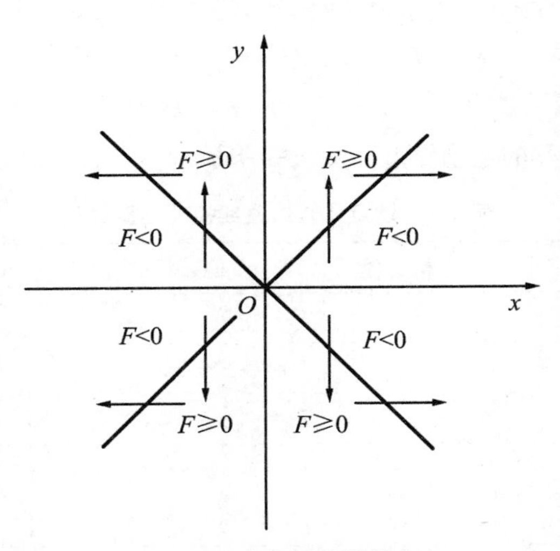

图 4.4 4个象限的进给方向

现将直线4种情况偏差计算及进给方向列于表4.2中，其中用L表示直线，4个象限分别用数字1、2、3、4标注。

表 4.2　xy 平面内直线插补的进给与偏差计算

线　型	偏　差	偏差计算	进给方向与坐标
L1,L4	$F \geqslant 0$	$F \leftarrow F - \lvert y_e \rvert$	$+\Delta x$
L2,L3	$F \geqslant 0$		$-\Delta x$
L1,L2	$F < 0$	$F \leftarrow F - \lvert x_e \rvert$	$+\Delta y$
L3,L4	$F < 0$		$-\Delta y$

3. 圆弧插补

（1）偏差计算

以第一象限逆圆弧为例，如图 4.5，起点为 S，终点为 E，半径为 r，圆心在原点。设刀具刀位点某一时刻位于 $B(x_b, y_b)$ 点，它在圆弧 SE 上，有

$$x_b^2 + y_b^2 = r^2 \tag{4-8}$$

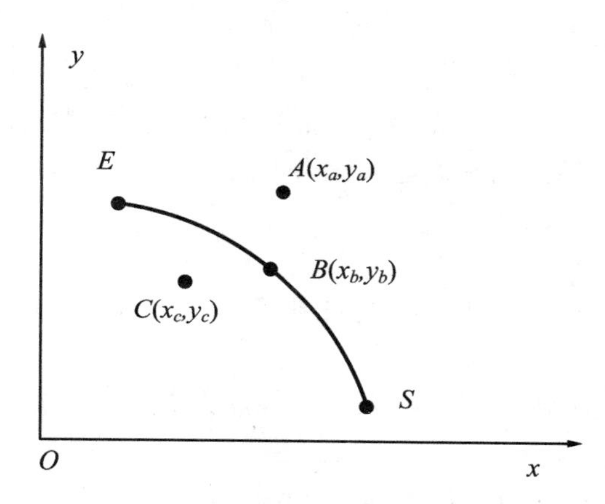

图 4.5　第一象限逆圆弧

若位于 $A(x_a, y_a)$ 点，它在圆弧 SE 的外部，有

$$x_a^2 + y_a^2 > r^2 \tag{4-9}$$

若位于 $C(x_c, y_c)$ 点，它在圆弧 SE 的内部，有

$$x_c^2 + y_c^2 < r^2 \tag{4-10}$$

令 $F = x^2 + y^2 - r^2$ 为偏差判别函数，由 F 即可判别刀位点与圆弧的位置关系，判别方法如下：

当刀位点落在圆弧上时，$F=0$；

当刀位点落在圆弧外部时，$F>0$；

当刀位点落在圆弧内部时，$F<0$。

（2）进给

由 F_i 的符号判别进给方向，第一象限逆圆弧偏差与进给方向的关系应为：当$F \geqslant 0$，则沿 $-X$ 方向进给一步；当 $F<0$，则沿$+Y$ 方向进给一步。

（3）偏差计算公式简化

实际计算时，第一次的偏差值是赋给的（一般令 $F=0$），后续的新点偏差计算根据递推法，利用前一点的偏差来计算。

设某时第一象限中某点为：$D(x_i,y_i)$，其 F 值为

$$F_i = x_i^2 + y_i^2 - r^2$$

若经偏差判别后，$F_i \geqslant 0$，沿 $-x$ 方向走一步，则

$$\begin{cases} x_{i+1} = x_i - 1 \\ y_{i+1} = y_i \end{cases}$$

因而，新的偏差判别函数为

$$\begin{aligned} F_{i+1} &= x_{i+1}^2 + y_{i+1}^2 - r^2 = (x_i - 1)^2 + y_i^2 - r^2 \\ &= x_i^2 - 2x_i + 1 + y_i^2 - r^2 = F_i - 2x_i + 1 \end{aligned} \tag{4-11}$$

若经偏差判别后，$F_i < 0$，沿 $+y$ 方向走一步，则

$$\begin{cases} x_{i+1} = x_i \\ y_{i+1} = y_i + 1 \end{cases}$$

因而，新的偏差判别函数为

$$\begin{aligned} F_{i+1} &= x_{i+1}^2 + y_{i+1}^2 - r^2 = x_i + (y_i + 1)^2 - r^2 \\ &= x_i^2 + y_i^2 + 2y_i + 1 - r^2 = F_i + 2y_i + 1 \end{aligned} \tag{4-12}$$

根据式(4-11)及式(4-12)可以看出，新加工点的偏差值可以用前一点的偏差值递推出来。递推法把圆弧偏差运算式由平方运算化为加法和乘法运算，而对二进制来说，乘法运算是容易实现的。

(4) 终点判断

圆弧插补时每进给一步也要进行终点判别，其方法与逐点比较法直线插补相同。

(5) 逐点比较法圆弧插补举例

例 4.2 第一象限逆圆弧，起点为 $S(4,3)$，终点为 $E(0,5)$，请进行插补计算并画出运动轨迹(脉冲当量为 1)。

解：如图，插补完这段圆弧，刀具沿 x 和 y 轴应走的总步数为 $\sum = |x_E - x_S| + |y_E - y_S| = 4 + 2 = 6$，故可设置一计数器 $G = 6$，x 或 y 坐标方向进给时均在计数器中减去 1，当 $\sum = 0$ 时，停止插补。插补运算过程见表 4.3，插补运动轨迹如图 4.6 所示。

表 4.3 逐点比较法圆弧插补运算过程

循环序号	偏差判别	坐标进给	偏差计算	坐标计算	终点判别
	$F \geqslant 0$	$-x$	$F_{i+1} = F_i - 2x_i + 1$		$J = \lvert x_E - x_S \rvert + \lvert y_E - y_S \rvert$
	$F < 0$	$+y$	$F_{i+1} = F_i + 2y_i + 1$		
0			$F_0 = 0$	$x_0 = 4, y_0 = 3$	$J = 6$
1	$F_0 = 0$	$-x$	$F_1 = 0 - 2 \times 4 + 1 = -7$	$x_1 = 3, y_1 = 3$	$J = 5$
2	$F_1 = -7 < 0$	$+y$	$F_2 = -7 + 2 \times 3 + 1 = 0$	$x_2 = 3, y_2 = 4$	$J = 4$
3	$F_2 = 0$	$-x$	$F_3 = 0 - 2 \times 3 + 1 = -5$	$x_3 = 2, y_3 = 4$	$J = 3$
4	$F_3 = -5 < 0$	$+y$	$F_4 = -5 + 2 \times 4 + 1 = 4$	$x_4 = 2, y_4 = 5$	$J = 2$
5	$F_4 = 4 > 0$	$-x$	$F_5 = 4 - 2 \times 2 + 1 = 1$	$x_5 = 1, y_5 = 5$	$J = 1$
6	$F_5 = 1 > 0$	$-x$	$F_6 = 1 - 2 \times 1 + 1 = 0$	$x_6 = 0, y_6 = 5$	$J = 0$

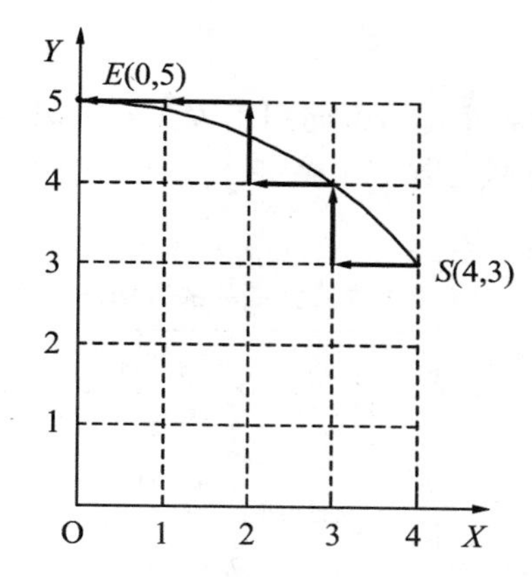

图 4.6　逐点比较法圆弧插补运动轨迹

(6) 圆弧插补的象限处理与坐标变换

① 圆弧插补的象限处理

上面仅讨论了第一象限的逆圆弧插补，实际上圆弧所在的象限不同，顺逆不同，则插补公式和进给方向均不同。圆弧插补有 8 种情况，如图 4.7 所示。

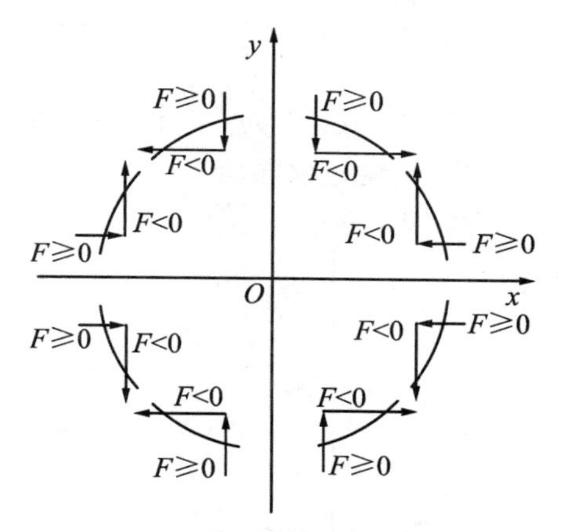

图 4.7　圆弧四象限进给方向

根据图 4.7 可推导出用代数值进行插补计算的公式如下：

沿 $+x$ 方向走一步

$$\begin{aligned} x_{i+1} &= x_i + 1 \\ F_{i+1} &= F_i + 2x_i + 1 \end{aligned} \tag{4-13}$$

沿 $+y$ 方向走一步

$$\begin{aligned} y_{i+1} &= y_i + 1 \\ F_{i+1} &= F_i + 2y_i + 1 \end{aligned} \tag{4-14}$$

沿 $-x$ 方向走一步

$$\begin{aligned} x_{i+1} &= x_i - 1 \\ F_{i+1} &= F_i - 2x_i + 1 \end{aligned} \tag{4-15}$$

沿 $-y$ 方向走一步

$$y_{i+1}=y_i-1$$
$$F_{i+1}=F_i-2y_i+1 \tag{4-16}$$

现将圆弧 8 种情况偏差计算及进给方向列于表 4.4 中，其中用 R 表示圆弧，S 表示顺时针，N 表示逆时针，4 个象限分别用数字 1、2、3、4 标注，例如 $SR1$ 表示第一象限顺圆，$NR3$ 表示第三象限逆圆。

表 4.4　xy 平面内圆弧插补的进给与偏差计算

线　型	偏　差	偏差计算	进给方向与坐标
SR2，NR3	$F\geqslant0$	$F\leftarrow F+2x+1$ $x\leftarrow x+1$	$+\Delta x$
SR1，NR4	$F<0$		
NR1，SR4	$F\geqslant0$	$F\leftarrow F-2x+1$ $x\leftarrow x-1$	$-\Delta x$
NR2，SR3	$F<0$		
NR4，SR3	$F\geqslant0$	$F\leftarrow F+2y+1$ $y\leftarrow y+1$	$+\Delta y$
NR1，SR2	$F<0$		
SR1，NR2	$F\geqslant0$	$F\leftarrow F-2y+1$ $y\leftarrow y-1$	$-\Delta y$
NR3，SR4	$F<0$		

② 圆弧自动过象限

所谓圆弧自动过象限，是指圆弧的起点和终点不在同一象限内，如图 4.8 所示。为实现一个程序段的完整功能，须设置圆弧自动过象限功能。

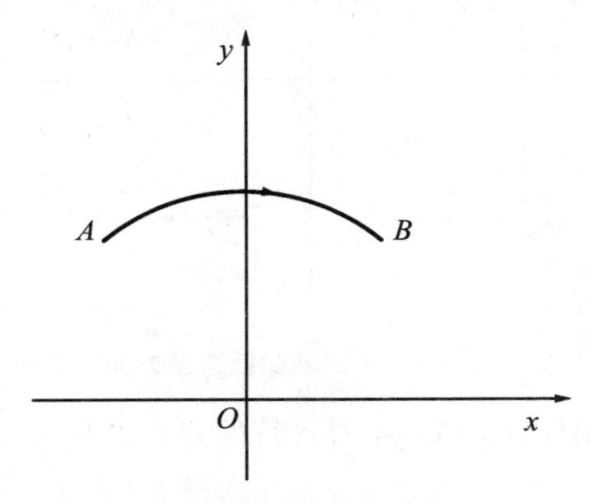

图 4.8　圆弧过象限

要完成过象限功能，首先应判别何时过象限。过象限有一显著特点，就是过象限时刻正好是圆弧与坐标轴相交的时刻，因此在两个坐标值中必有一个为零，判断是否过象限只要检查是否有坐标值为零即可。

过象限后，圆弧线型也改变了，以图 4.8 为例，由 $SR2$ 变为 $SR1$。但过象限时象限的转换是有一定规律的。当圆弧起点在第一象限时，逆时针圆弧过象限后转换顺序是 $NR1\rightarrow NR2\rightarrow NR3\rightarrow NR4\rightarrow NR1$，每过一次象限，象限顺序号加 1，当从第四象限向第一象限过象限时，象限顺序号从 4 变为 1；顺时针圆弧过象限的转换顺序是 $SR1\rightarrow SR4\rightarrow SR3\rightarrow SR2\rightarrow SR1$，即每过一次象限，象限顺序号减 1，当从第一象限向第四象限过象限时，象限顺序号从 1

变为 4。

③ 坐标变换

前面所述的逐点比较法插补是在 xy 平面中讨论的。对于其他平面的插补可采用坐标变换方法实现。用 y 代替 x，z 代替 y，即可实现 yz 平面内的直线和圆弧插补；用 z 代替 y 而 x 坐标不变，就可以实现 xz 平面内的直线与圆弧插补。

4.2.2　数字积分法

数字积分法又称数字微分分析法(Digital Differential Analyzer，简称 DDA)。这种插补方法可以实现一次、二次、甚至高次曲线的插补，也可以实现多坐标联动控制。只要输入不多的几个数据，就能加工出圆弧等形状较为复杂的轮廓曲线。作直线插补时，脉冲分配也较均匀。

由积分原理可以知道，函数 $y=f(t)$ 的积分运算就是求函数曲线所包围的面积 S（图 4.9）：

$$S=\int_0^t y\mathrm{d}t \tag{4-17}$$

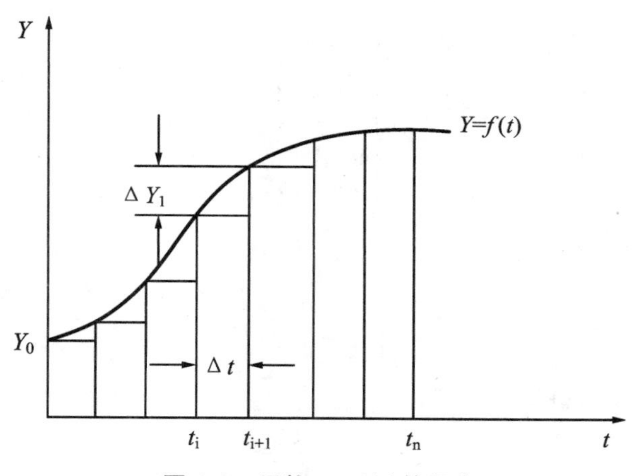

图 4.9　函数 $y=f(t)$ 的积分

此面积可以近似看作是许多长方形小面积之和，长方形的宽为自变量 Δt，高为纵坐标 y_i。则

$$S=\int_0^t y\mathrm{d}t=\sum_{i=0}^{n} y_i\Delta t \tag{4-18}$$

这种近似积分法称为矩形积分法，该公式又称为矩形公式。数学运算时，如果取 $\Delta t=1$，即一个脉冲当量，可以简化为

$$S=\sum_{i=0}^{n} y_i \tag{4-19}$$

由此，函数的积分运算变成了变量求和运算。如果所选取的脉冲当量足够小，则用求和运算来代替积分运算所引起的误差一般不会超过容许的数值。

1. DDA 直线插补

(1) DDA 直线插补原理

设 xy 平面内直线 OE，起点(0,0)，终点(x_e, y_e)，直线长度为 L，如图 4.10 所示。若以匀速 V 沿 OE 位移，则 V 可分为动点在 x 轴和 y 轴方向的两个速度 V_x、V_y，根据前述积分原理计算公式，在 x 轴和 y 轴方向上微小位移增量 Δx、Δy 应为

$$\begin{cases}\Delta x = V_x \Delta t \\ \Delta y = V_y \Delta t\end{cases} \tag{4-20}$$

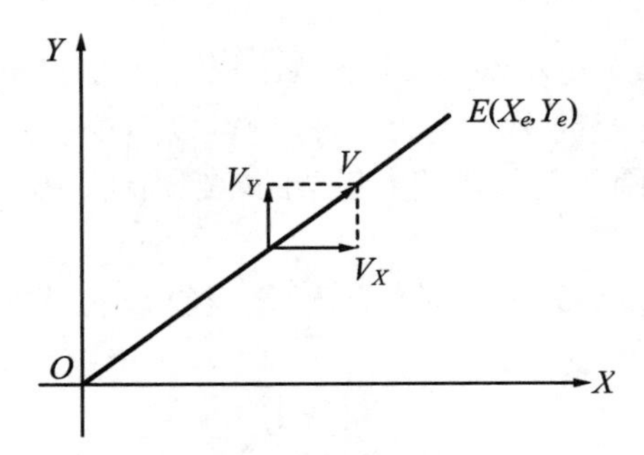

图 4.10　DDA 直线插补

对于直线函数来说，V_x、V_y，V 和 L 满足下式

$$\begin{cases}\dfrac{V_x}{V} = \dfrac{x_e}{L} \\ \dfrac{V_y}{V} = \dfrac{y_e}{L}\end{cases}$$

整理上式，令 $k=\dfrac{V}{L}$ 从而有

$$\begin{cases}V_x = kx_e \\ V_y = ky_e\end{cases} \tag{4-21}$$

因此坐标轴的位移增量为

$$\begin{cases}\Delta x = kx_e \Delta t \\ \Delta y = ky_e \Delta t\end{cases} \tag{4-22}$$

各坐标轴的位移量为

$$\begin{cases}x = \displaystyle\int_0^t kx_e \mathrm{d}t = k\sum_{i=1}^{n} x_e \Delta t \\ y = \displaystyle\int_0^t ky_e \mathrm{d}t = k\sum_{i=1}^{n} y_e \Delta t\end{cases} \tag{4-23}$$

所以，动点从原点走向终点的过程，可以看作是各坐标轴每经过一个单位时间间隔 Δt，分别以增量 kx_e、ky_e 同时累加的过程。据此可以构造出直线插补器，如图 4.11 所示。

平面直线插补器由两个数字积分器组成，每个坐标的积分器由累加器和被积函数寄存器组成。终点坐标值存在被积函数寄存器中，Δt 相当于插补控制脉冲源发出的控制信号。每发生一个插补迭代脉冲(即来一个 Δt)，使被积函数 kx_e 和 ky_e 向各自的累加器里累加一次，累加的结果有无溢出脉冲 Δx(或 Δy)取决于累加器的容量和 kx_e 或 ky_e 的大小。

假设经过 n 次累加后(取 $\Delta t=1$)，x 和 y 分别(或同时)到达终点(x_e，y_e)，则下式成立，

$$\begin{cases} x = \sum_{i=1}^{n} kx_e\Delta t = kx_e n = x_e \\ y = \sum_{i=1}^{n} ky_e\Delta t = ky_e n = y_e \end{cases} \tag{4-24}$$

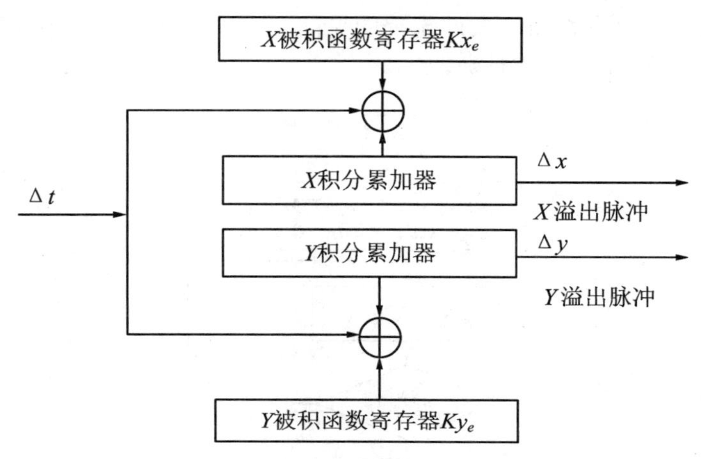

图 4.11　DDA 直线插补数字积分器

由此得到 $nk=1$，即 $n=1/k$，表明比例常数 k 和累加(迭代)次数 n 的关系，由于 n 必须是整数，所以 k 一定是小数。

k 的选择主要考虑每次增量 Δx 或 Δy 不大于 1，以保证坐标轴上每次分配进给脉冲不超过一个，也就是说，要使下式成立：

$$\begin{cases} \Delta x = kx_e < 1 \\ \Delta y = ky_e < 1 \end{cases} \tag{4-25}$$

若取寄存器位数为 N 位，则 x_e 及 y_e 的最大寄存器容量为 2^N-1，故有

$$\begin{cases} \Delta x = kx_e = k(2^N-1) < 1 \\ \Delta y = ky_e = k(2^N-1) < 1 \end{cases} \tag{4-26}$$

所以

$$k < \frac{1}{2^N-1}$$

一般取

$$k < \frac{1}{2^N}$$

因此，累加次数 n 为

$$n = \frac{1}{k} = 2^N$$

因为 $k=1/2^N$，对于一个二进制数来说，使 kx_e(或 ky_e)等于 x_e(或 y_e)乘以 $1/2^N$ 是很容易实现的，即 x_e(或 y_e)数字本身不变，只要把小数点左移 N 位即可。所以一个 N 位的寄存器存放 x_e(或 y_e)和存放 kx_e(或 ky_e)的数字是相同的，只是后者的小数点出现在最高位数 N

前面，其他没有差异，因此一般在被积因数寄存器中存入 x_e（或 y_e）。

DDA 直线插补的终点判别较简单，因为直线程序段须要进行 2^N 次累加运算，进行 2^N 次累加后就一定到达终点，故可由一个与积分器中寄存器容量相同的终点计数器 J_E 实现，其初值为 0。每累加一次，J_E 加 1，当累加 2^N 次后，产生溢出，使 $J_E=0$，完成插补。

（2）DDA 直线插补软件流程

用 DDA 法进行插补时，x 和 y 两坐标可同时进给，即可同时送出 Δx、Δy 脉冲，同时每累加一次，要进行一次终点判断。软件流程图见图 4.12，其中 J_{Vx}、J_{Vy} 为积分函数寄存器，J_{Rx}、J_{Ry} 为余数寄存器，J_E 为终点计数器。

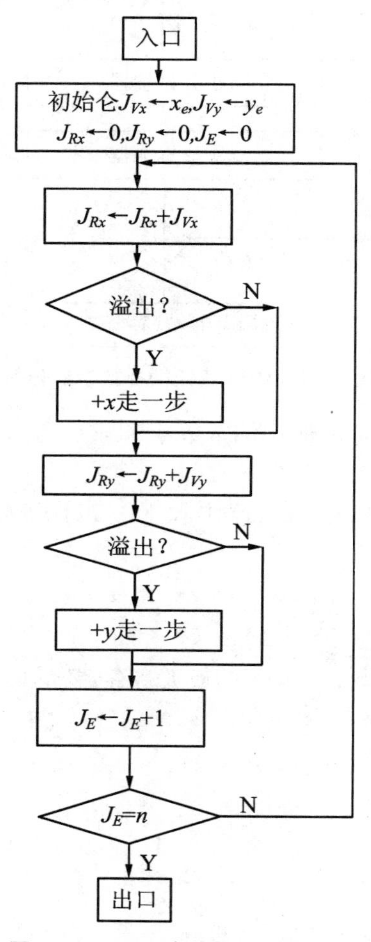

图 4.12　DDA 直线插补软件流程

（3）DDA 直线插补举例

例 4.3　设有第一象限直线 OA，起点为 $O(0,0)$，终点为 $A(5,3)$，请试用 DDA 法插补此直线并画出运动轨迹图。

解：因终点最大坐标值为 5，取累加器、被积函数寄存器、终点计数器均为三位二进制寄存器，即 $N=3$。则累加次数 $n=2^3=8$。插补运算过程见表 4.5，插补轨迹见图 4.13。

表 4.5　DDA 直线插补运算过程插补过程表

累加次数(Δt)	X 积分器			Y 积分器			终点计数器(J_E)
	X 被积函数寄存器	X 累加器	X 累加器溢出脉冲	Y 被积函数寄存器	Y 累加器	Y 累加器溢出脉冲	
0	5	0	0	3	0	0	0
1	5	5+0=5	0	3	3+0=3	0	1
2	5	5+5=8+2	1	3	3+3=6	0	2
3	5	5+2=7	0	3	3+6=8+1	1	3
4	5	5+7=8+4	1	3	3+1=4	0	4
5	5	5+4=8+1	1	3	3+4=7	0	5
6	5	5+1=6	0	3	3+7=8+2	1	6
7	5	5+6=8+3	1	3	3+2=5	0	7
8	5	5+3=8+0	1	3	3+5=8+0	1	0

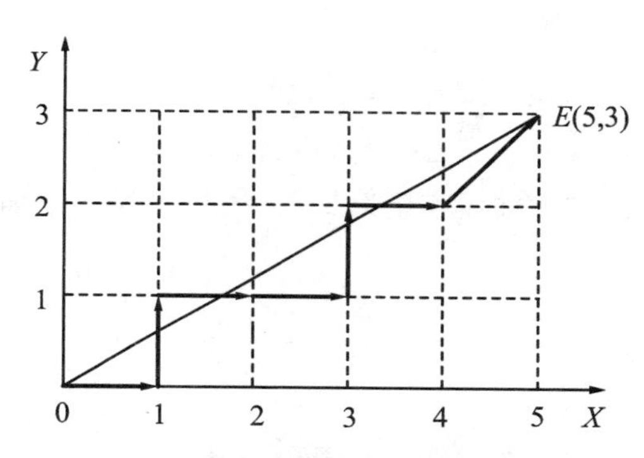

图 4.13　DDA 直线插补刀具运动轨迹

2. DDA 圆弧插补

(1) DDA 直线圆弧插补原理

从上面的叙述可知,数字积分直线插补的物理意义是使动点沿速度矢量的方向前进,这同样适合于圆弧插补。

以第一象限为例,设圆弧 AE,半径为 R,起点 $A(x_0,\ y_0)$,终点 $E(x_e,y_e)$,$N(x_i,y_i)$为圆弧上的任意动点,动点移动速度为 v,分速度为 v_x 和 v_y,如图 4.14 所示。圆弧方程为

$$\begin{cases} x_i = R\cos\alpha \\ y_i = R\sin\alpha \end{cases} \tag{4-27}$$

动点 N 的分速度为

$$\begin{cases} v_x = \dfrac{\mathrm{d}x_i}{\mathrm{d}t} = -v\sin\alpha = -v\dfrac{y_i}{R} = -\left(\dfrac{v}{R}\right)y_i \\ v_y = \dfrac{\mathrm{d}y_i}{\mathrm{d}t} = v\cos\alpha = v\dfrac{x_i}{R} = \left(\dfrac{v}{R}\right)x_i \end{cases} \tag{4-28}$$

在单位时间 Δt 内,x、y 位移增量方程为

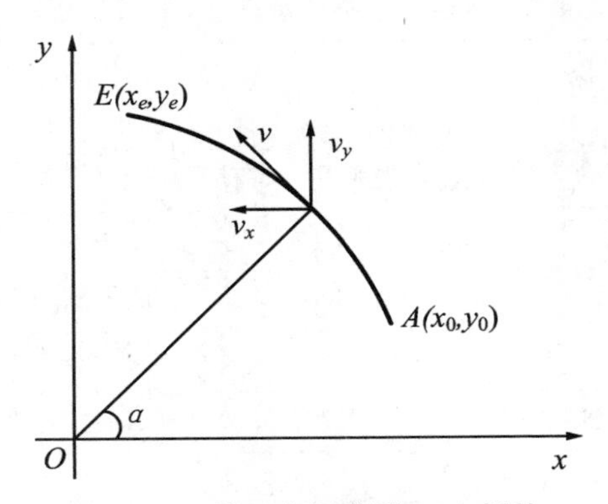

图 4.14 第一象限逆圆 DDA 插补

$$\begin{cases} \Delta x_i = v_x \Delta t = -\left(\dfrac{v}{R}\right) y_i \Delta t \\ \Delta y_i = v_y \Delta t = \left(\dfrac{v}{R}\right) x_i \Delta t \end{cases} \tag{4-29}$$

令 $k=\dfrac{v}{R}$ 则式(4-29)可写为

$$\begin{cases} \Delta x_i = -k y_i \Delta t \\ \Delta y_i = k x_i \Delta t \end{cases} \tag{4-30}$$

与 DDA 直线插补一样,取累加器容量为 2^N,$k=1/2^N$,N 为累加器、寄存器的位数,则各坐标的位移量为

$$\begin{cases} x = \int_0^t -ky\,\mathrm{d}t = -\dfrac{1}{2^N}\sum_{i=1}^{n} y_i \Delta t \\ y = \int_0^t kx\,\mathrm{d}t = \dfrac{1}{2^N}\sum_{i=1}^{n} x_i \Delta t \end{cases} \tag{4-31}$$

由此可构造图 4.15 所示的 DDA 圆弧插补积分器框图。

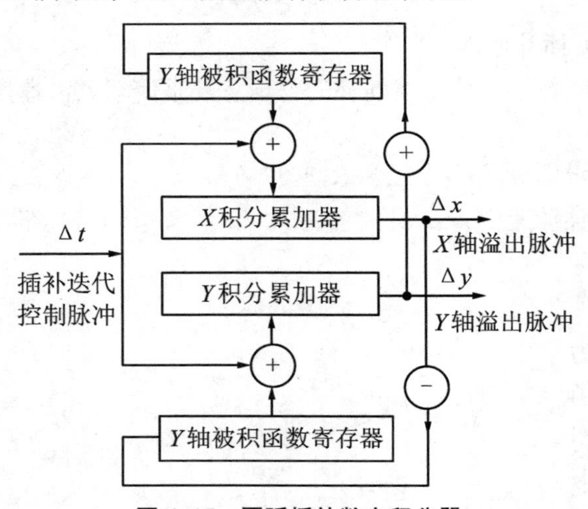

图 4.15 圆弧插补数字积分器

DDA 圆弧插补与直线插补的区别主要有两点：一是坐标值 x、y 存入被积函数器 J_{Vx}、J_{Vy} 的对应关系与直线不同，即 x 不是存入 J_{Vx} 而是存入 J_{Vy}，y 不是存入 J_{Vy} 而是存入 J_{Vx}；二是 J_{Vx}、J_{Vy} 寄存器中寄存的数值与 DDA 直线插补有本质的区别：直线插补时，J_{Vx}（或 J_{Vy}）寄存的是终点坐标 x_e（或 y_e），是常数，而在 DDA 圆弧插补时寄存的是动点坐标，是变量。因此在插补过程中，必须根据动点位置的变化来改变 J_{Vx} 和 J_{Vy} 中的内容。在起点时，J_{Vx} 和 J_{Vy} 分别寄存起点坐标 y_0、x_0。对于第一象限逆圆来说，在插补过程中，J_{Ry} 每溢出一个 Δy 脉冲，J_{Vx} 应该加 1；J_{Rx} 每溢出一个 Δx 脉冲，J_{Vy} 应减 1。对于其他各种情况的 DDA 圆弧插补，J_{Vx} 和 J_{Vy} 是加 1 还是减 1，取决于动点坐标所在象限及圆弧走向。

DDA 圆弧插补时，由于 x、y 方向到达终点的时间不同，须对 x、y 两个坐标分别进行终点判断。实现这一点可利用两个终点计数器 J_{Ex} 和 J_{Ey}，把 x、y 坐标所须输出的脉冲数 $|x_0-x_e|$、$|y_0-y_e|$ 分别存入这两个计数器中，x 或 y 积分累加器每输出一个脉冲，相应的减法计数器减 1，当某一个坐标的计数器为零时，说明该坐标已到达终点，停止该坐标的累加运算。当两个计数器均为零时，圆弧插补结束。

(2) DDA 圆弧插补举例

例 4.4　设有第一象限逆圆弧，起点为 $S(4,3)$，终点为 $E(0,5)$，请用 DDA 法插补此圆弧并画出运动轨迹（脉冲当量为 1）。

解：因圆弧半径值为 5，取累加器、被积函数寄存器、终点计数器均为三位二进制寄存器，即 $N=3$。用两个终点计数器 J_{Ex}、J_{Ey}，把 $|x_s-x_e|=4$、$|y_s-y_e|=2$ 分别存入这两个计数器中，插补运算过程见表 4.6，插补轨迹见图 4.16。

表 4.6　DDA 圆弧插补运算过程

累加次数（Δt）	X 积分器				Y 积分器			
	X 被积函数寄存器	X 累加器	X 累加器溢出脉冲	终点计数器（J_{EX}）	Y 被积函数寄存器	Y 累加器	Y 累加器溢出脉冲	终点计数器（J_{EY}）
0	3	0	0	4	4	0	0	2
1	3	0+3=3	0	4	4	0+4=4	0	2
2	3	3+3=6	0	4	4	4+4=8+0	1	1
3	4	6+4=8+2	1	3	4	0+4=4	0	1
4	4	2+4=6	0	3	3	4+3=7	0	1
5	4	6+4=8+2	1	2	3	7+3=8+2	1	0
6	5	2+5=7	0	2	2	停止累加	0	0
7	5	7+5=8+4	1	1	2			
8	5	4+5=8+1	1	0	1			
9	5	停止累加	0	0	0			

(3) 不同象限的脉冲分配

不同象限的顺圆、逆圆的 DDA 插补运算过程与原理框图与第一象限逆圆基本一致。其不同点在于，控制各坐标轴的 Δx 和 Δy 的进给脉冲分配方向不同，以及修改被积函数寄存器

J_{Vx}和J_{Vy}内容时，是“+1”还是“−1”要由 y 和 x 坐标的增减而定。各种情况下的脉冲分配方向及被积函数寄存器修正方式如表 4.7 所示。

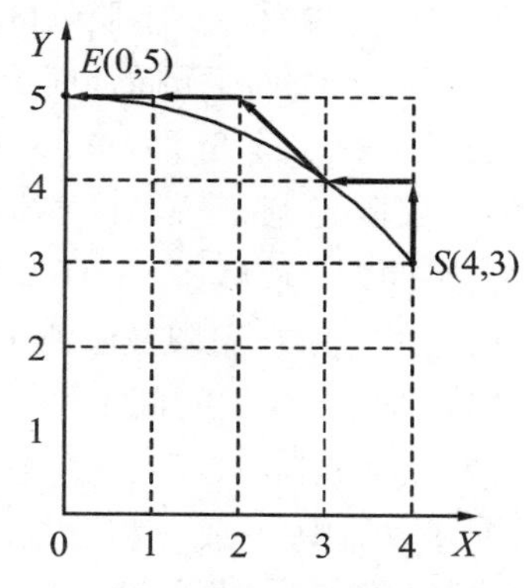

图 4.16　DDA 圆弧插补轨迹

(4) 插补精度提高的措施——余数寄存器预置数

DDA 直线插补的插补误差小于脉冲当量。圆弧插补误差小于或等于两个脉冲当量。其原因是：当在坐标轴附近进行插补时，一个积分器的被积函数值接近于 0，而另一个积分器的被积函数值接近最大值（圆弧半径）。这样，后者连续溢出，而前者几乎没有溢出脉冲，两个积分器的溢出脉冲频率相差很大，致使插补轨迹偏离限定加工轨迹。

表 4.7　DDA 圆弧插补时不同象限的脉冲分配及坐标修正

	SR1	SR2	SR3	SR4	NR1	NR2	NR3	NR4
J_{Vx}	−1	+1	−1	+1	+1	−1	+1	−1
J_{Vy}	+1	−1	+1	−1	−1	+1	−1	+1
Δx	+	+	−	−	−	−	+	+
Δy	−	+	+	−	+	−	−	+

减小插补误差的方法有：

① 减小脉冲当量

减小脉冲当量（即 Δt 减小），可以减小插补误差。但参加运算的数（如被积函数值）变大，寄存器的容量则变大，在插补运算速度不变的情况下，进给速度会显著降低。因此欲获得同样的进给速度，需提高插补运算速度。

② 余数寄存器预置数

在 DDA 迭代之前，余数寄存器 J_{Rx}、J_{Ry} 的初值不置为 0，而是预置某一数值。通常采用余数寄存器半加载。所谓半加载，就是在 *DDA* 插补前，给余数寄存器 J_{Rx}、J_{Ry} 的最高有效位置“1”，其余各位均置“0”，即 N 位余数寄存器容量的一半值 2^{N-1}。这样只要再累加 2^{N-1}，就可以产生第一个溢出脉冲，改善溢出脉冲的时间分布，减少插补误差。“半加载”可以使直线插补的误差减小到半个脉冲当量以内，使圆弧插补的精度得到明显改善。

4.3　数据采样法

随着计算机技术和伺服技术的发展，闭环和半闭环以直流或交流伺服电动机为驱动装置的数控系统已经被广泛应用。在这些系统中，多采用数据采样插补。

4.3.1　数据采样插补的基本原理

数据采样插补是根据编程的进给速度将轮廓曲线分割为插补采样周期的进给段——即轮廓步长。在每一插补周期中，插补程序被调用一次，为下一周期计算出各坐标轴应该行进的增长段（而不是单个脉冲）Δx 或 Δy 等，然后再计算出相应插补点（动点）位置的坐标值。

在 CNC 系统中，数据采样插补通常采用时间分割插补算法。这种方法是把加工一段直线或圆弧的整段时间分为许多相等的时间间隔，该时间间隔称为单位时间间隔，也即插补周期。例如日本 FANUC 公司的 7M 系统和美国 A-B 公司的 7360 系统都采用了时间分割插补算法，其插补周期分别为 8 ms 和 10.24 ms。在时间分割法中，每经过一个单位时间间隔就进行一次插补计算，计算出各坐标轴在一个插补周期内的进给量。如在 7M 系统中，设 F 为程序编制中给定的速度指令（单位为 mm/min），插补周期为 8 ms，则一个插补周期的进给量 l（μm）为

$$l=\frac{F\times 1000\times 8}{60\times 1000}=\frac{2}{15}F \tag{4-32}$$

由式(4-32)计算出一个插补周期的进给量 l 后，根据刀具运动轨迹与各坐标轴的几何关系，就可求出各轴在一个插补周期内的进给量。

时间分割法着重要解决两个问题：一是如何选择插补周期，因为插补周期与插补精度和速度有关；二是如何计算一个周期内各坐标轴的增量值，因为有了前一插补周期末的动点位置值和本次插补周期内各坐标轴的增量值，就很容易计算出本插补周期末的动点位置坐标值。

1. 插补周期与采样周期

插补周期 T 虽然不直接影响进给速度，但对插补误差及更高速运行有影响，选择插补周期是一个重要问题。插补周期与插补运算时间有密切关系。一旦选定了插补算法，则完成该算法的时间也就确定了。一般来说，插补周期必须大于插补运算所占用的 CPU 时间。这是因为当系统进行轮廓控制时，CPU 除了要完成插补运算外，还必须实时地完成其他的一些工作，如显示、监控等。所以插补周期 T 必须大于插补运算时间与完成其他实时任务所需时间之和。

插补周期与位置反馈采样周期有一定的关系，插补周期和采样周期可以相同，也可以不同。如果不同，则选插补周期是采样周期的整数倍。如 FANUC-7M 系统采用 8 ms 的插补周期和 4 ms 的位置反馈采样周期。在这种情况下，插补程序每 8 ms 被调用一次，为下一个周期算出各坐标轴应该行进的增量长度；而位置反馈采样程序每 4 ms 调用一次，将插补程

序算好的坐标位置增量值除 2 后再进行直线段的进一步密化(即精插补)。

2. 插补周期与精度、速度的关系

在直线插补中,插补所形成的每个小直线段与给定的直线重合,不会造成轨迹误差。在圆弧插补时,一般用内接弦线或割线来逼近圆弧,这种逼近必然会造成轨迹误差。图 4.17 是用内接弦线逼近圆弧,其最大半径误差 e_r 与步距角的关系为

$$e_r = r\left(1 - \cos\frac{\delta}{2}\right)$$

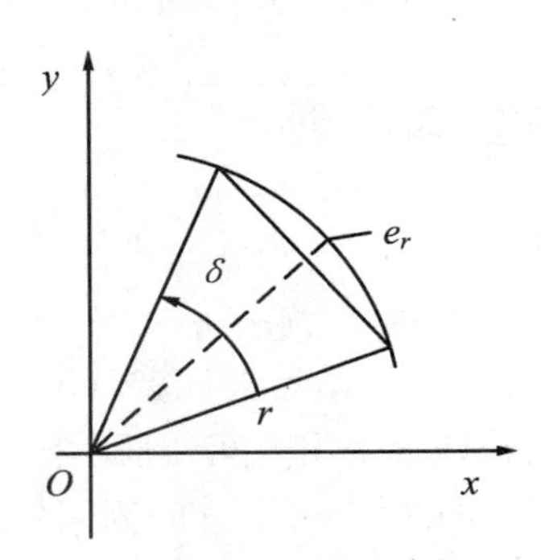

图 4.17 用弦线逼近圆弧

由 e_r 的表达式得到幂级数的展开式为

$$e_r = r - r\cos\frac{\delta}{2} = r\left\{1 - \left[1 - \frac{(\delta/2)^2}{2!} + \frac{(\delta/2)^4}{4!}\cdots\right]\right\}$$

由于步距角 δ 很小,则

$$\frac{(\delta/2)^4}{4!} = \frac{\delta^4}{384} \ll 1$$

$$\delta = \frac{l}{r}$$

又 $l=TF$,则最大半径误差为

$$e_r = \frac{\delta^2}{8}r = \frac{l^2}{8r} = \frac{(TF)^2}{8r}$$

即

$$e_r = \frac{(TF)^2}{8r} \tag{4-33}$$

式中 T 为插补周期;F 为刀具速度指令;r 为圆弧半径。

由式(4-33)可以看出,圆弧插补时,插补周期 T 分别与精度 e_r,半径 r 和速度 F 有关。在给定圆弧半径和弦线误差极限的情况下,插补周期应尽可能的小,以便获得尽可能大的加工速度。

4.3.2 时间分割直线插补

如图 4.18 所示,设第一象限直线,起点为坐标原点,终点 $E(x_e, y_e)$,OE 与 x 轴夹角为 α,l 为一次插补的进给步长。由图 4.18 可以确定:

$$\tan\alpha = \frac{y_e}{x_e}$$

$$\cos\alpha = \frac{1}{\sqrt{1+tg^2\alpha}}$$

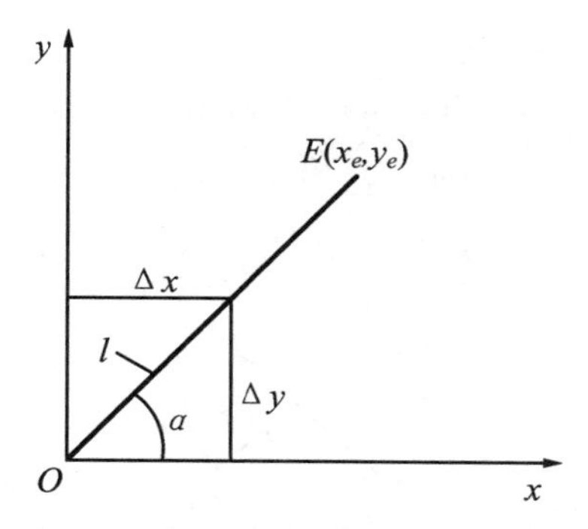

图 4.18　时间分割法直线插补原理

从而求得本次插补周期内 x 轴和 y 轴的插补进给量：

$$\begin{cases} \Delta x = l\cos\alpha \\ \Delta y = \dfrac{y_e}{x_e}\Delta x \end{cases} \tag{4-34}$$

4.3.3　数据采样圆弧插补

数据采样法圆弧插补的基本思路是，在满足加工精度的前提下，用弦线或割线代替弧线来实现进给，即用直线逼近圆弧。下面以直接函数法（即内接弦线法）为例进行说明。

1. 基本原理

内接弦线法就是利用圆弧上相邻两个采样点之间的弦线来逼近相应圆弧的方法。这里将坐标轴分为长轴和短轴，并定义位置增量值大的轴为长轴，而位置增量值小的轴为短轴。在圆弧插补过程中，坐标轴的进给速度与坐标绝对值成反比，即动点坐标值越大，则增量值越小。所以长轴也可以定义为坐标绝对值较小的轴。

如图 4.19 所示，设 $A(x_{i-1}, y_{i-1})$，$B(x_i, y_i)$是圆弧上的两个相邻的插补点，弦 AB 是圆弧 AB 对应的弦，长为 ΔL。若进给速度为 F，插补周期为 Ts，则有 $\Delta L = FTs$。且当刀具由 A 点进给到 B 点时，对应 X 轴的坐标增量为 $|\Delta x_i|$，对应 Y 轴的坐标增量为 Δy_i。由于 A、B 两点均为圆弧上的点，故它们均应满足圆的方程，即

$$x_i^2 + y_i^2 = (x_{i-1} + \Delta x_i)^2 + (y_{i-1} + \Delta y_i)^2 = R^2 \tag{4-35}$$

式中 ΔX 和 ΔY 均采用带符号的数进行计算，且

$$\Delta x_i > 0, \quad \Delta y_i < 0$$

对于图 4.19 所示的情况由于 $|y_{i-1}| > |x_{i-1}|$，故取 X 轴为长轴，先求 Δx_i。根据图中的几何关系可得

$$|\Delta x_i| = \Delta L\cos\alpha_i = \Delta L\cos\left(\alpha_{i-1} + \frac{1}{2}\theta\right) \tag{4-36}$$

图中 M 为弦 AB 的中点，θ 为 AB 对应的圆心角（步距角），所以有

$$\cos\left(\alpha_{i-1}+\frac{1}{2}\theta\right)=\frac{\overline{y_M O}}{OM}\approx\frac{y_{i-1}-|\Delta y_i|/2}{R} \tag{4-37}$$

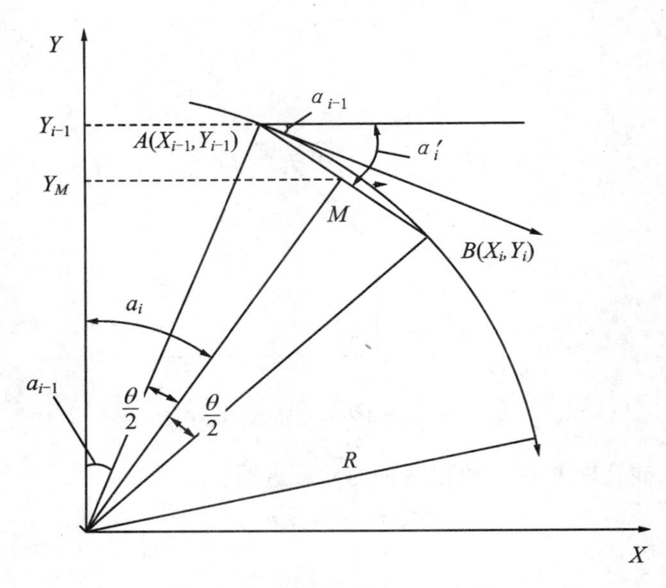

图 4.19 数据采样法圆弧插补

此式中只有 Δy_i 未知，现采用如下近似的计算方法求得 Δy_i。由于圆弧插补过程中，两个相邻插补点之间的位置增量值相差很小，尤其对于短轴（Y 轴）而言，$|\Delta y_{i-1}|$ 与 Δy_i 相差就更小了，这样就可以使用 $|\Delta y_{i-1}|$ 近似代替 Δy_i，而引起的轮廓误差是完全可以忽略不计的。因此可将式(4-37)改写成

$$\cos\left(\alpha_{i-1}+\frac{1}{2}\theta\right)\approx\frac{1}{R}\left(|y_{i-1}|-\frac{1}{2}|\Delta y_{i-1}|\right) \tag{4-38}$$

$$\Delta x_i=\frac{\Delta L}{R}\left(y_{i-1}+\frac{1}{2}\Delta y_{i-1}\right) \tag{4-39}$$

又根据式(4-36)可求得

$$\Delta y_i=-y_{i-1}\pm\sqrt{R^2-(x_{i-1}+\Delta x_i)^2} \tag{4-40}$$

通常 θ 很小，对于递推算式(4-39)，式(4-40)而言，Δx_i 和 Δy_i 的初值可近似取为

$$\begin{cases}\Delta x_0=\Delta L\cos\left(\alpha_0+\frac{1}{2}\theta\right)\approx\Delta L\cos(\alpha_0)=\Delta L\,\frac{y_s}{R}\\ \Delta y_0=\Delta L\sin\left(\alpha_0+\frac{1}{2}\theta\right)\approx\Delta L\sin(\alpha_0)=\Delta L\,\frac{x_s}{R}\end{cases} \tag{4-41}$$

式中 (x_s, y_s) 为圆弧起点的坐标。

通过上述推导过程可以看出，这种近似处理过程只对角度 $\alpha'_i=\alpha_{i-1}+\frac{\theta}{2}$ 有微小的影响。由于式(4-35)的约束条件保证了任何插补点均处于圆弧上，所以其中的主要误差是由于用弦代替弧进给而造成的弦线误差。

当 $|x_{i-1}|>|y_{i-1}|$ 时，应取 Y 轴作为长轴，这时应先求 $|\Delta y_i|=\Delta L\sin\alpha'_i$，同理可推得

$$\begin{cases}\Delta y_i = \dfrac{\Delta L}{R}\left(x_{i-1} + \dfrac{1}{2}\Delta x_{i-1}\right) \\ \Delta x_i = - x_{i-1} \pm \sqrt{R^2 - (y_{i-1} + \Delta y_i)^2}\end{cases} \tag{4-42}$$

2. 算法实现

通过上述分析后，现将数据采样法插补的公式总汇如下：

当$|x_{i-1}| < |y_{i-1}|$时，有

$$\begin{cases}\Delta x_i = \dfrac{\Delta L}{R}\left(y_{i-1} + \dfrac{1}{2}\Delta y_{i-1}\right) \\ \Delta y_i = - y_{i-1} \pm \sqrt{R^2 - (x_{i-1} + \Delta x_i)^2}\end{cases} \tag{4-43}$$

当$|x_{i-1}| \geqslant |y_{i-1}|$时，有

$$\begin{cases}\Delta y_i = \dfrac{\Delta L}{R}\left(x_{i-1} + \dfrac{1}{2}\Delta x_{i-1}\right) \\ \Delta x_i = - x_{i-1} \pm \sqrt{R^2 - (y_{i-1} + \Delta y_i)^2}\end{cases} \tag{4-44}$$

动点坐标为

$$\begin{cases}x_i = x_{i-1} + \Delta x_i \\ y_i = y_{i-1} + \Delta y_i\end{cases} \tag{4-45}$$

式(4-43)和(4-44)中"±"号的选取与圆弧所在的象限和区域有关。根据长轴和短轴的定义条件，可用两条直线 $Y=X$ 和 $Y=-X$ 将 XOY 平面的 4 个象限划分成如图 4.20 所示的 4 个区域，Ⅰ区、Ⅱ区、Ⅲ区、Ⅳ区。显然式(4-44)适用于Ⅰ区和Ⅲ区，式(4-44)适用于Ⅱ区和Ⅳ区。

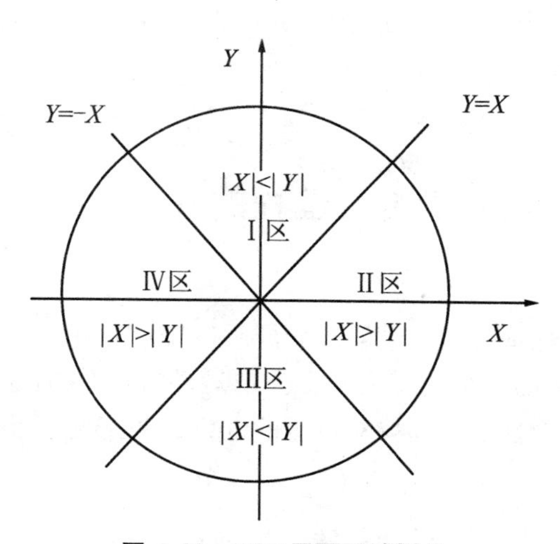

图 4.20　*XOY* 平面区域划分

对于Ⅰ区而言，由于 $Y \geqslant 0$，因此 $y_{i-1} + \Delta y_i \geqslant 0$，即

$$\Delta y_i + y_{i-1} = \sqrt{R^2 - (xx_{i-1} + \Delta x_i)^2} \geqslant 0$$

所以

$$\Delta y_i = - y_{i-1} + \sqrt{R^2 - (x_{i-1} + \Delta x_i)^2} \tag{4-46}$$

对于Ⅲ区而言，由于 $Y \leqslant 0$，故 $y_{i-1} + \Delta y_i \leqslant 0$，即

$$\Delta y_i + y_{i-1} = \sqrt{R^2 - (x_{i-1} + \Delta x_i)^2} \leqslant 0$$

所以

$$\Delta y_i = - y_{i-1} - \sqrt{R^2 - (x_{i-1} + \Delta x_i)^2} \tag{4-47}$$

同理,对于Ⅱ区而言,根据 $X \geqslant 0$,可推得

$$\Delta x_i = - x_{i-1} + \sqrt{R^2 - (y_{i-1} + \Delta y_i)^2} \tag{4-48}$$

对于Ⅳ区而言,根据 $X \leqslant 0$,可推得

$$\Delta x_i = - x_{i-1} - \sqrt{R^2 - (y_{i-1} + \Delta y_i)^2} \tag{4-49}$$

通过比较式(4-46)~(4-49)可以看出,只需要采用Ⅰ区和Ⅱ区的插补公式就足够了,而Ⅲ区和Ⅳ区的情况则可通过符号标志 S_1 的转换来实现。另外,由于以上推导过程均是在顺圆情况下进行的,若进一步考虑逆圆插补情况,则还须引入另一个符号标志 S_2 来实现转换。由于在插补算法中全部采用带符号的代数值进行运算,所以上述算法不仅能适用于顺、逆圆的插补,而且还能实现自动过象限功能。

任何轮廓曲线的插补过程均要进行终点判别,以便顺利转入下一个零件轮廓的插补与加工。对于数据采样法插补而言,由于插补点坐标和位置坐标增量均采用带符号的代数值形式进行运算,显然利用当前插补点(x_i, y_i)与该零件轮廓段终点(x_e, y_e)之间的距离 S_i 来进行终点判别是最简单明了的。即判断到达终点的条件为

$$S_i = (x_i - x_e)^2 + (y_i - y_e)^2 \leqslant \left(\frac{FTs}{2}\right)^2 \tag{4-50}$$

当动点一旦到达轮廓曲线的终点时,就设置相应的标志,并取出下一段轮廓曲线进行处理。另外,如果在本段程序中还要减速,则须要检查当前插补点是否已经到达减速区域,如果到达后还须进行减速处理。

4.4 加工过程的速度控制

轮廓控制系统中,在保证刀具运动轨迹的同时也要对刀具的运动速度进行严格的控制,以保证加工质量以及机床和刀具的寿命。在高速运动时,为了保证在启动或停止时不产生冲击、失步、超程或振荡,数控系统须要对机床的进给运动速度进行加减速控制。

4.4.1 进给速度控制

脉冲增量插补和数据采样插补由于其计算方法不同,其速度控制方法也有所区别。

1. 脉冲增量插补算法的进给速度控制

脉冲增量插补的输出形式是脉冲,其频率与进给速度成正比。因此可通过控制插补运算的频率来控制进给速度。常用的方法有:软件延时法和中断控制法。

(1) 软件延时法

根据编程进给速度,可以求出要求的进给脉冲频率,从而得到两次插补运算之间的时间

间隔 t，它必须大于 CPU 执行插补程序的时间 $t_{程}$，t 与 $t_{程}$ 之差即为应调节的时间 $t_{延}$，可以编写一个延时子程序来改变进给速度。

例 4.1 设某数控装置的脉冲当量 $\delta=0.01\ \text{mm}$，插补程序运行时间 $t_{程}=0.2\ \text{ms}$，若编程进给速度 $F=200\ \text{mm/min}$，求调节时间 $t_{延}$。

解：由 $v=60\delta f$ 得

$$f=\frac{v}{60\delta}=\frac{200}{60\times0.01}=\frac{1000}{3}(\text{Hz})$$

则插补时间间隔

$$t=\frac{1}{f}=0.003(\text{s})=3(\text{ms})$$

调节时间

$$t_{延}=t-t_{程}=3-0.2=2.8(\text{ms})$$

用软件编一程序实现上述延时，即可达到进给速度控制的目的。

(2) 中断控制法

由进给速度计算出定时器/计数器(CTC)的定时时间常数，以控制 CPU 中断。定时器每申请一次中断，CPU 执行一次中断服务程序，并在中断服务程序中完成一次插补运算并发出进给脉冲。如此连续进行，直至插补完毕。

这种方法使得 CPU 可以在两个进给脉冲时间间隔内做其他工作，如输入、译码、显示等。进给脉冲频率由定时器定时常数决定。时间常数的大小决定了插补运算的频率，也决定了进给脉冲的输出频率。该方法速度控制比较精确，控制速度不会因为不同计算机主频的不同而改变，所以在很多数控系统中被广泛应用。

2. 数据采样插补算法的进给速度控制

数据采样插补根据编程进给速度计算出一个插补周期内合成速度方向上的进给量。

$$f_s=\frac{FTK}{60\times1000} \tag{4-51}$$

式中，f_s 为系统在稳定进给状态下的插补进给量，称为稳定速度(mm/min)；F 为编程进给速度(mm/min)；T 为插补周期(ms)；K 为速度系数，包括快速倍率，切削进给倍率等。

为了调速方便，设置了速度系数 K 来反映速度倍率的调节范围，通常 K 取0～200%，当中断服务程序扫描到面板上倍率开关状态时，给 K 设置相应参数，从而对数控装置面板手动速度调节做出正确响应。

4.4.2 加减速度控制

为了保证加工质量，在进给速度发生突变时须对发送给电机的脉冲频率和电压进行加减速控制。在 CNC 装置中，加减速控制多数都采用软件来实现。这种用软件实现的加减速控制可以放在插补前进行，也可以放在插补后进行，放在插补前的加减速控制称为前加减速控制，放在插补后的加减速控制称为后加减速控制。

前加减速控制，仅对编程速度 F 指令进行控制，其优点是不会影响实际插补输出的位置精度，其缺点是须预测减速点，而这个减速点要根据实际刀具位置与程序段终点之间的距离来确定，预测工作须完成的计算量较大。

后加减速控制与前加减速相反,它是对各运动轴分别进行加减速控制,这种加减速控制不须专门预测减速点,而是在插补输出为零时才开始减速,经过一定的延时逐渐靠近程序段终点。该方法的缺点是:由于它是对各运动轴分别进行控制,所以在加减速控制以后,实际的各坐标轴的合成位置就可能不精确。

1. 前加减速控制

(1) 稳定速度和瞬时速度

所谓稳定速度,就是系统处于稳定进给状态时,一个插补周期内的进给量 f_s,可用式(4-51)表示。通过该计算公式将编程速度指令或快速进给速度 F 转换成了每个插补周期的进给量,并包括了速率倍率调整的因素在内。如果计算出的稳定速度超过系统允许的最大速度(由参数设定),取最大速度为稳定速度。

所谓瞬时速度,指系统在每个插补周期内的进给量。当系统处于稳定进给状态时,瞬时速度 f_i 等于稳定速度 f_s,当系统处于加速(或减速)状态时,$f_i<f_s$(或$f_i>f_s$)。

(2) 线性加减速处理

当机床启动、停止或在切削加工过程中改变进给速度时,数控系统自动进行线性加、减速处理。加、减速速率分为进给和切削进给两种,它们必须作为机床的参数预先设置好。设进给速度为 F(mm/min),加速到 F 所需的时间 t(ms),则加速度 a 按下式计算:

$$a=\frac{1}{60\times 1000}\times\frac{F}{t}=1.67\times 10^{-5}\ \frac{F}{t}(\mathrm{mm/ms^2})\tag{4-52}$$

① 加速处理

系统每插补一次,都应进行稳定速度、瞬时速度的计算和加/减速处理。当计算出的稳定速度 f'_s 大于原来的稳定速度 f_s 时,须进行加速处理。每加速一次,瞬时速度为

$$f_{i+1}=f_i+aT\tag{4-53}$$

式中,T 为插补周期。

新的瞬时速度 f_{i+1} 作为插补进给量参与插补运算,对各坐标轴进行分配,使坐标轴运动直至新的稳定速度为止。

② 减速处理

系统每进行一次插补计算,其都要进行终点判别,计算出刀具距终点的瞬时距离 s_i,并判别是否已到达减速区域 s。若 $s_i\leqslant s$,表示已到达减速点,则要开始减速。在稳定速度 f_s 和设定的加速度 a 确定后,可由下式决定减速区域为

$$S=\frac{f_s^2}{2a}+\Delta s\tag{4-54}$$

式中,Δs 为提前量,可作为参数预先设置好。若不需要提前一段距离开始减速,则可取 $\Delta s=0$,每减速一次后,新的瞬时速度为

$$f_{i+1}=f_i-aT\tag{4-55}$$

新的瞬时速度 f_{i+1} 作为插补进给量参与插补运算,控制各坐标轴移动,直至减速到新的稳定速度或减速到 0。

(3) 终点判别处理

每进行一次插补计算,系统都要计算 s_i,然后进行终点判别。若即将到达终点,就设置相应标志;若本程序段要减速,则要在到达减速区域时设减速标志,并开始减速处理。终点

判别计算分为直线和圆弧插补两个方面。

① 直线插补

如图 4.21 所示，设刀具沿直线 OE 运动，E 为直线程序段终点，N 为某一瞬时点。在插补计算时，已计算出 x 轴和 y 轴插补进给量 Δx 和 Δy，所以 N 点的瞬时坐标可由上一插补点的坐标 x_{i-1} 和 y_{i-1} 求得

$$\begin{cases} x_i = x_{i-1} + \Delta x \\ y_i = y_{i-1} + \Delta y \end{cases} \tag{4-56}$$

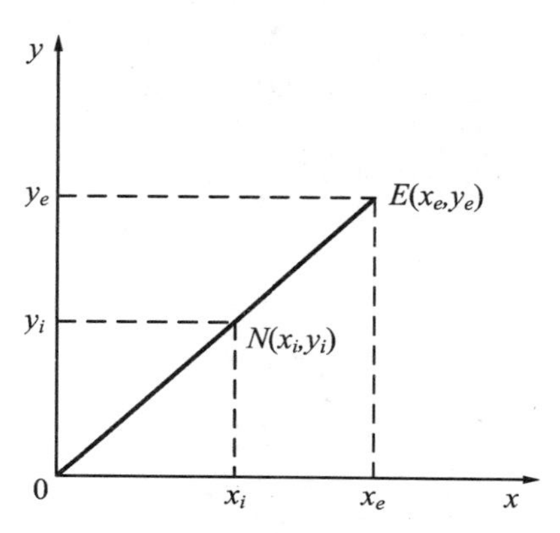

图 4.21　直线插补终点判别

瞬时点离终点 E 的距离 s_i 为

$$s_i = NE = \sqrt{(x_e - x_i)^2 + (y_e - y_i)^2} \tag{4-57}$$

② 圆弧插补

如图 4.22 所示，设刀具沿圆弧 AE 作顺时针运动，N 为某一瞬间插补点，其坐标值 x_i 和 y_i 已在插补计算中求出。N 点与终点 E 的距离 s_i 为

$$s_i = \sqrt{(x_e - x_i)^2 + (y_e - y_i)^2} \tag{4-58}$$

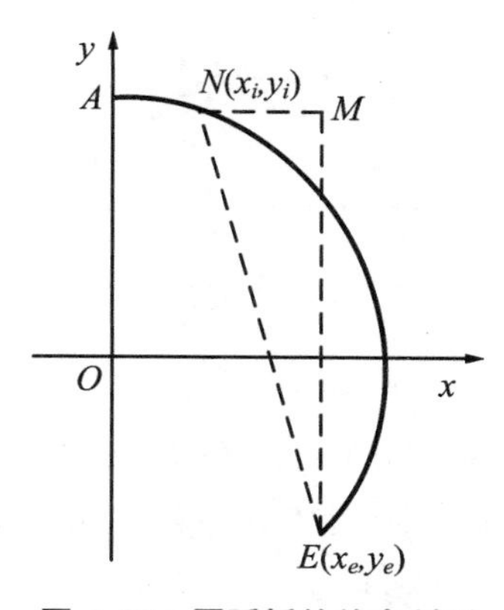

图 4.22　圆弧插补终点判别

2. 后加减速控制

后加减速控制主要有指数加减速控制算法和直线加减速控制算法。

(1) 指数加减速控制算法

在切削进给或手动进给时，跟踪响应要求较高，一般采用指数加减速控制，将速度突变处理成速度随时间指数规律上升或下降，见图 4.23。

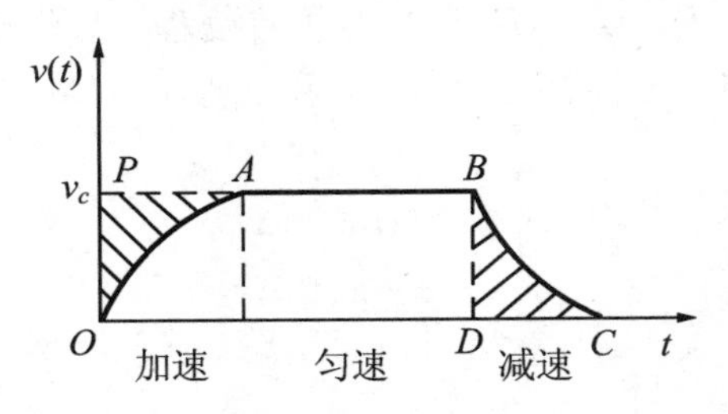

图 4.23 指数加减速

指数加减速控制时速度与时间的关系是：

加速时，

$$v(t) = v_c(1 - e^{-\frac{t}{T}}) \tag{4-59}$$

匀速时，

$$v(t) = v_c \tag{4-60}$$

减速时，

$$v(t) = v_c e^{-\frac{t}{T}} \tag{4-61}$$

式中，T 为时间常数，v_c 为稳定速度。

（2）直线加减速控制算法

快速进给时速度变化范围大，要求平稳性好，一般采用直线加减速控制，使速度突然升高时沿一定斜率的直线上升，速度突然降低时沿一定斜率的直线下降，见图 4.24 中的速度变化曲线 $OABC$。直线加减速控制分 5 个过程：

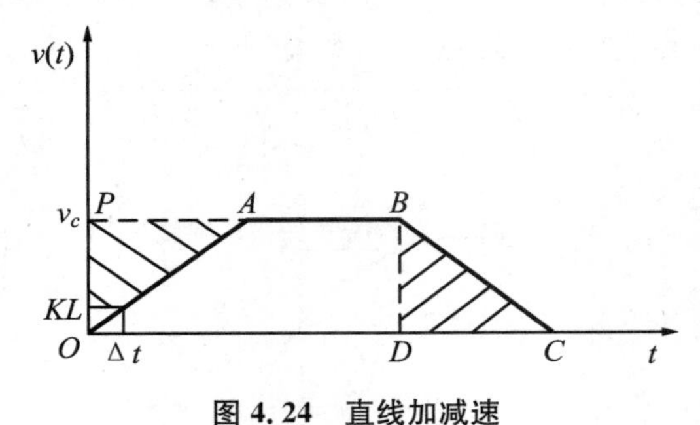

图 4.24 直线加减速

① 加速过程

若输入速度 v_c 与上一个采样周期的输出速度 v_{i-1} 之差大于一个常值 KL，即 $v_c - v_{i-1} > KL$，则必须进行加速控制，使本次采样周期的输出速度增加 KL 值。

$$v_i = v_{i-1} + KL \tag{4-62}$$

式中，KL 为加减速的速度阶跃因子。显然在加速过程中，输出速度 v_i 沿斜率为 $K' = \frac{KL}{\Delta t}$ 的直线上升。这里 Δt 为采样周期。

② 加速过渡过程

当输入速度 v_c 与上次采样周期的输出速度 v_{i-1} 之差满足下式时说明速度已上升至接近匀速。这时可改变本次采样周期的输出速度 v_i，使之与输入速度相等，经过这个过程后，系统进入稳定速度状态。

$$0 < v_c - v_{i-1} < KL$$

③ 匀速过程

在这个过程中，输出速度保持不变。

④ 减速过渡过程

当输入速度 v_c 与上一个采样周期的输出速度 v_{i-1} 之差满足下式时说明应开始减速处理。改变本次采样周期的输出速度 v_i，使之减小到与输入速度 v_c 相等。

$$0 < v_{i-1} - v_c < KL$$

⑤ 减速过程

若输入速度 v_c 小于一个采样周期的输出速度 v_{i-1}，但其差值大于 KL 值时，则要进行减速控制，使本次采样周期的输出速度 v_i 减小一个 KL 值，即

$$v_i = v_{i-1} - KL \tag{4-63}$$

显然在减速过程中，输出速度沿斜率为 $K' = -\dfrac{KL}{\Delta t}$ 的直线下降。

后加减速控制的关键是加速过程和减速过程的对称性，即在加速过程中输入到加减速控制器的总进给量必须等于该加减速控制器减速过程中实际输出的进给量之和，以保证系统不产生失步和超程。因此，对于指数加减速和直线加减速，必须使图 4.23 和图 4.24 中区域 OPA 的面积等于区域 DBC 的面积。为此，用位置误差累加寄存器 E 来记录由于加速延迟而失去的进给量之和。当发现剩下的总进给量小于 E 寄存器中的值时，即开始减速，在减速过程中，又将误差寄存器 E 中保存的值按一定规律(指数或直线)逐渐放出。以保证在加减速过程全程结束时，机床到达指定的位置。由此可见，后加减速控制不须预测减速点，而是通过误差寄存器的进给量来保证加减速过程的对称性，使加减速过程中的两块阴影面积相等。

4.5　刀具半径补偿原理

在轮廓加工中，由于刀具总有一定的半径，刀具中心的运动轨迹并不是待加工零件的实际轮廓。在进行轮廓加工时，刀具中心须要偏移(外偏或内偏)零件的轮廓面一个半径值。这种偏移称为刀具半径补偿。

刀具半径的补偿通常不是由编程人员来完成的，编程人员只是按零件的加工轮廓编制程序。实际的刀具半径补偿是在 CNC 系统内部自动完成的。CNC 系统根据零件轮廓尺寸和刀具运动的方向指令(G41，G42，G40)，以及实际加工中所用的刀具半径值自动地完成刀具半径补偿计算。

4.5.2 B 功能刀具半径补偿计算

B 功能刀具半径补偿计算主要是根据零件尺寸和刀具半径计算出刀具中心的运动轨迹。对直线而言，刀具半径补偿后的刀具中心运动轨迹是一与原直线相平行的直线，因此直线轨迹的刀具补偿计算只须计算出刀具中心轨迹的起点和终点坐标。对于圆弧而言，刀具半径补偿后的刀具中心运动轨迹是一与原圆弧同心的圆弧。因此圆弧的刀具半径补偿计算只须计算出刀补后圆弧起点和终点的坐标值以及刀补后的圆弧半径值。有了这些数据，轨迹控制（直线或圆弧插补）就能够实现。

1. 直线刀具半径补偿计算

如图 4.25 所示，被加工直线 OE 起点在坐标原点，终点 E 的坐标为(x,y)。设刀具半径为 r，刀具偏移后 E 点移动到了 E'点，E'点的坐标可以用下式计算

$$\begin{cases} x' = x + r_x = x + r\sin\alpha = x + \dfrac{ry}{\sqrt{x^2+y^2}} \\ y' = y + r_y = y - r\cos\alpha = y - \dfrac{rx}{\sqrt{x^2+y^2}} \end{cases} \tag{4-64}$$

起点 O'的坐标为上一个程序段的终点，求法同 E'。直线刀偏分量 r_x，r_y的正、负号的确定受直线终点(x,y)所在象限以及与刀具半径沿切削方向偏向工件的左侧(G41)还是右侧(G42)的影响。

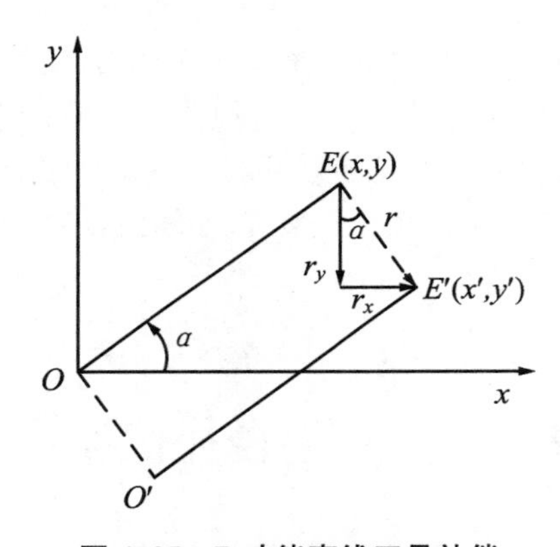

图 4.25 B 功能直线刀具补偿

2. 圆弧刀具半径补偿计算

如图 4.26 所示。被加工圆弧 AE，半径为 R，圆心在坐标原点，圆弧起点 A 的坐标(x_a,y_a)，圆弧终点 E 的坐标为(x_e,y_e)可以用下式计算：

$$\begin{cases} x_e' = x_e + r_x = x_e + r\cos\alpha = x_e + r\dfrac{x_e}{R} \\ y_e' = y_e + r_y = y_e + r\sin\alpha = y_e + r\dfrac{y_e}{R} \end{cases} \tag{4-65}$$

圆弧刀具偏移分量的正、负号的确定与圆弧的走向(G02 或 G03)、刀补指令(G41 或 G42)以及圆弧所在象限有关。

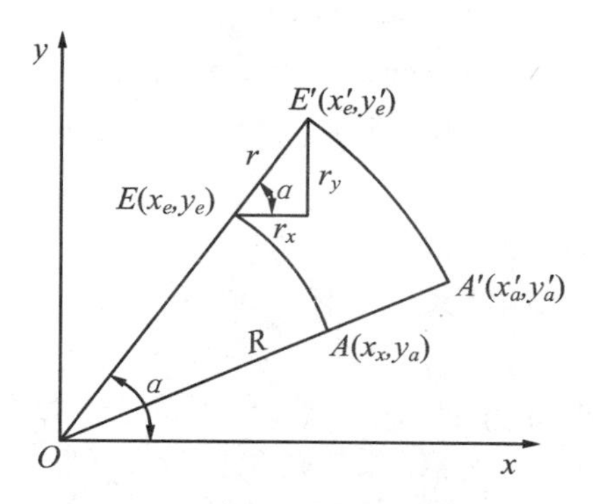

图 4.26　B 功能圆弧刀具补偿

4.5.3　C 功能刀具半径补偿计算

1. C 功能刀具半径补偿的基本概念

B 功能刀具补偿只能计算出直线或圆弧终点的刀具中心值，而对于两个程序段之间在刀补后可能出现的一些特殊情况没有给予考虑。实际上，当编程人员按零件的轮廓编制程序时，各程序段之间是连续过渡的，没有间断点，也没有重合段。但是，当进行了刀具半径补偿(B 功能刀具补偿)后，在两个程序段之间的刀具中心轨迹就可能会出现间断点和交叉点。如图 4.27 所示，粗线为编程轮廓，当加工外轮廓时，会出现间断 $A'\sim B'$；当加工内轮廓时，会出现交叉点 C''。

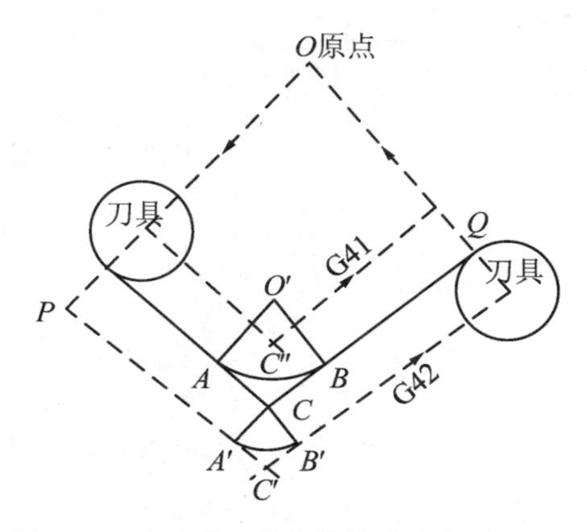

图 4.27　B 功能刀具补偿的交叉点和间断点

对于只有 B 刀具补偿的 CNC 系统，编程人员必须事先估计出在进行刀具补偿后可能出现的间断点和交叉点的情况，并进行人为的处理。如遇到间断点时，可以在两个间断点之间增加一个半径为刀具半径的过渡圆弧段 $A'B'$。遇到交叉点时，事先在两程序段之间增加一个过渡圆弧段 AB，圆弧的半径必须大于所使用刀具的半径。显然，这种仅有 B 刀具补偿功能的 CNC 系统对编程人员是很不方便的。

2. C 功能刀具补偿的基本设计思想

B 功能刀具补偿对编程限制的主要原因是在确定刀具中心轨迹时，都采用了读一段，算一段，再走一段的控制方法。这样，就无法预计到由于刀具半径所造成的下一段加工轨迹对本段加工轨迹的影响。于是，对于给定的加工轮廓轨迹来说，当加工内轮廓时，为了避免刀具干涉，合理地选择刀具的半径以及在相邻加工轨迹转接处选用恰当的过渡圆弧等问题，就不得不靠程序员自己来处理。

为了解决下一段加工轨迹对本段加工轨迹的影响，须要在计算完本段轨迹后，提前将下一段程序读入，然后根据它们之间转接的具体情况，再对本段的轨迹作适当的修正，得到正确的本段加工轨迹。

图 4.28(a)中，是普通 NC 系统的工作方法，程序轨迹作为输入数据送到工作寄存器 AS 后，由运算器进行刀具补偿运算，运算结果输送给寄存器 OS，直接作为伺服系统的控制信号。图 4.28(b)中是改进后的 NC 系统的工作方法。与图(a)相比，增加了一组数据输入的缓冲器 BS，节省了数据读入时间。一般情况是 AS 中存放着正在加工的程序段信息，而 BS 中已经存放了下一段所要加工的信息。图 4.28(c)中是在 CNC 系统中采用 C 刀具补偿方法的原理框图。与之前方法不同的是，CNC 装置内部又设置了一个刀具补偿缓冲区 CS。零件程序的输入参数在 BS、CS、AS 中的存放格式是完全一样的。当某一程序在 BS、CS 和 AS 中被传送时，它的具体参数是不变的，这主要是为了输出显示的需要。实际上，BS、CS 和 AS 各自包括一个计算区域，编程轨迹的计算及刀具补偿修正计算都是在这些计算区域中进行的。当固定不变的程序输入参数在 BS、CS 和 AS 间传送时，对应的计算区域的内容也就跟随一起传送。因此，也可以认为这些计算区域对应的是 BS、CS 和 AS 区域的一部分。

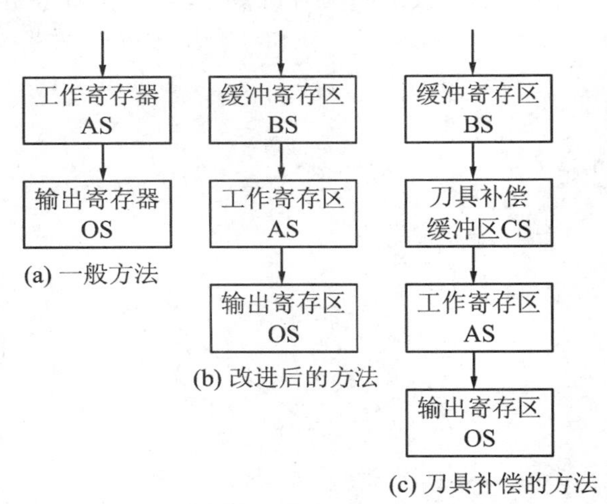

图 4.28 几种数控系统的工作流程

这样，在系统启动后，第一段程序先被读入 BS，在 BS 中算得的第一段编程轨迹被送到 CS 暂存后，又将第二段程序读入 BS，算出第二段的编程轨迹。接着，对第一、第二两段编程轨迹的连接方式进行判别，根据判别结果，再对 CS 中的第一段编程轨迹作相应的修正。修正结束后，顺序地将修正后的第一段编程轨迹由 CS 送到 AS，第二段编程轨迹由 BS 送入 CS。随后，由 CPU 将 AS 中的内容送到 OS 进行插补运算，运算结果送伺服驱动装置予以执行。当修正了的第一段编程轨迹开始被执行后，利用插补间隙，CPU 又命令第三段程序读入 BS，随后，又根据 BS、CS 中的第三、第二段编程轨迹的连接方式，对 CS 中的第二段编程轨迹进行修正。依此进行，可见在刀补工作状态，CNC 装置内部总是同时存有 3 个程序段的信息。

3. 编程轨迹转接类型

在普通的 CNC 装置中，所能控制的轮廓轨迹通常只有直线和圆弧。所有编程轨迹一般有以下 3 种轨迹转接方式：直线与直线转接、直线与圆弧转接、圆弧与圆弧转接。

根据两个程序段轨迹矢量的夹角 α（锐角和钝角）和刀具补偿的不同，又有以下过渡类型：伸长型、缩短型和插入型。

（1）直线与直线转接

直线转接直线时，根据编程指令中的刀补方向（G41/G42）和过程类型有 8 种情况。图 4.29 是直线与直线相交进行左刀补的 4 种情况，对于右刀补的情况与左刀补类似。图中编程轨迹为 *OA*-*AF*。

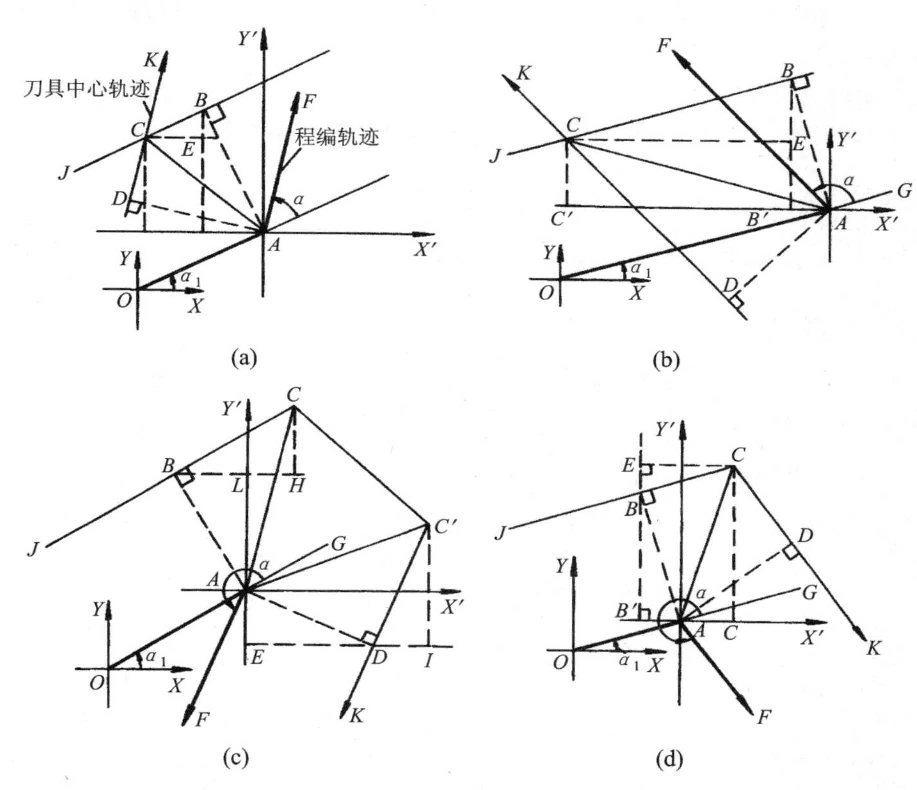

图 4.29　G41 直线与直线转接情况

(a)、(b) 缩短型转接　(c) 插入型转接　(d) 伸长型转接

① 缩短型转接

在图 4.29(a)、(b)中角 *JCK* 相对于角 *OAF* 来说，是内角，*AB*、*AD* 为刀具半径。对应于编程轨迹 *OA* 和 *AF*，刀具中心轨迹 *JB* 和 *DK* 将在 *C* 点相交。这样，相对于 *OA* 和 *AF* 来说，缩短了 *BC* 和 *DC* 的长度。

② 伸长型转接

在图 4.29(d)中，*JCK* 相对于角 *OAF* 是外角，*C* 点处于 *JB* 和 *DK* 的延长线上。

③ 插入型转接

在图 4.29(c)中仍须外角过渡，但角 OAF 是锐角，若仍采用伸长型转接，则将增加刀具的非切削空行程时间，甚至行程超过工作台加工范围。为此，可以在 JB 和 DK 之间增加一段过渡圆弧，且计算简单，但会使刀具在转角处停顿，零件加工工艺性差。较好的做法是，插入直线，即 C 功能刀补。令 BC 等于 DC' 且等于刀具半径长度 AB 和 AD，同时，在中间插入过渡直线 CC'。也就是说，刀具中心除了沿原来的编程轨迹伸长移动一个刀具半径长度外，还必须增加一个沿直线 CC' 的移动，等于在原来的程序段中间插入了一个程序段。

(2) 圆弧与圆弧转接

与直线接直线一样，圆弧接圆弧时转接类型的区分也可以通过相接的两圆的起点和终点半径矢量的夹角 α 的大小来判别。不过，为了便于分析，往往将圆弧等效于直线处理。

图 4.30 是圆弧接圆弧时的左刀补情况。图中，编程轨迹为 PA 和 AQ。比较图 4.29 与图 4.30，它们的转接类型分类和判别是完全相同的，即左刀补顺圆接顺圆时，它的转接类型等效于左刀补直线接直线。

(3) 直线与圆弧的转接

图 4.30 还可看作是直线与圆弧的转接，它们的转接类型也等效于直线接直线。

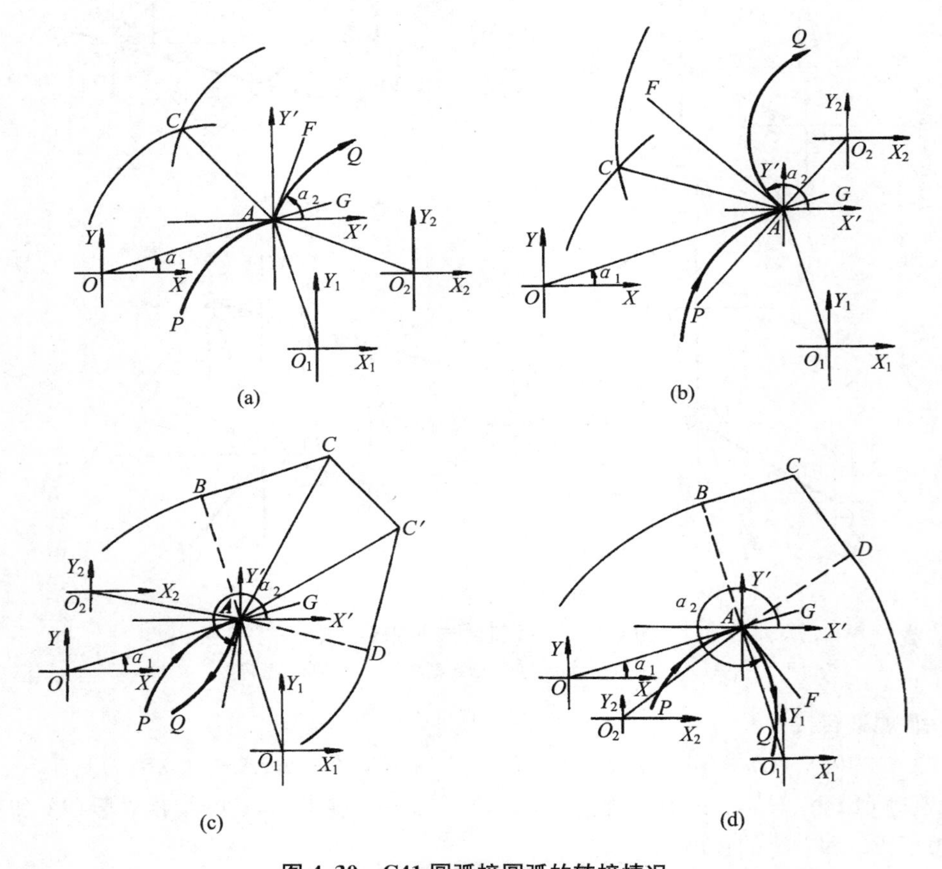

图 4.30 G41 圆弧接圆弧的转接情况

(a)、(b) 缩短型转接 (c) 插入型转接 (d) 伸长型转接

思考与练习题

7.1　何谓插补？常用的插补算法有哪两类？

7.2　试述逐点比较法的 4 个节拍。

7.3　试用逐点比较法插补直线 OE，起点为 $O(0,0)$，终点为 $E(10,12)$，写出插补计算过程并绘出轨迹。

7.4　用你熟悉的计算机语言编写第一象限直线插补软件。

7.5　试用逐点比较法插补圆弧 PQ，起点为 $P(7,0)$，终点为 $Q(0,7)$，写出插补计算过程并绘出轨迹。

7.6　试用 DDA 法插补第一象限逆圆 AE，起点 $A(5,0)$，终点 $E(0,5)$设寄存器位数为 4，写出插补计算过程并绘出轨迹。

7.7　试用 DDA 法插补直线 OA，起点在坐标原点，终点 A 的坐标为(4,8)，写出插补计算过程并绘出轨迹。

7.8　数据采样插补是如何实现的？

7.9　何为刀具半径补偿？其执行过程如何？

7.10　B 功能刀补与 C 功能刀补有何区别？

7.11　加减速控制有何作用？有哪些实现方法？

第 5 章　计算机数控装置

5.1　概　　述

数控机床由机械本体、数控装置和伺服驱动装置三部分构成，如图 5.1 所示。其中计算机数控装置的主要功能为通过软件配合硬件，合理地组织、管理数控系统的输入、数据处理、插补和信息显示，控制执行部件，使数控机床实现零件自动加工。

5.1.1　数控技术的发展

1. 数控系统的演变

机床是装备制造业的典型代表，自 1952 年美国麻省理工学院成功研制出世界上第一台三坐标铣床以来，数控机床充分吸收了计算机科学、电子科学和自动化等领域的新成果，围绕拓展功能、增强自动化和智能化水平、提高可靠性和经济性的主线，获得充分发展，特别体现在数控装置和伺服驱动装置两个方面，其中数控装置的发展可分为四个阶段。

(1) 硬件数控阶段(1952～1972)

硬件数控的主要特征是采用数字电路“搭建”一个专用数控装置，称为硬件连接型数控装置 NC(numerical control)，其发展经历了三代：

第一代(1952～1958)，主要元件为电子管、继电器和模拟电路。

第二代(1959～1965)，主要元件为晶体管、分立元件组成的数字电路，晶体管取代了笨重的电子管，极大地减小了数控系统的体积。

第三代(1966～1972)，小规模集成电路获得应用，数控系统的体积更小，功耗更低，可靠性得到提高。

(2) 计算机数控系统的发展和完善阶段(1970～1986)

第四代(1970～1976)，1970 年在美国芝加哥数控展览会上，首次展出了以小型计算机为核心的计算机数控系统 CNC(computer numerical control)，标志数控装置进入了以计算机为主的新阶段，原来由硬件实现的功能逐步由软件完成，数控装置进入“软联结”的时代。

第五代(1974～1982)，主要技术特征是内装微处理器，具备数码管字符显示和故障诊断功能。

第六代(1980～1986)，由于 CRT 显示器的应用，功能更加完善，例如交互式对话编程、图形显示、实时软件精度补偿等，并出现了柔性化、模块化结构，逐步形成了标准化、系列化。此时，国际上出现了以加工中心为主体，再配上工控检验装置的柔性制造单元 FMC(flexible manufacturing cell)。

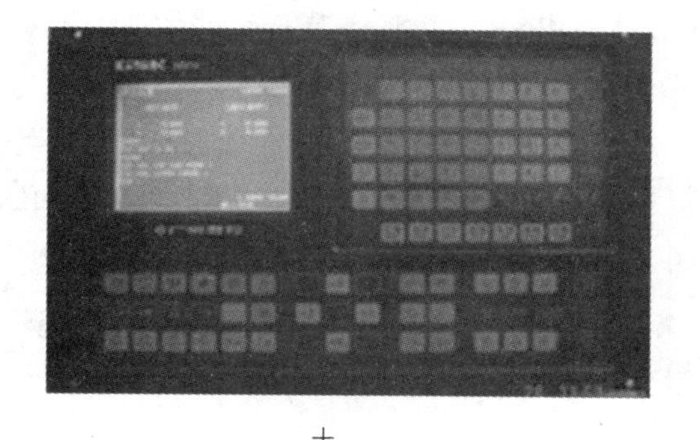

+

+

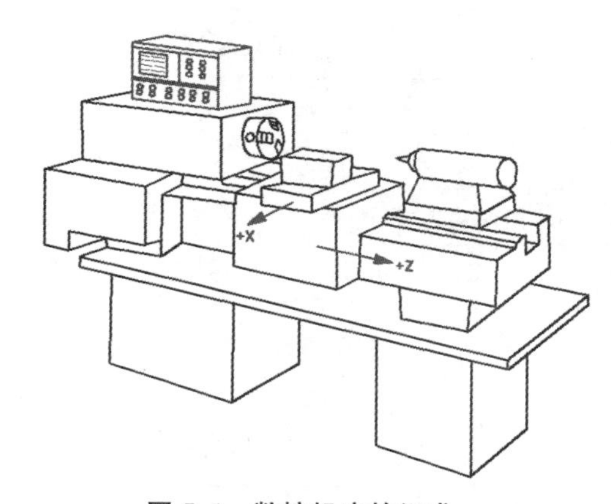

图 5.1　数控机床的组成

(3) 高速、高精度 CNC 的开发和应用

第七代(1986～1994),主要技术特征是 32 位 CPU 的应用,使数据处理速度和能力得到极大提高,为实现零件加工程序的存取与译码、插补运算、多轴速度控制等连续处理创造了条件。

(4) 基于 PC 的开放式 CNC 开发和应用

第八代(1994～　),进入 90 年代,个人计算机 PC(personal computer)的性能得到迅速提高,批量大、价格低廉、可靠性高、软件资源丰富,可以作为计算机数控装置硬件和软件的理想平台。1994 年,基于 PC 的 CNC 数控装置在美国面世,随后获得快速发展,世界主要数控装置生产商无一例外地选用 PC 机作为数控装置的基本平台。

2. 伺服驱动技术的进步

数控装置和伺服驱动技术的共同进步推动了数控机床性能的不断提高，表 5.1 列出了伺服驱动技术的演变过程，以及机床性能的主要指标。

表 5.1 伺服驱动技术的演变

年　代	～1983		1984～1985	1986～
伺服驱动	直流模拟伺服		交流模拟伺服	交流数字伺服
最小设定单位	1 μm		0.1 μm	0.01 μm
进给速度（高速、高精度型机床）	2.1 m/min		8.4 m/min	33.7 m/min
快速进给（高速型机床）	8 位 CPU	16 位 CPU	60 m/min	240 m/min
	9.6～15 m/min	24 m/min		

3. 不同档次数控系统的功能和性能

数控装置开发商通常提供低、中、高不同档次的产品，供用户选用，表 5.2 列出了不同档次数控系统的基本功能和性能水平。

表 5.2 不同档次数控系统的功能和性能

档　次	低　档	中　档	高　档
分辨率	10 μm	1 μm	
进给速度	8～15 m/min	15～24 m/min	
联动轴数	2～3 轴	2～4 轴或 3～5 轴	
主 CPU	8 位	16 位、32 位甚至 RISC 的 64 位	
伺服系统	步进电机、开环控制	直流及交流闭环、全数字交流伺服系统	
内装 PC	无	内装 PC，甚至有轴控制功能	
显示功能	数码管、简单 CRT 字符显示	有字符或三维图形显示	
通信功能	无	RS232 和 DNC 接口	有网络通信接口和联网功能

5.1.2 国内市场上常见的数控系统

我国是数控机床使用大国，世界主要数控系统生产商的产品在我国都有销售，国内用户较熟悉的有：

1. 西门子数控系统

目前，市面上主要西门子数控装置有 SINUMERIK 801、802、810、840 系列产品。

(1) SINUMERIK 801 系列

针对中国客户对于经济型数控车床的市场需求，西门子公司开发了 SINUMERIK 801 数控系统，该数控系统配备两个进给轴、一个模拟主轴，配置了 5.7 英寸液晶显示器，紧凑一体式机床操作面板，能够充分满足经济型车床的技术要求。

(2) SINUMERIK 802 系列

SINUMERIK 802D 是一款结构紧凑的控制系统，将数控系统中的所有模块(CNC，PLC 和 HMI)都集成在同一控制单元中，可以连接多达六轴数字驱动，是车削、铣削、钻削、磨削以及冲压数控机床的理想数控系统。

(3) SINUMERIK 810 系列

西门子公司在数控领域诸多先进技术在 SINUMERIK 810D 上得到了充分体现，如数字控制系统和驱动控制系统被集成在同一块系统主板上，在标准化的模块中集成了大量的功能配置，包括带过冲限制的平滑加速功能，提高圆角铣削效率的轮廓编程，先进先出的动态程序预读等。SINUMERIK 810D 集成的振荡功能、工件实际值与砂轮表面速度相关的刀具补偿等功能使之十分适合磨削等特殊领域的应用。

(4) SINUMERIK 840 系列

SINUMERIK 840D 是西门子公司 20 世纪 90 年代推出的高性能数控系统。采用三 CPU 结构，即人机通信 CPU(MMC－CPU)、数字控制 CPU(NC－CPU)和可编程逻辑控制器 CPU(PLC－CPU)，三部分在功能上既相互分工，又互为支持。呈现出数字化驱动(数控和驱动接口采用数字信号，各轴驱动模块能挂接在总线接口上)、多轴联动(五轴)、Windows 操作平台、以太网连接、远程诊断等特点。通过系统的不同设定，可以在复杂的工作平台上适用于车、铣、钻、磨等各种加工工艺和控制技术。

2. FANUC 数控系统

FANUC 公司目前生产的数控装置有 F0、F10、F11、F12、F15、F16、F18 系列，其中 F00/F100/F110/F120/F150 系列是在 F0/F10/F12/F15 的基础上加了 MMC(man machine control)功能，即 CNC、PMC(programmable machine control)、MMC 三位一体的 CNC。应用最广的是 FANUC 0 系列系统，0 系列型号划分如下。

(1) 0D 系列

0-TD 用于车床，0-MD 用于铣床及小型加工中心，0-GCD 用于圆柱磨床，0-GSD 用于平面磨床，0-PD 用于冲床

(2) 0C 系列

0-TC 用于普通车床、自动车床，0-MC 用于铣床、钻床、加工中心，0-GCC 用于内、外磨床，0-GSC 用于平面磨床，0-TTC 用于双刀架、四轴车床，POWER MATE 0 用于二轴小型车床。

(3) 0i 系列

0i-MA 用于加工中心、铣床，0i-TA 用于车床，可控制四轴，16i 用于最大八轴，六轴联动，18i 用于最大六轴，四轴联动，160/18MC 用于加工中心、铣床、平面磨床，160/18TC 用于车床、磨床，160/18DMC 用于加工中心、铣床、平面磨床的开放式 CNC 系统，160/180TC 用于车床、圆柱磨床的开放式 CNC 系统。

3. 国产数控系统

自 1980 年开始，经过 30 年的努力，我国的数控系统获得了质的飞跃，开发出一批具有自主知识产权的中、高档数控系统，主要有华中 I 型(华中科技大学)、航天 I 型(北京航天数控集团)，中华 I 型(中国珠峰数控公司)、蓝天 I 型(中国科学院沈阳计算所)、广州数控 GSK

(广州数控设备有限公司)等。国内这些公司提供的数控系统与FANUC和西门子公司产品的功能日益趋同,且价格低廉,能满足各类型、各档次数控机床的要求。

5.1.3 现代数控系统的技术特征

20世纪90年代后,现代微电子技术、计算机技术、检测与控制技术的飞速发展,促使CNC系统的结构发生了重大变化,呈现出很鲜明的技术特征。

1. 高速化、高精度化

加工速度和加工精度是衡量CNC系统性能的主要指标。随着32位微处理器的普及,64位精简指令集微处理器的应用,多处理器的采用,使CNC系统的数据处理能力和程序执行速度获得极大提高,也使得高速进给运动控制中的自适应平滑升降速控制、自由曲线加工矢量精插补等复杂算法得以实现,为高速高精度加工控制指标的实现创造了条件。同时,新的实时误差补偿技术的应用进一步提高了数控系统的加工控制精度。

2. 网络化、集成化

计算机集成制造CIMS(computer integrated manufacturing systems)系统建立的前提条件是车间内所有CNC系统必须通过网络连接起来,即CNC系统是制造网络的一个功能节点。目前,国内外各CNC生产商提供的高档CNC系统,如FANUC 15/16/18系列等,普遍具有制造自动化协议MAP(manufacturing automation protocol)通信接口。此外,随着数控系统的PC化,网络功能得到进一步增强,为实现网络制造、异地制造、远程诊断与维护提供了强有力的技术支持。

3. 模块化、开放式

随着PC技术的引入,开发商、工业界和学术界都充分认识到模块化、标准化、开放式的柔性化结构体系对CNC技术发展的重大意义。

4. 智能化

人工智能技术的发展,极大地推进了数控系统智能化水平的提高,进一步改善了系统的性能、功效和操作性,如加工过程的自适应控制,工艺参数的自动生成,电机参数和驱动负载的在线辨识,控制参数自整定,智能化自动编程等。

5.1.4 CNC系统组成

CNC系统的核心功能是根据零件加工程序,自动完成零件切削加工。另外,为了方便对机床的操作和维护,还须要提供比较完善的人机操作界面。现代CNC系统通过合理的硬件和软件分工,共同实现CNC系统规划的功能,图5.2所示是广州数控GSK 980TD型CNC系统,图5.3反映了一般CNC的组成关系。

CNC装置通常还包括一个可编程控制器PLC(programmable logic controller),控制机床电器和主轴功能,如主轴转向控制、切削液打开或关闭控制、换刀控制等。伺服驱动器通常包括进给电机速度控制和伺服驱动两项基本功能,高性能驱动器也提供伺服电机位置和转矩控制功能,各CNC装置生产商一般能提供对应的驱动器产品。当机床有n轴时,意味该机床配置n个进给电机,需要n路伺服控制装置,如数控车床一般配置二或三轴,则需要二或三路伺服驱动器。现代数控机床一般采用闭环或半闭环控制，位置检测装置通常采用光栅或光电编码器（与伺服电机集成为一体）。位置检测信号一般同时送往伺服驱动器和 CNC 装置，分别构成速度闭环和位置闭环控制。

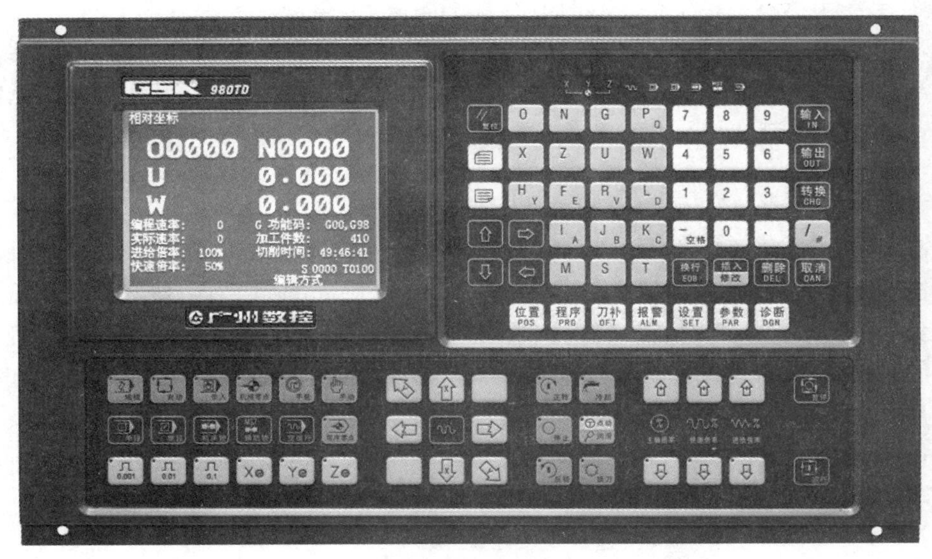

图 5.2　广州数控 GSK 980TD 型 CNC 系统

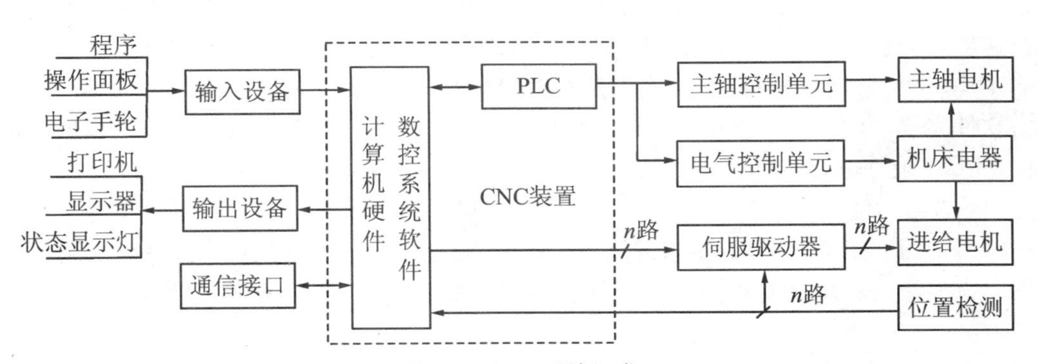

图 5.3　CNC 系统组成

CNC 装置的输入、输出设备提供了人机界面的基本功能，供用户操纵机床和了解机床工作状态。其中，输入设备接受的操纵信息有零件加工程序、用户从机床操作面板上直接输入的指令、用户通过摇动电子手轮（也称手摇脉冲发生器）手动输入的位置指令等。输出设备用于指示机床的工作状态，通常配置打印机、CRT 或 LED 显示器、机床面板上的指示灯等，高档 CNC 装置可能配置声音报警或语音提示功能。

通信接口为各 CNC 装置之间相互信息交换、与上层计算机组网提供了有效手段，正成为 CNC 系统必须配置的基本功能。

5.1.5 CNC 系统主要功能

CNC 系统虽然有多种系列、不同档次、性能各异，各生产厂商提供的 CNC 系统体系结构也不尽相同，但主要功能基本一致。CNC 系统通常包括基本功能和选择功能两部分，其中基本功能是数控系统必备的功能，选择功能是供用户根据机床特点和用途进行选择的功能。CNC 系统的功能主要反映在准备功能 G 指令代码和辅助功能 M 指令代码上。

1. 基本功能

(1) 控制功能

CNC 系统能控制的轴数和能同时控制(联动)的轴数是其主要性能之一，通过轴的联动可以完成轮廓轨迹的加工。一般数控车床只需二轴控制、二轴联动；一般数控铣床需要三轴控制、三轴联动；一般加工中心为多轴控制，多轴联动。CNC 系统控制轴数越多，特别是同时控制的轴数越多，系统就越复杂。

(2) 准备功能

准备功能也称 G 指令代码，它用来指定机床运动方式的功能，例如基本移动、平面选择、坐标设定、刀具补偿、固定循环指令等。

(3) 插补功能

CNC 系统可以通过软件或 FPGA(field programmable gate array)电路实现刀具运动轨迹插补功能。由于轮廓控制具有很强的实时性，软件插补的计算速度难以满足数控机床对进给速度和分辨率的要求，因此 CNC 的插补功能实际上被分为粗插补和精插补。因粗插补的步距比较大、分辨率比较低，两次粗插补之间的时间间隔比较大，占用 CPU 时间不多，通常由软件完成。伺服系统根据粗插补的结果，将小线段分成单个脉冲的输出称为精插补，通常由 FPGA 硬件电路完成。

(4) 进给功能

依据切削加工工艺要求，要求刀具有一个合理进给速度，CNC 系统的进给功能用 F 指令代码直接指定各轴的进给速度。不同的 CNC 系统，进给速度有不同定义，通常有以下两种。

① 切削进给速度：以每分钟进给的毫米数指定刀具的进给速度，如 100 mm/min。对于回转轴，表示每分钟进给的角度。

② 同步进给速度：以主轴每转进给的毫米数规定的进给速度，如 0.02 mm/r。只有主轴上装有位置编码器的数控机床才能指定同步进给速度，用于切削螺纹编程。

须要注意的是机床操作面板上一般都设置了“进给倍率”开关，倍率可以在 0～200%之间变化，每挡间隔 10%。使用倍率开关的方便之处在于不用修改程序就可以改变进给速度，并可以在试切零件时随时改变进给速度或在发生意外时随时停止进给。因此，刀具实际进给速度不仅与程序中 F 指令后指定的进给速度有关，同时与“进给倍率”选择的挡位有关。

(5) 主轴功能

主轴功能用于指定主轴的转速，一般在程序中用 S 指令代码给出，其单位可能是 r/min 和 mm/min。一些中、高档 CNC 系统还提供“恒定线速度”和“主轴定向准停”功能。其中，“恒定线速度”功能可以保证车床和磨床加工工件端面质量和不同直径的外圆的加工具有相同的切削速度。“主轴定向准停”功能可使主轴在径向的某一位置准确停止，实现自动换刀。

(6) 辅助功能

辅助功能也称作 M 功能，用来指定主轴的启、停和转向，切削液的开和关，刀库的启和停等。这些动作的控制对象一般是开关量，在 CNC 系统中由 PLC 实现开关量控制，在数控加工程序中用 M 指令代码表示。

(7) 刀具功能

为了在一次装夹中实现多道工序切削加工，机床必须具备自动换刀功能。通常在机床刀架或刀库中预装各工序需要的刀具，在加工程序适当位置利用刀具功能，选择下一道工序的切削刀具，实现一次装夹，完成多道工序切削。刀具功能字以地址符 T 为首，后面跟二位或四位数字，数字代表刀具的编号。

(8) 字符、图形显示功能

目前，CNC 系统通常配置单色或彩色 LCD 显示器，通常可以显示程序、参数、补偿量、坐标位置、故障信息、人机对话编程菜单、零件图形及刀具实际移动轨迹坐标等信息。

(9) 自诊断功能

为了防止故障的发生或在发生故障后可以迅速查明故障的类型和部位，CNC 系统中设计了各种诊断程序。不同的 CNC 系统的诊断程序不同，诊断水平相差很大。诊断程序一般分成两部分，一部分放在系统程序中，在系统运行过程中进行检查和诊断，称为在线故障诊断功能；一部分被设计成服务性程序，在系统运行前或故障停机后供机床维护人员查找故障部位。目前，一些高档 CNC 系统具备远程诊断功能，CNC 系统服务商可以通过互联网异地诊断机床，查找故障部位，指导用户维修。

2. 选择功能

(1) 补偿功能

为了有效补偿刀具磨损、更换刀具形成的误差，以及机械传动中丝杆螺距误差和间隙误差，CNC 系统通常设计了补偿功能。基本原理是通过储存在 CNC 系统存储器内的补偿量，在编程轨迹的基础上再叠加误差补偿量，重新计算刀具实际运动轨迹和坐标尺寸，从而获得精度较高的工件，主要补偿功能如下。

① 刀具尺寸补偿：包括刀具长度补偿、刀具半径补偿和刀尖圆弧补偿，这些功能可以补偿刀具磨损以及换刀时对准正确位置，简化编程。

② 丝杆的螺距误差补偿、反向间隙补偿或热变形补偿：通过事先检测出丝杆螺距误差和反向间隙，并输入到 CNC 系统中，在实际加工中进行补偿，从而提高数控机床的加工精度。

(2) 通信功能

为了适应柔性制造系统 FMS 和计算机集成制造系统 CIMS 的需求，CNC 装置通常具有 RS232C 通信接口，有的还备有 DNC 接口，也有的 CNC 还可以通过制造自动化协议 MAP 接入工厂的通信网络。

(3) 人机交互图形编程功能

为了进一步提高数控机床的编程效率，较为复杂零件的加工程序一般要通过计算机辅助编程，尤其是利用图形进行自动编程。因此，现代 CNC 系统一般要求具有人机交互图形编程功能。具备这种功能的 CNC 系统，用户可以根据零件图直接编制程序。编程人员只须输入图样上的简单几何尺寸,CNC系统就能自动计算出全部交点、切点和圆心坐标,并生成加工程序。

(4) 固定循环功能

对于常见的加工工艺过程,CNC装置生产商设计了具备多次循环加工功能的固定程序。在使用该固定程序前,用户选择合适的切削用量和重复次数等参数,CNC系统就能按固定循环的功能进行加工。用户也可以利用CNC系统提供的宏程序功能编制适合于自己的固定循环程序。

5.1.6 CNC系统一般工作过程

不同厂商提供的CNC系统工作过程虽然有所不同,但基本技术思路是一致的,为了帮助读者进一步理解CNC系统工作原理,下面以数控铣床为例,结合图5.4,介绍CNC系统的一般工作过程。

1. 输入

输入CNC系统的信息通常有零件加工程序、机床参数和刀具补偿参数等。在机床出厂时或在用户安装调试时,机床参数一般由机床厂家技术人员设定好,所以用户在日常使用时,通常只须输入零件加工程序和刀具补偿数据。用户可以通过键盘、U盘,或通过上级计算机DNC通信等方式,向CNC系统输入零件加工程序或相关补偿参数。

2. 译码

译码是任何CNC系统必备的功能,由CNC系统生产商自己编制的译码程序自动完成用户零件加工程序译码。译码过程通常以零件加工程序的一个程序段为单位,把零件的轮廓信息(起点、终点、直线或圆弧等),F、S、T、M信息等按一定的语法规则解释或编译成计算机能够识别的数据形式,并以一定的数据格式存放在指定的内存专用区域(译码缓存区)。在编译过程中,还要进行语法检查,发现错误立即报警。零件加工程序译码后,信息被拆解后按特定格式存放在译码缓存区,即G指令代码存放在G指令存储区,坐标值存放在坐标数据存储区,刀补值存储在刀补数据存储区,M、S、T指令值存放在M、S、T对应的数据存储区。这样,通过数据存放的特定格式,去掉了零件加工程序中的G、M、S、T等指令字符,形成了CNC系统方便使用的数据。

3. 指令处理

译码后,CNC系统从三大数据存储区读取数据,一是从G指令代码存放区读取G代码值,依据代码值调用直线或圆弧插补程序。二是从坐标值及刀补值存放区读取刀具运动几何轨迹的坐标和刀具补偿数据。此外,圆弧或直线插补程序不仅需要几何轨迹的坐标和刀具补偿数据,同时还需要刀具进给速度值,即F代码的指令值(译码时存放在F存储区),速度处理的主要目的在于把刀具进给合成运动速度,分解成各轴进给运动的分速度,为插补时计算各轴进给的行程量做准备。三是从M、S、T指令值存放区读取相应数据,传送给PLC,由PLC分别控制主轴的转向,切削液开、关,换刀等辅助动作。

4. 刀具运动轨迹控制

插补程序一般通过定时中断调用,即在每个规定周期时间间隔完成一次插补运算。假定插补周期为20 ms,则插补程序计算出下一个20 ms内X、Y、Z轴的进给行程(位置量),然后将各轴位置量分别送入 X、Y、Z 轴电机伺服驱动器。伺服驱动器一般设计成三闭环结构，内环的是电流环(图5.4省略了电流环)，中间的速度环，外环为位置环，并配置了电机功率驱动电路。因此，驱动器的主要功能是驱动伺服电机，并实现位置闭环伺服控制。以 X 轴伺服驱动器为例，其工作过程如下。

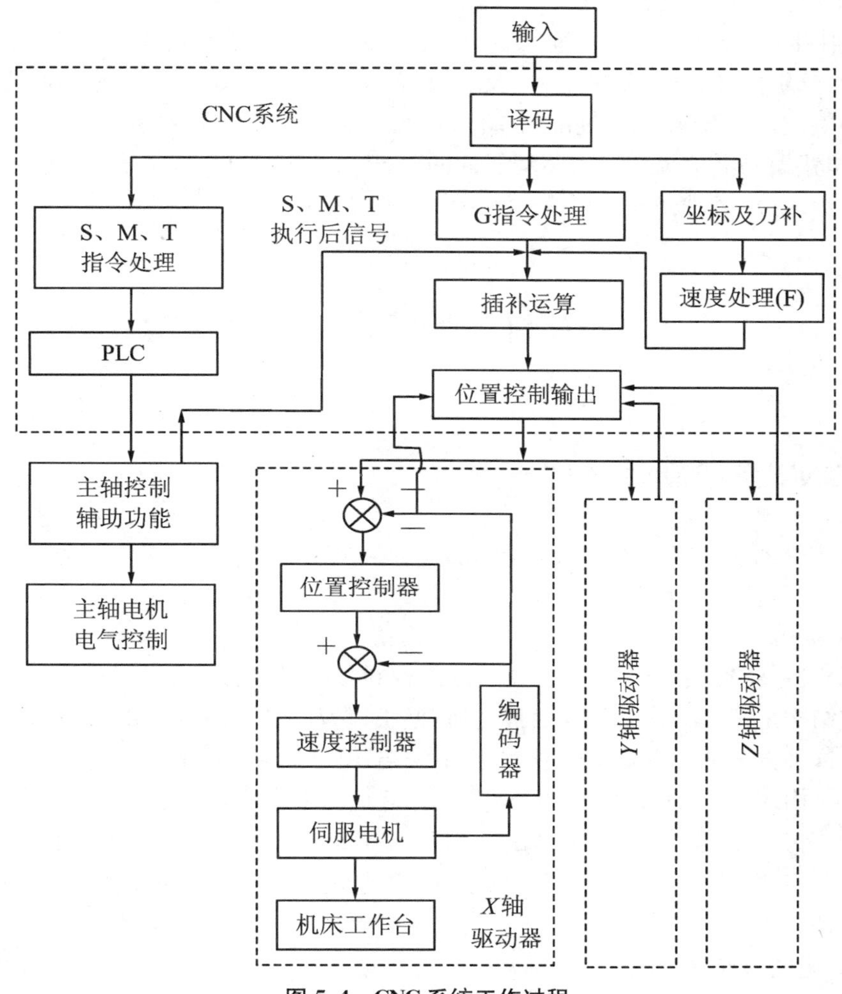

图5.4　CNC系统工作过程

当插补程序计算出下一个20 ms时间 X 轴位置控制量(也称位置给定量)，并送入 X 轴驱动器后，该位置控制量与位置编码器的反馈值相比较，得到位置误差，位置误差经过位置控制器处理后，得到速度给定值。速度给定值再与速度反馈值(由编码器信号换算)相减得到速度差，速度差经过速度控制器处理后，得到电流环给定值，电流环给定值与电流反馈值相比较，得到电流差，电流差经过电流控制器处理后，获得电机电流控制信号。电机电流控制信号经过进一步转换，控制电机驱动电路，驱动电路输出信号可以直接接入电机，驱动电机旋转。

须指出的是，一些型号的伺服驱动器没有设置电流环，即只有位置环和速度环，经过速度控制器处理的信号，进一步转换后，直接控制驱动电路。另外，插补程序计算出下一个插补周期(20 ms 时间内)X 轴的进给量,并送入 X 轴驱动器作为位置给定值后,随着 X 轴电机的运转,编码器不间断地反馈位置测量值,并与位置给定值相减,则位置误差趋于减小。当位置误差接近零时,若下一个插补周期的位置给定值再次送入到 X 轴驱动器,则位置误差随之变大;若铣刀到了运动轨迹的终点,没有新的插补值送入 X 轴驱动器,则位置误差才能最终为零,电机随之停止运转。

从 X 轴控制原理可以看出,CNC 系统控制铣刀运动的合成轨迹,实质上是在每个 20 ms 时间间隔内,分别控制 X、Y、Z 轴电机的位移量。X、Y、Z 轴联动的本质是插补程序根据铣刀合成运动轨迹,以 20 ms 时间间隔为单位,逐次分配 X、Y、Z 轴的位移值。

此外,位置编码器信号在送入驱动器的同时,也需要送入 CNC 系统,以便在 CNC 显示器上实时显示 X、Y、Z 轴当前坐标值。

5.2　计算机数控装置的硬件结构

5.2.1　CNC 系统硬件结构分类

CNC 系统的体系结构是数控技术在长期发展中逐步形成,并不断完善的。依据不同分类方法,可以有多种分类形式。

1. 安装结构

依据 CNC 系统安装结构,可分为整体式结构和分体式结构两种。

整体式结构是把 CRT 和 MDI 面板、操作面板以及功能模块板等电路板组件安装在同一机箱内。这种方式的优点是结构紧凑,便于安装,但可能造成一些信号线过长。

分体式结构通常把 CRT 和 MDI 面板、操作面板等做成独立部件,只把功能模块组成的电路板安装在一个机箱内,CRT 和 MDI 面板、操作面板与机箱内之间用导线或光纤连接,以利于部件更换和安装。操作面板在机床上的安装形式可以有吊挂式、床头式、控制柜式、控制台式多种方式。

2. CNC 电路板结构

从组成 CNC 系统的电路板的结构特点来看,有两种常见的结构,即大板式结构和模块化结构。

大板式结构的特点是,一个系统一般都有一块大板,称为主板。主板上装有主 CPU 和各轴的位置控制电路等。其他子板(完成一定功能的电路板),如 ROM 板、零件程序存储器板和 PLC 板都直接插在主板上,组成 CNC 系统的核心部分。大板式结构紧凑、体积小、可靠性高、价格低,有很高的性能价格比,便于机床一体化设计,但硬件功能不易改动,开放性差。

模块化结构利用总线构建开放性比较好的 CNC 系统,特点是将 CPU、存储器、输入输出控制分别做成插件板(称为硬件模块),甚至将 CPU、存储器、输入输出控制组成独立微型计算机级的硬件模块,相应的软件也是模块结构,固化在硬件模块中。硬软件模块形成特定的功能单元，称为功能模块，功能模块间有明确定义的接口，相互间可以交换信息，可以积木式组成CNC系统，这样的CNC系统具备良好的适应性和扩展性，即开放性。

3. 开放性CNC系统

开放性CNC系统是未来数控技术发展的必然趋势，各CNC生产商都着力于开放性CNC系统的开发，纷纷推出开放性CNC系统的产品。随着PC机技术日新月异的发展，各厂商推出的开放性CNC系统产品，无一例外地利用了PC机作为平台，但体系结构可以粗略地分为3类。

(1) PC＋运动控制卡

这种数控系统是设计一款运动控制卡，把CNC系统核心硬件都布置在运动控制卡上。运动控制卡插在工业PC机的PCI或ISA扩展槽内，通过PCI或ISA总线与PC机连接。运动控制卡通常选用高速DSP作为CPU，具有很强的运动控制和PLC控制能力。运动控制卡本身就是一个CNC系统，可以单独使用，如美国Delta Tau公司的PMAC(programmable multi-axes controller)多轴运动控制卡、日本三菱公司的MELDASMAGIC 64运动控制卡等。

(2) 专用NC板插入PC机

因传统CNC系统制造商不愿意放弃多年积累的数控软件技术，又想利用计算机丰富的软件资源，从而采用了NC板插入PC机的技术方案，如西门子、FANUC、华中数控等国内外公司。

(3) 全软件CNC系统

全软件CNC系统的主体是PC机，充分利用CPU不断提高的运算速度、不断扩大的存储量，实现机床控制中的运动轨迹控制和开关量的逻辑控制。软件化数控系统就是把以前有硬件实现的功能，改由软件来实现，即CNC系统软件全部安装在PC机内，并由PC机中的CPU执行，硬件部分仅是计算机与伺服驱动、外部I/O之间的标准化通用接口，就像计算机中可以安装各种品牌的声卡和相应的驱动程序一样。因此，全软件CNC系统的基本组成为PC＋通用接口板卡＋数控软件。目前商品化的全软件数控系统有美国制造数据系统公司的Open CNC等。

5.2.2 典型CNC系统硬件结构

鉴于目前CNC系统产品主要采用“PC＋运动控制卡”和“专用NC板插入PC机”两种结构，“全软件CNC系统”还没有大规模应用的情况，本书只介绍“PC＋运动控制卡”和“专用NC板插入PC机”两种结构形式CNC系统的硬件结构。

根据CNC系统使用CPU的数量，CNC系统可分为单处理器和多处理器系统。从上面介绍不难看出，“PC＋运动控制卡”和“专用NC板插入PC机”两种结构形式的CNC系统都属于多处理器系统，而“全软件CNC系统”应该属于单处理器系统。另外，早期推出的经济型CNC系统也常采用单CPU技术方案。为了解决多CPU之间数据交换问题，常采用“共享存储器”或“共享总线”技术方案。

1. 专用NC板插入PC机

图5.5以华中I型CNC系统为例，介绍“专用NC板插入PC机”组成CNC系统的硬件

结构。从图 5.5 可以看出，CNC 系统模板是一款功能比较完善的 CNC 系统，包括主轴转速控制、开关量输入、输出控制、进给电机的位置伺服控制功能。而一些实时性要求不高的通用外设，充分利用了 PC 机硬件资源，如串口、并口、软盘和硬盘驱动器、显卡和显示器、网卡等。NC 模板与 PC 机间通过 ISA 总线连接，即 NC 模板插在 PC 机的 ISA 扩展槽内。该技术方案充分利用了华中数控多年积累的成熟技术，同时又能合理利用了 PC 机的硬软件资源，如在 PC 机上既可以运行 DOS，又可以运行 Windows 等操作系统，通用外设的硬件和驱动软件都不需要自己开发，只须专注与 CNC 有关、实时性要求高部分的硬件和软件开发。

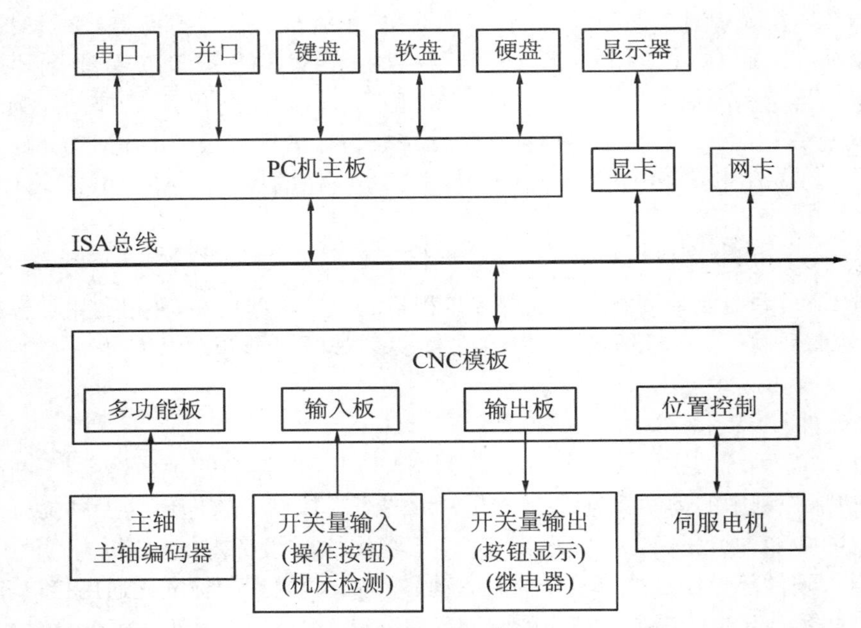

图 5.5　“专用 NC 板插入 PC 机”组成 CNC 系统

2. PC＋运动控制卡

PMAC 多轴运动控制卡选用 MOTOROLA 公司 DSP 作为主 CPU，总线接口有 ISA、PCI、PC104、VME 多种形式供用户选用，控制轴数有 2 轴、4 轴、8 轴和 32 轴多种规格，用户可以选用控制轴数适当的卡，组建数控车床、数控铣床或加工中心。图 5.6 以 PMAC 多轴运动控制卡(图 5.7)为例，说明 CNC 数控系统的硬件构成。PMAC 运动控制卡与 PC 机交换数据有两种方式，一是通过 PC 机总线交换数据，二是通过双端口 RAM(共享存储器)方式交换数据。PMAC 运动控制卡提供的开关量输入接口，可以读取数控机床操作按钮、限位行程开关等开关量；PMAC 运动控制卡提供的开关量输出接口，可以控制数控机床的继电器、电磁阀、指示灯等开关量；PMAC 运动控制卡提供若干伺服控制接口，可以控制进给伺服电机。脉冲输出和模拟量输出对应不同规格的 PMAC 运动控制卡，用户应根据伺服驱动器接口信号的要求，选择相应规格的运动控制卡。

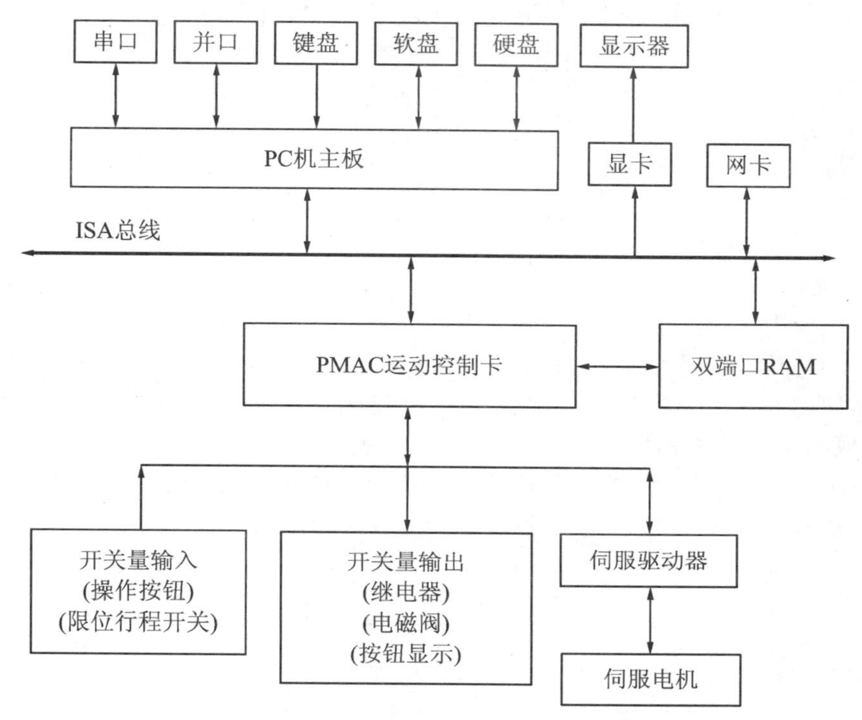

图 5.6　"PC 机＋PMAC 运动控制卡"组成 CNC 系统

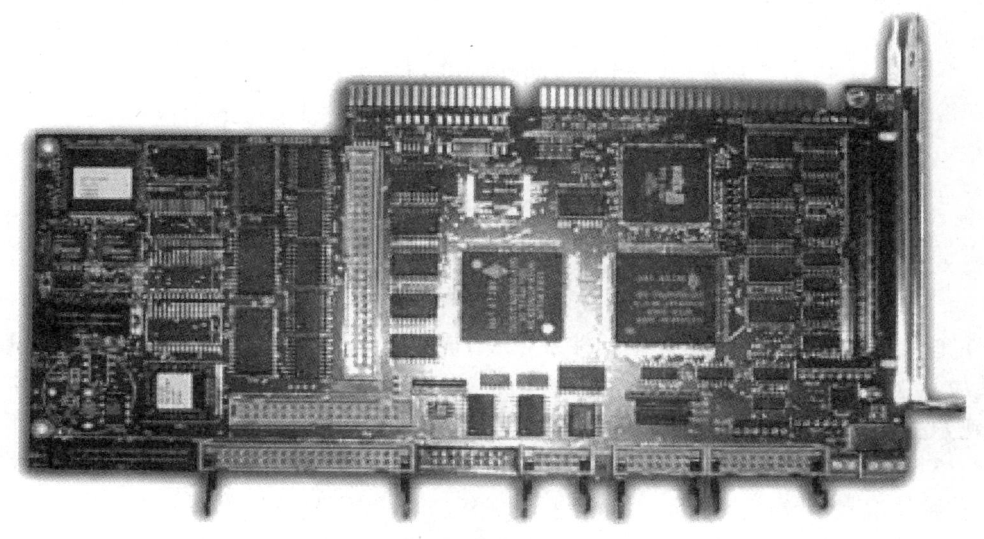

图 5.7　PMAC 多轴运动控制卡图片

5.3 计算机数控装置的软件结构

5.3.1 概　　述

1. CNC 系统软件组成

CNC 系统软件是为完成 CNC 系统的各项功能由生产厂家专门设计和编制的软件，是数控加工系统专用软件，又称为系统软件(图 5.8)。按功能划分，CNC 系统软件可以分为“管理软件”和“控制软件”两部分。其中，“管理软件”完成的功能包括输入(程序输入、编辑、操作面板按钮输入等)、I/O 口处理、显示、机床故障诊断等，类似于计算机操作系统；“控制软件”须完成的功能有程序译码、刀具补偿、速度控制、插补、进给伺服位置控制等。不同的 CNC 系统，软件在结构上和规模上差别较大，各厂家的软件互不兼容。现代数控机床的大部分功能一般都采用软件实现，所以，系统是 CNC 系统关键技术。

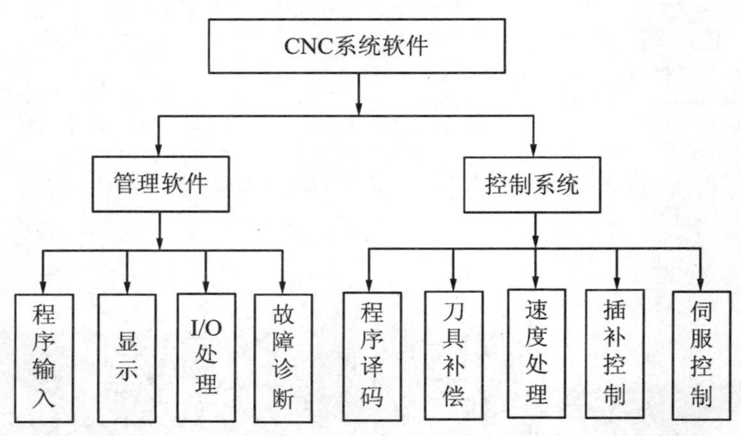

图 5.8　CNC 系统软件组成

2. CNC 系统软件承担的功能

CNC 系统的工作是在硬件支持下，执行软件的全过程。软件和硬件在逻辑上等价，即由硬件完成的工作原则上也可以由软件来完成，但软件和硬件各有不同的特点，软件设计灵活，适应性强，但处理速度慢；硬件处理速度快，但成本高。因此，在 CNC 系统中，数控功能的实现方法大致有分为 3 种情况：第一种情况是由软件完成输入、插补前的准备，硬件完成插补和位置控制；第二种情况是由软件完成输入、插补前的准备、插补，硬件完成位置的控制；第三种情况是由软件完成输入、插补前的准备、插补及位置控制的全部工作，如图 5.9 所示。上述 3 种情况大致反映了软、硬件分工的不同。因此，CNC 系统中软、硬件功能分配的比例由性能价格比决定。一般说来，软件结构首先受到硬件的限制，但软件结构也有相对独立性，对于相同结构的硬件，可以配备不同结构的软件。实际上，现代 CNC 系统中软、硬件承担的功能并不是固定不变的，而是随着软、硬件水平和成本，以及 CNC 系统性能的不同而发生变化。

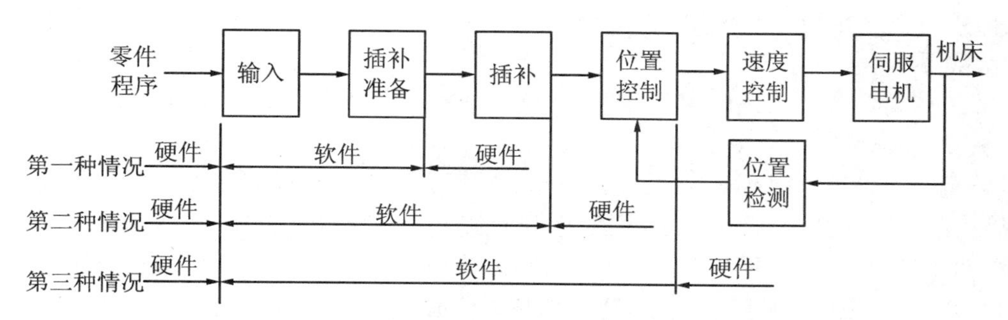

图 5.9 CNC 系统工作流程及软硬件分工情况

3. CNC 系统软件特点

CNC 系统是一个典型的多任务、实时控制系统。多任务体现在 CNC 系统软件须执行的任务很多,如零件程序的输入与译码、刀具半径的补偿、插补运算、位置控制、精度补偿、机床电器控制等。从逻辑上讲,这些任务可看成一个个的功能模块,模块之间在逻辑上存在着耦合关系(模块间存在数据交换);从时间上来讲,各功能模块执行存先后关系,甚至必须同时运行,如在执行零件程序的过程中,同时在显示器上须及时显示刀具运动的轨迹坐标和其他参数;再如为了保持刀具运行的连续性,各程序段之间不能出现停顿,则要求译码、刀具补偿和速度处理必须与插补同时进行。CNC 系统各功能模块之间的并行处理关系如图 5.10,具有并行处理的两模块间用双向箭头表示。

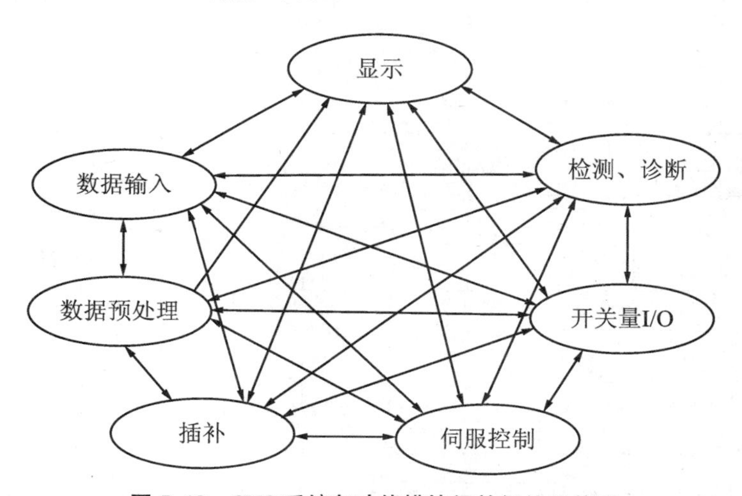

图 5.10 CNC 系统各功能模块间并行处理关系

图 5.10 描述的 CNC 系统七个功能模块间的运行关系,七个模块中的每个模块又是由若干子功能模块构成,子功能模块还可以再往下划分若干功能模块。如何组织和调度各功能模块在适当时机运行,并将运行结果的参数传递给后续运行的功能模块,则是一个 CNC 系统软件首先必须考虑的问题,属于软件的顶层设计问题。需要指出的是图 5.10 所述的七个功能模块可以由单 CPU 运行,也可以分配给两个或三个 CPU 运行,即根据 CNC 系统硬件,合理分配任务。

5.3.2 单 CPU 系统软件结构

单 CPU 的 CNC 系统软件有两种基本结构，一是前后台结构，另一种是中断型结构。

1. 前后台结构

在前后台型结构的 CNC 系统中，整个系统分为两大部分，即前台程序和后台程序。前台程序是一个实时中断服务程序，几乎承担了全部的实时功能（如插补、伺服控制、开关量 I/O、检测与诊断等），实现与机床动作直接相关的功能。后台程序是一个循环程序，一些实时性要求不高的功能，如输入译码、数据处理等插补准确工作和管理程序等由后台程序承担，后台程序又称背景程序。

美国 A-B7360 CNC 软件是一种典型的前后台型软件。其结构框图如图 5.11 所示。该图右侧是实时中断程序处理的任务，可屏蔽中断有，10.24 ms 实时时钟中断、阅读机中断和键盘中断等。其中阅读机中断优先级最高，10.24 ms 实时时钟中断优先级次之，键盘中断优先级最低。阅读机中断仅在输入零件程序时启动了阅读机后才发生，键盘中断也仅在键盘方式下发生，而 10.24 ms 中断总是定时发生的。左侧是背景程序处理的任务，背景程序是一个循环执行的主程序，而实时中断程序按其优先级随时插入背景程序中。

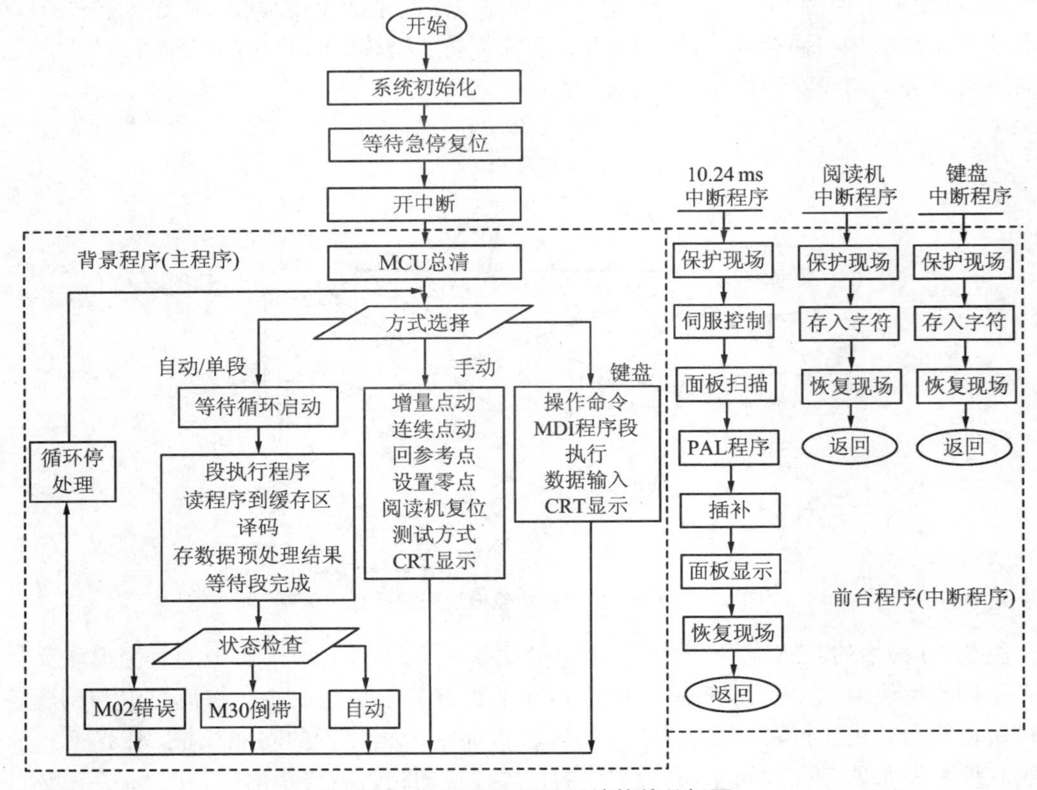

图 5.11　A-B7360 CNC 系统软件总框图

当 A-B7360 CNC 系统接通电源或复位后，首先运行初始化程序，然后，设置系统有关的局部标志和全局性标志；设置机床参数；预清机床逻辑 I/O 信号在 RAM 中的映像区；设置中断向量；并开放 10.24 ms 时钟中断，最后进入急停状态。此时，机床主轴和坐标轴伺服系统的强电处于断开状态，程序处于“急停复位”等待循环中。由于 10.24 ms 时钟中断定时发生，控制面板上的开关状态每隔 10.24 ms 被扫描一次，并根据开关闭合或断开状态，设置相应标志，供背景程序(主程序)使用。一旦操作者按了“急停复位”按钮，接通机床强电后，背景程序从“急停复位”等待循环中跳出，并往下运行。首先进入 MCU 总清(即清除零件程序缓冲区、键盘 MDI 缓冲区、暂存区、插补参数区等)，并使系统进入约定的初始控制状态(如 G01、G90 等)，接着根据面板上的“方式选择”不同运行路径进入相应功能程序段。某个功能程序段运行结束后，再次回到“方式选择”，循环运行背景程序。一旦 10.24 ms 定时中断程序扫描到面板上开关状态发生了变化，背景程序在下次循环中执行到“方式选择”时，将选择另外相应功能程序段。

在背景程序中，自动/单段是数控加工中最主要的工作方式。这种工作方式下的核心任务是完成一个程序段的数据预处理，即插补预处理。即一个数据段经过输入译码、数据处理后，将数据处理结果存入插补缓冲器，并设立插补就绪标志，等待 10.24 ms 定时中断程序运行，实现插补运算。同时把系统工作寄存器中的辅助信息(S、M、T 代码)送到系统标志单元，供系统全局使用。此时，背景程序设立插补就绪和辅助信息传送两个标志。在这两个标志建立之前，定时中断程序尽管照常发生，但是不执行插补及辅助信息处理工作，仅执行一些例行的扫描、监控等功能。这两个标志体现了背景程序与 10.24 ms 定时中断程序间握手和协调，两者间数据交换借助存储缓冲区。这两个标志建立后，实时中断程序即开始执行插补、伺服输出、辅助功能处理，同时，背景程序开始输入下一程序段，并进行新一个数据段的预处理。在这里，系统必须保证任何情况下，在执行当前一个数据段的插补过程中必须完成下一个数据段的预处理，才能实现加工过程的连续性。这样，在 10.24 ms 时间内(两次定时中断时间间隔)，定时中断程序不仅有足够时间完成当前段的插补和伺服输出，而且留一部分时间给背景程序运行，完成下一段数据预处理，即在一个中断周期内，实时中断使用一部分时间，其余时间给背景程序。

一般情况下，下一段的数据预处理和结果存储比本段插补运行的时间短，因此，在数据预处理中有一个等待插补完成的循环，在等待过程中不断进行 CRT 显示。由于在自动/单段工作方式中，有段后停的要求，所以在软件中设置循环停请求。若整个零件程序结束，一般情况下要停机。若仅仅本段插补加工结束而整个零件程序未结束，则又开始新的循环。循环停处理程序是处理各种停止状态的，例如在单段工作方式时，每执行完一个程序段时就设立循环停状态，等待操作人员按循环启动按钮。如果系统一直处于正常的加工状态，则跳过该处理程序。

10.24 ms 不仅是定时中断时间，也是位置采样周期和插补周期(时间分割法)。在 10.24 ms 定时中断程序中，不仅完成当前段插补运算，同时完成一系列实时控制任务，包括位置伺服、面板扫描、机床逻辑(可编程应用逻辑 PAL 程序)、实时诊断等。

2. 中断型结构

因单 CPU 系统中的 CPU 在某一时刻只能运行软件系统中的某一条指令。因此，软件组织和管理的核心问题是确保软件各功能模块在适当时间得到运行。中断型结构系统的软件组织的基本思路是将软件各功能模块按实时性要求，安排在不同级别的中断内，通过中断级别的管理实现各功能模块的调度，使其在适当时间得到运行。

中断型结构的系统软件除初始化程序之外，将CNC各功能模块分别安排在不同级别的中断服务程序中，然后由中断管理系统（由软件和硬件组成）对各级中断服务程序实施调度管理。也就是说，所有功能子程序均安排在级别不同的中断程序内，整个软件就是一个大的中断系统，其管理功能是通过各级中断程序之间的相互通信来解决的。各中断服务程序的优先级别与其作用和执行时间密切相关，级别高的中断程序可以打断级别低的中断程序。中断服务程序的中断有两种来源：一种是由时钟或其他外部设备产生的中断请求信号，称为硬件中断；另一种是由程序产生的中断信号，称为软件中断。硬件中断请求又称为外中断，要接受中断控制器（如Intel 8259A）统一管理，由中断控制器进行优先排队和嵌套处理；而软件中断是由软件中断指令产生的中断，每出现4次2 ms时钟中断时，产生8 ms软件中断，每出现8次2 ms时钟中断时，分别产生第1级和第2级16 ms软件中断，各软件中断的优先顺序由管理程序指定。

在中断型结构的CNC软件体系中，通常CRT显示模块中断级别最低（0级），只有系统中没有其他级别中断请求时，0级中断才有运行机会，CRT显示程序是被安排在CPU执行其他任务后多出的时间段内运行。其他模块，如译码处理、刀具中心轨迹计算、键盘控制、I/O信号处理、插补运算、终点判别、伺服系统位置控制等处理，分别安排为不同的中断优先级别。开机后，系统程序首先进入初始化程序，执行初始化状态的设置、ROM检查等。初始化后，系统开中断，当没有其他中断源出现时，0级中断得以运行，进行CRT显示处理。此后，随着各中断源陆续到来，系统进入各种中断的处理，各模块间数据交换通过各中断服务程序之间的通信实现，如利用公共缓存区交换数据。

FANUC-BESK 7CM CNC系统是一个典型的中断型软件结构。整个系统的功能模块被分成8级中断，如表5.3所示。因机床刀具运动实时性很强，伺服系统位置控制安排的中断级别很高（7级）。CRT显示被安排的级别最低，即0级，其中断请求是通过硬件接线始终保持存在。1级中断相当于"前后台型结构的CNC系统"中的后台程序功能，只完成插补前的准备工作。在1级中断程序中，安排了13个功能模块，这13种功能，对应口状态字中的13个位，每位对应于一个处理任务。在进入1级中断服务时，先依次查询口状态字的0～12位的状态，再转入相应的中断服务（表5.4），处理过程见图5.12。口状态字的置位有两种情况：一是由其他中断根据需要置1级中断请求的同时设置对应口的状态字；二是1级中断的某个功能模块在执行后，须要1级中断中的另一功能模块在其后获得运行，可以设置口状态字中的对应一位，实现各模块间运行顺序的协调。当某一模块运行结束后，须要清除口状态字对应的位。

表5.3 FANUC-BESK 7CM CNC系统的各级中断功能

中断级别	主要功能	中断源
0	控制CRT显示	硬件
1	译码、刀具中心轨迹计算，显示器控制	软件，16 ms定时
2	键盘监控，I/O信号处理，穿孔机控制	软件，16 ms定时
3	操作面板和电传机处理	硬件
4	插补运算、终点判别和转段处理	软件，8 ms定时

续表

中断级别	主要功能	中断源
5	纸带阅读机读纸带处理	硬件
6	伺服系统位置控制处理	4 ms 实时钟
7	系统测试	硬件

表 5.4　FANUC-BESK 7CM CNC 系统 1 级中断 13 种功能

口状态字	对应口的功能
0	显示处理
1	公英制转换
2	部分初始化
3	从存储区(MP、PC 或 SP 区)读一段数控程序到 BS 区
4	轮廓轨迹转换成刀具中心轨迹
5	“再启动”处理
6	“再启动”开关无效时,刀具回到断点“启动”处理
7	按“启动”按钮时,要读一段程序到 BS 区的预处理
8	连续加工时,要读一段程序到 BS 区的预处理
9	纸带阅读机反绕或存储器指针返回首址的处理
A	启动纸带阅读机使纸带正常进给一步
B	置 M、S、T 指令标志及 G96 速度换算
C	置纸带反绕标志

2 级中断服务程序的主要工作是对数控面板上的各种工作方式和 I/O 信号处理,3 级中断则是对用户选用的外部操作面板和电传机的处理,4 级中断主要功能是插补运算,7CM 系统采用“时间分割法”(数据采样法)插补。根据 F 指令,插补运算后,得到一个插补周期 T(8 ms)的值,形成一个粗插补进给量,精插补进给量由驱动器的硬件与软件完成。5 级中断服务程序主要对纸带阅读机读入的孔信号进行处理,处理内容包括输入代码有效性判别、代码处理和结束处理。6 级中断主要完成位置控制,4 ms 定时计时和存储器奇偶校验工作。7 级中断实际上是工程师的系统调试工作。除第 6 级中断由定时器(4 ms)产生外,其余中断源均靠别的中断设置,即依靠各中断程序之间的相互握手、协调解决。例如第 6 级中断程序每执行两次,设置一次第 4 级中断请求(8 ms);每执行 4 次设置 1 次第 1、2 级中断请求。第 4 级中断在插补完一个程序段后,需要从缓冲器中取出一段零件加工程序,并完成刀具半径补偿。此时,第 4 级中断程序就置第 1 级中断请求,并把第 1 级中断请求中的“口状态字”第 4 位设置为“1”。

下面介绍 FANUC-BESK 7CM 中断型 CNC 系统的工作过程及其各中断程序之间的相互关联。

(1) 开机

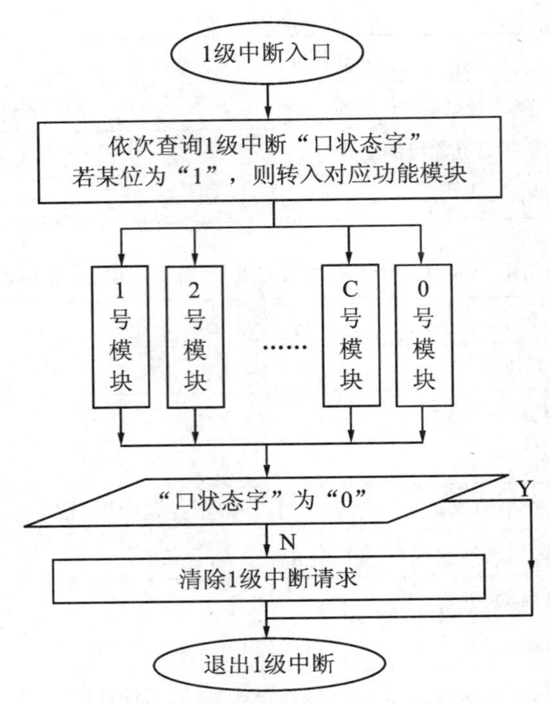

图 5.12　1 级中断各功能模块处理流程图

开机后,系统程序首先进入初始化程序,进行初始化状态设置,ROM 检查工作。初始化结束后,系统转入 0 级中断服务程序,进行 CRT 显示处理。每 4 ms 的间隔,进入 6 级中断。由于 1 级、2 级和 4 级中断请求均按 6 级中断的定时设置运行,从此以后系统就进入轮流对这几种中断的处理。

(2) 启动纸带阅读机输入纸带

做好纸带阅读机准备工作后,操作方式置于“数据输入”状态,按下面板上的主程序 MP 键。按下纸带输入键,控制程序在 2 级中断“纸带输入键处理程序”中启动一次纸带阅读机。当纸带上的同步孔信号读入时产生 5 级中断请求。系统响应 5 级中断处理,从输入存储器中读入孔信号,并将其送入 MP 区,然后再启动一次纸带阅读机,直到纸带结束。

(3) 启动机床加工

当按下机床控制面板上的“启动”按钮后,在 2 级中断中,判定“机床启动”为有效信息,设置 1 级中断“口状态字”第 7 位为“1”,表示启动按钮后要求将一个零件加工程序段从 MP 区读入 BS 区中。

程序转入 1 级中断,在运行到“口状态字”第 7 位对应的功能模块软件时,设置“口状态字”第 3 位为“1”,表示允许进行“零件加工程序段从 MP 区读入 BS 区”操作。这样,在 1 级中断程序执行中,“口状态字”第 3 位对应的功能模块就能得到运行,即把零件加工程序段读入 BS 区,同时设置已有新加工程序段读入 BS 区标志,通知 4 级中断。

程序进入 4 级中断,根据“已有新加工程序段读入 BS 区”的标志,设置“允许将 BS 内容读入 AS”的标志,同时置 1 级中断“口状态字”第 4 位为“1”。

程序再转入 1 级中断,在 1 级中断“口状态字”第 4 位对应的功能模块中,把 BS 内容读入AS区中,并进行插补轨迹计算,计算后置相应的标志。

程序再进入4级中断处理,进行插补预处理,处理结束后置“允许插补开始”标志。同时由于BS内容已读入AS,因此置1级中断“口状态字”第8位为“1”,表示要求从MP区读一段新程序段到BS区。此后转入速度计算→插补计算→进给量处理,完成第一次插补工作。程序进入6级中断,把4级中断送出的插补进给量分两次进给。

再进入1级中断,“口状态字”第8位对应的功能模块允许再读入一段零件加工程序,置1级中断,“口状态字”第3位为“1”。在运行1级中断,“口状态字”第3位功能模块软件时,把零件加工新程序段从MP区读入BS区。

反复进行4级、6级、1级等中断处理,机床在插补计算中不断进给,显示器不断显示出新的加工位置值。整个加工过程就是由以上各级中断进行若干次处理完成的。由此可见,整个系统的管理采用了中断程序间的各种协调(设置标志位)。

5.3.3 多CPU系统软件结构

当前,为实现数控系统中的实时性和并行性的任务,越来越多地采用多微处理器结构,从而使数控装置的功能进一步增强,结构更加紧凑,更适合于多轴控制、高速进给、高精度和高效率的要求。多微处理器CNC装置多采用模块化结构,每个微处理器分管各自的任务,形成特定的功能模块。

相应的软件也模块化,形成功能模块软件结构,固化在对应的硬件功能模块中。各功能模块之间有明确的硬、软件接口。软件结构主要由三大模块组成,即人机通信(MMC)模块、数控通道(NCK)模块和可编程控制器(PLC)模块,每个模块都有一个微处理器,三者间通过互相通信,建立联系和协调,各模块功能见表5.5。

表5.5 三大模块的功能一览表

模　块	功能说明
MMC模块	连接操作面板、软盘驱动器等外设,实现操作、显示、编程、诊断、调机、加工模拟及维修等功能
NCK模块	实现程序段准备、插补、位控等功能。与驱动装置、电子手轮等设备连接;可与外部PC机通信,完成数据变换等
PLC模块	实现机床逻辑控制,通过选用通信接口实现联网通信。可连接机床控制面板、手提操作单元(即便携式移动操作单元)和I/O模块

思考与练习题

1.1 简述现代数控系统的技术特征。

1.2 CNC系统有哪些基本功能?

1.3 简述CNC系统一般工作过程。

1.4 CNC 系统硬件结构有哪些？

1.5 开放式数控系统的基本特征是什么？

1.6 CNC 装置的软件由几部分组成？

1.7 CNC 装置的软件结构有何特点？

1.8 CNC 装置的软件结构类型有几种？

第6章　位置检测装置

6.1 概　　述

数控机床上的位置检测装置通常安装在机床的工作台或丝杠上，相当于普通机床的刻度盘和人的眼睛，不断地将工作台的位移量检测出来并反馈给控制系统。大量事实证明，对于设计完善的高精度数控机床，它的加工精度和定位精度主要取决于检测装置。因此，精密检测装置是高精度数控机床的重要保证。一般来说，数控机床上使用的检测装置应该满足以下要求：

(1) 工作可靠，抗干扰性强。

(2) 能满足精度和速度的要求。

(3) 使用维护方便，适合机床的工作环境。

(4) 成本低。

通常，检测装置的检测精度为0.001～0.01 mm/m，分辨率为0.001～0.01 mm/m能满足机床工作台以1～10 m/min的速度移动。

表6.1是目前在数控机床上经常使用的检测装置。本章就其中常用的几种加以介绍。

表6.1　位置检测装置分类

	数字式		模拟式	
	增量式	绝对式	增量式	绝对式
回转型	光电盘 圆光栅	编码盘	旋转变压器、圆感应同步器、圆形磁栅、磁盘	多极旋转变压器、同步分解器组件、三重式圆感应同步器
直线型	长光栅 激光干涉仪	编码尺、多道透射光栅	直线感应同步器 磁栅、容栅	绝对值式磁尺、多重式直线感应同步器

6.2 旋转变压器

旋转变压器目前主要应用于角度位置伺服控制系统中，高精度的双通道、双速系统中广泛应用的多级电气元件，基本上采用的都是多级旋转变压器。在数控机床等伺服驱动系统中,由于采用永磁式交流伺服电动机,因此必须检测出转子的运动速度和系统位置信息,由于旋转变压器具有结构坚固耐用,工作可靠等优点,且其精度能满足一般的检测要求,因此被广泛应用在数控机床上。

6.2.1 旋转变压器的结构

旋转变压器的结构与两相绕线式异步电机的结构相似,可分为定子和转子两大部分。定子和转子的铁芯由铁镍软磁合金或硅钢薄板冲成的槽状芯片叠成。它们的绕组分别嵌入各自的槽状铁芯内。定子绕组通过固定在壳体上的接线柱直接引出。转子绕组有两种不同的引出方式。根据转子绕组两种不同的引出方式,旋转变压器分为有刷式和无刷式两种结构形式。

图 6.1 是有刷式旋转变压器。它的转子绕组通过滑环和电刷直接引出,其特点是结构简单,体积小,但因电刷与滑环是机械滑动接触,所以旋转变压器的可靠性差,寿命较短。

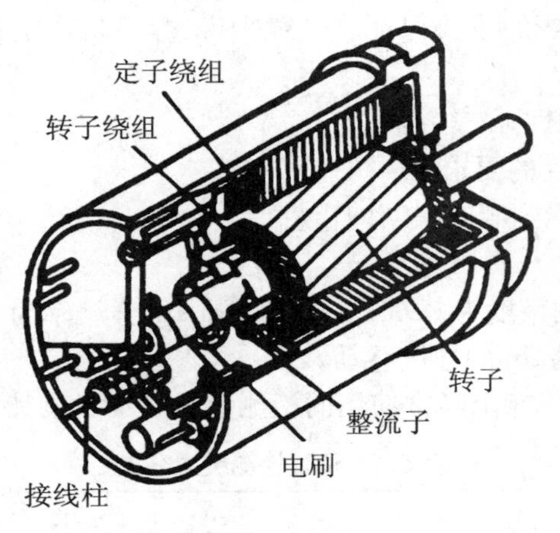

图 6.1 有刷式旋转变压器

图 6.2 是无刷式旋转变压器(又称同步分解器)。它分为两大部分,左边为分解器,右边为变压器。变压器的作用是将分解器转子绕组上的感应电动势传输出来。分解器定子绕组为旋转变压器的原边,分解器转子绕组为旋转变压器的副边,励磁电压接到原边。分解器转子绕组与变压器原边线圈连在一起,在变压器原边线圈中的电信号,即转子绕组中的电信号,通过电磁耦合,经变压器副边线圈间接地送出去。这种结构避免了电刷与滑环之间的不良接触造成的影响,提高了旋转变压器的可靠性及使用寿命,但其体积、质量、成本均有所增加。

常见的旋转变压器一般有两极绕组和四极绕组两种结构形式。两极绕组旋转变压器的定子和转子各有一对磁极,四极绕组则有两对磁极,主要用于高精度的检测系统。除此之外,还有多极式旋转变压器,用于高精度绝对式检测系统。

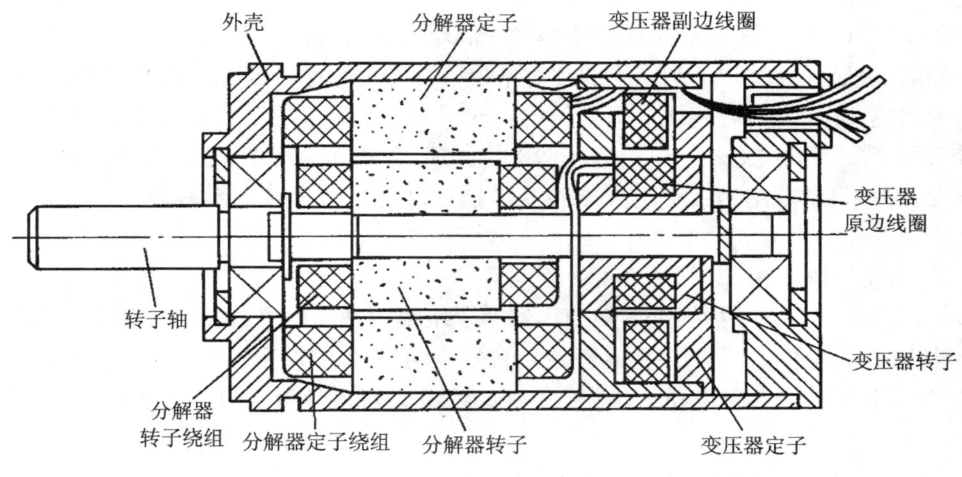

图 6.2　无刷式旋转变压器

6.2.2　旋转变压器的工作原理

由于旋转变压器在结构上保证了其定子和转子(旋转一周)之间空气间隙内磁通分布符合正弦规律,因此,当励磁电压加到定子绕组时,通过电磁耦合,转子绕组便产生感应电势。图 6.3 为两极旋转变压器电气工作原理图。图中 Z 为阻抗。设加在定子绕组 S_1S_2 的励磁电压为

$$V_s = V_m \sin \omega t \tag{6-1}$$

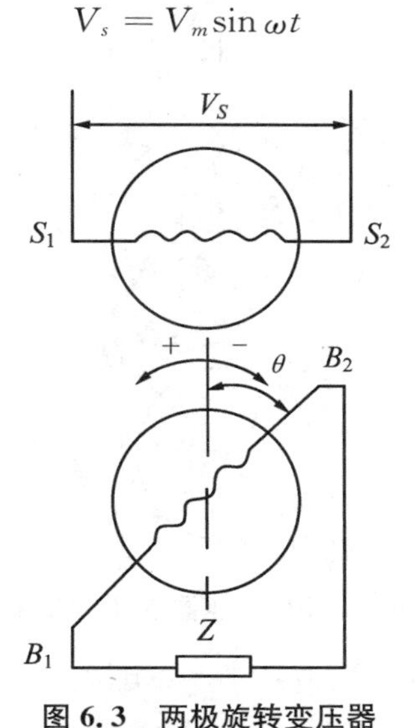

图 6.3　两极旋转变压器

根据电磁学原理,转子绕组 B_1B_2 中的感应电势为

$$V_B = KV_S \sin \theta = KV_m \sin \theta \sin \omega t \tag{6-2}$$

式中 K 为旋转变压器的变压比;V_m 为 V_S 的幅值;θ 为转子的转角,当转子和定子的磁轴垂直时,$\theta=0$。如果转子安装在机床丝杠上,定子安装在机床底座上,则角 θ 代表的是丝杠转过

的角度，它间接反映了机床工作台的位移。

由式(6.2)可知，转子绕组中的感应电势 V_B 以角速度 ω 随时间 t 变化的交变电压信号。

其幅值 $KV_m\sin\theta$ 随转子和定子的相对角位移 θ 以正弦函数变化。因此，只要测量出转子绕组中的感应电势的幅值，便可间接地得到转子相对于定子的位置，即 θ 角的大小。

以上是两极绕组式旋转变压器的基本工作原理，在实际应用中，考虑到使用的方便性和检测精度等因素，常采用四极绕组式旋转变压器。这种结构形式的旋转变压器可分为鉴相式和鉴幅式两种工作方式。

1. 鉴相式工作方式

鉴相式工作方式是一种根据旋转变压器转子绕组中感应电势的相位来确定被测位移大小的检测方式。如图 6.4 所示，定子绕组和转子绕组均由两个匝数相等互相垂直的绕组组成。图中 S_1S_2 为定子主绕组，K_1K_2 为定子辅助绕组。当 S_1S_2 和 K_1K_2 中分别通以交变励磁电压

$$V_s = V_m\cos\omega t \tag{6-3}$$

$$V_k = V_m\sin\omega t \tag{6-4}$$

根据线性叠加原理，可在转子绕组 B_1B_2 中得到感应电势 V_B，其值为励磁电压 V_S 和 V_K 在 B_1B_2 中产生感应电势 V_{BS} 和 V_{BK} 之和，即

$$\begin{aligned} V_B &= V_{BS} + V_{BK} \\ &= KV_S\sin(-\theta) + KV_K\cos\theta \\ &= -KV_m\cos\omega t\sin\theta + KV_m\sin\omega t\cos\theta \\ &= KV_m\sin(\omega t - \theta) \end{aligned} \tag{6-5}$$

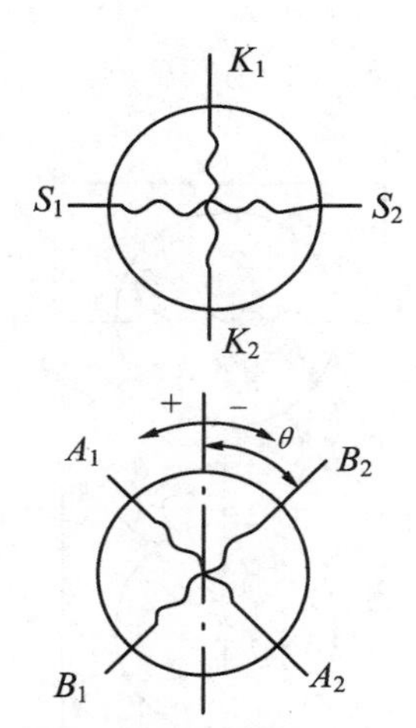

图 6.4 旋转变压器电气工作原理

由式(6-4)和(6-5)可见，旋转变压器转子绕组中的感应电势 V_B 与定子绕组中的励磁电压同频率，但相位不同，其差值为 θ。而角 θ 正是被测位移，故通过比较感应电势 V_B 与定子励磁电压信号 V_K 的相位，便可求出 θ。

2. 鉴幅式工作方式

鉴幅式工作方式是通过对旋转变压器转子绕组中感应电势幅值的检测来实现位移检测的。其工作原理如下：

见图6.4，设定子主绕组 S_1S_2 和辅助绕组 K_1K_2 分别输入交变励磁电压

$$V_S = V_m \cos\alpha \sin\omega t \tag{6-6}$$

$$V_K = V_m \sin\alpha \sin\omega t \tag{6-7}$$

式中 $V_m \cos\alpha$ 和 $V_m \sin\alpha$ 分别为励磁电压 V_S 和 V_K 的幅值。α 角可以改变，称其为旋转变压器的电气角。

根据线性叠加原理，得出转子绕组 B_1B_2 中的感应电势 V_B 如下：

$$\begin{aligned} V_B &= V_{BS} + V_{BK} \\ &= KV_S\sin(-\theta) + KV_K\cos\theta \\ &= -KV_m\cos\omega t\sin\theta + KV_m\sin\omega t\cos\theta \\ &= KV_m\sin(\alpha-\theta)\sin\omega t \end{aligned} \tag{6-8}$$

由式(6-8)可以看出，感应电势 V_B 是幅值为 $KV_m\sin(\alpha-\theta)$ 的交变电压信号，只要逐渐改变 α 值使 V_B 的幅值等于零，这时，因

$$KV_m\sin(\alpha-\theta) = 0 \tag{6-9}$$

故可得

$$\theta = \alpha \tag{6-10}$$

α 值就是被测角位移 θ 的大小。由于 α 是通过对它的逐渐改变实现使 V_B 幅值等于零的，其值自然是应该知道的。

6.2.3 旋转变压器的应用

在旋转变压器的鉴相式工作方式中，感应信号 V_B 和励磁信号 V_K 之间的相位差 θ 角，可通过专用的鉴相器线路检测出来并表示成相应的电压信号，设为 $U(\theta)$，通过测量该电压信号，便可间接地求得 θ 值。但由于 V_B 是关于 θ 的周期性函数，$U(\theta)$ 是通过比较 V_B 和 V_K 之值获得的，因而它也是关于 θ 的周期性函数，即

$$U(\theta) = U(n\times 2\pi+\theta) \quad (n = 1,2,3\cdots) \tag{6-11}$$

故在实际应用中，不但要测出 $U(\theta)$ 的大小，而且要测出 $U(\theta)$ 的周期性变化次数 n，或者将被测角位移 θ 角限制在 $\pm\pi$ 之内。

在旋转变压器的鉴幅式工作方式中，V_B 的幅值设为 V_{Bm}，由式(6-8)可知

$$V_{Bm} = KV_m\sin(\alpha-\theta) \tag{6-12}$$

它也是关于 θ 的周期性函数，在实际应用中，同样需要将 θ 角限制在 $\pm\pi$ 之内。在这种情况下，若规定和限制 α 角只能在 $[-\pi,\pi]$ 内取值，利用式(6-12)，便可唯一地确定出 θ 之值。否则，如 $\theta=3\pi/2(>\pi)$，这时，$\alpha=3\pi/2$ 和 $\alpha=-\pi/2$ 都可使 $V_{Bm}=0$，从而使 θ 角不能唯一地确定，造成检测结果错误。

由上述知，无论是旋转变压器的鉴相式工作方式，还是鉴幅式工作方式，都须将被测角位移 θ 角限定在 $\pm\pi$ 之内，只要 θ 在 $\pm\pi$ 之内，就能够被正确地检测出来。事实上，对于被测角位移大于 π 或小于 $-\pi$ 的情况，如用旋转变压器检测机床丝杠转角的情况，尽管总的机床丝杠转角 θ 可能很大，远远超出限定的 $\pm\pi$ 范围，但却是机床丝杠转过的若干次小角度 θ_i 之和，即

$$\theta = \theta_1 + \theta_2 + \cdots + \theta_N = \sum_{i=1}^{N} \theta_i \tag{6-13}$$

而 θ_i 很小，在数控机床上一般不超过 3°，符合 $-\pi \leqslant \theta_i \leqslant \pi$ 的要求，旋转变压器及其信号处理线路可以及时地将它们一一检测出来，并将结果输出。因此，这种检测方式属于动态跟随检测和增量式检测。

6.3 感应同步器

感应同步器是一种电磁式位置检测元件，按其结构特点一般分为直线式和旋转式两种。直线式感应同步器由定尺和滑尺组成；旋转式感应同步器由转子和定子组成。前者用于直线位移测量，后者用于角位移测量。它们的工作原理都与旋转变压器相似。感应同步器具有检测精度比较高、抗干扰性强、寿命长、维护方便、成本低、工艺性好等优点，广泛应用于数控机床及各类机床数显改造。本节仅以直线式感应同步器为例，对其结构特点和工作原理进行叙述。

6.3.1 结构特点

感应同步器的构造如图 6.5 所示，其定尺和滑尺基板是由与机床热膨胀系数相近的钢板做成的，钢板上用绝缘黏结剂贴以钢箔，并利用照相腐蚀的办法做成图示的印刷绕组。感应同步器定尺和滑尺绕组的节距相等，均为 2τ，这是衡量感应同步器精度的主要参数，工艺上要保证其节距的精度。一块标准型感应同步器定尺长度为 250 mm，节距为 2 mm，其绝对精度可达 2.5 μm，分辨率可达 0.25 μm。

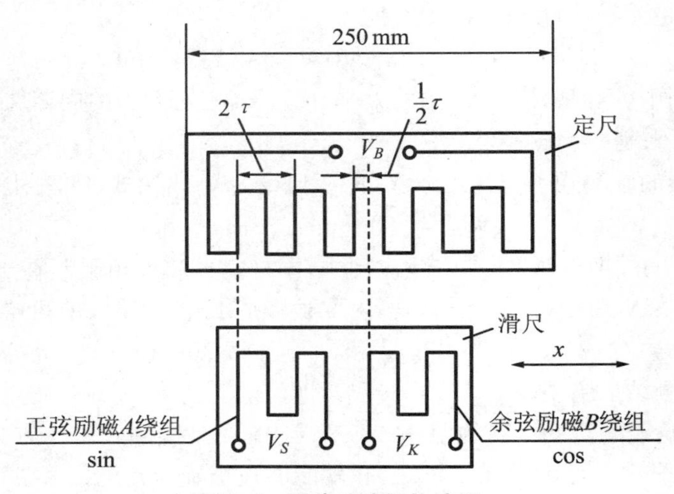

图 6.5 同步感应器构造图

从图 6.5 可以看出，如果把定尺绕组和滑尺绕组 B 对准，那么滑尺绕组正好和定尺绕组相差 1/4 节距。也就是说，A 绕组和 B 绕组在空间上相差 1/4 节距。

感应同步器的定尺和滑尺尺座分别安装在机床上两个相对移动的部件上(如工作台和床身),当工作台移动时,滑尺固定,定尺移动。滑尺和定尺要用防护罩罩住,以防止铁屑、油污和切割液等东西落到器件上,从而影响正常工作。由于感应同步器的检测精度比较高,故对安装有一定的要求,在安装时要保证定尺安装面与机床导轨面的平行度要求,如这两个面不平行,将引起定、滑尺之间的间隙变化,从而影响检测灵敏度和检测精度。

6.3.2　工作原理及应用

1. 感应同步器的工作原理

从图 6.5 可以看出,滑尺的两个绕组中的任一绕组通以交变励磁电压时,由于电磁效应,定尺绕组上必然产生相应的感应电势。感应电势的大小取决于滑尺相对于定尺的位置。图 6.6 给出了滑尺绕组(滑尺)相对于定尺绕组(定尺)处于不同的位置时,定尺绕组中感应电势的变化情况。图中 A 点表示滑尺绕组与定尺绕组重合,这时定尺绕组中的感应电势最大;如果滑尺相对于定尺从 A 点逐渐向左(或右)平行移动,感应电势就随之逐渐减小,在两绕组刚好错开 1/4 节距的位置 B 点,感应电势减为零;若再继续移动,移到 1/2 节距的 C 点,感应电势相应地变为与 A 位置相同,但极性相反,到达 3/4 节距的 D 点时,感应电势再一次变为零;其后,移动了一个节距到达 E 点,情况就又与 A 点相同了,相当于又回到了 A 点。这样,滑尺在移动一个节距的过程中,感应同步器定尺绕组的感应电势近似于余弦函数变化了一个周期。

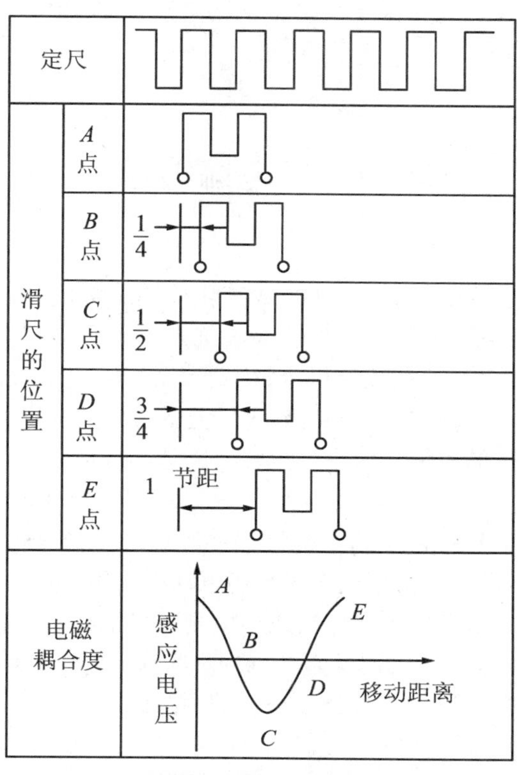

图 6.6　感应同步器的工作原理

若用数学公式描述，设 V_S 是加在滑尺任一绕组上的励磁交变电压

$$V_S = V_m \sin \omega t \tag{6-14}$$

由上述及电磁学原理，定尺绕组上的感应电势为

$$V_B = KV_S \cos \theta = KV_m \cos \theta \sin \omega t \tag{6-15}$$

式中，K 为耦合系数；V_m 为 V_S 的幅值；θ 为反映的是定尺和滑尺的相对移动的距离 x，可用下式表示：

$$\theta = (2\pi/2\tau)x = (\pi/\tau)x \tag{6-16}$$

由式(6-14)和式(6-15)可知，感应同步器的工作原理与两极式旋转变压器的工作原理一样，只要测量出 V_B 的值，便可求出 θ 角，进而求得滑尺相对于定尺移动的距离 x。

当分别向滑尺上的两绕组施加不同的励磁电压时，如式(6-3)、(6-4)及式(6-6)、(6-7)所示的 V_S 和 V_K，根据施加的励磁交变电压信号的不同，感应同步器也分为鉴相式和鉴幅式两种工作方式，其原理与四极式旋转变压器相同，请参看 6.2 节。

2. 感应同步器的应用

在感应同步器的应用过程中，除同样会遇到旋转变压器在应用过程中所遇到的 θ 角须限定在 $[-\pi, \pi]$ 内的问题和要求之外，直线式感应同步器还常常会遇到有关接长的问题。例如，当感应同步器用于检测机床工作台的位移时，一般地，由于行程较长，一块感应同步器常常难以满足检测长度的要求，须将两块或多块感应同步器拼接起来，即感应同步器接长。

接长的原理是：滑尺沿着定尺由一块向另一块移动经过接缝时，由感应同步器定尺绕组输出的感应电势信号，它所表示的位移应与用更高精度的位移检测器(如激光干涉仪)所检测出的位移相互之间要满足一定的误差要求，否则应重新调整接缝，直到满足这种误差要求时止。

6.4 光电编码器

光电编码器是一种集光、机、电为一体的数字化检测装置，它具有分辨率高、精度高、结构简单、体积小、使用可靠、易于维护、性价比高等优点。近十几年来，发展为一种成熟的多规格、高性能的系列工业化产品，在数控机床、机器人、雷达、光电经纬仪、地面指挥仪、高精度闭环调速系统、伺服系统等诸多领域中得到了广泛的应用。光电编码器可以定义为：一种通过光电转换，将输出轴上的机械几何位移量转换成脉冲或数字量的传感器，它主要用于速度或位置(角度)的检测。典型的光电编码器由码盘(Disk)、检测光栅(Mask)、光电转换电路(包括光源、光敏器件、信号转换电路)、机械部件等组成。光电码盘是在一定直径的圆板上等分地开通若干个长方形孔。由于光电码盘与电动机同轴，电动机旋转时，光电码盘与电动机同速旋转，经发光二极管等电子元件组成的检测装置检测输出若干脉冲信号，其原理如图 6.7 所示。通过计算每秒光电编码器输出脉冲的个数就能反映当前电动机的转速。此外，为判断旋转方向，码盘还可提供相位相差 90°的两路脉冲信号。

一般来说，按编码器运动部件的运动方式不同，可分为旋转式和直线式两种。由于直线式运动可以借助机械连接转变为旋转式运动，反之亦然。因此，只有在那些结构形式和运动

方式都有利于使用直线式光电编码器的场合才予以使用。旋转式光电编码器容易做成全封闭型，易于实现小型化，传感长度较长，具有较强的环境适用能力，因而在实际工业生产中得到广泛的应用，在本书中主要针对旋转式光电编码器，如不特别说明，所提到的光电编码器则指旋转式光电编码器。根据光电编码器产生脉冲的方式不同，可分为增量式、绝对式以及复合式三大类。下面按产生脉冲的方式介绍光电编码器的结构及工作原理。

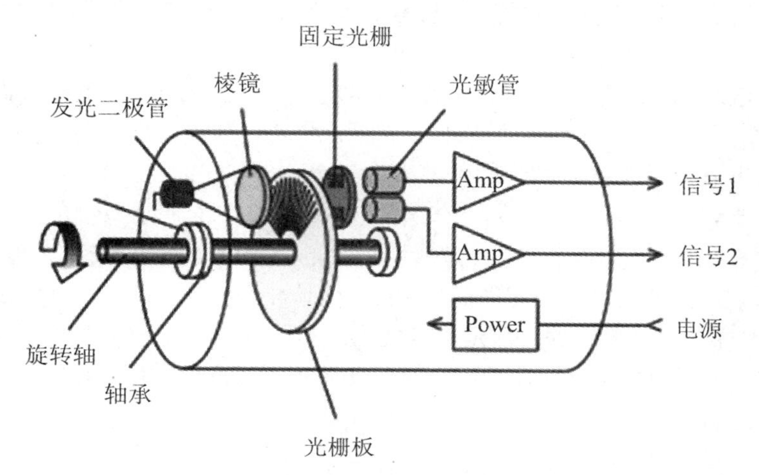

图 6.7　光电编码器原理示意图

6.4.1　增量式光电编码器

增量式编码器的特点是每产生一个输出脉冲信号就对应一个增量位移角，但不能通过输出脉冲区别是哪一个增量位移角，即无法区别是在哪个位置上的增量，编码器能产生与轴角位移增量等值的电脉冲。这种编码器的作用是提供一种对连续轴角位移量离散化或增量化及角位移化(角速度)的传感方法，不能直接检测出轴的绝对角度。

增量式光电编码器由光源、转盘(动光栅)、遮光板(定光栅)和光敏元件组成，如图 6.8 所示。

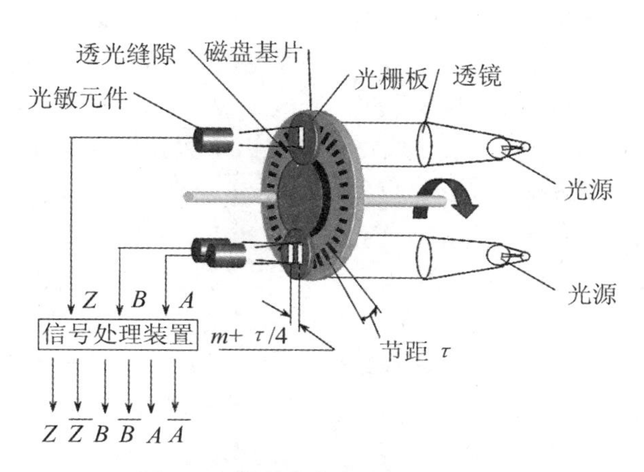

图 6.8　增量式光电编码器的结构

转动圆盘上刻有均匀的透光缝隙，相邻两个透光缝隙之间代表一个增量周期。遮光板上刻有与转盘相应的透光缝隙，用来通过或阻挡光源和位于遮光板后面光敏元件之间的光线，节距和转动圆盘上的节距相等，并且两组透光缝隙错开 1/4 节距，使得光电检测器件输出的信号在相位上相差 90°电度角，即两路输出信号正交。同时，在增量式光电编码器中还备有用作参考零位的标志脉冲或指示脉冲。因此，在转动圆盘和遮光板相同半径的对应位置上刻有一道透光缝隙。标志脉冲通常与数据通道有着特定的关系，用来指示机械位置或对累计量清零。

增量式光电编码器的信号输出有正弦波（电流或电压）、方波、集电极开路、推拉式等多种形式，其工作方式主要为三相脉冲输出。下面介绍三相脉冲输出的工作原理：直接利用光电转换原理输出三组方波脉冲，即 A 组、B 组和 Z 组脉冲，分别定义为 A、B 和 Z 相，A 组和 B 组脉冲相位差为 90°。盘上还有一个窄缝，旋转一周只产生一个单独的脉冲，这组脉冲即为 Z 组脉冲。A 组和 B 组脉冲用来确定所测对象的正反转并计算角度，Z 组脉冲用于基准点定位。图 6.9 绘出了增量式编码器的 A 相、B 相脉冲的相位，用 A 相超前（或滞后）B 相来判别轴的旋转方向，正反方向的具体定义需要参看产品说明。根据转过的脉冲数目，可以计算得到角位置。它的优点是原理构造简单，机械平均寿命可在几万小时以上，抗干扰能力强，可靠性高，适合于长距离传输。

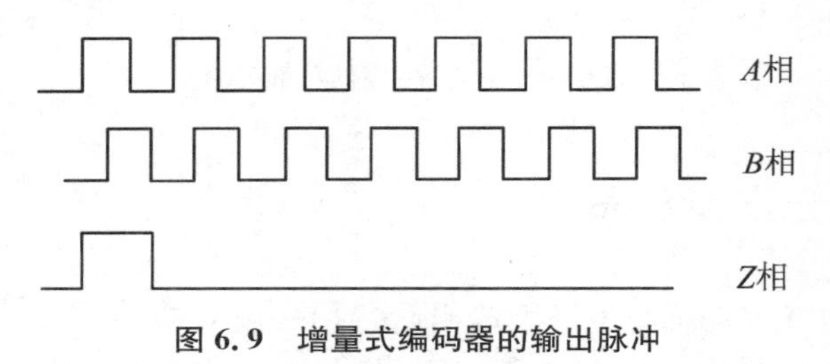

图 6.9　增量式编码器的输出脉冲

6.4.2　绝对式光电编码器

1. 基本构造及特点

用增量式光电编码器有可能由于外界的干扰产生计数错误，并且在停电或故障停车后无法找到事故前执行部件的正确位置。采用绝对式光电编码器可以避免上述缺点。绝对式光电编码器的基本原理及组成部件与增量式光电编码器基本相同，也是由光源、码盘、检测光栅、光电检测器件和转换电路组成。与增量式光电编码器不同的是，绝对式光电编码器用不同的数码来分别指示每个不同的增量位置，它是一种直接输出数字量的传感器。在它的圆形码盘上沿径向有若干同心码道，每条上由透光和不透光的扇形区相间组成，相邻码道的扇区数目是双倍关系，码盘上的码道数就是它的二进制数码的位数，在码盘的一侧是光源，另一侧对应每一码道有一光敏元件；当码盘处于不同位置时，各光敏元件根据受光与否转换出相应的电平信号，形成二进制数。这种编码器的特点是不要计数器，在转轴的任意位置都可读出一个固定的与位置相对应的数字码。显然，码道越多，分辨率就越高，对于一个具有 N 位二进制分辨率的编码器，其码盘必须有 N 条码道。绝对式光电编码器原理如图 6.10 所示。

绝对式光电编码器是利用自然二进制、循环二进制、二-十进制等方式进行光电转换的。绝对式光电编码器与增量式光电编码器不同之处在于圆盘上透光、不透光的线条图形，绝对光电编码器可有若干编码，根据读出码盘上的编码，检测绝对位置。它的特点是：可以直接读出角度坐标的绝对值；没有累积误差；电源切除后位置信息不会丢失；编码器的精度取决于位数；最高运转速度比增量式光电编码器高。

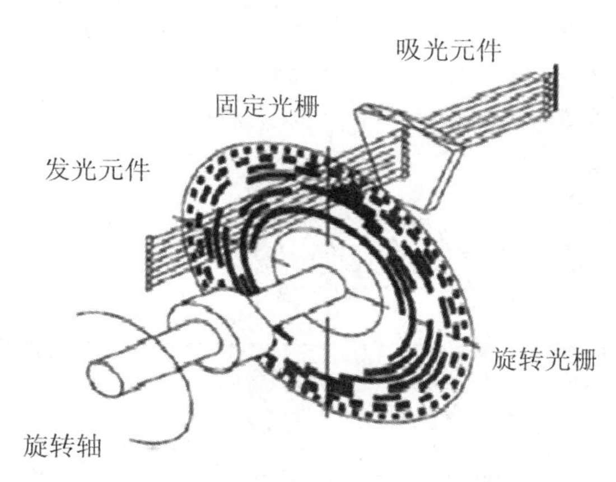

图 6.10 绝对式光电编码器原理

2. 码制与码盘

绝对式光电编码器的码盘按照其所用的码制可以分为：二进制码、循环码（格雷码）、十进制码、六十进制码（度、分、秒进制）码盘等。四位二元码盘（二进制、格雷码）如图 6.11 所示。图中黑、白色分别表示透光、不透光区域。

图 6.11(a)是一个四位二进制码盘，它的最里圈码道为第一码道，半圈透光半圈不透光，对应于最高位 $C1$，最外圈为第 n 码道，共分成 2^n 个亮暗间隔，对应于最低位 Cn，n 位二元码盘最小分辨率为

$$\theta_1 = 360°/2^n \tag{6-17}$$

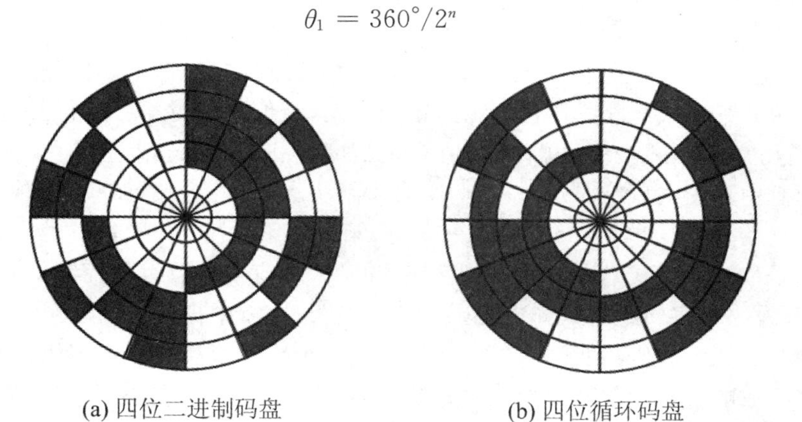

(a) 四位二进制码盘　　(b) 四位循环码盘

图 6.11 四位二元码盘

码盘转角 α 与转换出的二进制数码 $C1, C2, \cdots, Cn$ 及十进制数 N 的对应关系为

$$\alpha = 360° \sum_{i=1}^{n} C_i \cdot 2^{-i} = N\theta_1 \tag{6-18}$$

二进制码盘的缺点是：每个码道的黑白分界线总有一半与相邻内圈码道的黑白分界线是对齐的，这样就会因黑白分界线刻画不精确造成粗误差。采用其他的有权编码时也存在类似的问题。图 6.12 是一个四位二进制码盘展开图，图中 aa 为最高位码道黑白分界线的理想位置，它与其他 3 位码道的黑白分界线正好对齐，当码盘转动，光束扫过这一区域时，输出数码从 0111 变为 1000 不会出现错误。如果 $C1$ 道黑白分界线刻偏到 $a'a'$，当码盘转动时，输出数码就会从 0111 变为 1111 再变到 1000，中途出现了错误数码 1111。反之，$C1$ 道黑白分界线刻偏到 $a''a''$，当码盘转动时，输出数码就会从 0111 变为 0000 再变到 1000，中途出现了错误数码 0000。为了消除这种粗误差，可以采用循环码盘(格雷码盘)。

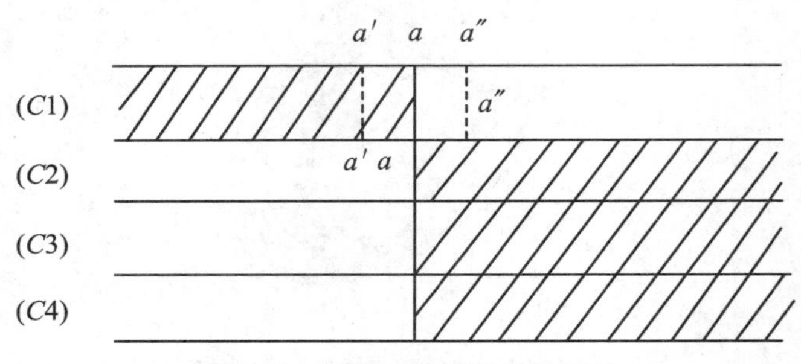

图 6.12 四位二进制码盘展开图

图 6.11(b)是一个四位循环码盘，它与二进制码盘相同的是：码道数也等于数码位数，因此最小分辨率也由式(6-18)求得，最内圈也是半圈透光半圈不透光，对应 $R1$ 位，最外圈是第 n 码道对于 Rn 位。与二进制码盘不同的是：第二码道也是一半透光一半不透光，第 i 码道分为 2^{i-1} 个黑白间隔，第 i 码道的黑白分界线与第 $i-1$ 码道的黑白分界线错开 $360°/2^i$。循环码盘转到相邻区域时，编码中只有一位发生变化。只要适当限制各码道的制作误差和安装误差，就不会产生粗误差。由于这一原理，使得循环码盘获得广泛的应用。

3. 多转绝对式光电编码器

现有的绝对式光电编码器多为单转式，它所能测量轴角的范围是 0°～360°，不具有多转检测能力，测量角位移的范围只限于 360°以内，因而不适应多转数运动控制中检测绝对位置的要求。传统的绝对式光电编码器的另一个缺点是，把位置绝对信号进行并行传输，虽然可以提高工作速度，但引线增多，也不便于在数控机床上和工业机器人上应用。因此要想在交流伺服电动机中真正实现绝对定位控制，就必须解决上面所提到的那些问题，并且要满足高精度与小型化的要求。

为了克服单转绝对式光电编码器所存在的问题，适应多转数运动控制位置检测的需要，目前，已经开发出了多转绝对式光电编码器，并在定位控制中得到了应用。

多转绝对式光电编码器实际上可以看成是由一个单转绝对式光电编码器和一个增量式磁性编码器组成的。其中单转绝对式光电编码器的任务是在一转之内实现高分辨率、高精度的绝对位置检测。而增量式磁性编码器用来检测转轴的旋转次数，转轴每旋转一周，磁增量编码器就发生一个脉冲，并送入计数器进行计数。实际上，对于增量式磁性编码器来说，在这里它每一个脉冲对应于转角增量为 360°。

多转绝对式光电编码器能够进行转轴旋转次数的检测与信息记忆，以及一转内对绝对角度的检测、信号修正、数据处理、信号传输，具有很强的灵活性。其功能强大，用途更为广泛。采用专用的计算机和大规模集成电路作为信号处理,使这种编码器实现小型化。

6.4.3　混合式光电编码器

混合式光电编码器是在增量式光电编码器的基础上加装一个用于检测永磁交流伺服电动机磁极位置的编码器而组成的一种光电编码器。其中,用于检测伺服电动机磁极位置的编码器是一种绝对式编码器,它的输出信号在一定的精度上与磁极位置具有对应关系。通常,它给出相位差为120°的三相信号,用于控制伺服电动机定子三相电流的相位。混合式光电编码器的输出信号波形如图6.13所示。这种检测磁极位置的方法常用于无刷直流伺服电动机中。

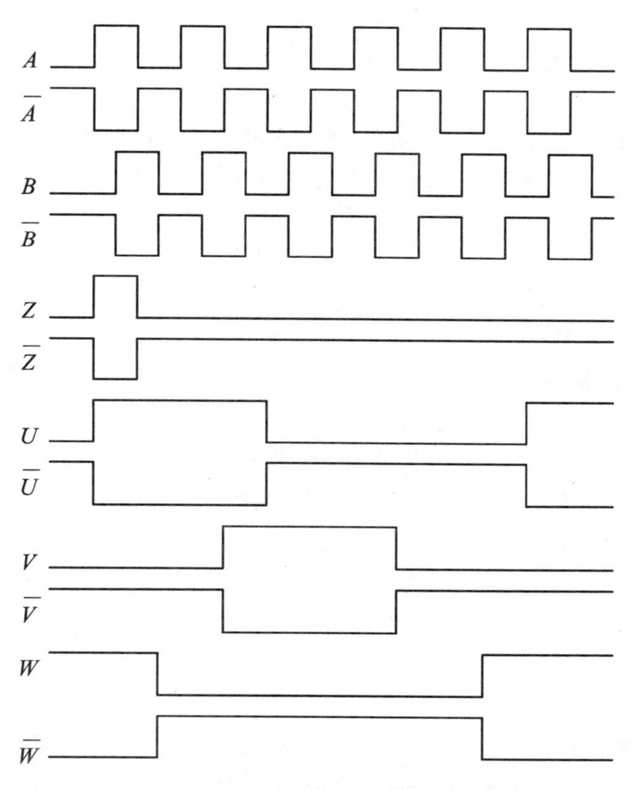

图6.13　混合式光电编码器的输出信号波形

在转动圆盘内侧制成空间位置互成120°的3个缝隙,受光元件接受发光元件通过缝隙的光线而产生互差120°的三相信号,经过放大与整形后输出矩形波信号U_U,$\bar{U}_U$,U_V,$\bar{U}_V$,U_W,$\bar{U}_W$。利用这些信号的组合状态来分别代表磁极在空间的不同位置。这里,每相输出信号的U_U,$\bar{U}_U$,U_V,$\bar{U}_V$,U_W,$\bar{U}_W$周期为空间360°,在每一个周期中都可以组合成6种状态,每种状态代表的空间角度范围为60°,即在整个磁极位置360°空间内,每60°空间位置用一个三相输出信号状态表示。这种检测磁极位置的方法虽然简单易行,但使伺服系统的低速性能变差,产生明显的步进运动。

6.5 光　　栅

在高精度的数控机床上，目前大量使用光栅作为反馈检测元件。光栅与前面讲的旋转变压器、感应同步器不同，它不是依靠电磁学原理进行工作的，不需要励磁电压，而是利用光学原理进行工作，因而不需要复杂的电子系统。常见的光栅从形状上可分为圆光栅和长光栅。圆光栅用于角位移的检测，长光栅用于直线位移的检测。光栅的检测精度较高，可达 1 μm 以上。

6.5.1 光栅的构造

光栅是利用光的透射、衍射现象制成的光电检测元件，它主要由标尺光栅和光栅读数头两部分组成。通常，标尺光栅固定在机床的活动部件上(如工作台或丝杠)，光栅读数头安装在机床的固定部件上(如机床底座)，二者随着工作台的移动而相对移动。在光栅读数头中，安装着一个指示光栅，当光栅读数头相对于标尺光栅移动时，指示光栅便在标尺光栅上移动。当安装光栅时，要严格保证标尺光栅和指示光栅的平行度以及两者之间的间隙(一般取 0.05 mm 或 0.1 mm)要求。

1. 光栅尺的构造和种类

光栅尺包括标尺光栅和指示光栅，它是用真空镀膜的方法光刻上均匀密集线纹的透明玻璃片或长条形金属镜面。对于长光栅，这些线纹相互平行，各线纹之间距离相等，我们称此距离为栅距。对于圆光栅，这些线纹是等栅距角的向心条纹。栅距和栅距角是决定光栅光学性质的基本参数。常见的长光栅的线纹密度为 25、50、100、125、250 条/mm。对于圆光栅，若直径为 70 mm，一周内刻线 100～768 条；若直径为 110 mm，一周内刻线可达 600～1024 条，甚至更高。同一个光栅元件，其标尺光栅和指示光栅的线纹密度必须相同。

2. 光栅读数头

图 6.14 是光栅读数头的构成图，它由光源、透镜、指示光栅、光敏元件和驱动线路组成。读数头的光源一般采用白炽灯泡。白炽灯泡发出的辐射光线经过透镜后变成平行光束，照射在光栅尺上。光敏元件是一种将光强信号转换为电信号的光电转换元件，它接收透过光栅尺的光强信号，并将其转换成与之成比例的电压信号。由于光敏元件产生的电压信号一般比较微弱，在长距离传递时很容易被各种干扰信号所淹没、覆盖，造成传送失真。为了保证光敏元件输出的信号在传送中不失真，应首先将该电压信号进行功率和电压放大，然后再进行传送。驱动线路就是实现对光敏元件输出信号进行功率和电压放大的线路。

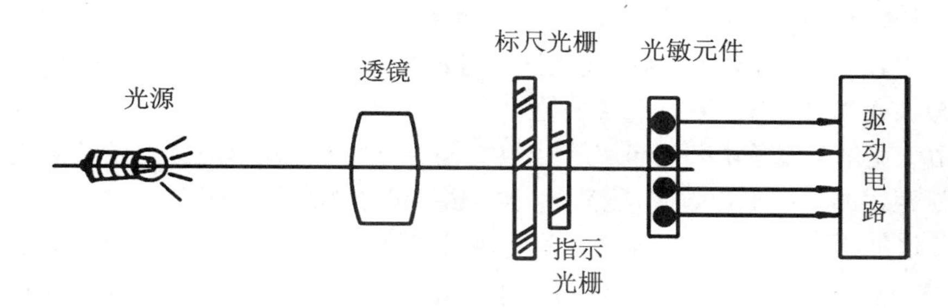

图 6.14　光栅读数头

6.5.2　工作原理

常见光栅的工作原理都是根据物理上莫尔条纹的形成原理进行工作的。图 6.15 是其工作原理图。当使指示光栅上的线纹与标尺光栅上的线纹成一角度 θ 来放置两光栅尺时，必然会造成两光栅尺上的线纹互相交叉。在光源的照射下，交叉点近旁的小区域内由于黑色线纹重叠，因而遮光面积最小，挡光效应最弱，光的累积作用使得这个区域出现亮带。相反，距交叉点较远的区域，因两光栅尺不透明的黑色线纹的重叠部分变得越来越少，不透明区域面积逐渐变大，即遮光面积逐渐变大，使得挡光效应变强，只有较少的光线能通过这个区域透过光栅，使这个区域出现暗带。这些与光栅线纹几乎垂直，相间出现的亮、暗带就是莫尔条纹。莫尔条纹具有以下性质：

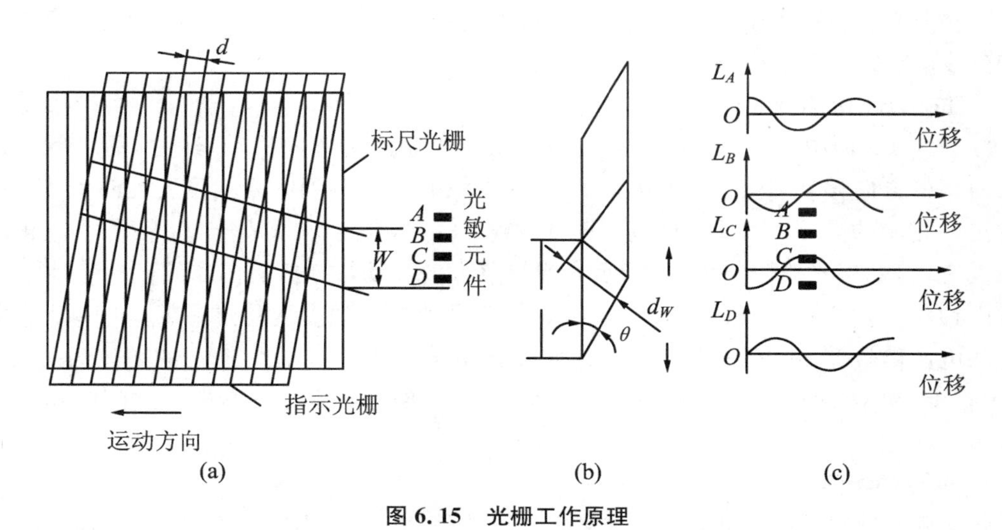

图 6.15　光栅工作原理

(1) 当用平行光束照射光栅时，透过莫尔条纹的光强度分布近似于余弦函数。

(2) 若用 W 表示莫尔条纹的宽度，d 表示光栅的栅距，θ 表示两光栅尺线纹的夹角，则它们之间的几何关系为

$$W = d/\sin\theta \tag{6-19}$$

当 θ 角很小时，取 $\sin\theta \approx \theta$，上式可近似写成

$$W = d/\theta \tag{6-20}$$

若取 $d=0.01$ mm，$\theta=0.01$ rad，则由上式可得 $W=1$ mm。这说明，无需复杂的光学系统和电子系统，利用光的干涉现象，就能把光栅的栅距转换成放大 100 倍的莫尔条纹的宽度。这种放大作用是光栅的一个重要特点。

(3) 由于莫尔条纹是由若干条光栅线纹共同干涉形成的，所以莫尔条纹对光栅个别线纹之间的栅距误差具有平均效应，能消除光栅栅距不均匀所造成的影响。

(4) 莫尔条纹的移动与两光栅尺之间的相对移动相对应。两光栅尺相对移动一个栅距 d，莫尔条纹便相应移动一个莫尔条纹宽度 W，其方向与两光栅尺相对移动的方向垂直，且当两光栅尺相对移动的方向改变时，莫尔条纹移动的方向也随之改变。

根据上述莫尔条纹的特性，假如我们在莫尔条纹移动的方向上开 4 个观察窗口 A，B，C，D，且使这 4 个窗口两两相距 1/4 莫尔条纹宽度，即 $W/4$。由上述讨论可知，当两光栅尺相对移动时，莫尔条纹随之移动，从 4 个观察窗口 A，B，C，D 可以得到 4 个在相位上依次超前或滞后(取决于两光栅尺相对移动的方向)1/4 周期(即 $\pi/2$)的近似于余弦函数的光强度变化过程，用 L_A，L_B，L_C，L_D 表示，见图 6.15(c)。若采用光敏元件来检测，光敏元件把透过观察窗口的光强度变化 L_A，L_B，L_C，L_D 转换成相应的电压信号，设为 V_A，V_B，V_C，V_D。根据这 4 个电压信号，可以检测出光栅尺的相对移动。

1. 位移大小的检测

由于莫尔条纹的移动与两光栅尺之间的相对移动是相对应的，故通过检测 V_A，V_B，V_C，V_D 这 4 个电压信号的变化情况便可相应地检测出两光栅尺之间的相对移动。V_A，V_B，V_C，V_D 每变化一个周期，即莫尔条纹每变化一个周期，表明两光栅尺相对移动了一个栅距的距离；若两光栅尺之间的相对移动不到一个栅距，因 V_A，V_B，V_C，V_D 是余弦函数，故根据 V_A，V_B，V_C，V_D 之值也可以计算出其相对移动的距离。

2. 位移方向的检测

在图 6.15(a)中，若标尺光栅固定不动，指示光栅沿正方向移动，这时，莫尔条纹相应地沿向下的方向移动，透过观察窗口 A 和 B，光敏元件检测到的光强度变化过程 L_A 和 L_B 及输出的相应的电压信号 V_A 和 V_B 如图 6.16(a)所示，在这种情况下，V_A 滞后 V_B 的相位为 $\pi/2$；反之，若标尺光栅固定不动，指示光栅沿负方向移动，这时，莫尔条纹则相应地沿向上的方向移动，透过观察窗口 A 和 B，光敏元件检测到的光强度变化过程 L_A 和 L_B 及输出的相应的电压信号 V_A 和 V_B 如图 6.16(b)所示，在这种情况下，V_A 超前 V_B 的相位为 $\pi/2$。因此，根据 V_A 和 V_B 两信号相互间的超前和滞后关系，便可确定出两光栅尺之间的相对移动方向。

3. 速度的检测

两光栅尺的相对移动速度决定着莫尔条纹的移动速度，即决定着透过观察窗口的光强度的频率，因此，通过检测 V_A，V_B，V_C，V_D 的变化频率就可以推断出两光栅尺的相对移动速度。

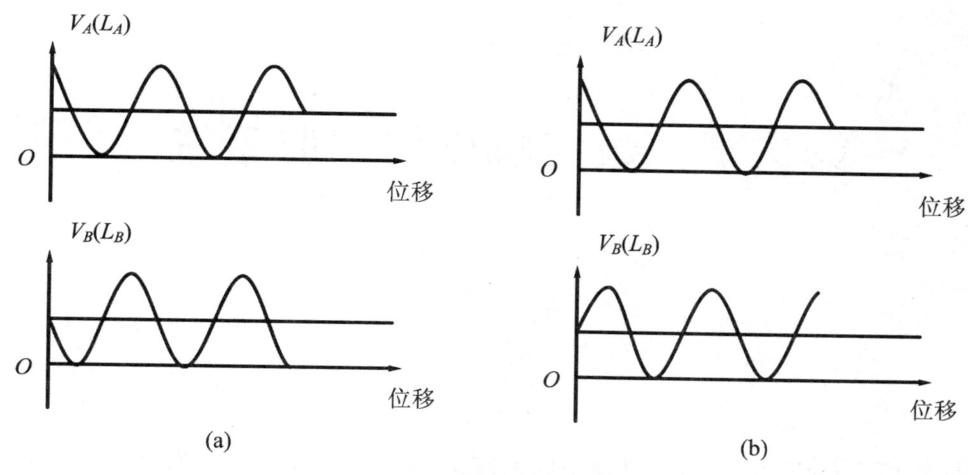

图6.16　光栅的位移检测原理图

思考与练习题

6.1　数控机床对位置检测装置的要求有哪些?

6.2　以鉴相方式工作的旋转变压器和以鉴幅方式工作的旋转变压器在原理上和应用上有哪些相同之处和不同之处?

6.3　当被测角位移连续变化时,鉴幅式旋转变压器能否检测出该角位移的变化过程?如何检测?鉴相式旋转变压器呢?

6.4　用鉴幅式感应同步器检测机床工作台的位移变化,试分析工作台的进给速度 v 的变化对检测精度的影响。

6.5　已知一感应同步器的节距 $2\tau=2$ mm,试问以鉴相方式工作时和以鉴幅方式工作时,感应同步器定尺的感应电势 V_B 与被测直线位移 x 有何数量关系?

6.6　试述光栅检测装置的工作原理。

6.7　为什么说根据光栅读数头中光敏元件光感信号的变化就可得出被测位移的变化情况?

6.8　普通二进制编码盘与循环二进制编码盘各有什么优缺点?

第7章　数控机床的伺服系统

7.1　概　　述

伺服系统指以位置和速度作为控制对象的自动控制系统，是连接数控装置和机床本体的关键部分。伺服系统接受数控装置发来的进给脉冲指令信号，经过信号变换和电压、功率放大，由执行元件将其转变为角位移或直线位移，以驱动数控设备各运动部件实现所要求的运动。如果说数控装置是数控机床的“大脑”，是发布“命令”的指挥机构，那么伺服系统便是数控机床的“四肢”，是一种“执行机构”。伺服系统的性能直接关系到数控机床执行件的静态和动态特性、工作精度、负载能力、响应快慢和稳定性能等。所以，至今伺服系统还被看作是一个独立部分，与数控装置和机械装置并列为数控机床的三大组成部分。

7.1.1　伺服系统的分类

1. 按调节理论分类

(1) 开环伺服系统

开环伺服系统由步进电动机及其驱动电路构成，没有位置检测装置。数控系统发出指令脉冲经过驱动线路变换与放大，传给步进电动机。步进电动机每接受一个指令脉冲就旋转一个角度，再通过齿轮副和滚珠丝杠螺母副带动机床工作台移动。步进电动机的转速和转过的角度取决于指令脉冲的频率和数目，反映到工作台上就是工作台的移动速度和位移大小。由于没有检测和反馈环节，精度取决于步进电动机的步距精度和工作频率以及传动机构的传动精度，难以实现高精度加工；但它结构简单、成本较低，调试维修方便，适用于对精度、速度要求不十分高的经济型、中小型数控系统。

(2) 闭环伺服系统

闭环伺服系统由比较环节、驱动线路(位置控制和速度控制)、伺服电动机、检测反馈单元等组成。安装在工作台的位置检测装置，将工作台的实际位移量测出并转换成电信号，经反馈线路与指令信号进行比较，并将其差值经伺服放大，控制伺服电动机带动工作台移动，直至差值消除时才停止修正动作。该系统精度理论上仅取决于测量装置的精度，消除了放大和传动部分的误差，间隙误差等的直接影响。但系统较复杂，调试和维修较困难，对检测元件要求较高，且有一定的保护措施、成本高。适用于大型和比较精密的数控设备。

(3) 半闭环伺服系统

该系统与闭环伺服系统的不同之处仅在半闭环将检测元件装在传动链的旋转部位，它所检测的不是工作台的实际位移量，而是与位移量有关的旋转轴的转角量。精度比闭环差，但系统结构简单，便于调整，检测元件价格低，系统稳定性能好。这种系统广泛应用于中小型数控机床上。

2. 按使用的驱动元件分类

（1）电液伺服系统

电液伺服系统的执行元件为电液脉冲马达或电液伺服马达，其前一级为电气元件，驱动元件为液动机或液压缸。电液伺服系统在低速下可得到很高的输出力矩，刚性好，时间常数小，反应快且速度平稳。然而，液压系统需要油箱、油管等供油系统，体积较大；并有噪声、漏油等问题。数控机床发展的初期，多采用电液伺服系统，从20世纪70年代起逐步被电气伺服系统代替。

（2）电气伺服系统

电气伺服系统的执行元件为伺服电动机，驱动单元为电力电子器件，操作维护方便，可靠性高。现代数控机床均采用电气伺服系统。电气伺服系统按使用的进给驱动电动机不同可分为步进伺服系统、直流伺服系统、交流伺服系统和直线伺服系统。

3. 按被控对象分类

（1）进给伺服系统

进给伺服系统控制机床各坐标轴的切削进给运动，并提供切削过程所需的转矩，具有定位和轮廓跟踪功能。它包括速度控制环和位置控制环，是数控机床中要求最高的伺服控制。

（2）主轴伺服系统

主轴伺服系统控制机床主轴的旋转运动，为机床主轴提供驱动功率和所需的切削力。一般的主轴控制只是一个速度控制系统，但具有C轴控制的主轴伺服系统与进给伺服系统一样，为一般概念的位置伺服控制系统；刀库的位置控制是简易的位置伺服系统。

4. 按反馈比较控制方式分类

（1）数字-脉冲比较伺服系统

数字-脉冲比较伺服系统是闭环伺服系统中的一种控制方式。它是将数控装置发出的数字（或脉冲）指令信号与检测装置测得的以数字（或脉冲）形式表示的反馈信号直接进行比较，以产生位置误差，达到闭环及半闭环控制。数字-脉冲比较伺服系统结构简单，容易实现，整机工作稳定，在应用十分普遍。

（2）相位比较伺服系统

该伺服系统中，位置检测装置采用相位工作方式，指令信号与反馈信号都变成某个载波的相位，通过两者相位的比较，获得实际位置与指令位置的偏差，实现闭环及半闭环控制。相位比较伺服系统适用于感应式检测元件（如旋转变压器，感应同步器）的工作状态；由于载波频率高，响应快，抗干扰性强，很适于连续控制的伺服系统。

（3）幅值比较伺服系统

幅值比较伺服系统是以位置检测信号的幅值大小来反映机械位移量的数值，并以此作为位置反馈信号与指令信号进行比较构成的闭环控制系统。这种伺服系统实际应用较少。

（4）全数字控制伺服系统

随着微电子技术、计算机技术和伺服控制技术的发展，数控机床的伺服系统已开始采用高速、高精度的全数字控制伺服系统。即由位置、速度和电流构成的三环反馈控制全部数字化，使伺服控制技术从模拟方式、混合方式走向全数字化方式。全数字伺服系统采用了许多新的控制技术和改进伺服性能的措施，使控制精度和品质大大提高，使用灵活，柔性好。

7.1.2 伺服系统的组成

伺服系统主要由4部分组成：控制器、功率驱动装置、检测反馈装置和伺服电动机(M)，如图7.1所示。控制器按照数控系统的给定值和检测反馈装置的实际运行值之差调节控制量，由位置调解单元、速度调解单元和电流调解单元组成。控制器最多可构成三闭环控制：外环是位置环，中环是速度环，内环是电流环。位置环由位置调节控制模块、位置检测和反馈控制部分组成；速度环由速度比较调节器、速度反馈和速度检测装置组成；电流环由电流调节器、电流反馈和电流检测环节组成。

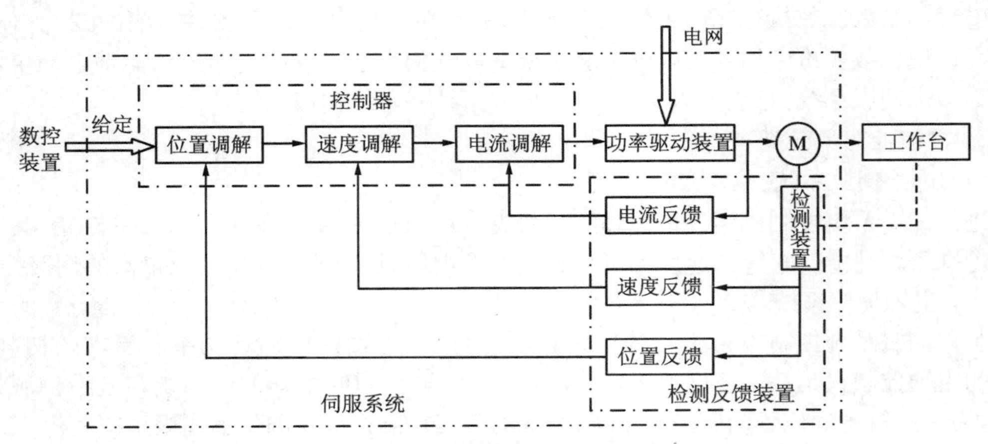

图7.1 伺服系统结构图

功率驱动装置由驱动信号产生电路和功率放大器等组成。作为系统的主回路，功率驱动装置一方面按控制量的大小将电网中的电能作用到电动机上，调节电动机转矩的大小，另一方面按电动机的要求把恒压恒频的电网供电转换为电动机所需的交流电或直流电，电动机按供电大小拖动机械运转。闭环和半闭环伺服系统通常使用直流伺服电动机或交流伺服电动机作为执行元件；而开环伺服系统通常使用步进电动机。

在闭环伺服系统中，检测装置安装在工作台上，直接检测工作台的位置和速度；而半闭环伺服系统将检测装置装在传动链的旋转部位，它所检测的不是工作台的实际位置和速度，而是与位置和速度有关的旋转轴的转角和转速；在开环系统中，插补脉冲经功率放大后直接控制步进电动机，在步进电动机轴上或工作台上没有速度或位置检测装置，因而，就没有速度反馈和位置反馈环节。

图7.1中的具体内容变化多样，其中任何部分的变化都可构成不同种类的伺服系统。如改变驱动电动机的类型，可构成直流伺服或交流伺服；改变控制器实现方法的不同，可构成模拟伺服或数字伺服；改变控制器中闭环的多少，可构成开环控制系统、半闭环控制系统或闭环控制系统。

7.1.3　数控机床对伺服系统的要求

进给伺服系统和主轴伺服系统在很大程度上决定了数控机床的性能优劣，数控机床对这两种伺服系统的要求如下。

1. 数控机床对进给伺服系统的要求

(1) 调速范围要宽，低速能输出大转矩

调速范围是指机械装置要求电动机能提供的最高进给速度与最低进给速度之比。由于加工所用刀具、被加工零件材质，以及零件加工要求的变化范围很广，为了保证在所有的加工情况下都能得到最佳切削条件和加工质量，要求进给速度能在很大的范围内变化，即有很大的调速范围。调速范围一般要大于1∶10000，达到1∶24000就足够了。另外，在较低的速度下进行切削时，要求伺服系统能输出较大的转矩，以防止出现低速爬行现象。

(2) 精度要高

精度指伺服系统的输出量跟随输入量的精确程度。为满足数控加工精度的要求，关键是保证数控机床的定位精度和进给跟踪精度。位置伺服系统的定位精度一般要求达到1 μm甚至0.1 μm。一般脉冲当量越小，机床的精度越高。

(3) 快速响应并无超调

快速响应是伺服系统动态品质的重要指标，反映了系统的跟踪精度。为保证轮廓加工精度和表面质量，要求伺服系统跟踪指令信号的响应要快。这一方面要求过渡过程时间短，一般要在200 ms以内，甚至小于几十毫秒；另一方面要求超调量小。这两方面的要求往往是矛盾的，实际应用中要按工艺加工要求采取一定措施，做出合理的选择。

(4) 稳定性要好，可靠性要高

稳定性指系统在给定输入或外界干扰作用下，能经过短暂的调节达到新的或恢复到原来平衡状态。伺服系统要具有较强的抗干扰能力，以保证进给速度均匀、平稳。系统的可靠性用平均无故障时间来衡量，时间越长可靠性越好。

此外，伺服系统还要求有较强的过载能力，有足够的传动刚性，电动机的惯量能与移动部件的惯量相匹配，伺服电动机能够频繁启停，以及可逆运行。

2 . 数控机床对主轴伺服系统的要求

(1) 足够的输出功率。

数控机床的主轴负载高速时近似于恒功率，即当机床的主轴转速高时，输出转矩小；转速低时，输出转矩大。这就要求主轴驱动装置也要具有恒功率的性质，并要求主轴在整个范围内均能提供切削所需功率，即恒功率范围要宽。

(2) 调速范围要宽

一般要求主轴驱动装置能在1:(100～1000)范围内进行恒转矩和1:10以上范围内进行恒功率调速。数控机床的变速是依指令自动进行的，要求能在较宽的转速范围内进行无级调速，并减少中间传递环节，简化主轴箱。

(3) 定位准停功能

为使数控车床具有螺纹切削等功能，要求主轴能与进给驱动实行同步控制；在加工中心上，为了自动换刀，还要求主轴具有高精度的准停功能。

此外，主轴驱动也要求速度精度高、响应时间短，具有四象限驱动能力。

目前国内外数控伺服系统的发展方向是交流化、全数字化、采用新型电力电子半导体器件、高度集成化、智能化、模块化与网络化。

7.2 步进电动机及开环进给伺服系统

步进电动机及其进给伺服系统主要用于数控机床的开环伺服控制。由单片机或微机控制的数控装置发出的指令脉冲信号，经过环形分配器、功率放大器、步进电动机、减速齿轮箱、滚珠丝杠螺母副转换成工作台的移动。一般适用于中、小型的经济型数控机床。

目前，也有采用步进电动机驱动的数控机床同时采用了位置检测元件，构成了反馈补偿型的驱动控制结构，大大提高了开环进给伺服系统的性能。

7.2.1 步进电动机

步进电动机是一种将电脉冲信号变换成相应的角位移或直线位移的机电执行元件。

1. 步进电动机的类型

步进电动机的分类方法很多，根据不同的分类方式，可将步进电动机分为多种类型，如表 7.1 所示。

表 7.1 步进电动机的类型

分类方式	具体类型
转矩产生原理	(1) 反应式(磁阻式)；(2) 永磁式；(3) 永磁感应式(混合式)
输出力矩大小	(1) 伺服式：只能驱动较小负载，一般与液压扭矩放大器配用才能驱动机床工作台等较大负载； (2) 功率式：可以直接驱动机床工作台等较大负载
相数	(1) 三相；(2) 四相；(3) 五相；(4) 六相
各相绕组分布	(1) 径向分相式：电动机各相按圆周依次排列； (2) 轴向分相式：电动机各相按轴向依次排列
运动方式	(1) 旋转运动式；(2) 直线运动式；(3) 平面运动式；(4) 滚切运动式
定子数	(1) 单定子式；(2) 双定子式；(3) 三定子式；(4) 多定子式

2. 步进电动机的结构

下面分别介绍按转矩产生原理划分的反应式步进电动机、永磁式步进电动机和永磁感应式步进电动机的结构。

(1) 反应式步进电动机

反应式步进电动机又称磁阻式步进电动机，是我国目前数控机床中应用最为广泛的一种步进电动机。典型的径向三相反应式旋转步进电动机结构如图 7.2 所示，由定子和转子构成，其中定子又由定子铁芯和定子(励磁)绕组构成。定子铁芯由电工硅钢片叠压而成，定子绕组是绕置在定子铁芯6个均匀分布的齿上的线圈，在直径方向上相对的两个齿上的线圈串联在一起，构成一相控制绕组。图示步进电动机可构成A、B、C三相控制绕组，故称三相步进电动机。若任一相绕组通电，便形成一组定子磁极，如图7.2所示的NS极。定子的每个磁极正对转子的圆弧面上都均匀分布着5个小齿，呈梳状排列，齿槽等宽，齿间夹角为9°。转子上没有绕组，只有均匀分布的40个小齿，其大小和间距与定子上的完全相同。另外，三相定子磁极上的小齿在空间位置上依次错开1/3齿距，如图7.3(a)所示。当A相磁极上的小齿与转子上的小齿对齐时，B相磁极上的齿刚好超前(或滞后)转子齿1/3齿距角，即3°；C相磁极齿超前(或滞后)转子齿2/3齿距角。步进电动机每走一步所转过的角度称为步距角，其大小等于错齿的角度。错齿角度的大小取决于转子上的齿数和磁极数；转子齿数和磁极数越多，步距角越小，步进电动机的位置精度越高，其结构也越复杂。

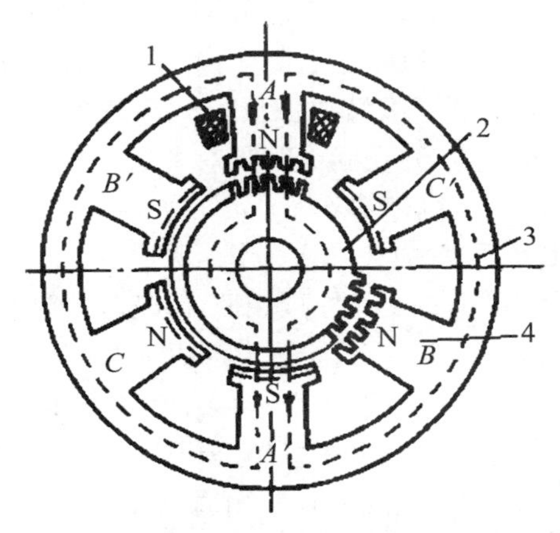

图7.2　径向三相反应式旋转步进电动机结构原理图

1—定子绕组；2—转子铁芯(一周有齿)；
3—A相磁通 Φ_A；4—定子铁芯

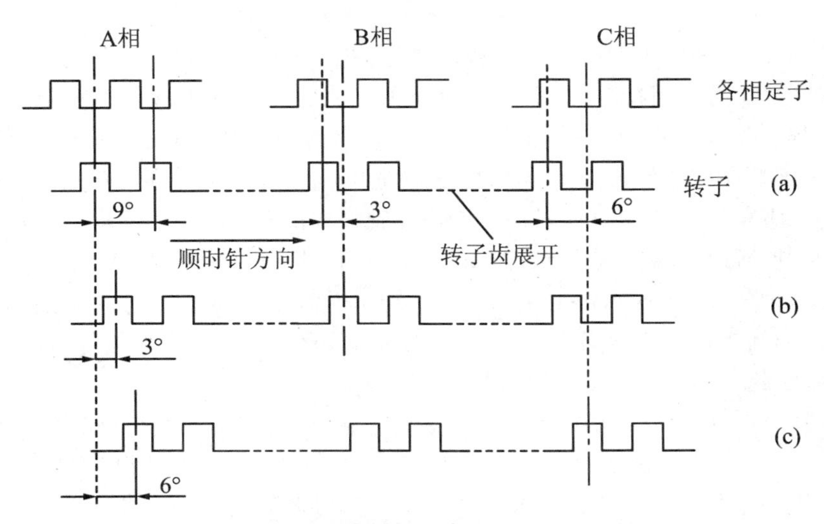

图7.3　步进电动机的齿距及工作原理图

反应式步进电动机还有一种轴向分相的多段式结构，定子和转子铁芯都分成多段(三、四、五、六段等)，每一段依次错开排列为A、B、C、D、E等相，每一相都独立形成定子铁芯、定子绕组和转子，各段定子上的齿在圆周方向上均匀分布，彼此错开一定齿距，但其转子齿不错位。

(2) 永磁式步进电动机

永磁式步进电动机的定子和转子中的某一方使用永久磁钢，另一方由软磁材料制成，其上有励磁绕组。绕组轮流通电，建立的磁场与永久磁钢的恒定磁场相互作用产生转矩。永磁式步进电动机控制功率小，效率高；内阻尼较大，单步振荡时间短；断电后具有一定的定位转矩。但永磁式步进电动机步距角较大(大于5°)，在数控机床中很少应用。

(3) 永磁感应式步进电动机

永磁感应式步进电动机又称为混合式步进电动机。其转子由环行磁钢及两段铁芯构成，环行磁钢在转子的中部，轴向充磁，两段铁芯分别装在磁钢的两端，转子的铁芯上也有如反应式步进电动机那样的小齿，但两段铁芯上的小齿相互错开半个齿距，定子和转子小齿的齿距相同。永磁感应式步进电动机可以做成像反应式步进电动机一样的小步距，也具有永磁式步进电动机控制功率小的优点，并在断电时具有一定的保持转矩。因而，永磁感应式步进电动机有取代反应式步进电动机的趋势。

3. 反应式步进电动机工作原理

步进电动机的结构虽各不相同，但工作原理相似，都是基于电磁力的吸引和排斥而产生转矩的。下面以图7.2所示的径向三相反应式步进电动机为例，来说明步进电动机的工作原理。

当A相绕组通电时，转子上的齿与定子AA'上的齿对齐，即如图7.3(a)所示情形；若A相断电，B相通电，在磁力的作用下，转子的齿与定子BB'上的齿对齐，即如图7.3(b)所示情形，转子沿顺时针方向转过了3°；若B相断电，C相通电，转子上的齿又与定子CC'上的齿对齐，即如图7.3(c)所示情形，转子又转过了3°。若控制线路不停地按A→B→C→A→…的顺序控制步进电动机绕组的通断电，步进电动机的转子便不停地顺时针转动；若通电顺序改为A→C→B→A→…，步进电动机的转子将逆时针转动。这种通电方式称为三相单三拍，“单”是指每次只有一相绕组通电，“三拍”是指每三次换接为一个循环。

由于每次只有一相绕组通电，在切换瞬间将失去自锁转矩，容易失步；另外，只有一相绕组通电，易在平衡位置附近产生振荡，稳定性不好。另一种通电方式为三相双三拍，即通电顺序按AB→BC→CA→AB→…(转子顺时针转动)或AC→CB→BA→AC→…(转子逆时针转动)进行，转子处在稳定位置时，其齿不与任何通电相定子的齿对齐，而停在两相定子齿的中间位置，其步距角仍为3°。由于三相双三拍控制每次都有两相绕组通电，而且切换时总保持一相绕组通电，所以运转比较稳定。如果按A→AB→B→BC→C→CA→A→…(转子顺时针转动)或A→AC→C→CB→B→BA→A→…(转子逆时针转动)的顺序进行通电，则称为三相六拍。这种控制方式步距角为1.5°，因而精度更高，且转换过程中始终保持有一相绕组通电，工作稳定，因此实际中大量采用这种控制方式。

综上所述，可得到如下结论：

① 定子绕组所加电源要求是脉冲电流形式，故步进电动机也称为脉冲电动机。

② 步进电动机定子绕组的通电状态每改变一次，即送给步进电动机一个电流脉冲，其转子便转过一个确定的角度，即步距角α；脉冲数增加，角位移随之增加；无脉冲电动机停止。

③ 改变步进电动机定子绕组的通电顺序，转子的旋转方向也随之改变。

④ 步进电动机定子绕组通电状态的改变速度越快，其转子旋转的速度越快，即脉冲频率越高，转子的转速越高；但脉冲频率不能过高，否则容易引起失步或超步。

4. 反应式步进电动机主要特性

(1) 步距角和静态步距误差

步距角 α 与定子绕组的相数 m、转子的齿数 z 及通电方式 k 有关，其关系为

$$\alpha = \frac{360^\circ}{mzk} \tag{7-1}$$

式中，m 为定子绕组相数；z 为转子齿数；k 为拍数与相数的比例系数，m 相 m 拍时，$k=1$，m 相 $2m$ 拍时，$k=2$。

步距角是决定开环伺服系统脉冲当量的重要参数。数控机床中，常见的反应式步进电动机的步距角为 $0.5^\circ \sim 3^\circ$。一般情况下，步距角越小，加工精度越高。静态步距误差指在空载情况下，理论的步距角与实际的步距角之差，以分表示，一般在 $10'$ 以内。上述步距误差的累积值称为步距的累积误差，对旋转式步进电动机而言，每转一周都有固定的步数，从理论上讲，没有累积误差，但存在相邻误差。步距误差主要由步进电动机齿距制造误差，定子和转子间气隙不均匀，及各相电磁转矩不均匀等因素造成的。步距误差直接影响工件的加工精度和电动机的动态特性。

(2) 静态转矩与矩角特性。

当步进电动机在某相通电时，转子处于不动状态。这时，在电动机轴上加一个负载转矩，转子就按一定方向转过一个角度 θ，此时转子所受的电磁转矩 M 称为静态转矩，角度 θ 称为失调角。M 和 θ 的关系称为矩角特性。如图 7.4 所示，该特性上的电磁转矩最大值称为最大静转矩 M_{max}。在一定范围内，外加转矩越大，转子偏离稳定平衡的距离就越远。其中，$\theta=0$ 的位置是稳定平衡点，$\theta=\pm\theta_s/2$ 的位置是不稳定平衡点；在静态稳定区内，当外加转矩除去时，转子在电磁转矩作用下，仍能回到稳定平衡点位置。

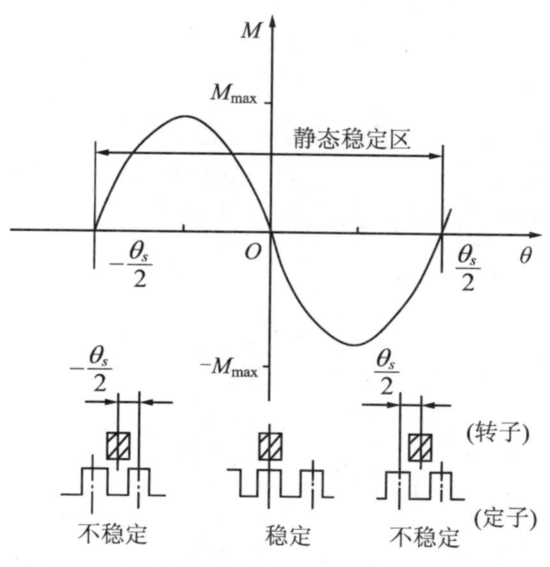

图 7.4　步进电动机静态矩角特性和静态稳定区

(3) 启动频率

启动频率 f_q 指空载时，步进电动机由静止状态突然启动，并进入不丢步的正常运行的最高频率。启动时，步进电动机接到的指令脉冲应小于启动频率，否则将产生失步。步进电动机带负载(尤其是惯性负载)下的启动频率要比空载启动频率低，并随着负载加大(在允许范围内)，启动频率会进一步降低。

(4) 连续运行的最高工作频率

步进电动机启动后，保证连续不丢步运行的极限频率 f_{max}，称为最高工作频率。它决定了定子绕组通电状态下最高变化的频率，即决定了步进电动机的最高转速。连续运行最高工作频率通常是启动频率的 4～10 倍。随着步进电动机的运行频率增加，其输出转矩相应下降，所以最高工作频率受所带负载的性质和大小影响，也与驱动电源有很大关系。

(5) 加减速特性

加减速特性是描述步进电动机由静止到工作频率和由工作频率到静止的加减速过程中，定子绕组通电状态的变化频率与时间的关系。当要求步进电动机启动到大于启动频率的工作频率时，变化速度必须逐渐上升；同样，从最高工作频率或大于启动频率的工作频率到停止时，变化速度必须逐渐下降。逐渐上升和逐渐下降的加减速时间不能过短，否则会出现失步或超步。一般用加速时间常数 T_a 和 T_d 来描述步进电动机的升速和降速特性，如图 7.5 所示。

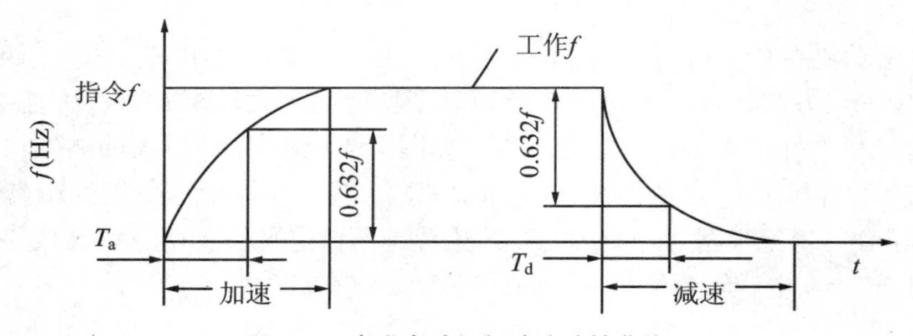

图 7.5 步进电动机加减速特性曲线

(6) 矩频特性与动态转矩

矩频特性是描述步进电动机连续稳定运行时输出转矩 M 与连续运行频率 f 之间的关系。如图 7.6 所示，该特性曲线上每一个频率所对应的转矩称为动态转矩。步进电动机正常运行时，动态转矩随连续运行频率的上升而下降。

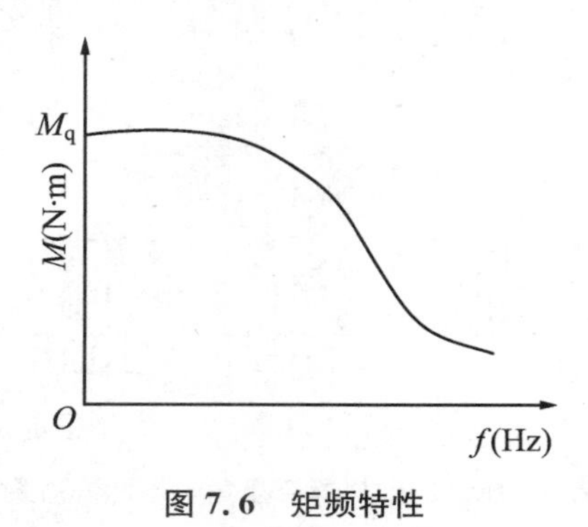

图 7.6 矩频特性

7.2.2 开环进给伺服系统

1. 控制原理

以下分析开环进给伺服系统对工作台位移量、进给速度、运动方向的控制方法。

(1) 工作台位移量的控制

数控装置发出 N 个进给脉冲，经驱动线路放大后，转化成步进电动机定子绕组通/断电的电流变化次数 N，使步进电动机定子绕组的通电状态改变了 N 次，因而也就决定了步进电动机的角位移量 ψ 为

$$\psi = N\alpha \tag{7-2}$$

式中，α 为步距角(°)。

对于工作台为直线进给的系统，如图 7.7 所示，角位移量 ψ 再经减速齿轮、滚珠丝杠螺母后，转变为工作台的直线位移量 L。由图可知，开环步进进给伺服系统的脉冲当量 δ(mm)为

$$\delta = \frac{\alpha}{360} ih \tag{7-3}$$

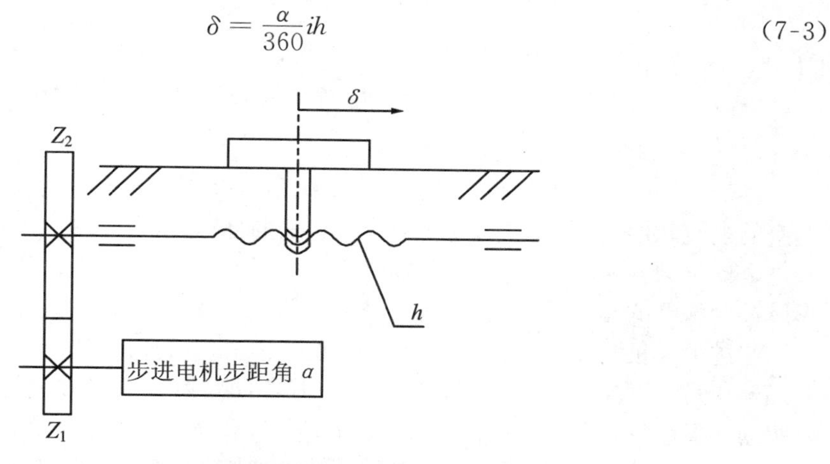

图 7.7　步进电动机开环伺服系统的传动

式中，α 为步距角(°)；h 为滚珠丝杠导程(mm)；i 为齿轮传动比，$i=\frac{Z_1}{Z_2}$。

增设减速齿轮的目的，一方面可协调系统各参数之间的比例关系，另一方面可调整速度，增大力矩，降低电动机功率。

(2) 工作台进给速度的控制

系统中进给脉冲频率 f 经驱动放大后，就转化为步进电动机定子绕组通/断电状态变化的频率，因而就决定了步进电动机转子的转速 ω。对于工作台为直线进给的系统，如图 7.7 所示，步进电动机转速 ω 经减速齿轮、滚珠丝杠螺母后，体现为工作台的直线进给速度 v(mm/min)，即为

$$v = 60\delta f \tag{7-4}$$

式中，δ 为脉冲当量(mm)；f 为脉冲频率(Hz)。

(3) 工作台运动方向的控制

改变步进电动机输入脉冲信号的循环顺序，即可改变步进电动机定子绕组中电流的通断循环顺序，从而实现步进电动机的正反转，相应工作台的进给运动方向也随之改变。

综上所述，数控装置输入的进给脉冲数量、频率、循环顺序，经驱动控制电路到达步进电动机后，可以转换为工作台的位移量、进给速度和进给方向。

2. 步进电动机的驱动控制器

通常加到步进电动机的定子绕组上的电脉冲信号是由步进电动机的驱动控制器给出的，驱动控制器由环形脉冲分配器和功率放大器两部分组成，控制结构如图 7.8 所示。步进电动机的运行性能是步进电动机和驱动控制器的综合结果。

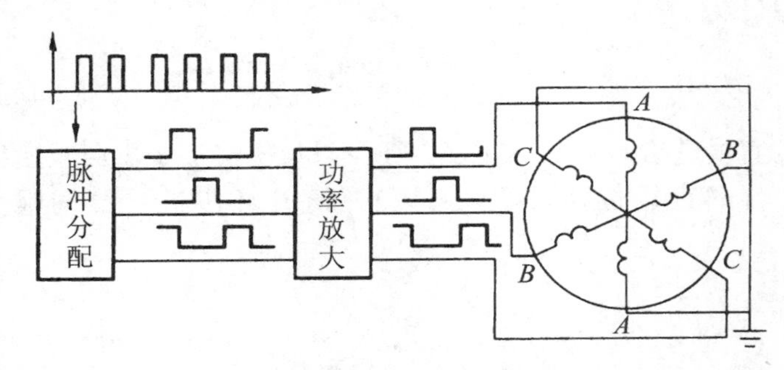

图 7.8 步进电动机控制电路

(1) 环形脉冲分配器

环形脉冲分配器主要功能是将逻辑电平信号(弱电)变换成电动机绕组所需的具有一定功率的电流脉冲信号(强电)，即将数控装置的插补脉冲，按步进电动机所要求的规律分配给步进电动机的各相输入端，以控制励磁绕组的通、断电。由于电动机有正、反转要求，所以环形脉冲分配器的输出是周期性的，又是可逆的。

步进电动机驱动装置分为两类：一类是其本身包括环形脉冲分配器，称为硬件环形脉冲分配器，数控装置只要发脉冲即可，每一个脉冲即对应电动机转过一个固定的角度；另一类是驱动装置没有环形脉冲分配器，环形分配须由数控装置中的计算机软件来完成，称为软件环形脉冲分配器，由数控装置直接控制步进电动机各相绕组的通、断电。

① 硬件环形脉冲分配器

如图 7.9 所示，为三相硬件环形脉冲分配驱动与数控装置的连接方法。环形分配器的输入、输出信号一般均为 TTL 电平，输出 A、B、C 信号变为高电平表示相应的绕组通电，低电平则表示相应的绕组失电；CLK 为数控装置所发脉冲信号，每一个脉冲信号的上升或下降沿到来时，输出则改变一次绕组的通电状态；DIR 为数控装置所发方向信号，其电平的高低即对应电动机绕组通电顺序的改变，即步进电动机的正、反转；FULL/HALF 用于控制电动机的整步(对三相步进电动机即为三拍运行)或半步(对三相步进电动机即为六拍运行)，一般情况下，根据需要将其接在固定的电平上即可。

环形脉冲分配器是根据步进电动机的相数和控制方式设计的，可以用门电路及逻辑电路构成。现介绍图 7.10 所示的三相六拍环形脉冲分配器工作原理，该电路由与非门和 J-K 触发器构成，指令脉冲加到三个触发器的时钟输入端 C，旋转方向由正、反控制端的状态决定。当正向控制端状态为“1”时，反向控制端状态为“0”，此时正向旋转。初始时，由置“0”信号将 3 个触发器都置为“0”，由于 A 相接到 $\bar{Q}_3$ 端，故此时 A 相通电，随着指令脉冲的不断到来，各相通电状态不断变化，按照 A→AB→B→BC→C→CA→A→…次序通电。步进电动机反向旋转时，是由反走控制信号“1”状态控制(此时，正向控制端为“0”)，通电次序为 A→AC→C→CB→B→BA→A→…。

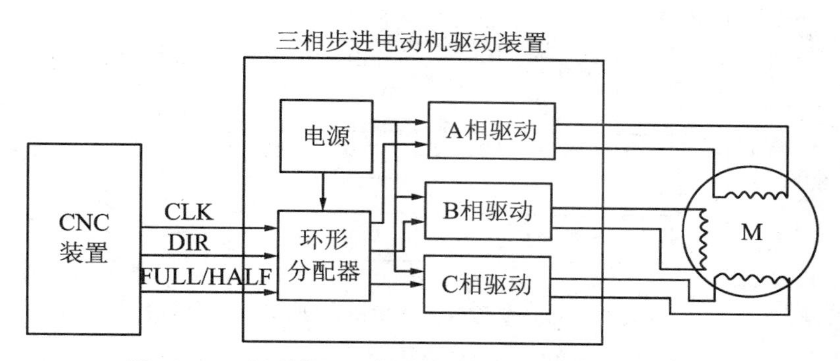

图 7.9　三相硬件环形脉冲分配驱动与数控装置的连接

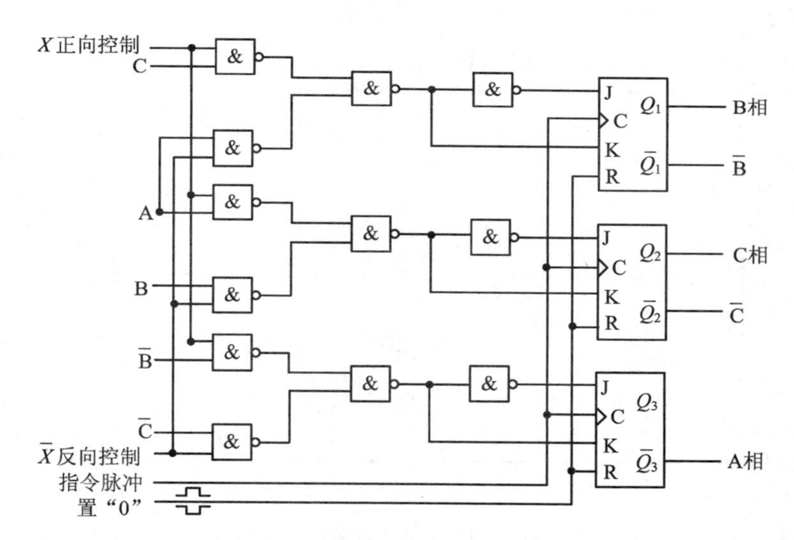

图 7.10　三相六拍环形脉冲分配器的原理线路图

目前，实用的环形脉冲分配器均是专用集成芯片，按其电路结构不同，可分为 TTL 集成电路和 CMOS 集成电路，TTL 集成电路的如 YBO13(三相)、YBO14(四相)、YBO15(五相)、YBO16(六相)等，CMOS 集成电路的如 CH250。

② 软件环形脉冲分配器

在计算机控制的步进电动机驱动系统中，可以采用软件的方法实现环形脉冲分配。软件环形脉冲分配器的设计方法有很多，如查表法、比较法、移位寄存器法等，其中常用的是查表法。

如图 7.11 所示，为一个 8031 单片机与步进电动机驱动电路接口连接的方法。P1 口的 3 个引脚经过光电隔离、功率放大后，分别与电动机的 A、B、C 连接。当采用三相六拍方式时，电动机正转的通电次序为 A→AB→B→BC→C→CA→A→…，反转的通电次序为 A→

AC→C→CB→B→BA→A→…，它们的环行分配如表 7.2 所示。把表中的数值按顺序存入内存的 EPROM 中，并分别设定表头的地址为 TAB0，表尾的地址为 TAB5。计算机的 P1 口按从表头开始逐次加 1 的顺序变化，电动机正向旋转。如果按从 TAB5 逐次减 1 的顺序变化，则电动机反转。

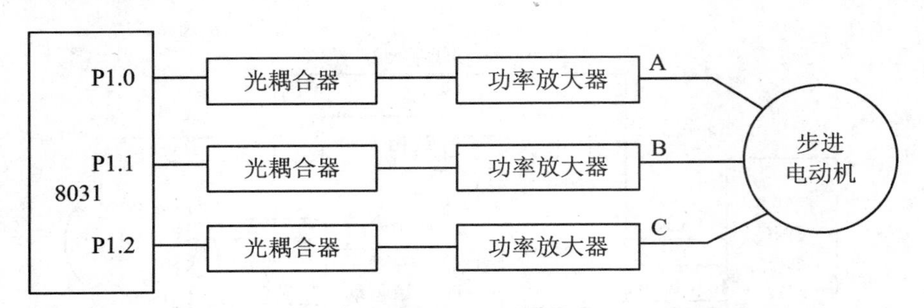

图 7.11 单片机控制的步进电动机驱动电路框图

采用软件进行脉冲分配虽然增加了软件编程的复杂程度，但省去了硬件环形脉冲分配器，系统减少了器件，降低了成本，也提高了可靠性。

表 7.2 计算机的三相六拍环形分配表

步 序	导电相	工作状态	数值(16 进制)	程序的数据表
正转 反转		CAB		TAB
↓ ↑	A	001	01H	TAB_0 DB 01H
	AB	011	03H	TAB_1 DB 03H
	B	010	02H	TAB_2 DB 02H
	BC	110	06H	TAB_3 DB 06H
	C	100	04H	TAB_4 DB 04H
	CA	101	05H	TAB_5 DB 05H

(2) 功率放大器

功率放大器将环形分配器输出的脉冲信号放大，以用足够的功率来驱动步进电动机。步进电动机的每一相绕组都有一套功率放大电路，主要由硬件实现。功率放大器从工作原理来看，有单电压、高低电压、斩波恒流、调频调压等。

① 单电压功率放大器

如图 7.12(a)所示，为一种典型的单电压功率放大器，L 为步进电动机励磁绕组的电感，R_L 为绕组的电阻，R_C 为限流电阻；为了减少回路的时间常数 $L/(R_L+R_C)$，电阻 R_C 并联一电容 C，使回路电流上升沿变陡，提高了步进电动机的高频性能和启动性能。续流二极管 VD 和阻容吸收回路 RC 是功率管 VT 的保护电路，在 VT 由导通到截止瞬间释放电动机电感产生的高的反电势。

单电压驱动电路优点是线路简单。缺点是：限流电阻 R_C 消耗能量大，电流脉冲前、后沿不够陡(图 7.12(b))，改善了高频性能后，低频工作时振荡有所增加，特性变坏。这种电路常用于功率较小且要求不高的场合。

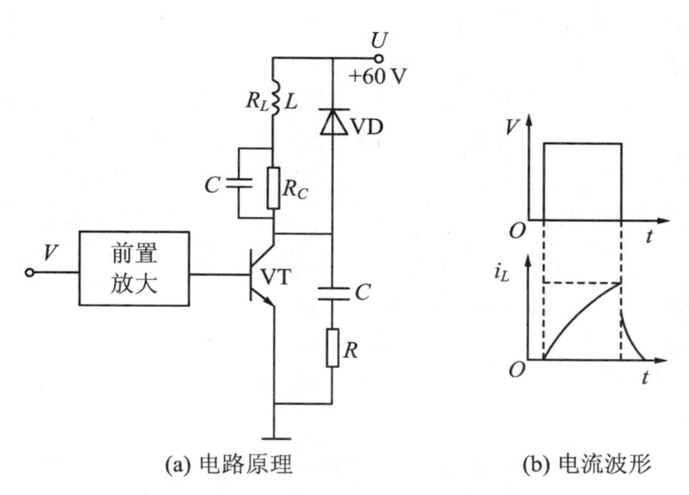

(a) 电路原理　　(b) 电流波形

图7.12　单电压功率放大器原理图

② 高低电压功率放大器

高低电压功率放大器是单电压功率放大器的改进型，如图7.13(a)所示。它供给步进电动机绕组两种电压，以改善电动机启动时的电流前沿特性。一种是高电压U_1，为80～150 V；另一种是低电压U_2，为5～20 V。在绕组指令脉冲到来时，脉冲的上升沿使VT_1和VT_2同时导通。由于二极管VD_1的作用，使绕组只加上高电压U_1，绕组的电流很快达到规定值。达到规定值后，VT_1的输入脉冲先变成下降沿，使VT_1截止，电动机由低电压U_2供电，维持规定电流值，直到VT_2输入脉冲下降沿到来VT_2截止。下一绕组循环这一过程。

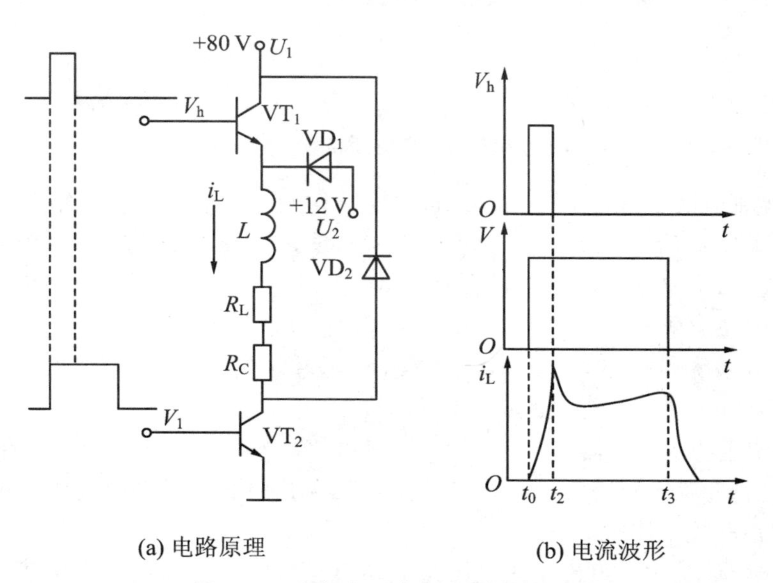

(a) 电路原理　　(b) 电流波形

图7.13　高低电压功率放大器原理图

由于采用高压驱动，电流增长快，绕组电流前沿变陡，提高了电动机的工作频率和高频时的转矩；同时由于额定电流是由低电压维持，只需阻值较小的限流电阻R_C，故功耗较低。其缺点是电路较复杂；在高低压衔接处的电流波形定部有下凹(图7.13(b))，将造成高频输出转矩下降并影响电动机运行平稳性。

③ 斩波恒流功率放大器

斩波恒流功率放大器是利用斩波方法使电流维持在额定值附近。如图 7.14(a)所示，工作时 V_{in}端输入步进方波信号，当 V_{in}为"0"电平，由与门 A_2输出的 V_b为"0"电平，功率管 VT 截止，绕组 L 上无电流通过，采样电阻 R_3上无反馈电压，A_1放大器输出高电平；而当 V_{in}为"1"电平时，由与门 A_2输出的 V_b也是"1"电平，功率管 VT 导通，绕组 W 上有电流通过，采样电阻 R_3上出现反馈电压 V_f，由分压电阻 R_1、R_2得到的设定电压和反馈电压相减来决定 A_1输出电平的高低，再由与门 A_2来控制 V_{in}信号是否通过。当 $V_{ref}>V_f$时，V_{in}信号通过与门，形成 V_b正脉冲，打开功率管 VT；反之，当 $V_{ref}<V_f$时，V_{in}信号被截止，无 V_b正脉冲，功率管 VT 截止。这样在一个 V_{in}脉冲内，功率管 VT 多次通断，使绕组电流在设定值上下波动。各点波形如图 7.14(b)所示。

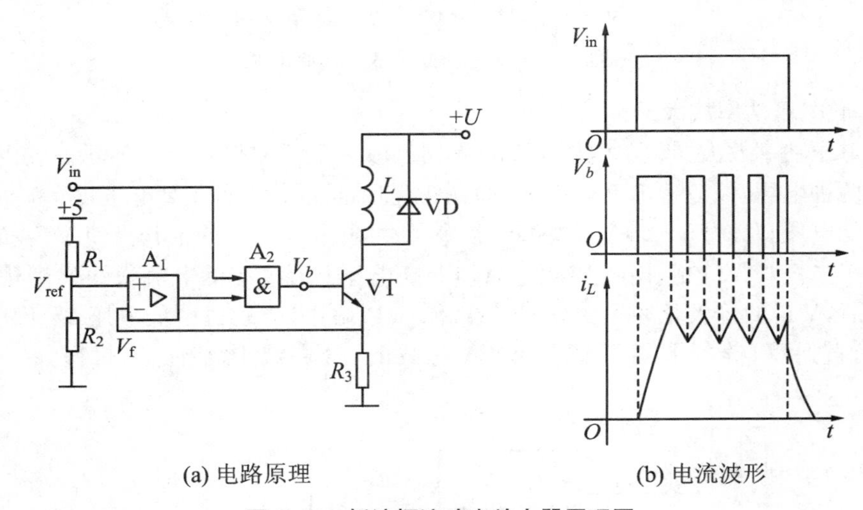

(a) 电路原理 (b) 电流波形

图 7.14 斩波恒流功率放大器原理图

在这种控制方法中，由于采样电阻 R_3的反馈作用，使绕组上的电流可以稳定在额定值附近，与外加电压 U 大小无关，是一种恒流驱动方案，对电源要求较低；绕组电流也与步进电动机的转速无关，可保证在很大频率范围内都输出恒定的转矩。与前两种电路相比，驱动电路虽较复杂，但绕组的脉冲电流边沿较陡；采样电阻 R_3的阻值较小(一般为 0.2 Ω)，所以主回路电阻较小，系统的时间常数较小，反应较快，功率小、效率高。这种功放电路在实际中经常采用。

④ 调频调压功率放大器

从上述几种驱动电路可看出，为了提高系统的高频响应，可以提高供电电压，加快电流上升前沿，但在低频工作时，步进电动机的振荡加剧，甚至失步。

调频调压驱动是对绕组提供的电压与电动机运行频率之间建立直接建立联系，即为了减少低频振荡，低频时保证绕组电流上升的前沿较缓慢，使转子在到达新的平衡位置时不产生过冲；而在高频时使绕组中的电流有较陡的前沿，产生足够的绕组电流，提高电动机驱动负载能力。这就要求低频时用较低的电压供电，高频时用较高的电压供电。

调频调压控制可由软件配合适当硬件电路实现，如图 7.15 所示。U_{CT}是开关调压信号，

U_{CP}是步进控制脉冲信号，两者都由 CPU 输出。当U_{CT}为负脉冲信号时，VT_1和 VT_2导通，电源电压U_1作用在电感L_s和电动机绕组L上，L_s感应出负电动势，电流逐渐增大，并对电容C充电，充电时间由U_{CT}的负脉冲宽度 t_{on}决定。在U_{CT}负脉冲过后，VT_1和 VT_2截止，L_s又产生感应电动势，其方向是U_2处为正。此时，若 VT3 导通，该感应电动势便经电动机绕组L→R→VT_3→地→VD_1→L_s回路泄放，同时电容C也向绕组L放电。由此可见，向电动机供电的电压 U_2取决于 VT_1和 VT_2的导通时间，即取决于负脉冲U_{CT}的宽度。负脉冲宽度t_{on}越大，U_2越高。因此，根据U_{CP}的频率，调整U_{CP}负脉冲宽度t_{on}，便可实现调频调压。

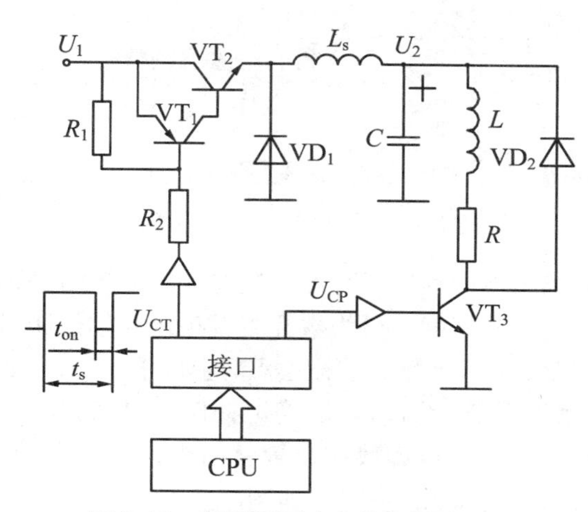

图 7.15　调频调压功率放大器原理图

调频调压驱动方式综合了高低压驱动和斩波恒流驱动的优点，是一种值得推广的步进电动机驱动电路。

3. 提高开环进给伺服系统精度的措施

步进式伺服系统一般没有位置检测装置，因而不能构成反馈回路，是一个开环系统。在此系统中，机械传动部分的结构和质量、步进电动机的质量和控制电路的性能，均影响到系统的工作精度。要提高该系统的工作精度，可考虑采用精密传动副，减小传动链中传动间隙，改善步进电动机的性能，减小步距角等方法。但这些方法往往由于结构和工艺的关系而受到一定的限制。为此，须从控制方法上采取一些措施，例如，传动间隙补偿，螺距误差补偿和细分线路。

(1) 传动间隙补偿

以步进电动机为执行元件的数控机床上加工零件，是依靠驱动装置带动齿轮、丝杠传动，进而推动机床工作台产生位移来实现。提高传动元件的齿轮、丝杠制造装配精度并采取消除传动间隙的措施，可以减小但不能完全消除传动间隙。当机械传动链在改变运动或旋转方向时，最初的若干个指令脉冲只能起到消除间隙的作用，造成步进电动机的空走，而工作台无实际移动，从而产生传动误差。传动间隙补偿的基本方法为：事先测出传动间隙的大小，作为参数存储在 RAM 中；每当接受到反向位移指令，首先不向步进电动机输送反向位移脉冲，而是将间隙值换算为脉冲数N，驱动步进电动机转动，越过传动间隙，待间隙补偿结束后再按指令脉冲进行动作，其示意如图 7.16 所示。

(2) 螺距误差补偿

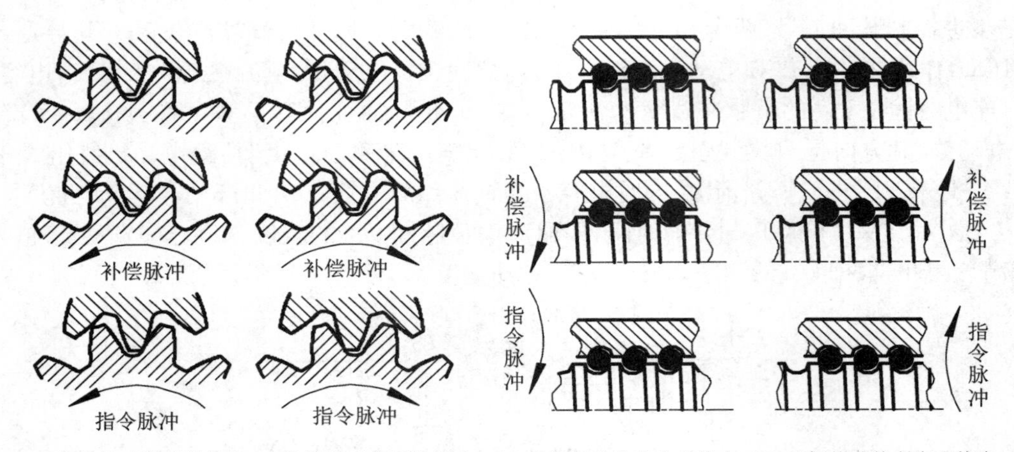

(a) 齿轮传动逆时针换向 (b) 齿轮传动顺时针换向 (c) 丝杠传动从右向左换向 (d) 丝杠传动从左向右换向

图 7.16 传动间隙补偿示意图

传动链中的滚珠丝杠螺距不同程度地存在着制造误差,在步进式开环伺服系统中,螺距累积误差直接影响工作台的位移精度。可为数控装置提供自动螺距误差补偿功能来解决这个问题。设备进给精度调整时,设置若干个补偿点(通常可达 128～256 个),在每个补偿点处,把工作台的位置误差测量下来(图 7.17)以确定补偿值,作为控制参数输入给数控装置。设备运行时,工作台每经过一个补偿点,数控装置就向规定的方向加入一个设定的补偿量,补偿掉螺距误差,使工作台到达正确的位置。如图 7.17 所示,可以看出补偿前和补偿后工作台的位置误差情况。

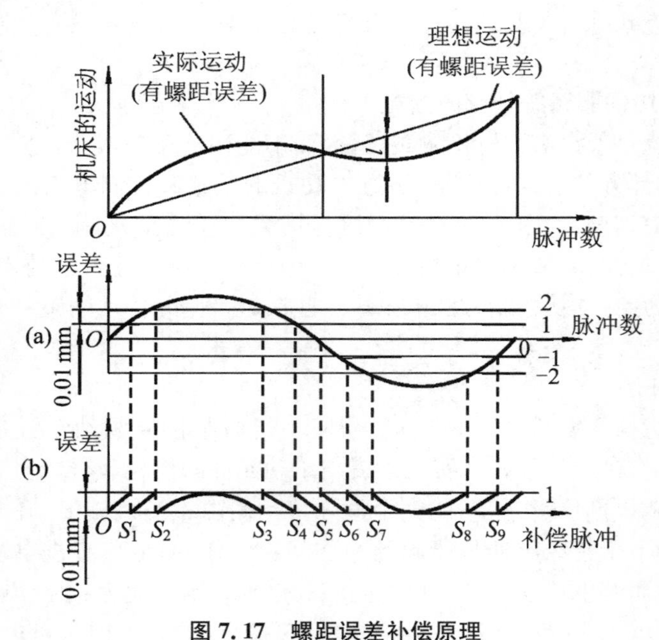

图 7.17 螺距误差补偿原理

(a) 补偿前误差;(b) 补偿后误差

(3) 细分线路

未细分控制的步进电动机,对应于一个通电脉冲转子转过一个步距角。步距角的大小只有两种，即整步工作或半步工作。但在双三拍通电方式下，三相步进电动机是两相同时通电的，转子的齿与定子的齿不对齐，而是停在两相定子齿的中间位置。若两相通以不同大小的电流，那么转子的齿不会停在两齿的中间，而是偏向通电电流较大的那个齿。如果把通向定子的额定电流分成 n 等份，转子以 n 次通电方式最终达到额定电流，使原来的每个脉冲走一个步距角，变成了每次通电走 $1/n$ 个步距角，即在进给速度不变的情况下，使脉冲当量缩小到原来的 n 分之一，从而提高了步进电动机的精度。这种将一个步距角细分成若干步的驱动方法称为细分驱动。目前国内外很多厂商生产的驱动控制器都带有细分的环形脉冲分配器，最大的细分数可达到几百步。

若无细分，定子绕组的电流是由零跃升到额定值的，相应的角位移如图 7.18(a)所示。采用细分后，定子绕组的电流要经过若干小步（这里十细分，故走十步）的变化，才能达到额定值，相应的角位移如图 7.18(b)所示。

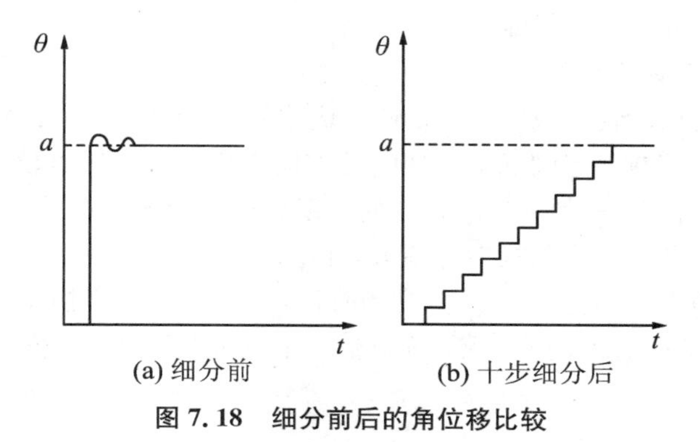

(a) 细分前　(b) 十步细分后

图 7.18　细分前后的角位移比较

7.3　直流伺服电动机及速度控制

20 世纪 70 年代，功率晶体管和晶体管脉宽调制（PWM）驱动装置的出现提高了直流（DC）伺服系统的性能并加速其应用与推广。直流伺服系统的执行机构是直流电动机，它具有响应速度快、精度和效率高、调速范围宽、负载能力大、机械特性较硬等优点；其缺点是结构复杂、价格昂贵，电刷限制了电动机转速的提高，且对防油、防尘要求严格，易磨损，须定期维护。当然，现在已研制出无电刷的直流电动机，能很好地克服上述缺点。

7.3.1　直流伺服电动机

1. 直流伺服电动机的类型

直流伺服电动机按电枢的结构与形状可分成平滑电枢型、空心电枢型和有槽电枢型等；按定子磁场的产生方式可分为永磁式和他励式两类；还可按转子转动惯量的大小分成大惯量、中惯量和小惯量伺服电动机。

2. 直流伺服电动机的结构

直流伺服电动机的类型虽然有很多种，但其结构主要包括三大部分。

（1）定子

定子磁极产生定子磁极磁场。他励式磁极由冲压硅钢片叠压而成，外绕线圈，通以直流电流产生磁场；永磁式磁极由永磁材料制成。

（2）转子

转子由硅钢片叠压而成，表面嵌有线圈，通以直流电流时，在定子磁场作用下产生带负载旋转的电磁转矩。

（3）电刷与换向片

为使产生的电磁转矩保持恒定方向，以保证转子能沿固定方向均匀地连续旋转，将电刷与外加直流电源连接，换向片与电枢线圈连接。

3. 直流伺服电动机的工作原理

（1）永磁式直流电动机工作原理

如图 7.19 所示，将直流电压加到 A、B 两电刷之间，电流从 A 刷流入，从 B 刷流出，载流导体 ab 在磁场中受到按左手定则确定的逆时针方向作用力，同理，载流导体 cd 也受到逆时针方向的作用力。因此，转子在逆时针方向的电磁转矩下旋转起来。当电枢转过 90°，电枢线圈处于磁极的中性面时，电刷与换向片断开，无电磁转矩作用；但由于惯性的作用，电枢将继续转动一个角度，当电刷与换向片再次接触时，导体 ab 和 cd 交换了位置（以中性面上下分），导体 ab 和 cd 中的电流方向改变了，这就保证了电枢受到的电磁转矩方向不变，因而电枢可以连续转动。

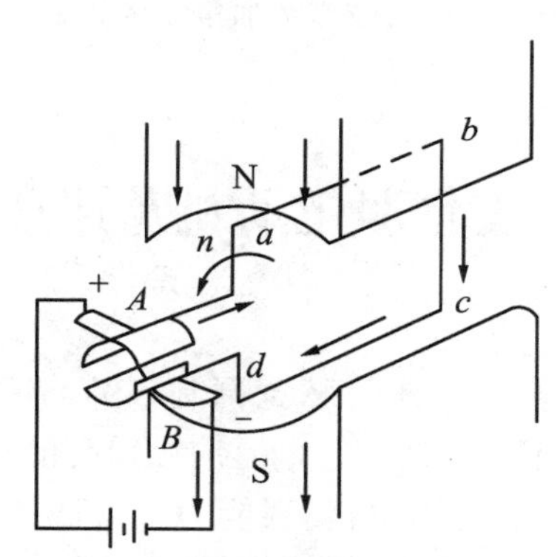

图 7.19 永磁式直流电动机结构原理图

实际电动机的结构比较复杂，为了得到足够大的转矩，在电枢上安装了许多绕组。

（2）他励式直流电动机工作原理

他励式直流电动机结构原理如图 7.20(a)所示，在定子上有励磁绕组和补偿绕组，转子绕组通过电刷供电。由于转子磁场和定子磁场始终正交，因而产生转矩，使转子旋转。如图 7.20(b)所示，定子励磁电流 i_f 产生定子电势 E_S，转子电枢电流 i_a 产生转子磁势为 E_r，E_S 和 E_r 垂直正交，补偿绕组与电枢绕组串联，电流 i_a 又产生补偿磁势 E_c，E_c 与 E_r 方向相反，它的作用是抵消电枢磁场对定子磁场的扭曲，使电动机有良好的调速特性。

另一方面，就原理而言，一台普通的直流电动机也可认为就是一台直流伺服电动机。因为，当一台直流电动机加以恒定励磁，若电枢(多相线圈)不加电压，电动机不会旋转；当外加某一电枢电压时，电动机将以某一转速旋转。如图7.21(a)所示，改变电枢两端的电压，即可改变电动机转速，这种控制叫电枢控制。如图7.21(b)所示，当电枢加以恒定电流，改变励磁电压时，同样可改变电动机转速，这种方法叫磁场控制。直流伺服电动机一般都采用电枢控制。

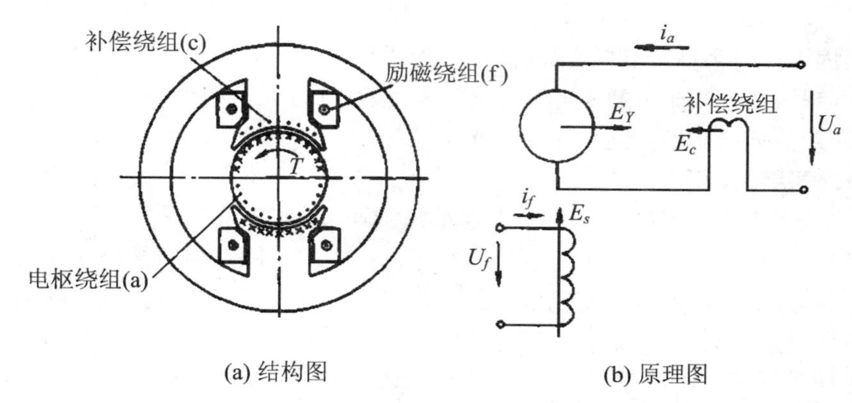

图7.20　他励式直流电动机结构原理图

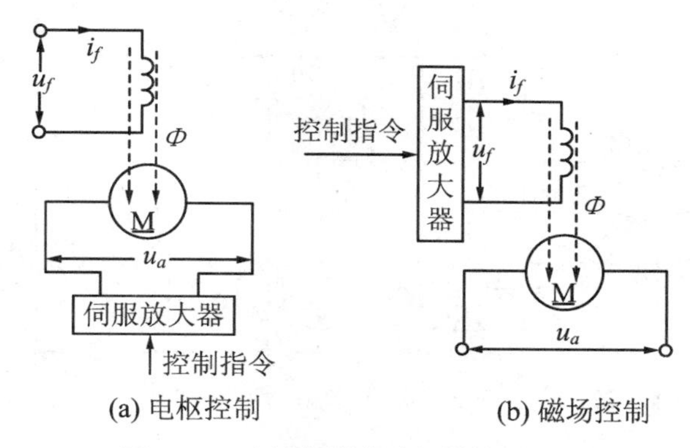

图7.21　直流伺服电动机的控制原理

7.3.2　直流进给速度控制单元

直流电动机的机械特性公式为

$$n=\frac{U_a}{C_e\Phi}-\frac{R_a}{C_eC_m\Phi^2}M \tag{7-5}$$

式中，n为电动机转速(r/min)；U_a为电枢外加电压(V)；C_e为反电动势常数；Φ为电动机磁通量(Wb)；R_a为电枢电阻(Ω)；C_m为转矩常数；M为电磁转矩。

由机械特性方程式可知，直流电动机的调速有3种方法。

① 改变电枢外加电压U_a。这一方法可得到调速范围较宽的恒转矩特性，机械特性好，适用于主轴驱动的低速段和进给驱动，即图7.21(a)所示的电枢控制。

② 改变磁通量Φ。这一方法可得到恒功率特性，适用于主轴驱动的高速段，不适用于进

给驱动,且永磁式直流电动机的 Φ 是不可变的。

③ 改变电枢电路的电阻 R_a。这一方法得到的机械特性较软,且不能实现无级调速,也不适用于数控机床。

数控机床进给控制系统,实际上就是一个调速系统外加一个位置控制环构成的伺服系统。在直流伺服系统中,常用的有晶闸管(Silicon Controlled Rectifier,SCR)调速系统和晶体管脉宽调制(Pulse Width Modulation,PWM)调速系统两类。由于 PWM 调速具有很好的调速性能,因而在对精度、速度要求较高的数控机床的进给驱动装置上广泛使用。直流伺服电动机速度控制的作用是将转速指令信号(多为电压值)变为相应的电枢电压值,并用晶闸管调速控制或晶体管脉宽调速控制方式来实现。

1. 晶闸管直流调速系统

在大功率及要求不是很高的直流伺服电动机调速控制中,仍广泛采用晶闸管调速控制方式。用晶闸管可构成多种整流电路,目前,数控机床中多采用三相全控桥式整流电路作为直流速度控制单元的主电路。如图 7.22 所示,为一个具有二组三相全控桥式晶闸管调速系统主电路,有两组正负对接的晶闸管,一组用于提供正向电压,供电动机正转;另一组提供反向电压,供电动机反转。通过对 12 个晶闸管触发延迟角的控制,达到控制电动机电枢电压,从而对电动机进行调速。

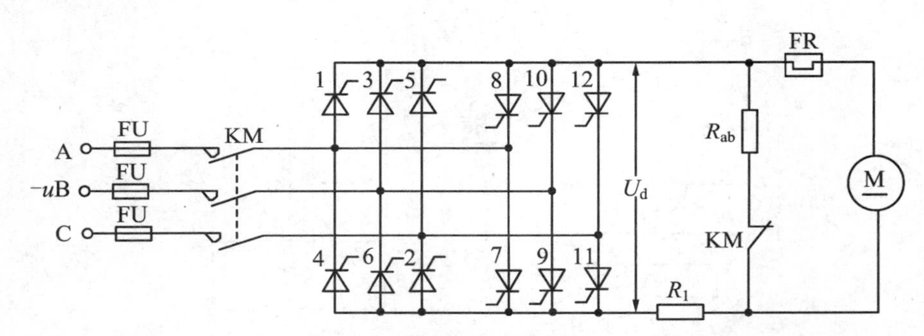

图 7.22 二组三相全控桥式晶闸管调速系统主电路

虽然通过改变晶闸管的触发角就可调整电动机的电枢电压,达到调速的目的,但其调速范围小。为满足数控机床调速范围的要求并抑制外加干扰,可采用带有速度反馈的闭环系统,闭环调速范围为开环调速范围的$(1+k_s)$倍(k_s 为开环系统的放大倍数);为增加调速特性的硬度,可再增加一个电流反馈环节,即为双环调速系统。

如图 7.23 所示,为一种典型的双环调速系统,其速度调节器和电流调节器均是由线性集成放大器和阻容元件构成的 PI 调节器。U_r 是速度环的给定值,是来自数控系统的运算结果并经 D/A 转换后的模拟量参考值,一般为直流$-10\sim+10$ V。速度反馈元件可采用测速电动机或脉冲编码器,并直接安装在电动机的轴上。测速电动机发出的电压 U_f 可以直接反馈回来与 U_r 进行比较;而脉冲编码器发出的脉冲频率要经过频率/电压变换,转变为电压的模拟量值,再与 U_r 进行比较。I_r 来自速度调节器的输出,为电流环的输入值。I_f 为电流的反馈值,检测的是电动机电枢电路的电流。

双环调速系统中,速度环起主导作用,其调速过程如下:当速度指令信号 U_r 增大时,U_s 增大,速度调节器的输出加大,I_r 也随之加大,从而使电流调节器的输出也加大,使脉冲触发器的脉冲前移，即晶闸管的触发角前移，导通角增大，晶闸管整流桥输出的直流电压增大，直流电动机M转速上升。当电动机转速上升到$U_f(=U_r)$时，调节过程结束，系统达到稳态运行状态。当系统受到外界干扰时，如负载增加，转速下降，U_f减小，U_s增大，经过上述同样的调节过程可使转速回升到原始稳定值，实现转速的无静差。

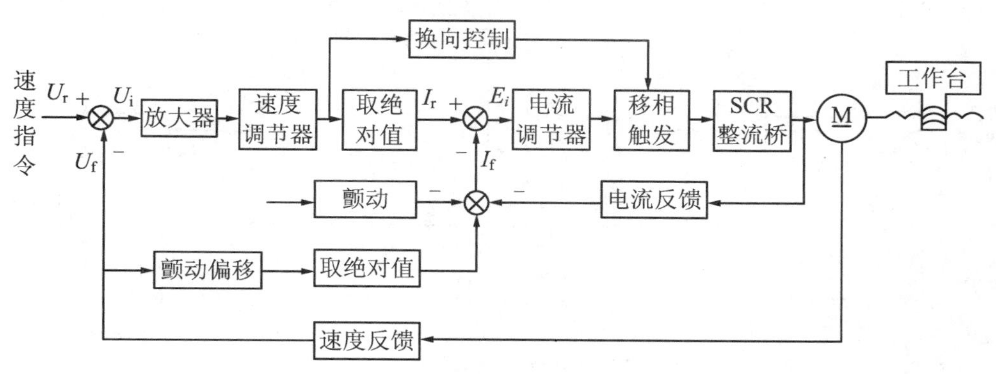

图7.23　双环调速系统框图

电流环的作用主要是在启动和堵转时限制最大电枢电流，另外，当扰动发生在内环之中时，如电网下降时，整流器输出电压随之降低，在电动机转速由于惯性未来得及变化之前，首先引起回路电流减小，反馈电流I_f减小，E_i随之增加，电流调节器输出增加，使晶闸管的触发角前移，晶闸管整流桥的输出电压回升。当I_f又回升到原始值时，调节过程结束，实现电流的无静差。

综上所述，具有速度外环、电流内环的双环调速系统具有良好的静态、动态指标，其启动过程很快，它可最大限度地利用电动机的过载能力，使过渡过程最短。其缺点是：在低速轻载时，电枢电流出现断续，机械特性变软，总放大倍数下降，同时动态品质变坏。可采用电枢电流自适应调节器或增加一个电压调节内环，构成三环来解决。

2. 晶体管脉宽调制(PWM)直流调速系统

与晶闸管直流调速相比，晶体管脉宽调制直流调速系统的优点是：频带宽，避开了与机械结构的共振；电枢电流脉动小；电源的功率因素高；动态特性好，定位精度高，抗干扰能力强。其缺点是：不能承受较高的过载电流，功率还不能做得很大。目前，PWM调速系统已成为数控设备驱动系统的主流，尤其应用在中、小功率和低速直流伺服驱动系统中。

(1) PWM系统的组成及工作原理

如图7.24所示，为PWM调速系统组成结构。该系统由控制部分和主回路组成，控制部分包括速度调节器、电流调节器、脉宽调制器(调制信号发生器、比较放大器)和基极驱动电路等；主回路包括功率整流电路和晶体管开关功率放大器等。控制部分的速度调节器和电流调节器与晶闸管调速系统一样，可采用双闭环控制；与晶闸管调速系统不同的只有脉宽调制器和开关功率放大器部分，这两部分是PWM调速系统的核心。

脉宽调制就是使功率放大器中的晶体管工作在开关状态下，开关频率保持恒定，用调整开关周期内晶体管导通时间的方法来改变其输出，以使电动机电枢两端获得宽度随给定指令变化的频率固定的电压脉冲。开关在每一周期内的导通时间随给定指令发生连续地变化时，由于内部续流电路和电枢电感的滤波作用，电动机电枢得到的电压平均值也随给定指令连续地发生变化，从而达到调节电动机转速的目的。

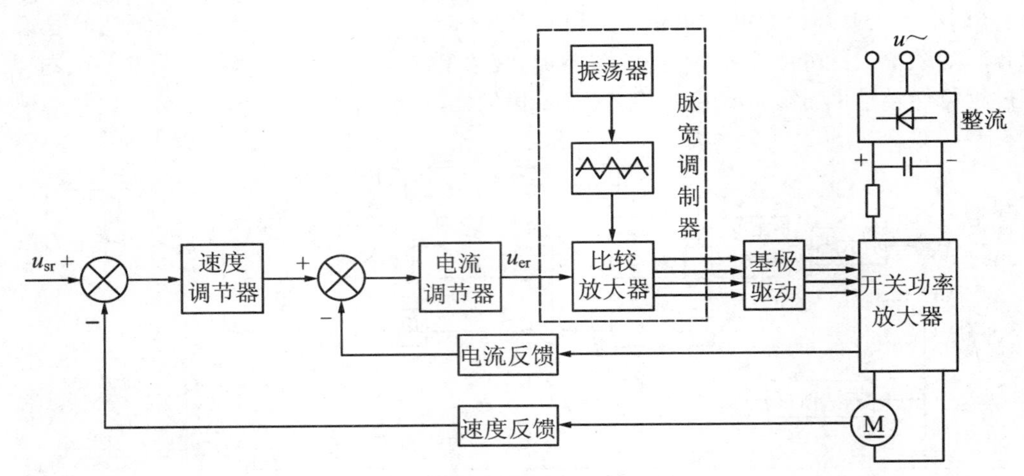

图 7.24 PWM 调速系统组成框图

下面分别介绍脉宽调制器和开关功率放大器。

(2) 脉宽调制器

脉宽调制器的作用是使电流调节器输出的直流电压 u_{er}（按给定的指令变化）与调制信号发生器产生的固定频率的调制信号叠加，然后利用线性组件产生周期固定、宽度可调的脉冲电压。这一脉冲电压经基极驱动回路放大后加到开关功率放大器晶体管的基极，控制其开关周期及导通的持续时间。脉宽调制器的种类很多，但从结构上看，主要由两部分组成，即调制信号发生器和比较放大器。而调制信号发生器大多采用三角波发生器或锯齿波发生器。下面介绍一种用三角波作为调制信号的脉宽调制器，如图 7.25 所示。其中图(a)为三角波发生器，图(b)、(c)为比较放大器，图(d)为脉宽调制器和开关功率放大器的电路波形图。

① 三角波发生器

三角波发生器由两级运算放大电路组成。如图 7.25(a)所示，第一级运算放大器 N_1 组成的电路是固定频率振荡器，即自激方波发生器，在它的输出端接上一个由运算放大器 N_2 构成的积分器。三角波发生器工作过程如下：

如图 7.25(d)所示，设在电源接通瞬间 $t=0$，N_1 的输出电压 u_B 为 $-u_d$（运算放大器电源电压），被送到 N_2 的反向输入端，由 N_2 组成的积分器的输出电压 u_Δ 按线性比例关系逐渐上升，同时 u_Δ 又被反馈到 N_1 的输入端，与 u_B（u_B 通过 R_2 正反馈到 N_1 的输入端）进行比较，设在 $t=t_a$ 时 u_A 略大于零，N_1 立即翻转，由于正反馈的作用，瞬间到达最大值，即 $u_B=+u_d$，而 $u_\Delta=(R_5/R_2)u_d$。随后，由于 N_2 输入端为 $+u_d$，经积分，N_2 的输出电压 u_Δ 线性下降。当 $t=t_b$ 时，u_A 略小于零，N_1 再次翻转为原来状态 $-u_d$，即 $u_B=-u_d$，而 $u_\Delta=-(R_5/R_2)u_d$。如此周而复始，形成自激振荡，于是，在 N_2 的输出端得到一串频率固定的三角波电压。

② 比较放大器

图 7.25(b)、(c)所示为比较放大器，三角波发生器输出的三角波 u_Δ 与电流调节器输出的控制电压 u_{er} 比较后，($u_\Delta+u_{er}$)送入 N_3、N_4 的输入端，如 u_{er}，如图 7.25(d)所示，N_3、N_4 的输入信号 $u_\Delta+u_{er}$ 正值宽、负值窄，由于 N_3 的反相作用，N_3 输出的电压负脉冲宽、正脉冲窄；

而 N_4 没有反相作用，其输出的电压正脉冲宽、负脉冲窄。N_3、N_4 的输出电压经一级放大后，输出 u_{b1}、u_{b2}。另外，运算放大器 N_7 构成反相器，使 N_5、N_6 的输入信号为 $u_\Delta - u_{er}$，经运算放大器 N_5、N_6 和一级放大后，分别输出 u_{b3}、u_{b4}。输出信号 u_{b1}、u_{b2}、u_{b3}、u_{b4} 分别加到如图 7.26 所示的功率放大器的 4 个大功率晶体管的基极上。

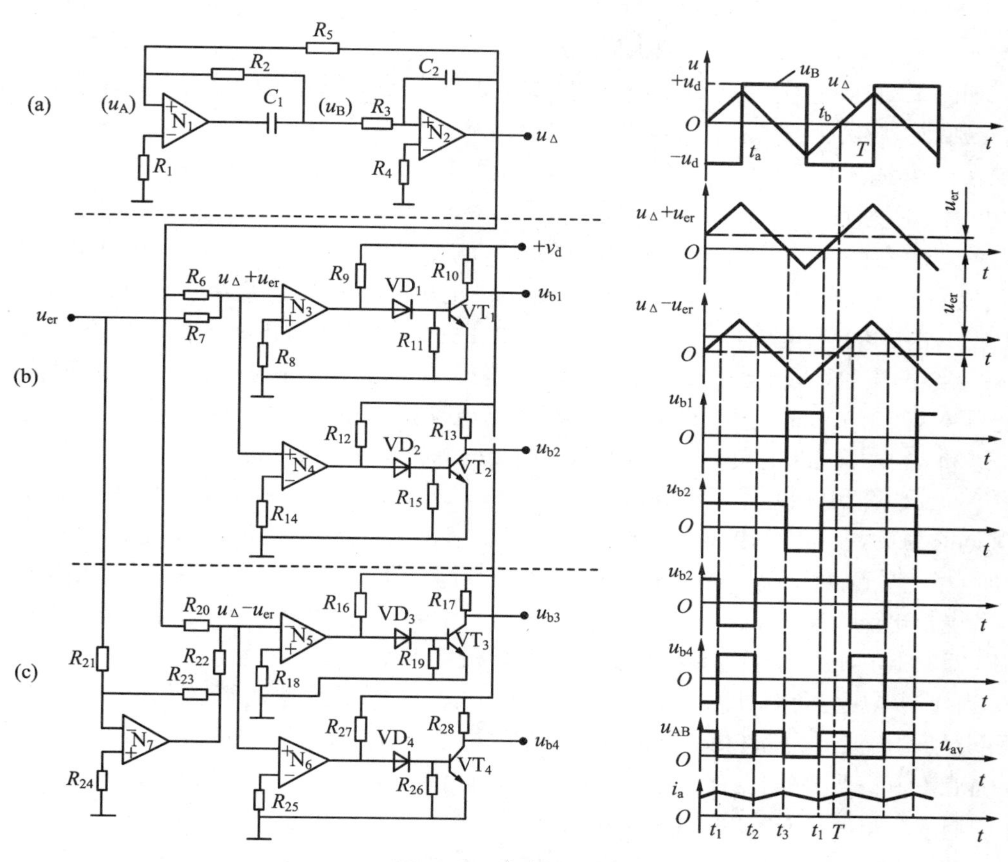

图 7.25 脉宽调制器

(a) 三角波发生器；(b)、(c) 比较放大器；(d) 电路波形图

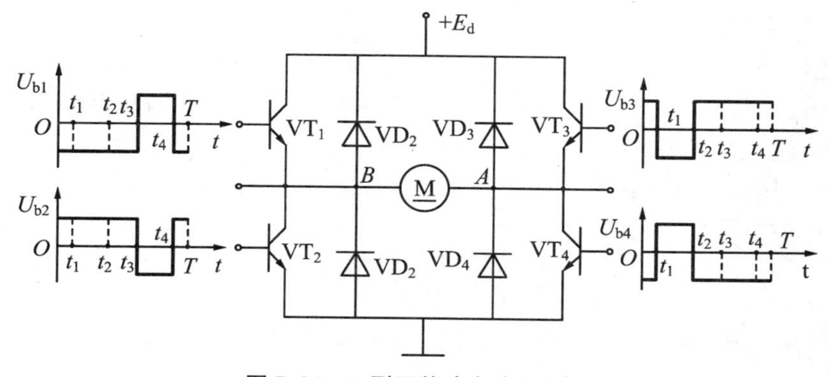

图 7.26 H型开关功率放大电路

(3) 开关功率放大器

主回路的开关功率放大器晶体管工作在开关状态。根据输出电压(加于电动机电枢上)波形,开关功率放大器可分为单极性输出,双极性输出和有限单极性输出 3 种工作方式。根据大功率晶体管使用的数目及布局,开关功率放大器又有 T 型和 H 型之别。如图 7.26 所示,为 H 型开关功率放大电路,下面分析将图 7.25 中脉宽调制信号 u_{b1}、u_{b2}、u_{b3}、u_{b4}分别加到其 4 个大功率晶体管基极上的工作原理。

如图 7.26 所示,这里是将正的速度误差信号$+u_{er}$送到脉宽调制器与三角调制波相“与”后,分别产生脉冲信号 u_{b1}、u_{b2}、u_{b3}和 u_{b4},且有 $u_{b1}=-u_{b2}$,$u_{b3}=-u_{b4}$。u_{b1}、u_{b2}、u_{b3}和 u_{b4}分别施加在大功率晶体管 VT_1、VT_2、VT_3 和 VT_4 的基极上,控制其开关。在 $0\leqslant t<t_1$ 时,u_{b1}和 u_{b2}电压同时为负,u_{b2} 和 u_{b3} 电压同时为正,VT_2 和 VT_3 饱和导通,加在电枢上电压 $U_{AB}=+E_d$(忽略 VT_3 和 VT_2 上的饱和压降),电枢电流 i_a 沿$+E_d\rightarrow VT_3\rightarrow$电动机电枢$\rightarrow VT_2$ 流回至电源负极。在 $t_1\leqslant t<t_2$ 时,u_{b1}和 u_{b3}电压同时为负,VT_1 和 VT_3 截止,电源$+E_d$被切断,加在电枢上电压 $U_{AB}=0$;而此时 u_{b2}电压为正,由于电枢电感的作用,电流 i_a 经 VT_2 和 VD_4 继续流通。在 $t_2\leqslant t<t_3$ 时,u_{b1}和 u_{b4}电压又同时为负,u_{b2}和 u_{b3}电压又同时为正,电枢电压 $U_{AB}=+E_d$,电流 i_a 又沿$+E_d\rightarrow VT_3\rightarrow$电动机电枢$\rightarrow VT_2$ 回至电源。在 $t_3\leqslant t<t_4$ 时,u_{b2}和 u_{b4}电压同时为负,VT_2 和 VT_4 截止,电源再次被切断,电枢电压 $U_{AB}=0$;但因 u_{b3}电压为正及电枢电感的作用,电流 i_a 经 VT_3 和 VD_1 继续流通。在 $t_4\leqslant t<T$ 时,u_{b1}和 u_{b4}电压又同时为负,u_{b2}和 u_{b3}电压又同时为正,电枢电压 $U_{AB}=+E_d$,电流 i_a 又沿$+E_d\rightarrow VT_3\rightarrow$电动机电枢$\rightarrow VT_2$ 回至电源。如此周而复始,不断循环。如图 7.25(d)所示,绘出电枢电压 U_{AB}和电枢电流 i_a 波形图。由图可知,主回路输出电压 U_{AB}是在 0 和$+E_d$ 之间变化的脉冲电压,即电枢电压 U_{AB}的极性不变,因此称为单极性工作方式。

当控制电压为负时,即 $u_{er}<0$,经分析可知,图 7.25 的脉宽调制器中 VT_1、VT_2、VT_3、VT_4 分别输出波形为 u_{b3}、u_{b4}、u_{b1}、u_{b2},电源$+E_d$ 将通过 VT_1 和 VT_4 向电动机电枢供电,U_{AB}是在 0 和$-E_d$ 之间变化的脉冲电压,电动机反转。当 $u_{er}=0$ 时,图 7.25 中 N_3、N_4、N_5、N_6 的输入三角波是对称的,他们输出的电压波形为正负半波脉宽相等,且 $u_{b1}=u_{b3}=-u_{b2}=u_{b4}$,经分析得 $U_{AB}=0$,电动机停转。从波形图可以看出,当 VT_1 导通时 VT_2 截止,VT_3 导通时 VT_4 截止,反之亦然。为不致造成 VT_1 和 VT_2、VT_3 和 VT_4 同时导通而烧毁晶体管(尤其在 $u_{er}=0$ 时),在电路设计时要保证上述两对晶体管先截止后导通,而这中间的时间应大于晶体管的关断时间。

从上述电路工作过程的分析中可以发现,开关功率放大器输出电压的频率比每个晶体管开关频率高一倍,从而弥补了大功率晶体管开关频率不能做得很高的缺陷,改善了电枢电流的连续性,这也是此种电路被广泛采用的原因之一。

设输出电压 U_{AB} 的周期为 T,电枢接通电源的脉冲宽度之和为 t_{on},并设 $\gamma=t_{on}/T$ 为占空比,可求得电枢电压的平均值。

$$U_{av}=\frac{t_{on}}{T}U_{AB}=\gamma U_{AB} \tag{7-6}$$

由式(7-6)可知,在 T=常数时,人为地改变 t_{on} 以改变占空比 γ,即可改变 U_{AB},达到调速的目的。

综上所述,PWM 调速系统中,输出电压是由三角载波调制直流控制电压 u_{er}得到的。调

节控制电压 u_{er} 的大小(如变大),即可调节电枢两端的电压 U_{AB} 波形(脉宽变宽,γ 增大),从而调节了电枢电压的平均值 U_{av}(增大),达到调速的目的(电动机转速变高);连续调节 u_{er} 以连续地改变脉冲宽度,即可实现直流电动机的无级调速。另外,调节控制电压 u_{er} 的正负可以调节 U_{AB} 及 U_{av} 的正负,从而控制电动机的转向。

7.4 交流伺服电动机及速度控制

直流电动机具有优良的调速性能,但其电刷和换向器易磨损,须经常维护;换向器换向时会产生火花,电动机的最高速度及应用环境受到限制;电动机结构复杂,成本较高。而交流伺服电动机不仅克服了直流电动机存在的上述缺点,同时又充分发挥了交流伺服电动机坚固耐用、经济可靠、输出功率大及动态响应好等优点。

近年来,交流伺服系统的控制技术不断发展,调速性能不断提高。机床进给伺服系统经历了开环的步进电动机系统、闭环的直流伺服系统两阶段后,已进入了交流伺服系统阶段,正逐步取代直流伺服系统。

7.4.1 交流伺服电动机

1. 交流伺服电动机的类型

数控机床用交流电动机一般有两种:永磁式交流伺服电动机和感应式交流伺服电动机。

永磁式交流伺服电动机相当于交流同步电动机,常用于进给伺服系统;感应式交流伺服电动机相当于交流感应异步电动机,常用于主轴伺服系统。两种伺服电动机的工作原理都是由定子绕组产生旋转磁场使转子跟随定子旋转磁场一起运转。不同点是:交流永磁式伺服电动机的转速与外加交流电源的频率存在着严格的同步关系,即电动机的转速等于旋转磁场的同步转速;而交流感应式伺服电动机由于需要转速差才能产生电磁转矩,所以电动机的转速低于磁场同步转速,负载越大,转速差越大。

2. 永磁交流伺服电动机结构与工作原理

如图7.27所示,为永磁交流伺服电动机结构,主要由定子、转子和检测元件三部分组成。定子具有齿槽,内有三相绕组,形状与普通交流电动机的定子相同;转子由多块永磁体和冲片组成,磁场波形为正弦波;检测元件(脉冲编码器或旋转变压器)安装在电动机轴上,其作用是检测转子磁场相对于定子绕组的位置。

永磁交流伺服电动机的工作原理:定子三相绕组接上电源后,产生一个旋转磁场,该旋转磁场以同步转速 n_0 旋转。根据磁极的同性相斥、异性相吸原理,定子旋转磁场与转子的永久磁铁磁极相互吸引,并带着转子以同步转速 n_0 一起旋转。当转子轴上加有负载转矩后,将造成定子磁场轴线与转子磁极轴线不一致(不重合),相差一个 θ 角。负载转矩发生变化时,θ 角也跟着变化,但只要不超过一定限度,转子始终跟着定子的旋转磁场以同步转速 n_0 旋转。转子转速 n(r/min)为

$$n = n_0 = \frac{60f}{p} \tag{7-7}$$

式中，f 为电源交流频率(Hz)；p 为转子磁极对数。

永磁交流伺服电动机的机械特性比直流伺服电动机的机械特性还要硬，其直线段更接近水平线。此外，断续工作区的范围更为扩大，高速区域尤为突出，有利于提高电动机的加、减速能力。但永磁交流伺服电动机自启动困难，可通过减小转子惯量及采用先低速后高速的控制方法等来解决。

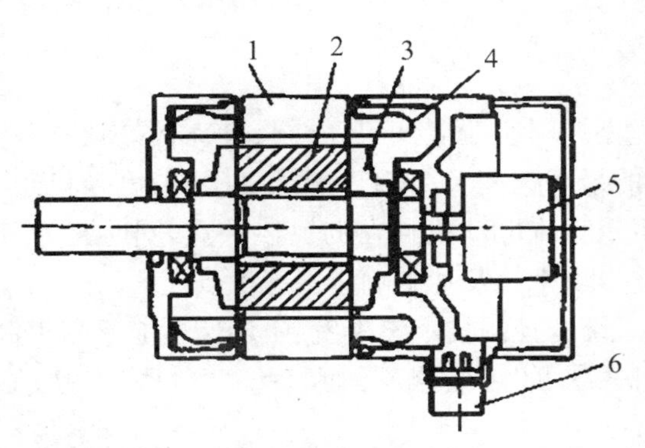

图 7.27 永磁交流伺服电动机结构示意图

1—定子；2—转子；3—压板；4—定子三相绕组；
5—脉冲编码器；6—接线盒

7.4.2 交流进给速度控制单元

1. 交流伺服电动机调速原理

同步型交流伺服电动机的转速为 $n = n_0 = 60f/p$；异步型交流伺服电动机的转速为 $n=(60f/p)(1-s)=n_0(1-s)$。可见，要改变电动机转速可采用 3 种方法。

(1) 改变磁极对数 p

这是一种有级的调速方法，通过对定子绕组接线的切换以改变磁极对数来实现的，但难以实现无级调速。

(2) 改变转差率 s

这种方法只适用于异步型交流电动机的调速，包括调压调速和电磁调速。该调速方法机械特性软、效率低、功耗大。

(3) 变频调速

通过改变电动机电源频率 f 来改变电动机的转速，可实现无级调速，效率和功率因数都很高，调速范围宽、精度高。

数控机床用电动机一般都采用变频调速，这样，交流伺服调速问题就归结为变频问题。改变供电频率常用方法有两种：交-直-交变频和交-交变频。在数控机床上广泛应用交-直-交变频器。

2. SPWM 变频调速

SPWM 变频调速即正弦波 PWM 变频调速，是 PWM 调速方法的一种，适用于永磁交流伺服电动机和感应交流伺服电动机。SPWM采用正弦规律脉宽调制原理，具有输入功率因数高和输出波形好的优点，是一种最基本、应用最广泛的调制方法。

SPWM属于交-直-交变频方式，该方式是先将电网电源输入到整流器，经整流后变为直流，再经电容或电感或由两者组合的电路滤波后供给逆变器（直流变交流），输出三相频率和电压均可调整的等效于正弦波的脉宽调制波（SPWM波），去驱动交流伺服电动机运转。

（1）SPWM调制原理

在交流SPWM系统中，输出电压是由三角载波调制正弦电压得到的。图7.28给出使用双极性调制法形成调制波的过程。u_{Δ}为三角载波信号，其幅值为U_{Δ}，频率为f_{Δ}；u_s为一相（如U相）正弦控制波，其幅值为U_s，频率为f_s。三角波与正弦波的频率比称为载波比，通常为(15～168)∶1，甚至更高。图中数字位置是这两种波形交点，当u_s高于u_{Δ}时，SPWM的输出电压u_0为“高”电平，否则为“低”电平。这样形成一个等距、等幅，而不等宽的方波信号u_m，它的规律是中间脉冲宽而两边脉冲窄，其脉冲宽度正比于相交点的正弦控制波的幅值，基本上按正弦分布。SPWM调制输出的各个脉冲面积和与正弦波下面积成比例，其基波是等效正弦波。

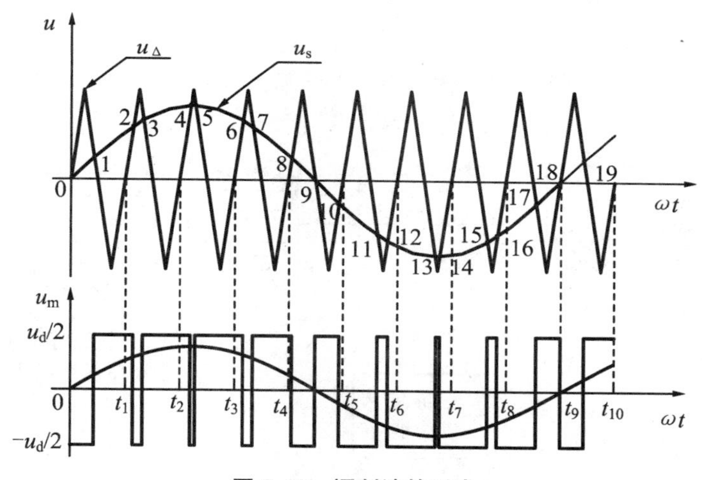

图7.28　调制波的形成

SPWM波形可用计算机技术或专门集成电路芯片产生，也可采用正弦波控制、三角波（载波）调制的模拟电路元件来实现，调制电路如图7.29所示。首先由模拟元件构成的三角波和正弦波发生器分别产生三角波信号u_{Δ}和正弦波信号u_s，然后送入电压比较器，产生SPWM调制的矩形脉冲。

要获得三相SPWM脉宽调制波形，可利用如图7.30所示的三相SPWM控制电路。3个互成120°相位角的正弦控制电压u_{sU}、u_{sV}、u_{sW}（由三个电压频率变换器产生）分别与同一三角波u_{Δ}比较，且三角波频率为正弦波频率3倍的整数倍，可获得3路互成120°相位角的SPWM脉宽调制波u_{mU}、u_{mV}、u_{mW}，如图7.31(a)、(b)、(c)、(d)所示。用这个输出方波脉冲信号及它们取反后的脉冲信号$\bar{u}_{mU}$、$\bar{u}_{mV}$、$\bar{u}_{mW}$，经功率放大后，驱动电动机工作。u_{sU}、u_{sV}、u_{sW}的幅值和频率都是可调的，可改变其幅值和频率来实现变频调速的目的。

（2）SPWM变频器的功率放大电路

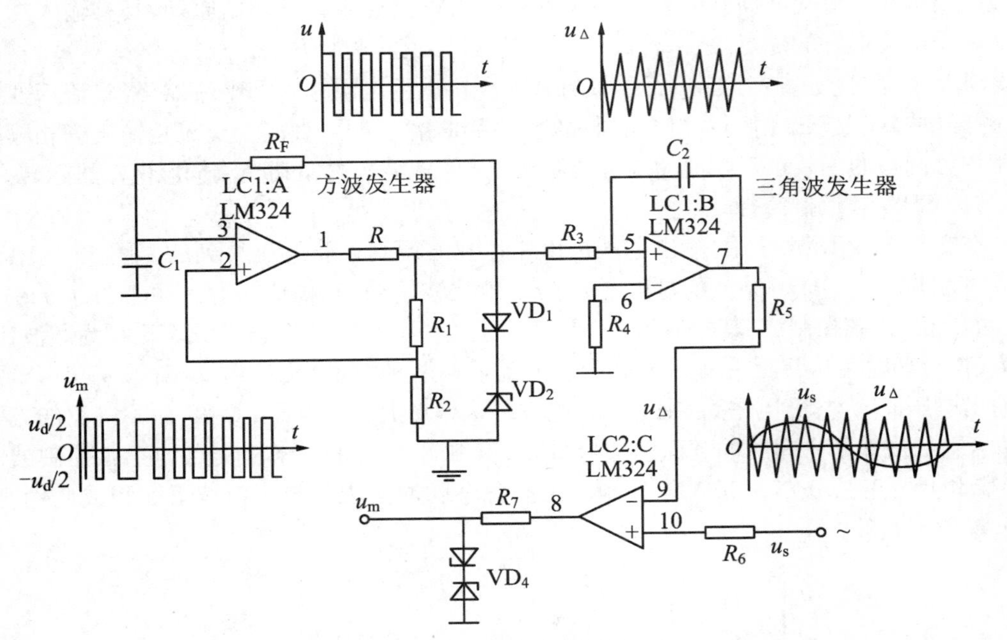

图 7.29　双极性 SPWM 调制波原理(一相)

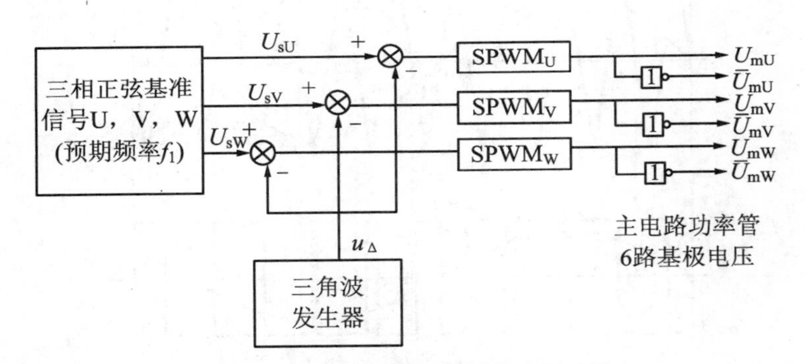

图 7.30　三相 SPWM 控制电路原理图

SPWM 调制波经功率放大后才能驱动电动机。如图 7.32 所示,为双极性 SPWM 通用型功率放大主电路。图左侧是桥式整流电路,将工频(50 Hz)交流电整流成直流电;电容器 C_1 滤平全波整流后的电压波纹,当负载变化时,使直流电压保持平稳;图右侧是逆变器,用 $VT_1 \sim VT_6$ 六个大功率开关晶体管把直流电变成脉宽按正弦规律变化的等效正弦交流电,用来驱动交流伺服电动机,U、V、W 是逆变桥的输出端。图 7.30 输出的 SPWM 调制波 u_{mU}、$\bar{u}_{mW}$、u_{mV}、$\bar{u}_{mU}$、u_{mW}、$\bar{u}_{mV}$分别控制图 7.32 中的 $VT_1 \sim VT_6$ 的基极。设图 7.32 中经三相整流器输出的直流电压为 E_d。以 U 相为例,当逆变管输入电压 u_{mU}为正半周时,VT_1 工作于脉宽调制状态,VT_4 截止,U 相绕组的相电压为$+E_d/2$(忽略 VT_1 上的饱和压降);当 u_{mU}为负半周时,VT_4 工作于脉宽调制状态,VT_1 截止,U 相绕组的相电压为$-E_d/2$。当 u_{mU}在正半周与负半周间切换时,为不致造成 VT_1 和 VT_4 同时导通而烧毁晶体管,电路设计时要保证这对晶体管先截止后导通,这中间的时间应大于晶体管的关断时间;其间,电动机绕组

中的反电动势通过 VD_{10} 或 VD_7 续流二极管释放，且该相绕组承受 $-E_d/2$ 或 $+E_d/2$ 电压（忽略二极管上的压降）。从而实现双极性 SPWM 调制特性。V 相和 W 相同理。U、V、W 三相上的相电压波形 u_U、u_V、u_W 与逆变管的控制信号 u_{sU}、u_{sV}、u_{sW} 波形一致，仅电压幅值不同，如图 7.31(b)、(c)、(d)所示。由相电压合成为线电压，如 $u_{UV}=u_U-u_V$，可得逆变器输出线电压脉冲系列，如图 7.31(e)、(f)、(g)所示，其脉冲幅值为 $\pm E_d$。功放输出端(右侧)接在电动机上，由于电动机绕组电感的滤波作用，其电流变成正弦波，三相输出电压相位上相差 120°。

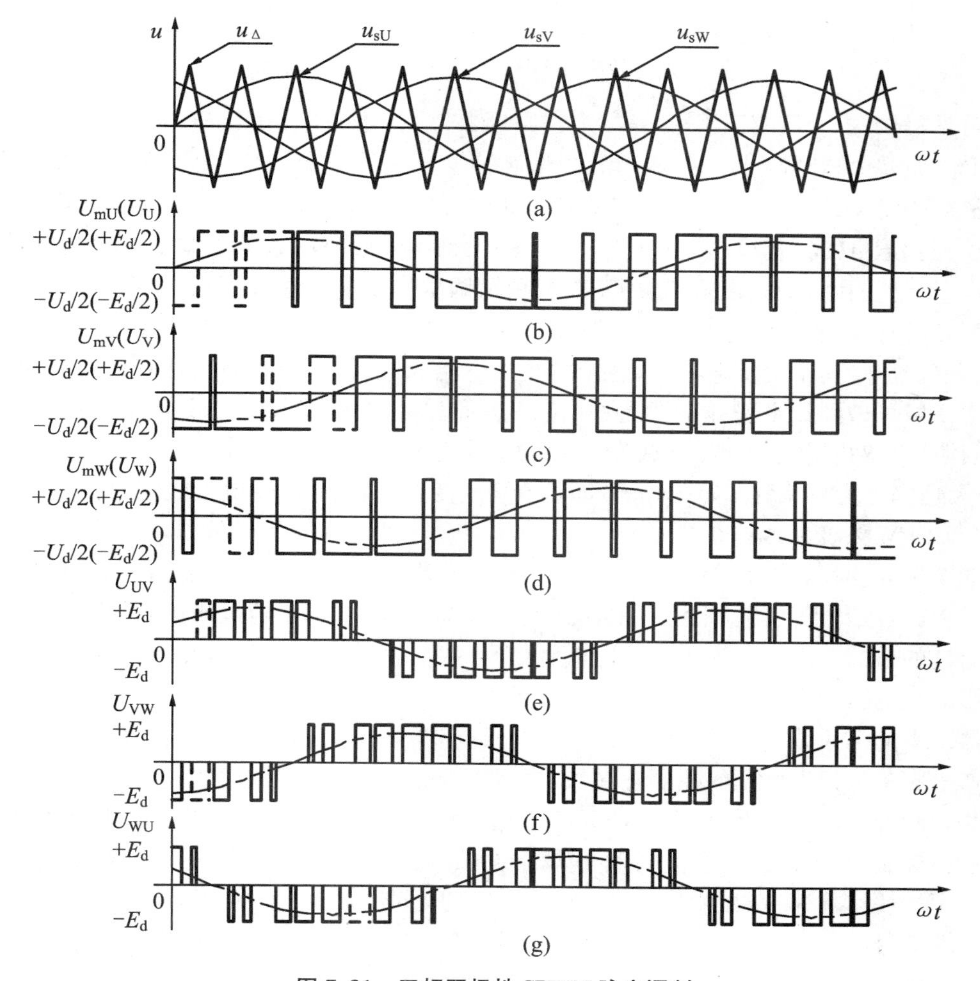

图 7.31 三相双极性 SPWM 脉宽调制

(a) 正弦控制波和三角调制波；(b)、(c)、(d) 输出 SPWM 调制波及相电压；(e)、(f)、(g) 输出 SPWM 线电压

逆变器输出端相电压为具有控制波(正弦波)的频率且有某种谐波畸变的调制波形，其基波幅值为

$$U_{sm}=\frac{E_d}{2}\times\frac{U_s}{U_\Delta}=\frac{E_d}{2}M \tag{7-8}$$

式中，E_d 为整流器输出的直流电压；U_s 为正弦控制电压的峰值；U_Δ 为三角载波的峰值电压；M 为调制系数($M=U_s/U_\Delta$)。

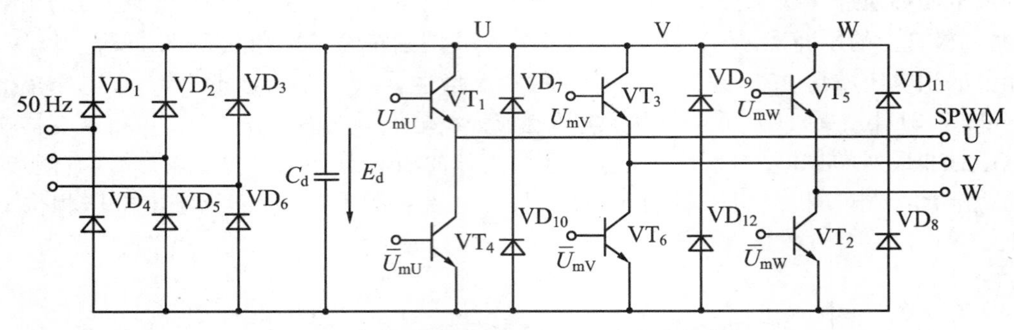

图 7.32 双极性 SPWM 通用型功率放大电路

可见，只要改变调制系数 $M(0<M<1)$，即保持 U_{Δ} 不变，调节正弦控制波（u_{sU}、u_{sV}、u_{sW}）幅值 U_s（如增大），逆变器保持输出的矩形脉冲电压幅值不变，但改变了各段脉冲宽度（变宽），从而改变了占空比（增大），输出基波的幅值得到改变（增大），从而改变了平均电压（增大），达到变速目的（增速）；另外，只要改变正弦控制波的频率 f_s，就可改变输出基波的频率 f_{sm}（$f_{sm}=f_s$）。因此，可在逆变器中实现调频和调压的双重任务，以满足电动机恒转矩控制的需要。而且，随着载波比 f_{Δ}/f_s 的升高，输出的谐波分量就不断减小，即输出的正弦性也越来越好。但受功率变换电路的限制，载波比不能取得太高，如用晶闸管做开关元件时，载波频率一般可做到数百赫兹，而用大功率晶体管时可达 2～3 kHz。改变三角载波的频率 f_{Δ}，可以改变输出脉宽的周期。改变图 7.32 中任意两组（VT_1 和 VT_4、VT_3 和 VT_6、VT_5 和 VT_2）大功率开关晶体管开闭的顺序，即可改变逆变相序，从而改变电动机转向。

(3) SPWM 变频调速系统

如图 7.33 所示，为 SPWM 变频调速系统组成结构。频率（速度）给定器给定信号，用以控制频率、电压及正反转。平稳启动回路使启动加、减速时间可随机械负载情况设定，以达到软启动的目的。函数发生器在输出低频信号时保持电动机气隙磁通一定，补偿定子电压降的影响。电压频率变换器将电压转换成频率，经分频器、环形计数器产生方波和经三角波发生器产生的三角波一并送入调制回路。电压调节器和电压检测器构成闭环控制。电压调节器产生频率与幅度可调的控制正弦波，送入调制回路，在调制回路中进行 PWM 变换，产生三相的脉冲宽度调制信号；在基极回路中输出信号至功率晶体管基极，即对 SPWM 的主回路进行控制，实现对永磁交流伺服电动机的变频调速。电流检测器进行过载保护。

为了加快运算速度，减少硬件，一般采用多 CPU 控制方式。例如，用两个 CPU 分别控制 PWM 信号的产生和电动机-变频器系统的工作，称为微机控制 PWM 技术。目前国内外 PWM 变频器的产品大都采用微机控制 PWM 技术。

7.5 直线电动机及其在数控机床上的应用

传统的数控机床进给系统主要是“旋转伺服电动机＋滚珠丝杠”，在这种伺服进给方式中，电动机输出的旋转运动要经过联轴器、滚珠丝杠、滚动螺母等一系列中间传动和变换环

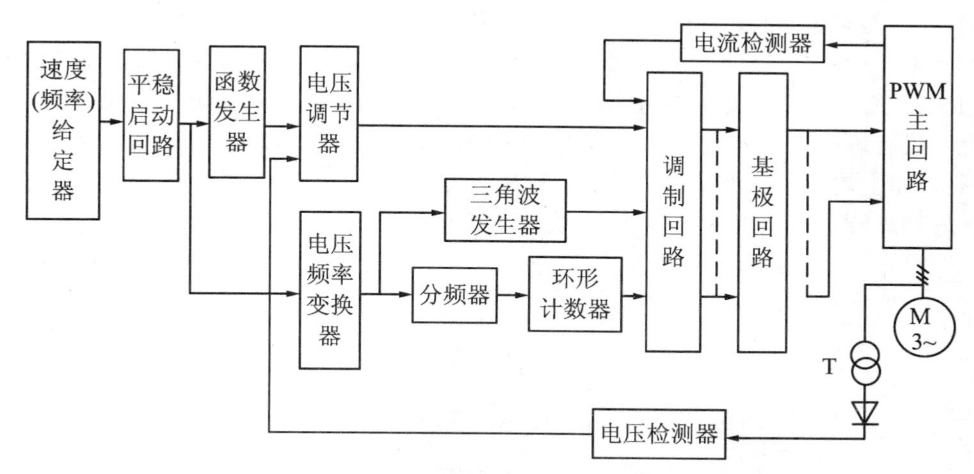

图 7.33　SPWM 变频调速系统框图

节以及相应的支撑，才变为被控对象（刀具）的直线运动。由于中间存在着运动形式变换环节，高速运行下，滚珠丝杠的刚度、惯性、加速度等动态性能已远不能满足要求。基于此，人们开始研究新型的进给系统，直线电动机进给系统便应运而生。用直线电动机直接驱动机床工作台，取消了驱动电动机和工作台之间的一切中间传动环节，形成所谓的“直接驱动”或“零传动”，从而克服了传统驱动方式的传动环节带来的缺点，显著提高了机床的动态灵敏度、加工精度和可靠性。

7.5.1　直线电动机

1. 直线电动机的类型和结构

直线电动机也有交流和直流两种，用于机床进给驱动的一般是交流直线电动机，有感应异步式和永磁同步式两种；从其结构形式来讲，直线电动机有平板型和圆筒型；从其运动部件来讲，又有动圈式和动铁式等。除了沿直线运动外，还有沿圆周运动的直线电动机，叫做“环行扭矩直线电动机”，也具有“零传动”特性，可取代目前数控机床领域中最常用的蜗杆蜗轮副和弧齿锥齿轮副等机构。

永磁同步式直线电动机在机床上铺设一块强永久磁钢，对机床的装配、使用和维护带来不便，而感应异步式直线电动机在不通电时没有磁性，所以没有上述缺点；但感应异步式直线电动机在单位面积推力、效率、可控性和进给平稳性等方面逊于永磁同步式直线电动机，特别是散热问题难以解决。随着稀土永磁材料性价比的不断提高，永磁同步式直线电动机发展成为主流方向。

从原理上讲，直线电动机相当于把旋转电动机沿径向剖开，并将定、转子圆周展开成平面后再进行一些演变而成的。如图 7.34 所示，为感应异步式直线电动机的演变过程；如图 7.35 所示，为永磁同步式直线电动机的演变过程。这样就得到了由旋转电动机演变而来的最原始的直线电动机，其中，由原来旋转电动机定子演变而来的一侧称为初级，由转子演变而来的一侧称为次级。

由演变而来的直线电动机的初级与次级长度相等，由于直线电动机的初级和次极都存在边端，在作相对运动时，初级与次级之间互相耦合的部分将不断变化，不能按规律运动。为使其正常运行，须要保证在所需的行程范围内，初级与次级之间的耦合保持不变，因此实际应用时，初级和次级长度不能做成完全相等，而应该做成初、次级长短不等的结构。因而，直线电动机有短初级和短次极两种形式，如图 7.36(a)、(b)所示。由于短初级在制造成本上、运行费用上均比短次极低得多，因此，除特殊场合外，一般均采用短初级结构，且定件和动件正好和旋转电动机相反。另外，直线电动机还有单边型和双边型两种结构，如图 7.36 所示，即为单边型直线电动机；如果在单边型直线电动机的次极两侧均布置对称的初级，就是双边型直线电动机。

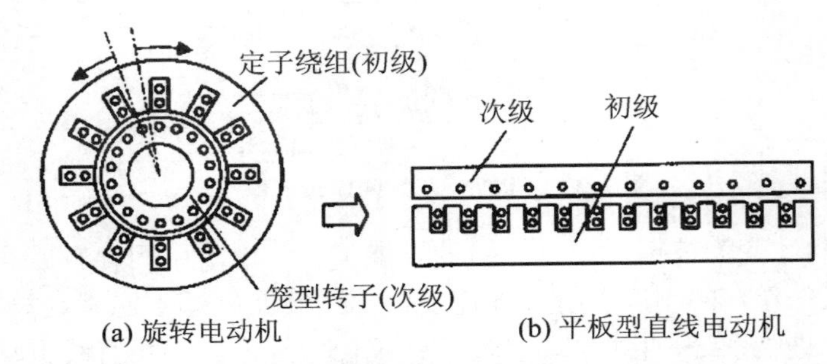

图 7.34 感应异步式直线电动机的演变过程

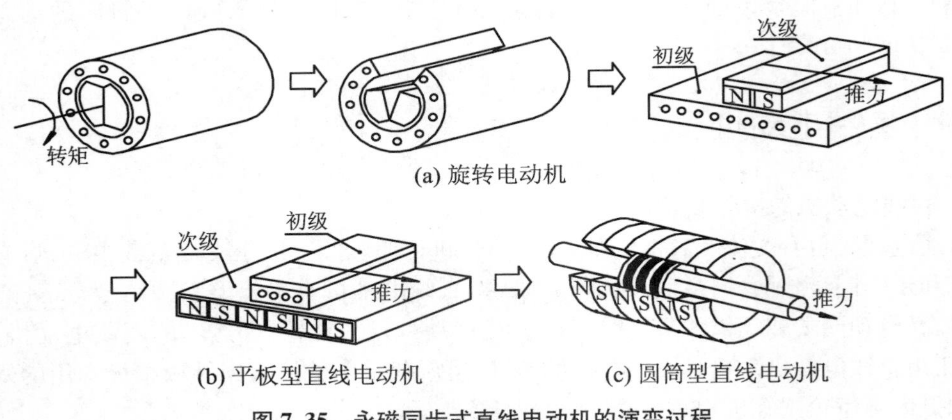

图 7.35 永磁同步式直线电动机的演变过程

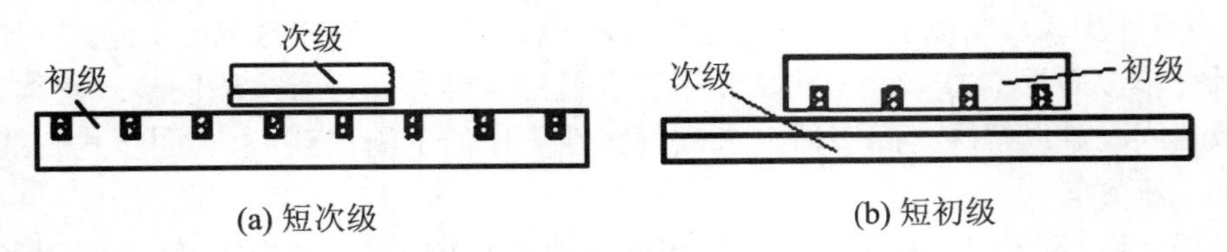

图 7.36 单边型直线电动机的形式

2. 直线电动机的工作原理

直线电动机的工作原理和旋转电动机类似，也是利用电磁作用将电能转换成为动能。

(1) 感应异步式直线电动机的结构及工作原理

如图 7.37 所示，含铁芯的多相通电绕组(电动机的初级)安装在机床工作台(溜板)的下部，是直线电动机的动件；在床身导轨之间安装不通电的绕组，每个绕组中的每一匝都是短路的，相当于交流感应回转电动机鼠笼的展开，是直线电动机的定件。

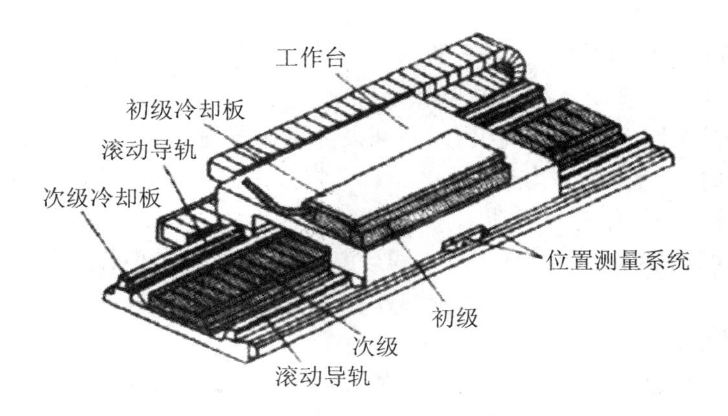

图 7.37　短初级直线电动机进给单元

当多相交流电通入多相对称绕组时，也会在电动机初、次级间的气隙中产生磁场，依靠磁力，推动着动件（机床工作台）作快速直线运动。如果不考虑端部效应，磁场在直线方向呈正弦分布，只是这个磁场的磁感应强度 B 按通电的相序顺序作直线移动（图 7.38），而不是旋转的，因此称为行波磁场。显然行波的移动速度与旋转磁场在定子内圆表面的线速度是一样的，这个速度称为同步线速，用 v_s 表示，且

$$v_s = 2f\tau \tag{7-9}$$

式中，τ 为极距（cm）；f 为电源频率（Hz）。

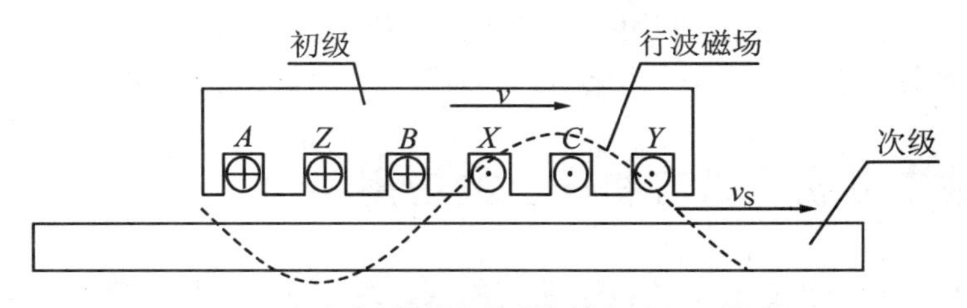

图 7.38　短初级感应异步式直线电动机工作原理

在行波磁场的切割下，次级导条产生感应电动势并产生电流，所有导条的电流和气隙磁场相互作用，产生电磁推力 F，由于次级是固定的，初级就沿行波磁场运动的方向作直线运动。

直线异步电动机的推力公式与三相异步电动机转矩公式相类似，即

$$F = KpI_2\Phi_m\cos\varphi_2 \tag{7-10}$$

式中，K 为电动机结构常数；p 为初级磁极对数；I_2 为次级电流；Φ_m 为初级一对磁极的磁通量的幅值；$\cos\varphi_2$ 为次级功率因素。

在 F 推力作用下，次级运动速度 v 应小于同步速度 v_s，则滑差率 s 为

$$s = \frac{v_s - v}{v_s} \tag{7-11}$$

则次级运动速度

$$v = v_s(1-s) = 2f\tau(1-s) \tag{7-12}$$

改变直线异步电动机初级绕组的通电相序，就可改变电动机运动的方向，从而可使电动机作往复运动。

(2) 永磁同步式直线电动机工作原理

短初级永磁同步式直线电动机进给单元与短初级感应异步式直线电动机相似，不同点仅在于其定子不是短路的不通电绕组，而是铺设在机床导轨之间的一块强永久磁钢。多相交流电通入绕组时，产生行波磁场，其速度也称为同步线速 v_s，行波磁场与定子永久磁钢的磁场相互作用，推动动件作直线运动。

永磁式直线电动机动子的运行速度 v 和行波磁场速度 v_s 大小和方向都相同，即

$$v = v_s = 2f\tau \tag{7-13}$$

3. 直线电动机的特点

直线电动机将机械结构简单化、电气控制复杂化，符合现代机电技术的发展趋势，适用于高速加工、超高速加工、超精密机床。直线电动机用于机床进给系统有下列优点。

① 提高及调节速度方便。最大进给速度可达 180 m/min，甚至更高；利用交流变频调速技术，可方便调节直线电动机速度。

② 加速度大，响应快。最大加速度可达 10 g。

③ 定位精度和跟踪精度高。由于是闭环控制，定位精度高达 0.1～0.01 μm。

④ 行程不受限制。通过直线电动机次极的逐段连续铺设，可无限延长初极(工作台)的行程长度。如美国 Cincinnati Milacron 公司生产的一台 Hyper Mach 大型高速加工中心，X 轴行程长达 46 m。

此外，直线电动机还有传动刚度高、推力平稳、组合灵活、易于维护、噪音小、工作安全可靠、寿命长等优点。但是，还应重视并妥善解决下列问题：绝热与散热问题、隔磁与防护问题、负载干扰与系统控制问题、结构轻化问题和垂直进给中的自重问题。

7.5.2 直线电动机在数控机床上的应用

目前，直线电动机已产品化并投入工业应用。直线电动机伺服系统为闭环伺服系统，基本原理同旋转式交流电动机和直流电动机伺服系统相似，在此不再赘述，感兴趣的读者可以参考相关文献。这里仅对当前国内外直线电动机在数控机床上的应用情况作一扼要介绍。

1993 年，德国 ZxCell-O 公司推出了世界上第一台由直线电动机驱动的 HSC-240 型高速加工中心，最大进给速度为 60 m/min，加速度达到 1 g，精度可达 0.004 mm。美国的 Ingersoll 公司紧接着推出了 HVM-800 型高速加工中心，最大进给速度为 75.2 m/min。欧美工业大国机床制造大量应用直线电动机驱动技术，著名的如 DMG、Sodick、Kingsbury、Anorad、Jobs 和 Forest Line 等公司。2003 年的意大利米兰国际机床展上，直接驱动已经成为高性能机床的重要技术手段。会展中，德国 DMG 公司展品多为直线电动机驱动。日本高档机床也大量采用直线电动机驱动技术。从 1996 年开始，日本相继研制成功采用直线电动机的卧式加工中心、高速机床、超高速小型加工中心、超精密镜面加工机床、高速成型机床等。2002 年日本东京机床展上，25 家公司展出了 41 台装有直线电动机的数控机床，包括加工中心 11 台。采用直线电动机驱动技术的机床已是日本机床生产商供应的主流实用机床。

目前，国际上最知名的机床厂家几乎无一例外地都推出了直线电动机驱动的机床产品，品种覆盖了绝大多数机床类型。此外，在压力机、坐标测量机、水切割机、等离子切割机、快速原型机及半导体设备的X-Y工作台上直线电动机都有应用。

国际上，直线电动机及其伺服系统的知名供应商主要有：德国的Siemens和Indramat公司，日本FANUC和三菱公司，美国Anorad和科尔摩根公司，瑞士ETEL公司等。具有代表性的直线电动机产品有：FANUC L17000C3/2is、Siemens 1FN3。控制系统方面，Siemens、FANUC等供应商都可提供与直线电动机控制相对应的控制软件和接口，尤以Sinumerik系统（如810D、840D）应用最多。

国内直线电动机技术的研究始于20世纪70年代，上海电动机厂、清华大学、国防科技大学和浙江大学等单位都做了相关研究，但至上世纪末，未能实现真正应用到高速机床上大推力、长行程的进给，不是真正意义上的应用在高速机床上的直线电动机进给单元。进入21世纪，国内直线电动机技术得到长足发展。清华大学在“十五”攻关项目中研制成功交流永磁同步直线电动机及其伺服系统，其最大切削速度为60 m/min，最大加速度为5 g，最大推力为5000 N。2003年中国国际机床展览会上，北京机电院高技术股份公司推出了国产首批直线电动机驱动的立式加工中心，采用西门子840D系统，其最大进给速度为120 m/min，最大加速度为1.5 g。目前，在我国机床行业中，应用直线电动机进给系统的产品越来越多。2007年杭州机床集团有限公司推出了国内首次使用直线电动机的平面磨床。

目前，在机床上使用直线电动机及其伺服系统技术日益成熟，成本不断下降，性价比更好，产业化趋势明显。研究开发主要涉及以下方面。

① 直线电动机机械部件的优化设计，包括材料、结构和工艺等方面，以保证高速、高加速度运动下机床刚性及抗冲击能力，提高吸振、抗振、隔热和防磁效果。

② 伺服系统中应用各种新型驱动电源技术和控制技术，以保证伺服系统与机械部件的匹配及合理配置，优化运动部件的加速度、速度调整及运动特性。

③ 电动机、编码器、导轨、轴承、接线器和电缆等部件模块化设计与集成，减小电动机尺寸，便于安装和使用。

目前，直线电动机比滚珠丝杠的成本高15%～20%，但用户可节省运行成本约20%，从而可以及时收回附加投资。一般认为50%以上的机床采用直线电动机在技术上和经济上都是可行的。可以预见，作为一种新型传动方式，直线电动机必将在机床工业中得到越来越广泛的应用。

7.6　伺服系统的位置控制

位置控制是伺服系统的基本环节和运动精度的重要保证。作为一个完整概念，位置控制包括位置控制环、速度控制环和电流控制环。位置控制环的输入数据来自轮廓插补运算，在每一个插补周期内插补运算输出一组数据给位置环，位置环根据速度指令的要求及各环节的放大倍数（增益）对位置数据进行处理，再把处理的结果送给速度环，作为前面几节讲述的速度控制环的给定值。位置控制按伺服系统分为开环、半闭环和闭环。数控机床中半闭环、闭环伺服系统按位置反馈和比较方式的不同，分为数字一脉冲比较、相位比较、幅值比较和全数字控制伺服系统。

7.6.1 数字-脉冲比较伺服系统

数字-脉冲比较伺服系统是将指令脉冲 F 与反馈脉冲 P_f 进行比较，决定位置偏差 e，再将位置偏差 e 放大后输出给速度控制单元和电动机执行，以减少或消除位置偏差。在半闭环系统中，多采用光电编码器作为检测元件；在闭环系统中，多采用光栅作为检测元件。

如图 7.39 所示，为光电编码器作为检测元件的半闭环位置控制。指令脉冲 F 来自数控装置的插补器，反馈脉冲 P_f 来自与执行电动机同轴安装的光电编码器。两个脉冲源是相互独立的，且脉冲频率随转速变化而变化。由于脉冲到来的时间不同或执行加法计数与减法计数可能发生重叠，都会产生误操作。为此在可逆计数器前设有脉冲分离处理电路。

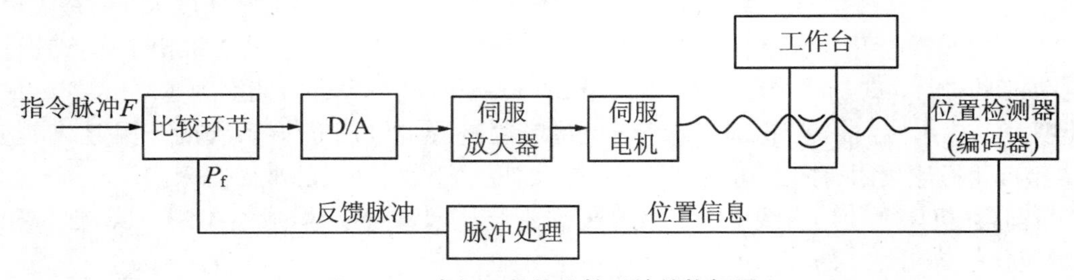

图 7.39　半闭环数值比较系统结构框图

数字-脉冲比较伺服系统的工作过程是：当指令脉冲为正而反馈脉冲为负时，计数器作加法运算；当指令脉冲为负而反馈脉冲为正时，计数器作减法运算。计数器的运算结果：当 $e=F-P_f>0$ 时，工作台正向移动；当 $e=F-P_f<0$ 时，工作台反向运动；当 $e=F-P_f=0$ 时，工作台静止。

数字-脉冲比较伺服系统的优点是结构比较简单，易于实现数字化控制。在控制性能上数字-脉冲比较伺服系统要优于模拟方式、混合方式的伺服系统。

7.6.2 相位比较伺服系统

相位比较伺服系统是采用相位比较方法实现位置闭环及半闭环控制的伺服系统。它的结构形式与所使用的位置检测元件有关，常用的检测元件是旋转变压器和感应同步器，并要工作在相位工作状态。如图 7.40 所示，为闭环相位比较伺服系统结构。该系统采用了直线形感应同步器作为位置检测元件。图中的脉冲调相器又称数字相位变换器，它的作用是将来自数控装置的进给脉冲信号转换为相位变化信号，该相位变化信号可用正弦波信号或方波信号表示。若没有进给脉冲输出，则脉冲调相器的输出与基准信号发生器发出的基准信号同相位，没有相位差；若输出一个正向或反向进给脉冲，则脉冲调相器就输出超前或滞后基准信号一个相应的相位角。

鉴相器有两个同频率的输入信号 P_A 和 P_B，其相位均以与基准信号的相位差表示。鉴相器就是鉴别这两个输入信号的相位差的大小与极性，其输出电压信号 $\Delta\theta$ 即为指令位置与实际位置的偏差，再用这个电压信号经伺服放大器放大后去驱动电动机带动工作台运动。所以鉴相器在系统中起了比较环节的作用。

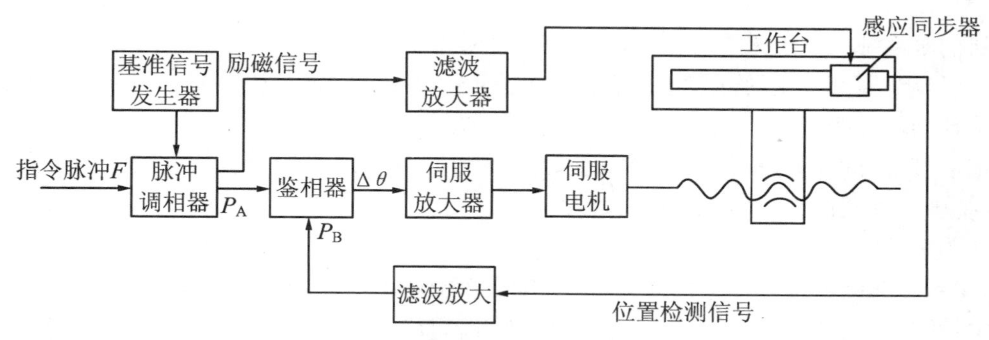

图 7.40　闭环相位比较伺服系统框图

7.6.3　幅值比较伺服系统

幅值比较伺服系统是以位置检测信号的幅值大小来反映机械位移量的数值，并以此信号作为反馈信号，转换成数字信号后与指令信号进行比较，从而获得位置偏差信号构成闭环控制系统。检测元件以幅值工作状态进行工作，常用检测元件主要有旋转变压器和感应同步器。

如图 7.41 所示，为闭环幅值比较伺服系统。系统工作前，指令脉冲 F 与反馈脉冲 P_f 均没有，比较器输出为“0”，这时伺服电动机不转动。当指令脉冲建立后，比较器输出不再为“0”，其数据经 D/A 变换后，向速度控制电路发出电动机运转信号，电动机转动并带动工作台移动。同时，位置检测元件将工作台的位移检测出来，经鉴幅器和电压—频率变换器处理，转换成相应的数字脉冲信号，其输出一路作为位置反馈脉冲 P_f，另一路送入检测元件的励磁电路。当指令脉冲与反馈脉冲两者相等，比较器输出为“0”，说明工作台实际移动的距离等于指令信号要求的距离，电动机停转，工作台停止移动；若两者不相等，说明工作台实际移动距离不等于指令信号要求的距离，电动机就会继续运转，带动工作台移动，直到比较器输出为“0”时再停止。

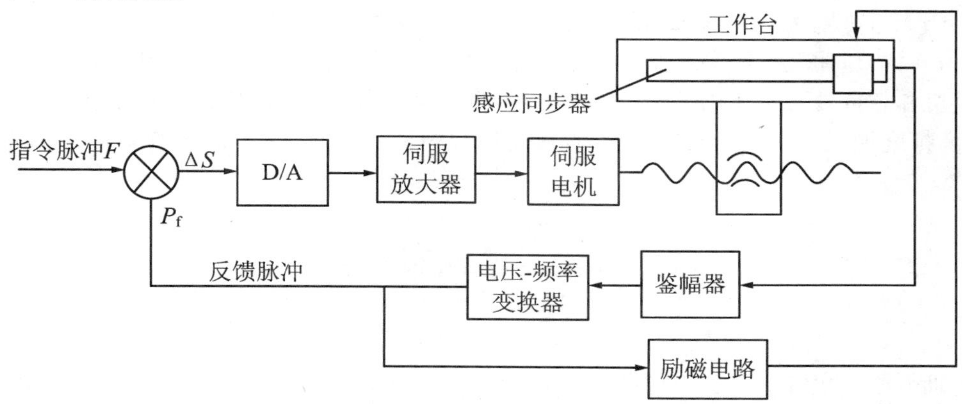

图 7.41　闭环幅值比较伺服系统框图

7.6.4 全数字控制伺服系统

从伺服系统的发展来看，可将伺服系统分为模拟式、混合式和全数字式。模拟式伺服系统的三环调节器都采用硬件实现，系统中的给定量和反馈量都是模拟量。混合式伺服系统的位置环用软件控制，其给定信号和反馈信号都是数字量；而速度环和电流环用硬件控制，其给定信号和反馈信号都是模拟量。全数字控制伺服系统用计算机软件实现数控各种功能，系统中的控制信息全用数字量来处理。

如图7.42所示，为全数字控制伺服系统。图中，电流环和位置环均设有数字化测量传感器；速度环的测量也是数字化测量，它是通过位置测量传感器(如脉冲编码器)得出的。如图所示，速度控制和电流控制是由专用CPU(图中的“进给控制”框)完成。位置反馈、比较等处理工作通过高速通信总线由“位控CPU”完成。其位置偏差再由通信总线传给速度环。此外，各种参数控制及调节也由微处理器实现，特别是正弦脉宽调制变频器的矢量变换控制更是由微处理器完成。

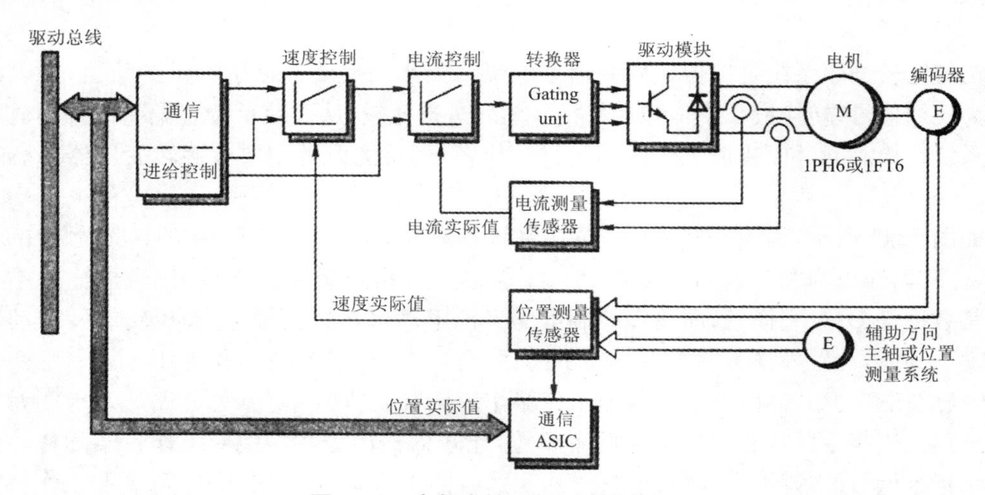

图7.42 全数字控制伺服系统框图

以上前3种伺服系统中，相位比较和幅值比较伺服系统从结构上和安装维护上都比数字-脉冲比较伺服系统复杂和要求高，所以一般情况下数字一脉冲比较伺服系统应用得更广泛些，另外，相位比较伺服系统又比幅值比较伺服系统应用得多。全数字控制伺服系统可利用计算机和软件技术采用前馈控制、预测控制和自适应控制等新方法改善系统性能，能满足高速、高精度加工要求。所以，全数字控制将取代模拟式和混合式控制是今后发展的方向。

7.7 主轴伺服系统

主轴伺服提供加工各类工件所需的切削功率，因此，只须完成主轴调速及正反转功能；但当要求机床有螺纹加工、准停和恒线速加工等功能时，对主轴也提出了相应的位置控制要求。因此，要求其输出功率大，具有恒转矩段及恒功率段，有准停控制，主轴与进给联动。与进给伺服一样，主轴伺服经历了从普通三相异步电动机传动到直流主轴传动；随着微处理器技术和大功率晶体管技术的进展，现在又进入了交流主轴伺服系统的时代。当前，数控机床向高速度、高精度方向发展，电主轴应运而生，在今后一个时期内，电主轴将是数控机床主轴驱动系统的一个发展方向。

7.7.1 直流主轴伺服系统

一般主轴电动机要求有大的输出功率，所以在主轴伺服系统中不采用永磁式直流伺服电动机，而采用他励式。结构上，直流主轴电动机与普通直流电动机相同，如图 7.43 所示，也是由定子和转子两大部分组成。转子由电枢绕组和换向器组成，定子由主磁极和换向极组成，有的主轴电动机在主磁极上不但有主磁极绕组，还带有补偿绕组。为改善换向性能，在主轴电动机结构上都有换向极；为缩小体积，改善冷却效果，采用了轴向强迫通风冷却或热管冷却，在电动机尾部一般都同轴安装有测速电动机作为速度反馈元件。

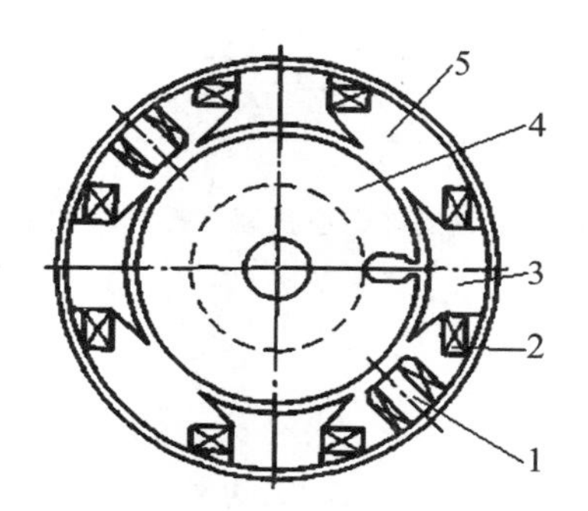

图 7.43　直流主轴电动机结构

1-换向器；2-线圈；3-主磁极；4-转子；5-定子

如图 7.44 所示，为直流主轴伺服系统的组成原理，类似于直流进给伺服系统，也是由速度环和电流环构成双环调速（框图下半部），以控制直流主轴电动机的电枢电压来进行恒转矩调速。控制系统的主电路采用反并联可逆整流电路。直流伺服系统有晶闸管调速和 PWM 脉宽调制调速两种形式。由于主轴电动机功率较大，而晶闸管直流调速在大功率应用方面具有优势，因而常用晶闸管直流调速方法。

由直流电动机的机械特性公式

$$n=\frac{U_a}{C_e\Phi}-\frac{R_a}{C_eC_m\Phi^2}M \tag{7-14}$$

看出，在额定转速以下，若要把速度继续往下调，可以减小电枢外加电压 U_a 来获得一组平行、线性的机械特性，即恒转矩调速；但在额定转速以上时，若要把速度继续往上调，不能让 U_a 超过额定电压，以免烧毁电枢绕组，只能让磁通量 Φ 减小，即弱磁调速。在弱磁调速中，调整 Φ 即是调整励磁电流，随着 Φ 的减小，转速的上升，电磁转矩 M 减小，因而称为恒功率调速。恒功率调速是直流主轴调速的一部分，它是通过控制励磁电路的励磁电流的大小来实现的。如图 7.44 所示，上半部分为励磁控制电路。主轴电动机为励磁式电动机，励磁绕组须由另一个直流电源供电。由励磁电流设定电路、电枢电压反馈电路及励磁电流反馈电路三者的输出信号，经比较后输入给 PI 调节器，根据调节器输出电压的大小，经电压/相位变换器(晶闸管触发电路)，来决定晶闸管门极的触发脉冲的相位，控制加到励磁绕组端的电压大小，从而控制励磁绕组的电流大小，完成恒功率控制的调速。

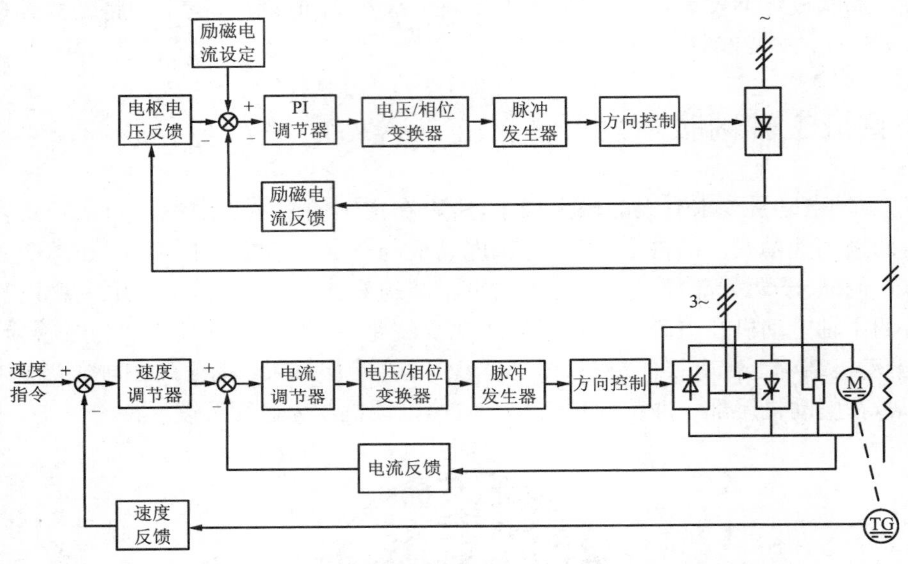

图 7.44 直流主轴电动机速度控制单元原理框图

7.7.2 交流主轴伺服系统

交流伺服电动机一般分为永磁式和感应式两种。交流进给伺服电动机大多采用前者，而交流主轴电动机一般采用后者。这是因为数控机床主轴伺服系统不必像进给伺服系统那样，需要如此高的动态性能和调速范围。感应式交流伺服电动机结构简单、便宜、可靠，配上矢量变换控制的主轴驱动装置，完全可以满足数控机床主轴驱动的要求。主轴驱动交流伺服化是当今的发展趋势。

数控机床用交流主轴电动机多是基于交流感应伺服电动机的结构形式专门设计的，为了增加输出功率，缩小电动机的体积，采用定子铁芯在空气中直接冷却的方法，没有机壳，而且在定子铁芯上有轴向孔，以利通风等，所以电动机外形多呈多边形而不是常见的圆形。如图 7.45 所示，为交流主轴电动机结构和普通感应式电动机的比较。转子多为带斜槽的铸铝结构，与一般鼠笼式感应电动机相同。在电动机轴尾部同轴安装检测用脉冲发生器或脉冲编码器。

感应式交流主轴伺服电动机的工作原理与普通异步电动机相同，在电动机定子的三相绕组中通以有相位差的交流电时，就会产生一个转速为 n_0 的旋转磁场，这个磁场切割转子中的导体，导体感应电流与定子磁场相作用产生电磁转矩，从而推动转子以转速 n 旋转。电动机转速与磁场转速是异步的，电动机的转速 n(r/min)为

$$n=\left(\frac{60f}{p}\right)(1-s)=n_0(1-s) \tag{7-15}$$

式中，f 为电源交流频率(Hz)；p 为转子磁极对数；s 为转差率。

为满足数控机床切削加工的特殊要求，出现了一些新型主轴电动机，如输出转换型交流主轴电动机、液体冷却主轴电动机和内装式主轴电动机(电主轴)等。

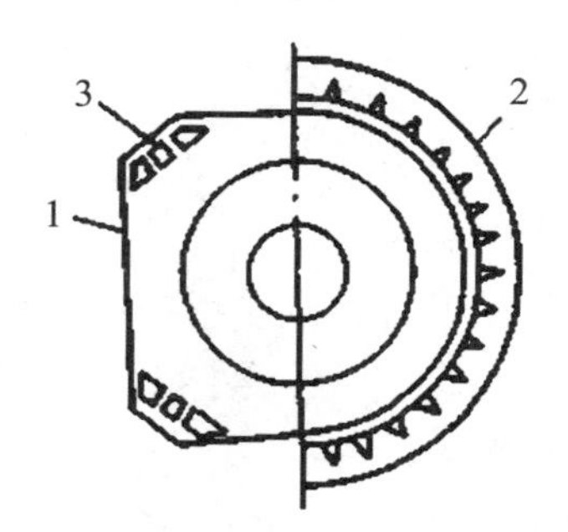

图 7.45　交流主轴电动机与普通感应式电动机结构比较示意图

1—交流主轴电动机；2—普通感应式电动机；3—冷却通风孔

1. 新型主轴电动机结构

(1) 输出转换型交流主轴电动机

主轴电动机本身由于特性的限制，在低速区是恒转矩输出，输出功率发生变化；高速区为恒功率输出。可用在恒转矩范围内的最高速和恒功率范围内的最高速之比来表示主轴电动机的恒定特性，一般为 1∶3～1∶4。为满足机床切削的需要，主轴电动机应能在任何刀具切削速度下均能提供恒定的功率。为了满足切削的需要，可在主轴与电动机之间装上齿轮箱，使之在低速时仍有恒功率输出。若主轴电动机本身有宽的恒功率范围，可省略主轴变速箱，从而简比主轴结构。

为此，可采用一种称为输出转换型的交流主轴电动机。输出转换方法有：三角形-星形切换、绕组数切换或两者组合切换。其中绕组数切换方法简便，每套绕组都能分别设计成最佳的功率特性，能得到非常宽的恒功率范围，一般可达到 1∶3～1∶30。这样，采用输出转换型交流主轴电动机，就可省去主轴变速箱。

(2) 液体冷却主轴电动机。

与进给电动机相比，交流主轴电动机要求输出功率大。一定尺寸条件下，输出功率增大，必将大幅度增加发热量，因而，主轴电动机必须解决散热问题。主轴电动机的散热一般是采用风扇冷却的方法；但采用液体(润滑油)强迫冷却法能在保持小体积条件下获得更大的输出功率。液体冷却主轴电动机的结构特点是：在电动机外壳和前端盖中间有一个独特的油路通道，用强迫循环的润滑油经此来冷却绕组和轴承，使电动机可在 20000 r/min 高速下连续运行。这类电动机的恒功率范围也很宽。

(3) 电主轴

随着数控技术在工业领域内的发展，越来越多的机械制造设备都在不断地向高速、高效、高精度、高智能化领域发展，为此，对机床主轴系统提出更高的要求，电主轴系统是最能适应上述高性能工况的数控机床核心部件之一。电主轴就是机床主轴由内装式主轴电动机直接驱动，从而把机床主传动链的长度缩短为零，实现机床的“零传动”。

电主轴系统把主轴与电动机有机地结合在一起，电动机轴是空心轴转子，也就是主轴本身，电动机定子被嵌入在主轴头内。电主轴系统由内装式电主轴单元、驱动控制器、编码系统、直流母线能耗制动器和通信电缆组成。内装式电主轴单元是电主轴系统的核心，其组成部件或系统包括：电动机、支承、冷却系统、松拉刀系统、松刀气缸或液压缸、轴承自动卸载系统、刀具冷却系统、编码安装调整系统。

电主轴是一种智能型功能部件，不但有结构紧凑、重量轻、动态特性好、转速高、功率大的优点，还有一系列控制主轴温升与振动等运行参数的功能，以确保其高速运转的可靠与安全。虽然，将电动机内置，在安装上会带来一些麻烦，但在高速加工时，采用电主轴几乎是唯一的也是最佳的选择。这是因为：

① 电主轴取消了中间传动机构，从而消除了由于这些机构而产生的振动和噪声；

② 由于电主轴可将主轴的转动惯量减至最小，因而主轴回转时可有极大的角加、减速度，在最短时间内可实现高转速的速度变化；

③ 高速运行时避免了由中间传动机构引起的冲动冲击，因而更加平稳，延长主轴轴承寿命。

目前，国内外专业的电主轴生产厂商已可供应几百种规格的电主轴，其套筒直径范围为32～320 mm，转速范围为10000～150000 mm，功率范围为0.5～80 kW，转矩范围为0.1～300 N·m。近年来，为满足特定需要，进一步改善电主轴性能，还出现了流体静压轴承和磁悬浮轴承电主轴及交流永磁同步电动机电主轴。

2. 交流主轴电动机控制单元

交流电动机调速方法有多种，如：变频调速（U/f 调速）、矢量控制调速及直接转矩控制调速。这里只介绍异步电动机矢量控制调速，该方法也可应用于永磁交流同步伺服电动机驱动系统。

矢量控制是根据异步电动机的动态数学模型，利用坐标变换的方法将电动机的定子电流分解成磁场分量电流和转矩分量电流，模拟直流电动机的控制方式，对电动机的磁场和转矩分别进行控制，使异步电动机的静态特性和动态特性接近于直流电动机的性能。

如图7.46所示，为矢量变换控制原理。图中带“*”号标记的量表示控制值，不带“*”号标记的量表示实际测量值。它类似于直流电动机的双闭环调速系统，ASR为速度调节器，它的输出相当于直流电动机电枢电流的 i_q^* 信号；AMR为磁通调节器，它输出 i_d^* 信号。这两个信号经坐标变换器K/P合成为定子电流幅值给定信号 i_1^* 和相角给定信号 θ_1^*，前者经电流调节器ACR控制变频器电流幅值，后者用于控制逆变器各相的导通。而实际的三相电流经3/2相变换器和矢量旋转变换器V/R后得到等效电流 i_d 和 i_q，然后再经坐标变换器得到定子电流幅值的反馈信号 i_1。逆变器的频率控制都用转差控制方式，由 i_q^* 和 Φ_m 信号经运算可得到转差角速度 ω_s，与实际角速度 ω 相加之后，得到同步角速度 ω_0，再经积分器得到磁通同步旋转角 θ_0，然后再与电流相位角 θ_1^* 相加，以便及时而准确地控制电流波形，从而得到良好的动态性能。为了控制气隙磁通，理论上讲，可以在电动机轴上安装磁通传感器来直接检测气隙磁通，但这种方法不易实现，且在检测信号中干扰信号较大，因此一般都采用间接磁通控制。

7.7.3 主轴准停控制

主轴准停又称为主轴定向，指当主轴停止时，能够准确停于主轴周向某一固定角度位置。主轴准停功能常用在机床的自动换刀、反镗孔等动作中。主轴准停可分为机械准停和电气准停。

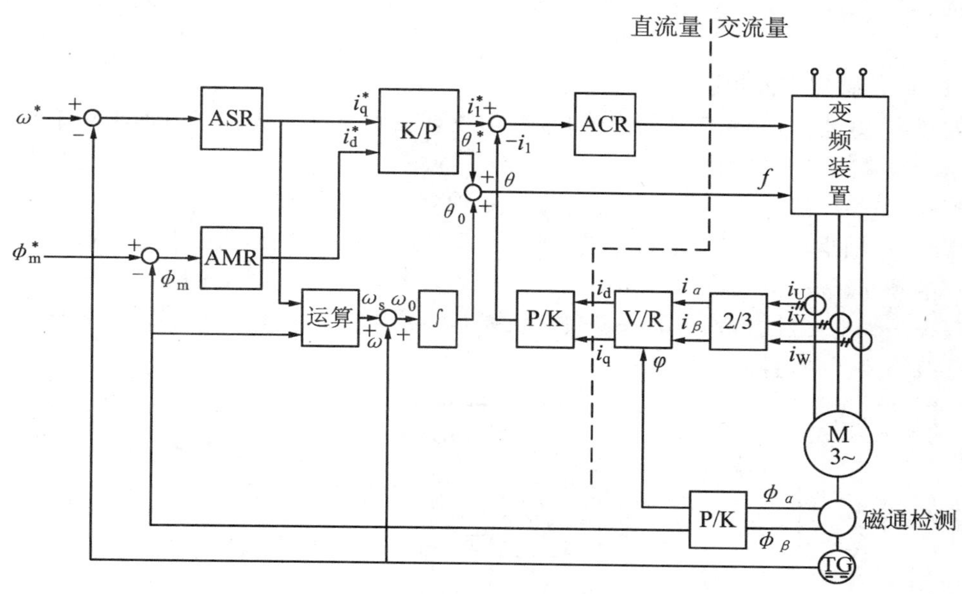

图 7.46　矢量变换控制原理

1. 机械准停控制

如图 7.47 所示，为典型的 V 形槽定位盘准停结构，带有 V 形槽的定位盘与主轴连为一体，当数控系统接到主轴准停指令 M19 时，主轴控制单元首先使主轴减速至可以设定的低速转动。当检测到无触点开关的有效信号后，使主轴电动机停转并断开主轴传动链，主轴由于惯性继续慢速空转；同时控制系统控制电磁阀动作，使准停液压缸定位销伸出并压向定位盘。当定位盘的 V 形槽与定位销对正时，定位销插入 V 形槽中，使主轴准停定位；同时限位开关 LS2 动作，表明准停动作完成。开关 LS1 为准停释放信号，主轴准停释放信号有效时，主轴才能旋转；而主轴准停到位信号 LS2 有效时，才能进行换刀动作。这些动作的控制可由数控系统的 PLC 来实现。机械准停还有其他方式，但基本原理类似。

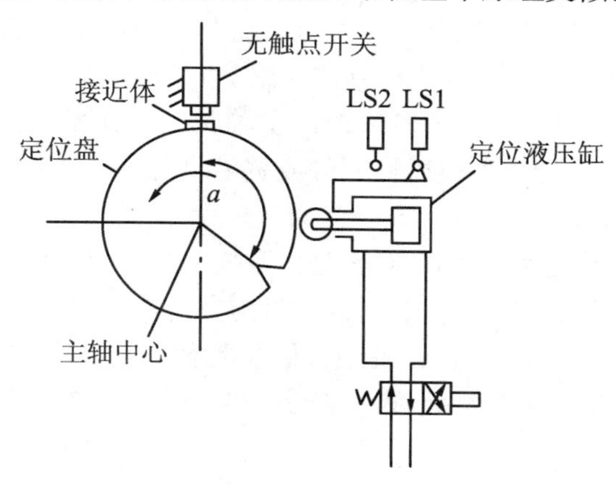

图 7.47　V 形槽定位盘准停结构

2. 电气准停控制

电气准停控制广泛应用在中高档数控机床上，与机械准停相比，电气准停控制能简化机械结构、缩短准停时间、增加可靠性及提高机床性价比。电气准停控制主要有以下 3 种方式。

（1）磁传感器准停控制

如图 7.48 所示，为磁传感器准停控制，由主轴装置自身完成。当主轴驱动单元接收到数控系统发来的准停启动信号 ORT 时，主轴立即减速至准停速度；当主轴到达准停速度且达到准停位置时（磁发器与磁传感器对准），主轴立即减速至某一爬行速度。当磁传感器信号出现时，主轴驱动立即进入以磁传感器作为反馈元件的位置闭环控制，目标位置即为准停位置。准停完成后，主轴驱动单元向数控系统发出准停完成信号 ORE。这里，磁性元件可直接装在主轴上，磁性传感头则固定在主轴箱上。为减少干扰，磁性传感器与主轴驱动单元间的连线需要屏蔽，且连线尽量短。

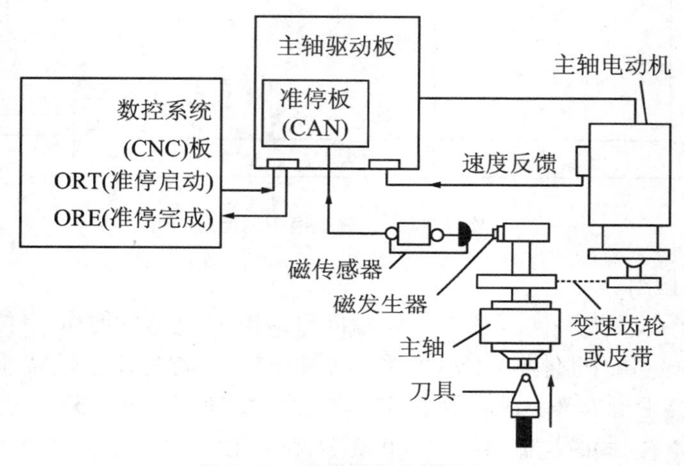

图 7.48　磁传感器准停结构

（2）编码器准停控制

如图 7.49 所示，为编码器准停控制，也是由主轴装置自身完成。编码器工作轴可安装在主轴上，也可通过 1∶1 的齿轮用齿形带和主轴连接。采用编码器准停控制，也是由数控系统发出准停启动信号 ORT，主轴驱动的控制和磁传感器控制方式相似，准停完成后向数控系统发出准停完成信号 ORE。与磁传感器控制不同的是，编码器准停位置可由外部开关量信号（12 位）设定给数控系统，由数控系统向主轴驱动单元发出准停位置信号；而磁传感器控制要调整准停位置，只能靠调整磁性元件或磁传感器的相对安装位置来实现。

（3）数控系统准停控制

如图 7.50 所示，为数控系统准停控制，是由数控系统完成，其工作原理与进给位置控制原理相似，准停位置由数控系统内部设定，因而可更方便地设定准停角度。由位置传感器把实际位置信号反馈给数控系统，数控系统把实际位置信号与指令位置信号进行比较并将其差值经 D/A 转换后，供给主轴驱动装置，控制主轴准确停止在指令位置。

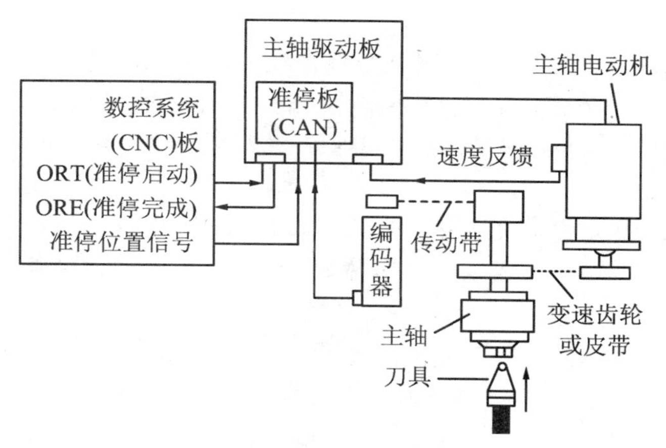

图7.49　编码器准停结构

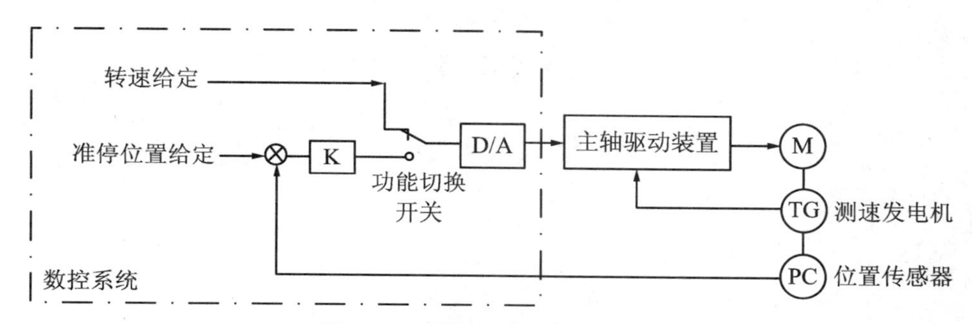

图7.50　数控系统准停工作原理

思考与练习题

7.1　试对开环、半闭环、闭环伺服系统进行综合比较，说明它们的机构特点和应用场合。

7.2　伺服系统由哪些部分组成，数控机床对伺服系统的要求有哪些？

7.3　简述反应式步进电动机的工作原理，并说明开环步进伺服系统如何进行移动部件的位移量、速度和方向控制的。

7.4　什么是步距角，反应式步进电动机的步距角与哪些因素有关，步距角与脉冲当量之间的关系是什么？

7.5　若数控机床的脉冲当量$\delta=0.05$ mm，快进时步进电动机的工作频率$f=2500$ Hz，请计算快速进给速度v。

7.6　步进电动机的环形脉冲分配器和功率放大器分别有哪些形式，各自有何特点？

7.7　提高步进伺服系统精度的措施有哪些？分别说明它们的工作原理。

7.8　直流伺服电动机有哪几种？试说明它们的工作原理。

7.9　直流伺服电动机的调速方法有哪些？说明它们的实现原理，数控直流伺服系统主要采用哪种方法?

7.10 直流进给运动的PWM和晶闸管调速原理分别是什么?请比较它们的优缺点。

7.11 交流伺服电动机有哪几种?试说明永磁交流伺服电动机工作原理。

7.12 交流伺服电动机的调速方法有哪些?说明它们的实现原理,数控交流伺服系统主要采用哪种方法?

7.13 在交流伺服电动机变频调速中,为什么要将电源电压和频率同时调整?

7.14 简述SPWM调制原理,分析SPWM变频器的功率放大电路和SPWM变频调速系统工作原理。

7.15 试说明直线电动机的类型、结构和工作原理,直线电动机有何特点。

7.16 简述数字-脉冲比较伺服系统和全数字控制伺服系统的基本工作原理。

7.17 比较分析数字—脉冲比较、相位比较、幅值比较和全数字式伺服系统的特点。

7.18 请分析主轴直流伺服系统的调速原理。

7.19 试说明主轴交流伺服系统的矢量控制调速基本思想并分析矢量变换控制原理。

7.20 主轴准停的作用是什么?如何用编码器准停方法进行实现?

第8章　数控机床的机械结构

8.1 概　　述

数控机床是一种典型的机电一体化产品，是机械与电子技术相结合的产物。数控机床机械结构一般由以下几部分组成。

(1) 主传动系统。包括动力源、传动件及主运动执行件(主轴)等。主传动系统的作用是将驱动装置的运动及动力传给执行件，实现主切削运动。

(2) 进给传动系统。包括动力源、传动件及进给运动执行件(工作台、刀架)等。进给传动系统的作用是将伺服驱动装置的运动和动力传给执行件，实现进给运动。

(3) 基础支承件。包括床身、立柱、导轨、工作台等。基础支承件的作用是支承机床的各主要部件，并使它们在静止或运动中保持相对正确的位置。

(4) 辅助装置。包括自动换刀装置、液压气动系统、润滑冷却装置等。

数控机床是高精度、高效率的自动化机床。几乎在任何方面均要求比普通机床设计得更为完善，制造得更为精密。数控机床的结构设计已形成自己的独立体系，其主要结构特点如下。

(1) 静、动刚度高。机床刚度是指在切削力和其他力的作用下、抵抗变形的能力。数控机床要在高速和重负荷条件下工作，机床床身、底座、立柱、工作台、刀架等支承件的变形，都会直接或间接地引起刀具和工件之间的相对位移，从而引起工件的加工误差。因此，这些支承件均应具有很高的静刚度和动刚度。为了做到这一点，数控机床在设计上采取的措施有：合理选择结构形式、合理安排结构布局、采用补偿变形措施和选用材料合理。

(2) 抗振性好。机床工作时可能产生两种形态的振动：强迫振动和自激振动。机床的抗振性是指抵抗这两种振动的能力。数控机床在高速重切削情况下应无振动，以保证加工工件的高精度和高的表面质量，特别要注意的是避免切削时的自激振动，因此对数控机床的动态特性提出更高的要求。

(3) 热稳定性好。数控机床的热变形是影响加工精度的重要因素。引起机床热变形的热源主要是机床的内部热源，如电动机发热、摩擦热以及切削热等。热变形影响加工精度的原因，主要是由于热源分布不均，各处零部件的质量不均，形成各部位的温升不一致，从而产生不均匀的热膨胀变形，以致影响刀具与工件的正确相对位置。

机床的热稳定性好是多方面综合的结果。包括机床的温升小；产生温升后，使温升对机床的变形影响小；机床产生热变形时，使热变形对精度的影响较小。提高机床热稳定性的措施主要有：减少机床内部热源和发热量、改善散热和隔热条件、设计合理的机床结构和布局。

(4) 灵敏度高。数控机床通过数字信息来控制刀具与工件的相对运动,它要求在相当大的进给速度范围内都能达到较高的精度,因而运动部件应具有较高的灵敏度。导轨部件通常用滚动导轨、塑料导轨、静压导轨等,以减少摩擦力,使其在低速运动时无爬行现象。工作台、刀架等部件的移动,由交流或直流伺服电动机驱动,经滚珠丝杠传动,减少了进给系统所需要的驱动扭矩,提高了定位精度和运动平稳性。

(5) 自动化程度高、操作方便。为了提高数控机床的生产率,必须最大限度地压缩辅助时间。许多数控机床采用了多主轴、多刀架以及带刀库的自动换刀装置等,以减少换刀时间。对于多工序的自动换刀数控机床,除了减少换刀时间之外,还大幅度地压缩多次装卸工件的时间。几乎所有的数控机床都具备快速运动的功能,使空程时间缩短。

数控机床是一种自动化程度很高的加工设备,在机床的操作性方面充分注意了机床各部分运动的互锁能力,以防止事故的发生。同时,最大限度地改善了操作者的观察、操作和维护条件,设有急停装置,避免发生意外事故。此外,数控机床上还留有最便于装卸的工件装夹位置。对于切屑量较大的数控机床,其床身结构设计成有利于排屑,或者设有自动工件分离和排屑装置。

8.2 数控机床的主传动装置

主传动系统是用来实现机床主运动的,它将主电动机的原动力变成可供主轴上刀具切削加工的切削力矩和切削速度。为适应各种不同的加工要求及方法,数控机床的主传动系统应具有较大的调速范围,以保证加工时能选用合理的切削用量,同时主传动系统还需要有较高精度及刚度,并尽可能降低噪音,从而获得最佳的生产率、加工精度和表面质量。

8.2.1 主传动配置方式

数控机床主传动系统多采用交流主轴电动机和直流主轴电动机无级调速系统。为扩大调速范围,适应低速大扭矩的要求,也经常应用齿轮有级调速和电动机无级调速相结合的调速方式。数控机床主传动方式主要有 5 种配置方式,如图 8.1 所示。

(1) 带有变速齿轮的主传动。这是大、中型数控机床采用较多的一种变速方式。如图 8.1(a)所示。通过少数几对齿轮降速,扩大输出扭矩,以满足主轴低速时对输出扭矩特性的要求。数控机床在交流或直流电动机无级变速的基础上配以齿轮变速,使之成为分段无级变速。滑移齿轮的移位大都采用液压拨叉或电磁离合器带动齿轮来实现。

(2) 通过带传动的主传动。如图 8.1(b)所示,主要应用在转速较高、变速范围不大的机床。电动机本身的调速就能够满足要求,不用齿轮变速,可以避免齿轮传动引起的震动与噪音,适用于高速、低转矩特性要求主轴。这里必须使用同步带,常用三角带或同步齿形带。

(3) 用两个电动机分别传动。如图 8.1(c)所示,这是上述两种传动方式的混合传动,具有上述两种性能。两个电动机不能同时工作,高速时电动机通过带轮直接驱动主轴旋转;低速时，另一个电动机通过两级齿轮传动驱动主轴旋转，齿轮起到降速和扩大变速范围的目的。这样增大了恒功率区，克服了低速时转矩不够且电动机功率不能充分利用的缺陷，但增加了机床成本。

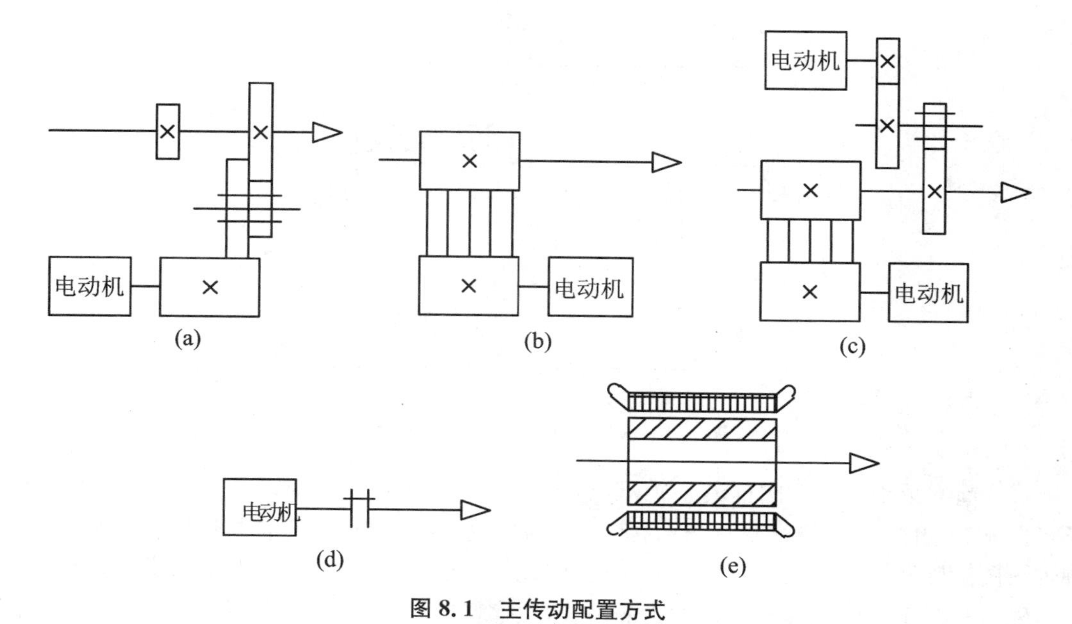

图 8.1 主传动配置方式

(4) 由主轴电动机直接驱动。如图 8.1(d)所示，电动机轴与主轴用联轴器同轴连接。用伺服电动机的无级调速直接驱动主轴旋转，这种主传动方式简化了主轴箱和主轴结构，有效地提高了主轴组件的刚度；但主轴输出扭矩小，电动机发热对主轴影响较大。

(5) 电主轴传动。近年来出现了一种内装电动机主轴，其主轴与电动机转子合为一体。如图 8.1(e)所示。其优点是主轴组件结构紧凑、重量轻、惯量小，可提高启动、停止的响应特性，并利于控制震动和噪音。缺点同样是主轴输出扭矩小和主轴热变形的问题。

8.2.2 主轴组件结构

数控机床的主轴组件一般包括主轴、主轴轴承和传动件等。对于加工中心，主轴组件还包括刀具自动夹紧装置、主轴准停装置和主轴孔的切屑消除装置。主轴组件既要满足精加工时精度较高的要求，又要具备粗加工时高效切削的能力。因此在旋转精度、刚度、抗振性和热变形等方面，都有很高的要求。

1. 主轴轴承的配置方式

目前，数控机床主轴轴承的配置方式主要有 3 种，如图 8.2 所示。

(1) 前支承采用双列圆柱滚子轴承和双列 60°角接触球轴承组合，后支承采用成对角接触球轴承(图 8.2(a))。此种配置方式使主轴的综合刚度大幅度提高，可以满足强力切削的要求，因此普遍应用于各类数控机床。

(2) 前支承采用多个高精度角接触球轴承(图 8.2(b))。角接触球轴承具有良好的高速性能，主轴最高转速可达 4000 r/min，但它的承载能力小，因而适用于高速、轻载和精密的数控机床主轴。在加工中心的主轴中,为了提高承载能力,有时应用3~4个角接触球轴承组合的前支承,并用隔套实现预紧。

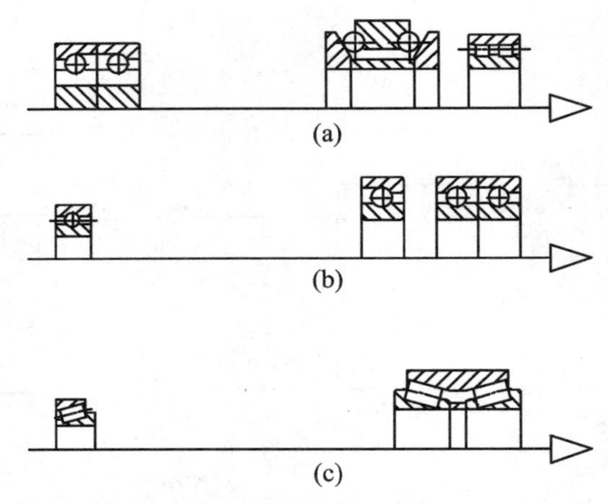

图8.2 数控机床主轴轴承配置方式

(3) 前支承采用双列圆锥滚子轴承,后支承为单列圆锥滚子轴承(图8.2(c))。这种轴承径向和轴向刚度高,能承受重载荷,尤其能承受较强的动载荷,安装与调整性能好。但这种轴承配置限制了主轴的最高转速与精度,因此适用于中等精度、低速与重载的数控机床。

随着材料工业的发展和高速加工的需要,数控机床主轴中有使用陶瓷滚珠轴承的趋势。

2. 刀具自动装卸与切屑清除装置

在带有刀库的数控机床中,主轴组件除具有较高的精度和刚度外,还带有刀具自动装卸装置和主轴孔内的切屑清除装置。

为实现刀具在主轴上的自动装卸,主轴必须设计有刀具的自动夹紧机构。自动换刀立式镗铣床主轴的刀具夹紧机构如图8.3所示。主轴3前端有7∶24的锥孔,用于装夹锥柄刀具。端面键13既做刀具周向定位用,又可通过它传递转矩。该主轴是由拉紧机构拉紧锥柄刀夹尾端的轴颈来实现刀夹的定位与夹紧的。原理如下:夹紧刀夹时,液压缸上腔接通回油,弹簧11推活塞6上移,处于图示位置,拉杆4在碟形弹簧5作用下向上移动;由于此时装在拉杆前端径向孔中的钢球12,进入主轴孔中直径较小的d_2处,见图8.3(b),被迫径向收拢而卡进拉钉2的环形凹槽内,因而刀杆被拉杆拉紧,依靠摩擦力紧固在主轴上。换刀前须将刀夹松开时,压力油进入液压缸上腔,活塞6推动拉杆4向下移动,碟形弹簧被压缩;当钢球12随拉杆一起下移至进入主轴孔直径较大的d_1处时,它就不再能约束拉钉的头部,紧接着拉杆前端内孔的台肩端面a碰到拉钉,把刀夹顶松。此时行程开关10发出信号,换刀机械手随即将刀夹取下。与此同时,压缩空气由管接头9经活塞和拉杆的中心通孔吹入主轴装刀孔内,把切屑或脏物清除干净,以保证刀具的安装精度。机械手把新刀装上主轴后,液压缸7接通回油,碟形弹簧又拉紧刀夹。刀夹拉紧后,行程开关8发出信号。

自动清除主轴孔中切屑和灰尘是换刀操作中的一个不容忽视的问题。如果在主轴锥孔中掉进了切屑或其他污物,在拉紧刀杆时,主轴锥孔表面和刀杆的锥柄就会被划伤,甚至使刀杆发生偏斜,破坏了刀具的正确定位,影响零件的加工精度,甚至使零件报废。为了保持主轴锥孔的清洁,常用压缩空气吹屑。图8.3的活塞6的中心钻有压缩空气通道,当活塞向左移动时，压缩空气经拉杆 4 吹出，将主轴锥孔清理干净。喷气头中的喷气小孔要有合理的喷射角度，并均匀分布，以提高吹屑效果。

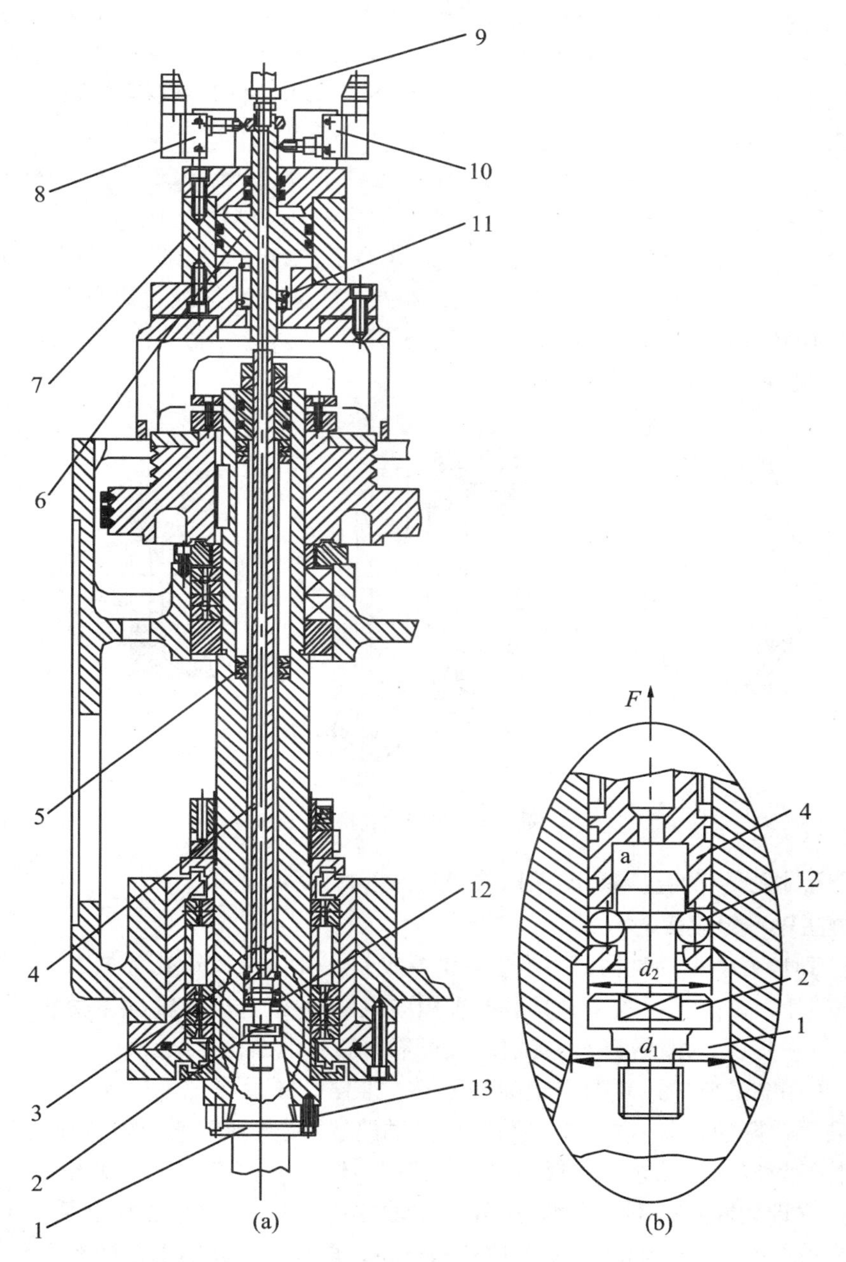

图 8.3　自动换刀数控立式镗铣床主轴组件(JCS－018)

1—刀夹；2—拉钉；3—主轴；4—拉杆；5—碟形弹簧；6—活塞；7—液压缸；8、10—行程开关；9—压缩空气管接头；11—弹簧；12—钢球；13—端面键

3. 主轴组件的润滑与密封

良好的润滑效果可以降低轴承的工作温度，延长其使用寿命。密封不仅要防止灰尘、屑末和切削液进入，还要防止润滑油的泄漏。

(1) 主轴的润滑

数控机床主轴的转速高,为减少主轴发热,必须改善轴承的润滑方式。润滑的作用是在摩擦副表面形成一层薄油膜,以减少摩擦发热。在数控机床上的润滑一般采用高级油脂封入方式润滑,每加一次油脂可以使用7~10年。也有用油气润滑,除在轴承中加入少量润滑油外,还引入压缩空气,使滚动体上包有油膜起到润滑作用,再用空气循环冷却。

(2) 主轴的密封

主轴的密封有接触式和非接触式两种。几种非接触密封的形式如图8.4所示。图8.4(a)是利用轴承盖与轴的间隙密封,在轴承盖的孔内开槽是为了提高密封效果;这种密封用于工作环境比较清洁的油脂润滑处。图8.4(b)是在螺母的外圆上开锯齿形环槽,当油向外流时,靠主轴转动的离心力把油沿斜面甩到端盖的空腔内,油液再流回箱内。图8.4(c)是迷宫式密封的结构,在切屑多、灰尘大的工作环境下可获得可靠的密封效果;这种结构适用于油脂或油液润滑的密封。

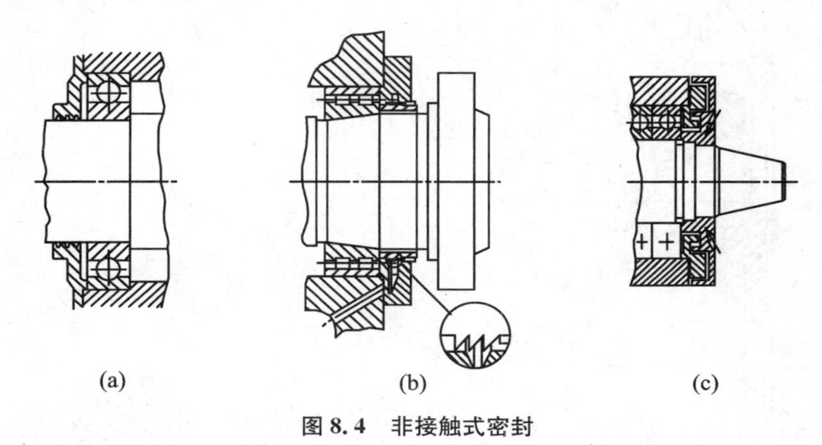

图8.4 非接触式密封

接触式密封主要有油毡圈和耐油橡胶密封圈密封两种。

4. 机械主轴准停装置

自动换刀时,刀柄上的键槽要对准主轴的端面键;另外,在反镗孔等加工中,刀具要沿刀尖反方向偏移让刀。这就要求主轴具有准确周向定位的功能,即主轴准停功能,可由机械准停或电气准停来实现。机械准停装置定向较可靠、精确,但结构复杂。

图8.5采用的是机械控制的主轴准停装置。准停装置设在主轴尾端,当主轴需要准停时,数控装置发出降速信号,主轴箱自动改变传动路线,使主轴转速换到低速运转。在时间继电器延时数秒钟后,开始接通无触点开关4。在凸轮2上的感应片对准无触点开关时,发出准停信号,立即切断主电动机电源,脱开与主轴的传动联系,以排除传动系统中大部分旋转零件的惯性对主轴准停的影响,使主轴低速空转。再经过时间继电器的短暂延时,接通压力油,使定位活塞6带动定位滚子5向上运动,并压紧在凸轮1的外表面。当主轴带动凸轮1慢速转至其上的V形槽,对准滚子5时,滚子进入槽内,使主轴准确停止。同时限位开关7发出信号,表示已完成准停。如果在规定的时间内限位开关7未发出完成准停信号,即表示滚子5没有进入V形槽,这时时间继电器发出重新定位信号,并重复上述动作,直到完成准确停止。然后,定位活塞6退回到释放位置,行程开关8发出相应的信号。

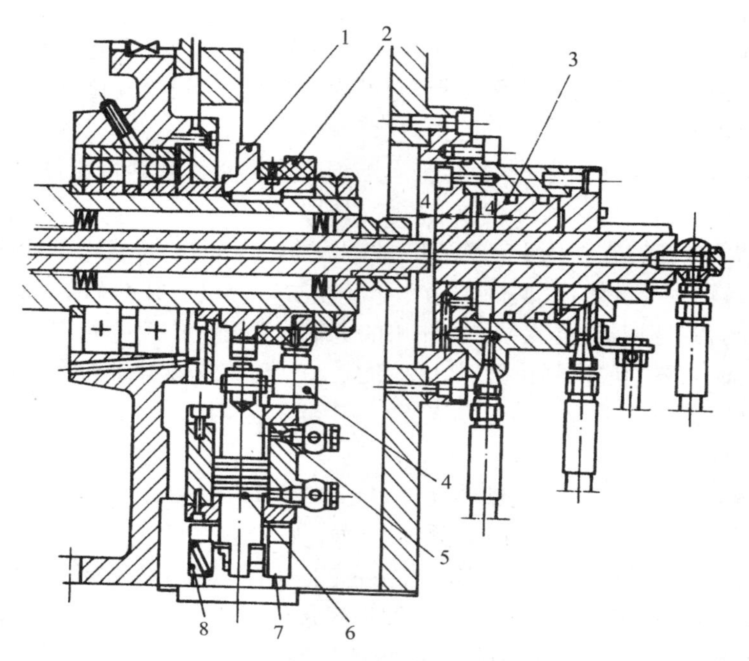

图 8.5　机械控制的主轴准停装置

1、2—凸轮；3—活塞；4—开关；5—滚子；6—定位活塞；7—限位开关；8—行程开关

5. 电主轴单元

电主轴是内装式电动机主轴单元。它把机床主传动链的长度缩短为零，实现了机床的“零传动”，具有结构紧凑、机械效率高、可获得极高的回转速度、回转精度高、噪声低、振动小等优点。

(1) 电主轴的结构

如图 8.6 所示，电主轴系统把主轴与电动机有机地结合在一起，由无外壳电动机、主轴、轴承、主轴单元壳体、驱动模块和冷却装置等组成。电动机轴是空心轴转子，也就是主轴本身，由前后轴承支承；电动机的定子通过冷却套安装于主轴单元的壳体中。主轴的变速由主轴驱动模块控制，而主轴单元内的温升由冷却装置限制。在主轴的后端装有测速、测角位移传感器，前端的内锥孔和端面用于安装刀具。

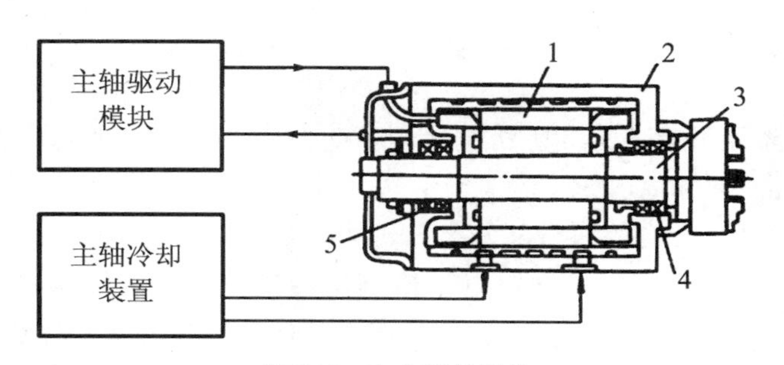

图 8.6　电主轴的结构

1—无外壳电动机；2—主轴单元壳体；3—主轴；4—前端轴承；5—后端轴承

(2) 电主轴的轴承

目前电主轴采用的轴承主要有陶瓷球轴承、液体静压轴承和磁悬浮轴承。

陶瓷球轴承是应用广泛且经济的轴承,它的陶瓷滚珠质量轻、硬度高,可大幅度减小轴承离心力和内部载荷,减少磨损,从而提高轴承寿命。

液体静压轴承为非直接接触式轴承,具有磨损小、寿命长、回转情度高、震动小等优点,用于电主轴上,可延长刀具寿命、提高加工质量和加工效率。

磁悬浮轴承依靠多对在圆周上互为180°的磁极产生径向吸力(或斥力)而将主轴悬浮在空气中,使轴颈与轴承不接触,径向间隙为1 mm左右。当承受载荷后,主轴空间位置会产生微小变化,控制装置根据位置传感器检测出的主轴位置变化值改变相应磁极的吸力(或斥力)值,使主轴迅速恢复到原来的位置,从而保证主轴始终绕其惯性轴作高速回转,因此它的高速性能好、精度高,但由于价格昂贵,至今没有得到广泛应用。

(3) 电主轴的冷却

由于电主轴将电动机集成于主轴单元中,且其转速很高,运转时会产生大量热量,引起电主轴温升,使电主轴的热态特性和动态特性变差,从而影响电主轴的正常工作。因此必须采取一定措施控制电主轴的温度,使其恒定在一定值内。目前一般采取强制循环油冷却的方式对电主轴的定子及主轴轴承进行冷却,即将经过油冷却装置的冷却油强制性地在主轴定子外和主轴轴承外循环,带走主轴高速旋转产生的热量。另外,为了减少主轴轴承的发热,还必须对主轴轴承进行合理的润滑。如对于陶瓷球轴承,可采用油雾润滑或油气润滑方式。

8.3 数控机床的进给传动装置

数控机床的进给系统是数字控制的直接对象,不论点位控制还是轮廓控制,被加工工件的最终坐标精度和轮廓精度都受进给系统的传动精度、灵敏度和稳定性的影响。为此,在设计进给系统时应充分注意保证宽的进给调速范围、提高传动精度与刚度、减少摩擦阻力、消除传动间隙,以及减少运动部件的惯量、响应速度要快、稳定性好、寿命长、使用维护方便等。

8.3.1 进给传动系统常见结构

数控机床的进给系统普遍采用无级调速的驱动方式。伺服电动机的动力和运动只须经过1～2级齿轮或带轮传动副降速,传递给滚珠丝杠螺母副(大型数控机床常采用齿轮齿条副、蜗杆蜗条副),驱动工作台等执行部件运动。如图8.7所示,传动系统的齿轮副或带轮副的作用,主要是将高转速低转矩的伺服电动机输出转换成低速大转矩的执行部件输出,另外,还可使滚珠丝杠和工作台的转动惯量在系统中占有较小的比重。此外,对开环系统还可以匹配所需脉冲当量,保证系统所需的运动精度。滚珠丝杠螺母副(或齿轮齿条副、蜗杆蜗轮副)的作用是实现旋转运动与直线移动之间的转换。

近年来,由于伺服电动机及其控制单元性能的提高,许多数控机床的进给传动系统去掉了降速齿轮副，直接将伺服电动机与滚珠丝杠连接。随着高加、减速度直线电动机的发展，由直线电动机直接驱动进给部件的数控机床也在不断涌现。

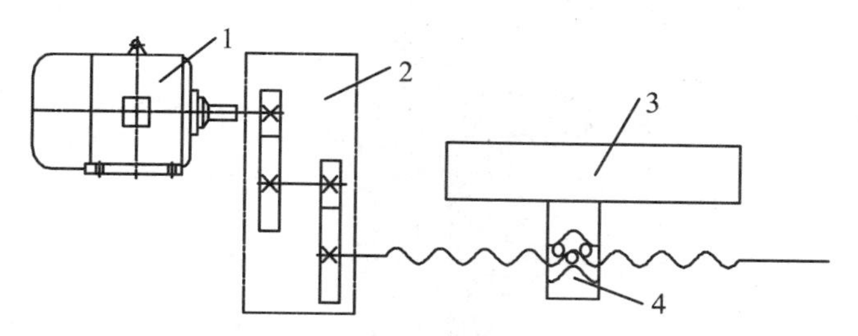

图8.7　数控机床进给传动系统

1—伺服电动机；2—定比传动机构；3—执行元件；4—换向机构

8.3.2　齿轮传动副

在数控机床的进给伺服系统中，常采用机械变速装置将高转速、低转矩的伺服电动机输出，转换成低速、大转矩的执行部件输出，其中应用最广的就是齿轮传动副。齿轮传动副设计时要考虑齿轮副的传动级数和速比分配，以及齿轮传动间隙的消除。

1. 齿轮副传动的传动级数和速比分配

齿轮传动的传动级数和速比分配，一方面影响传动件的转动惯量大小，同时还影响执行件的传动效率。增加传动级数，可以减少转动惯量，但导致传动装置的结构复杂，降低了传动效率，增大噪音，同时也加大了传动间隙和摩擦损失，对伺服系统不利。若传动链中齿轮速比按递减原则分配，则传动链的起始端的间隙影响较小，末端的间隙影响较大。

2. 齿轮传动间隙消除

由于齿轮在制造中不可能达到理想齿面要求，存在着一定的误差，因此两个啮合着的齿轮总有微量的齿侧间隙。数控机床进给系统经常处于自动换向状态，在开环系统中，齿侧间隙会造成位移值滞后于指令信号，换向时，将丢失指令脉冲而产生反向死区，从而影响加工精度；在闭环系统中，由于有反馈单元，滞后值虽然可得到补偿，但换向时可能造成系统震荡。因此必须采取措施消除齿轮传动中的间隙。

齿轮传动间隙消除方法一般可分为刚性调整法和柔性调整法。刚性调整法是调整后暂时消除了齿侧间隙，但之后产生的齿侧间隙不能自动补偿的调整方法，因此，齿轮的周节公差及齿厚要严格控制，否则影响传动的灵活性。这种调整方法结构比较简单，具有较好的传动刚度。柔性调整法是调整之后消除了齿侧间隙，而且随后产生的齿侧间隙仍可自动补偿的调整方法。一般都采用调整压力弹簧的压力来消除齿侧间隙，并在齿轮的齿厚和周节有变化的情况下，也能保持无间隙啮合。但这种结构较复杂，轴向尺寸大，传动刚度低，同时，传动平稳性也较差。

(1) 直齿圆柱齿轮传动间隙的消除

① 偏心套调整法。如图8.8所示，齿轮2装在电动机4的输出轴上，电动机则装在偏心套3上，偏心套又装在减速箱体的座孔内。齿轮1与2相互啮合，通过转动偏心套的转角，就能够方便地调整两啮合齿轮间的中心距，从而消除了齿轮副正、反转时的齿侧间隙。这是

刚性调整法。

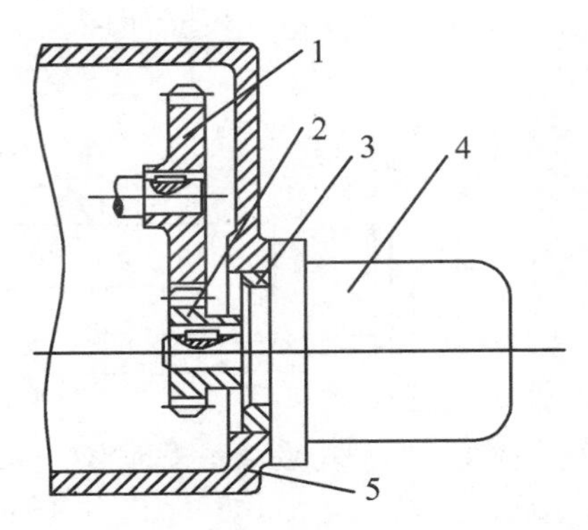

图 8.8 偏心套调整法

1、2—啮合齿轮;3—偏心套;4—电动机;5—减速箱体

② 轴向垫片调整法。如图 8.9 所示,在加工齿轮 1 和 2 时,将分度圆柱面制成带有小锥度的圆锥面,使其齿厚在齿轮的轴向稍有变化(其外形类似于插齿刀)。装配时只要改变垫片 3 的厚度,使齿轮 2 作轴向移动,就能调整两齿轮的轴向相对位置,从而消除了齿侧间隙。但圆锥面的角度不能过大,否则将使啮合条件恶化。这是刚性调整法。

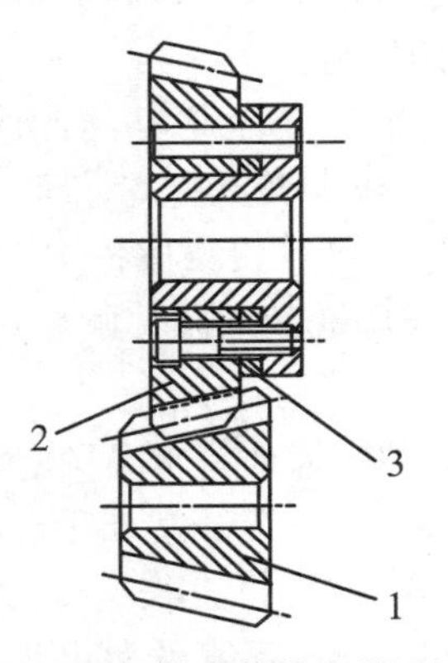

图 8.9 轴向垫片调整法

1、2—直齿圆柱齿轮;3—垫片

③ 双片薄齿轮错齿调整法。如图 8.10 所示,为周向拉簧调整。两个齿数相同的薄片齿轮 1 和 2 与另一个宽齿轮相啮合,齿轮 1 空套在齿轮 2 上,可以相对回转。每个齿轮端面分别均匀装有四个螺纹凸耳 3 和 8,齿轮 1 的端面有 4 个通孔,凸耳 8 可以从中穿过,弹簧 4 分别钩在调节螺钉 7 和凸耳 3 上,通过螺母 5 调节弹簧 4 的拉力,调节完毕用螺母 6 锁紧。弹簧的拉力可以使薄片齿轮错位,即两片薄齿轮的左、右齿面分别与宽齿轮轮齿齿槽的左、右贴紧,从而消除齿侧间隙。这是柔性调整法。

(2) 斜齿圆柱齿轮传动间隙的消除

② 轴向垫片错齿调整法。如图 8.11 所示,宽齿轮 1 同时与两个相同齿数的薄片斜齿 3 和 4 啮合,薄片斜齿经平键与轴连接,无相对回转。斜齿 3 和 4 间加厚度为 t 的垫片,用螺母拧紧,使两齿轮 3 和 4 的螺旋线产生错位,前后两齿面分别与宽齿轮的齿面贴紧而消除间

隙。这是刚性调整法。

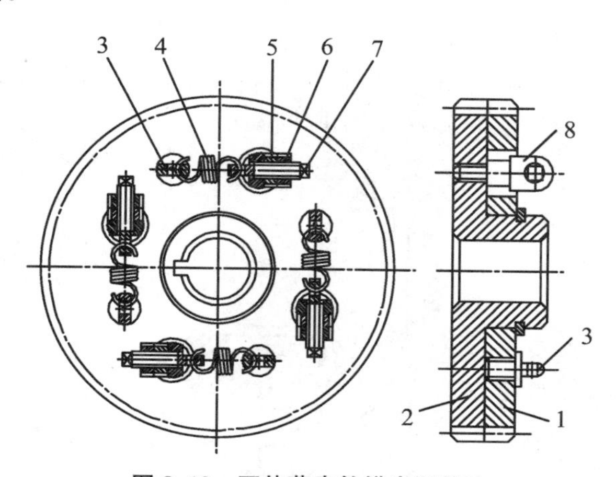

图 8.10　双片薄齿轮错齿调整法

1、2—齿轮；3、8—凸耳；4—弹簧；5、6—螺母；7—螺钉

② 轴向压簧错齿调整法。如图 8.12 所示，与轴向垫片错齿调整法相似，所不同的是薄片斜齿圆柱齿轮的轴向平移是通过弹簧的弹力来实现的。通过调整螺母 5 即可调整弹簧压力的大小，进而调整齿轮 4 轴向平移量的大小，调整方便。这是柔性调整法。

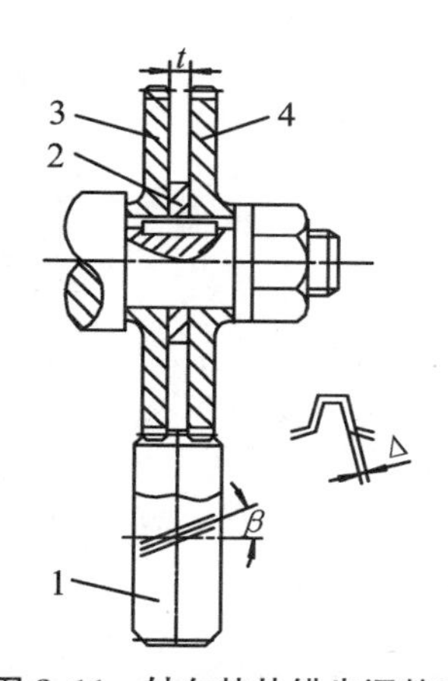

图 8.11　轴向垫片错齿调整法

1—宽斜齿圆柱齿轮；2—垫片；3、4—薄片斜齿轮

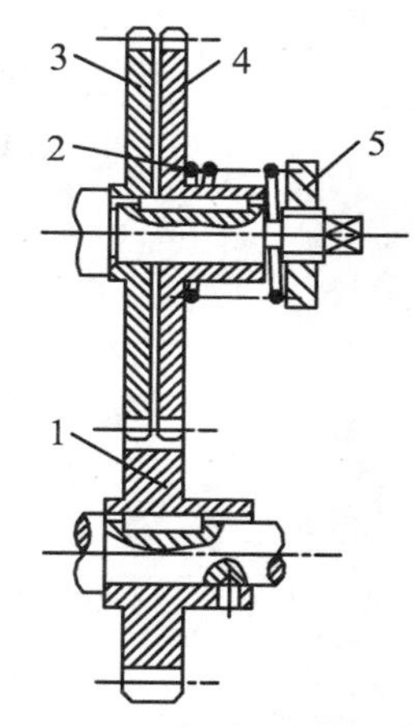

图 8.12　轴向压簧错齿调整法

1—宽斜齿圆柱齿轮；2—弹簧；3、4—薄片斜齿轮；5—螺母

(3) 锥齿轮传动间隙的消除

如图 8.13 所示，为锥齿轮的轴向压簧调整。锥齿轮 1 和 2 相啮合，在装锥齿轮 1 的传动轴 5 上装有压簧 3，锥齿轮 1 在弹簧力的作用下可稍作轴向移动，从而消除间隙。弹簧力的大小由螺母 4 调节。这是柔性调整法。

(4) 齿轮齿条传动间隙的消除

对于工作行程很大的数控机床，进给运动一般采用齿轮齿条传动。齿轮齿条传动也存在齿侧间隙，须要消除。当传动负载较小时，可采用双片薄齿轮错齿调整法，双片薄齿轮分别与齿条齿槽的左、右两侧贴紧，从而消除齿侧间隙。

当传动负载较大时，可采用双厚齿轮的传动结构。其原理如图 8.14 所示，进给运动由轴 2 输入，通过两对斜齿轮将运动传给轴 1 和轴 3，然后由两个直齿轮 4 和 5 去传动齿条，带动工作台移动。轴 2 上装有两个螺旋线方向相反的斜齿轮，当在轴 2 上施加轴向力 F 时，能使斜齿轮产生微量的轴向移动，则轴 1 和轴 3 便以相反的方向转过微小的角度，使齿轮 4 和 5 分别与齿条齿槽的左、右侧面贴紧，从而消除间隙。

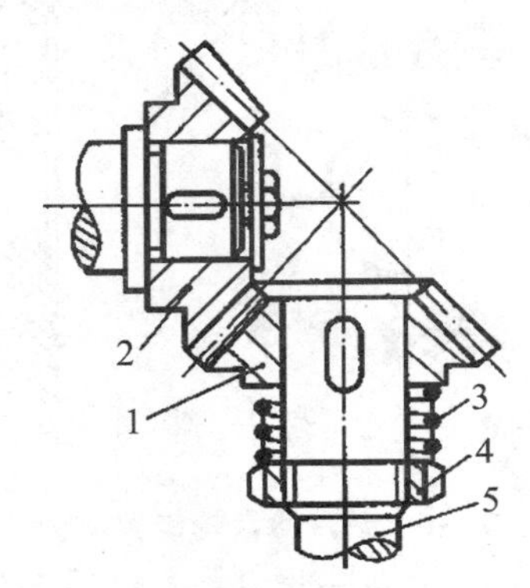

图 8.13 锥齿轮的轴向压簧调整法

1、2—锥齿轮；3—弹簧；4—螺母；5—传动轴

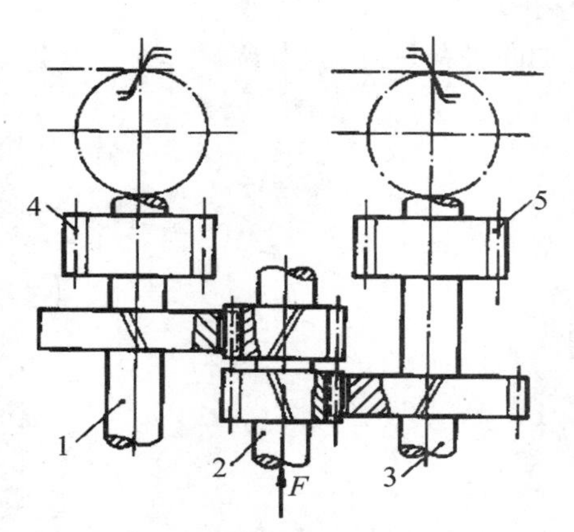

图 8.14 齿轮齿条的双厚齿轮调整法

1、2、3—轴；4、5—直齿轮

8.3.3 键连接、销连接间隙的消除

数控机床进给传动装置中，齿轮等传动件与轴键的配合间隙，如同齿侧间隙一样，也会影响工件的加工精度，需将其消除。图 8.15 所示为消除连接间隙的两种措施。图 8.15(a)为双键连接结构，用紧定螺钉顶紧以消除间隙。图 8.15(b)为楔形销连接结构，用螺母拉紧楔形销以消除间隙。

图 8.16 所示为一种可获得无间隙传动的无键连接。5 和 6 是一对互相配研、接触良好的弹性锥形胀套，拧紧螺钉 2，通过圆环 3 和 4 将它们压紧时，内锥形胀套 5 的内孔缩小，外锥形胀套 6 的外圆胀大，依靠摩擦力将传动件 7 和轴 1 连接在一起。锥形胀套的对数，根据所需传递的转矩大小，可以是一对或几对。

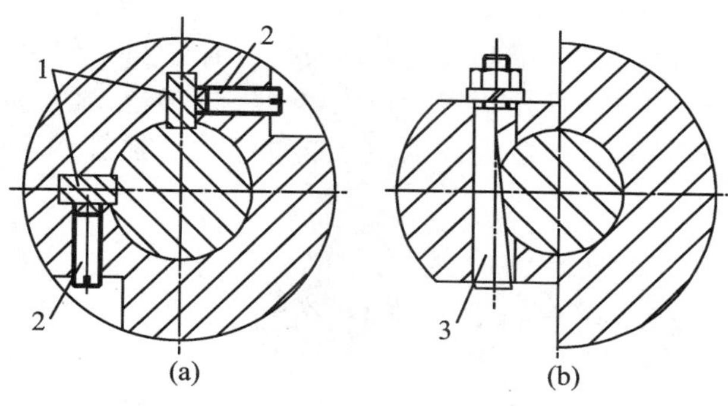

图 8.15　键连接间隙的消除方法

1—键;2—紧定螺钉;3—楔形销

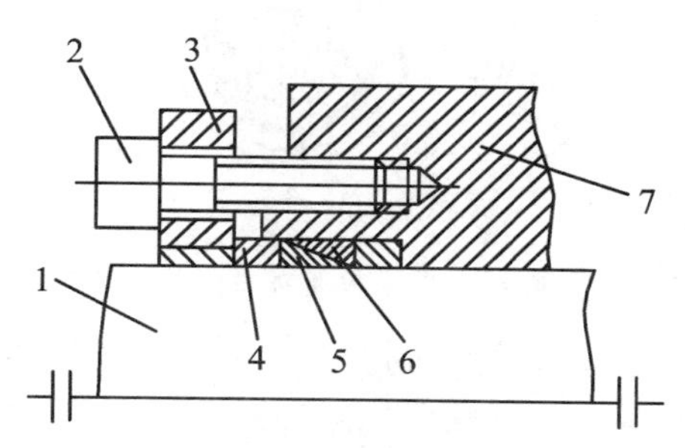

图 8.16　无键连接结构

1—键;2—螺钉;3、4—圆环;5—内弹簧锥形胀套;
6—外弹簧锥形胀套;7—传动件

8.3.4　滚珠丝杠螺母副

滚珠丝杠螺母副是回转运动与直线运动相互转换的新型传动装置,在数控机床上得到了广泛的应用。

滚珠丝杠螺母副的优点是:摩擦系数小,传动效率高,一般为 $\eta=0.92\sim0.98$,所需传动转矩小;灵敏度高,传动平稳,不易产生爬行,随动精度和定位精度高;磨损小,寿命长,精度保持性好;可通过预紧和间隙消除措施提高轴间刚度和反向精度;运动具有可逆性,不仅可以将旋转运动变为直线运动,也可将直线运动变为旋转运动。缺点是制造工艺复杂,成本高,在垂直安装时不能自锁,因而须附加制动机构。

1. 滚珠丝杠螺母副的结构和工作原理

按滚珠的循环方式不同,滚珠丝杠螺母副有外循环和内循环两种结构。滚珠在返回过程中与丝杠脱离接触的为外循环,与丝杠始终接触的为内循环。

图 8.17 所示为外循环滚珠丝杠螺母副。丝杠与螺母上都加工有圆弧形的螺旋槽,将它们对合起来就形成了螺旋滚道,在滚道里装满了滚珠。当丝杠相对于螺母旋转时,丝杠的旋转面经滚珠推动螺母轴向移动,同时滚珠沿螺旋滚道滚动,使丝杠与螺母间的滑动摩擦转变为滚珠与丝杠、螺母之间的滚动摩擦。滚珠沿螺旋槽在丝杠上滚过数圈后,通过回程引导装置,逐个地又滚回到丝杠与螺母之间,构成一个闭合的回路。

按回程引导装置的不同，外循环滚珠丝杠螺母副又分为插管式和螺旋槽式。图 8. 17(a) 所示为插管式，它用弯管作为返回管道。这种形式结构工艺性好，但由于管道突出于螺母体外，径向尺寸较大。图 8. 17(b)所示为螺旋槽式，它是在螺母外圆上铣出螺旋槽，槽的两端钻出通孔并与螺纹该道相切，形成返回通道。这种结构比插管式径向尺寸小，但制造较复杂。

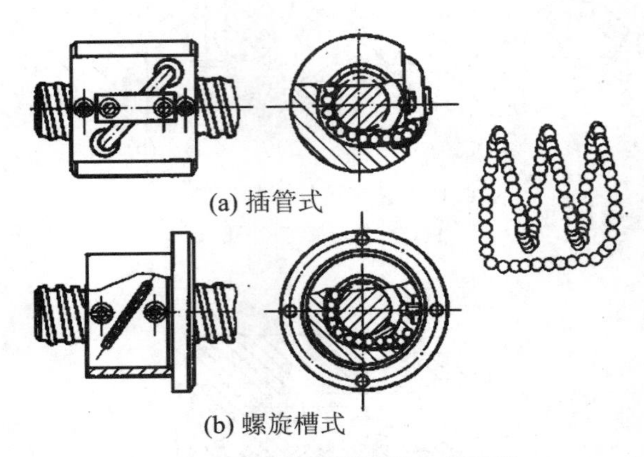

图 8. 17　外循环滚珠丝杠螺母副

图 8. 18 所示为内循环滚珠丝杠螺母副。在螺母的侧孔中装有圆柱凸轮式反向器，反向器上铣有 S 形回珠槽，将相邻两螺纹滚道连接起来。滚珠从螺纹滚道进入反向器，借助反向器迫使滚珠越过丝杠牙顶进入相邻滚道，实现循环。其优点是径向尺寸紧凑，刚性好，因返回滚道较短，摩擦损失小；缺点是反向器加工困难。

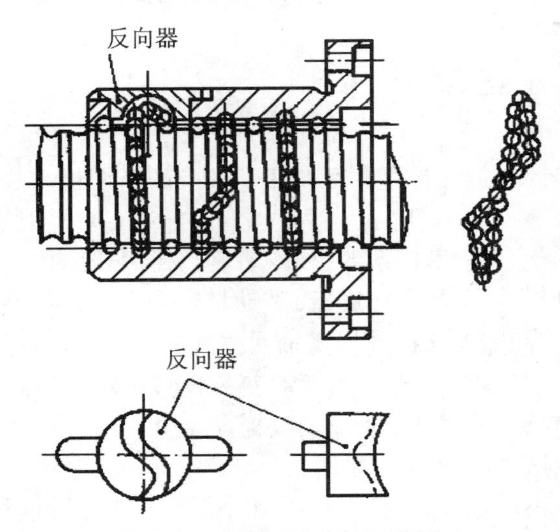

图 8. 18　内循环滚珠丝杠螺母副

2. 滚珠丝杠螺母副轴向间隙调整与预紧。

滚珠丝杠的传动间隙是轴向间隙。为了保证反向传动精度和轴向刚度，必须消除轴向间隙。常采用双螺母结构，利用两个螺母的相对轴向位移，使两个滚珠螺母中的滚珠分别贴紧在螺旋轨道的两个相反的侧面上。须注意预紧力不宜过大，预紧力过大会使空载力矩增加，降低传动效率，缩短使用寿命。此外还要消除丝杠安装部分和驱动部分的间隙。

（1）垫片调隙式

如图 8.19 所示，调整垫片 4 的厚度，使左右两螺母 1、2 产生轴向位移，即可消除轴向间隙并产生预紧力。这种方法结构简单，刚性好，但调整不便，滚道有磨损时不能随时消除间隙和进行预紧，多用于一般精度的传动。

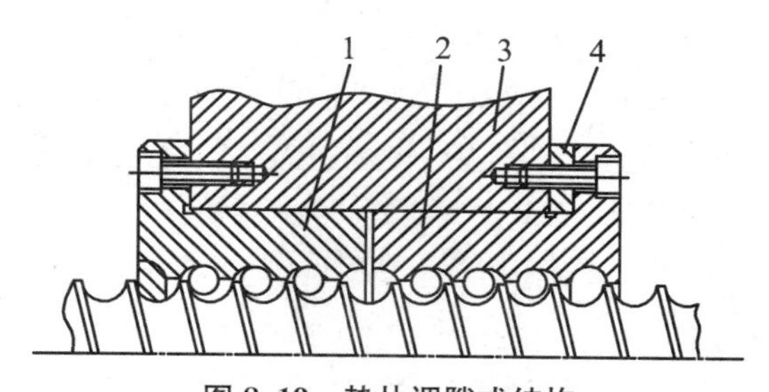

图 8.19　垫片调隙式结构

1、2—螺母；3—螺母座；4—调整垫片

（2）螺纹调隙式

如图 8.20 所示，左螺母外端有凸缘，右螺母外端没有凸缘而制有螺纹，并用两个圆螺母 1、2 固定，用平键限制螺母在螺母座内的转动。调整时，只要拧动圆螺母 1 即可消除轴向间隙并产生预紧力，然后用螺母 2 锁紧。这种调整方法具有结构简单、工作可靠、调整方便的优点，但预紧量不很准确。

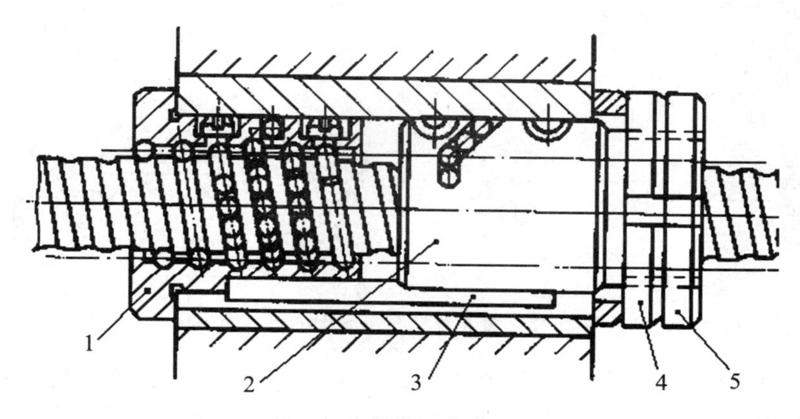

图 8.20　螺纹调隙式结构

1、2—单螺母；3—平键；4—圆螺母；5—锁紧螺母

（3）齿差调隙式

如图 8.21 所示，在两个螺母的凸缘上各制有圆柱外齿轮，分别与紧固在套筒两端的内齿圈相啮合，其齿数分别为 z_1 和 z_2，并相差一个齿。调整时，先取下内齿圈，让两个螺母相对于套筒同方向都转动一个齿，然后再插入内齿圈，则两个螺母便产生相对角位移，其轴向相对位移量为 $s=(1/z_1-1/z_2)t$。如 $z_1=80$、$z_2=81$、滚珠丝杠的导程 $t=6$ mm 时，$s\approx0.001$ mm。这种调整方法能精确调整预紧量，调整方便、可靠，但结构尺寸较大，多用于高精度的传动。

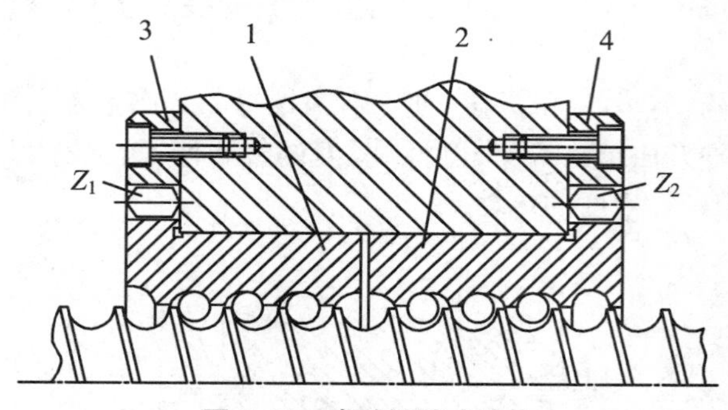

图 8.21 齿差调隙式结构

1、2—带有外齿轮的螺母；3、4—内齿轮

3. 滚珠丝杠的支承方式

数控机床的进给系统要获得较高的传动刚度，除了加强滚珠丝杠螺母副本身的刚度外，滚珠丝杠螺母副的正确安装及支承结构的刚度也是不可忽视的因素。如为减少受力后的变形，轴承座应有加强筋，应增大螺母座与机床的接触面积，并采用高刚度的推力轴承以提高滚珠丝杠的轴向承载能力。

图 8.22(a)所示为一端安装推力轴承的方式。此种方式适用于行程小的短丝杠，其承载能力小，轴向刚度低。

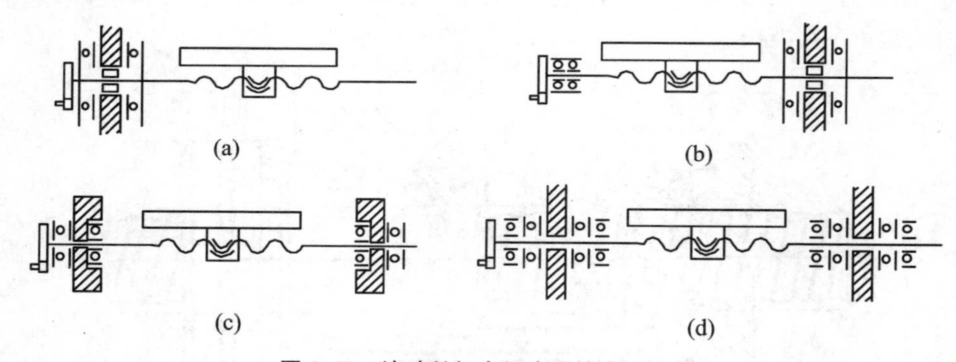

图 8.22 滚珠丝杠在机床上的支承方式

图 8.22(b)所示为一端安装推力轴承，另一端安装向心球轴承的方式。此种方式用于丝杠较长的情况，当热变形造成丝杠伸长时，其一端固定，另一端能作微量的轴向浮动。

图 8.22(c)所示为两端安装推力轴承的方式。把推力轴承安装在滚珠丝杠的两端，并施加预紧力，可以提高轴向刚度。但这种安装方式对丝杠的热变形较为敏感。

图 8.22(d)所示为两端安装推力轴承及向心球轴承的方式。它的两端均采用双重支承并施加预紧力，使丝杠具有较大的刚度。这种方式还可使丝杠的变形转化为推力轴承的预紧力，但设计时要求提高推力轴承的承载能力和支架的刚度。

8.4　数控机床的导轨与回转工作台

8.4.1　导轨

基于数控机床的特点，其导轨对导向精度、精度保持性、摩擦特性、运动平稳性和灵敏性都有更高的要求。数控机床导轨在材料和结构上与普通机床的导轨有着显著的不同，总体来讲，可分为滑动导轨、滚动导轨和静压导轨等三大类。

1. 滑动导轨

滑动导轨具有结构简单、制造方便、刚度好、抗振性高等优点，在数控机床上应用广泛。滑动导轨有三角形、矩形、燕尾形，及圆形等多种基本形式，如表 8.1 所示。

表 8.1　滑动导轨的几种常用结构形式

	对称三角形	不对称三角形	矩　形	燕尾形	圆　形
凸形	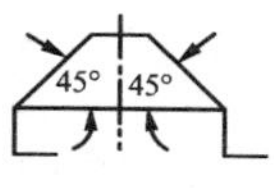 45°　45°	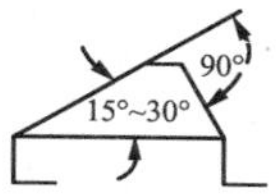 90°　15°~30°	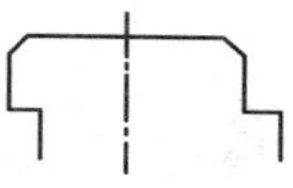	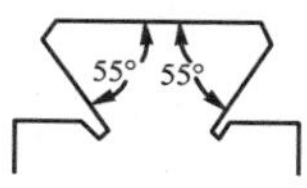 55°　55°	
凹形	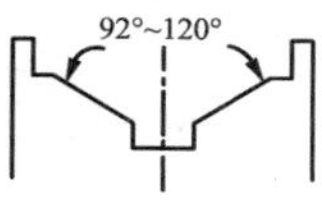 92°~120°	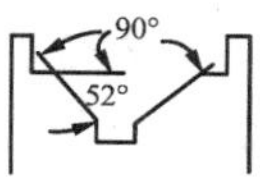 90°　52°	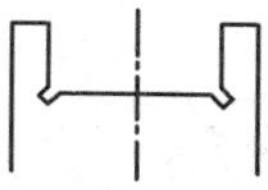	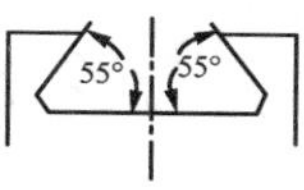 55°　55°	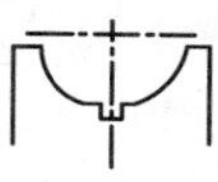

对于一般的铸钢-铸钢、铸钢-淬火钢的导轨，静摩擦系数大，动摩擦系数随速度变化而变化，在低速时易产生爬行现象。为了提高导轨的耐磨性，改善摩擦特性，可通过选用合适的导轨材料、热处理方法等。例如，导轨材料可采用优质铸铁、耐磨铸铁或镶淬火钢，热处理方法采用导轨表面滚压强化、表面淬硬、镀铬、镀钼等方法，以提高耐磨性能。

为了进一步减少导轨的磨损和提高运动性能，近年来又出现了新型的塑料滑动导轨。一种为贴塑导轨（图 8.23 所示），是在与床身导轨相配的滑动导轨上黏接上静、动摩擦系数基本相同，耐磨、吸振的塑料软带；还有一种为注塑导轨（图 8.24 所示），是在定、动导轨之间采用注塑的方法制成塑料导轨。这种塑料导轨具有良好的摩擦特性、耐磨性及吸震性，因此目前在数控机床上广泛使用。

2. 滚动导轨

滚动导轨是在导轨工作面之间安排滚动件，使两导轨面之间形成滚动摩擦。摩擦系数很小（0.0025～0.005），动、静摩擦系数相差很小，运动轻便灵活，所需功率小，精度好，无爬行，应用广泛。现代数控机床常采用的滚动导轨有滚动导轨块和直线滚动导轨两种。

（1）滚动导轨块

滚动导轨块是一种以滚动体作循环运动的滚动导轨，其结构如图 8.25 所示。使用时，滚动导轨块安装在运动部件的导轨面上，每一导轨至少用两块，导轨块的数目与导轨的长度与负载的大小有关，与之相配的导轨多用嵌钢淬火导轨。当运动部件移动时，滚柱 3 在支承部件的导轨面与本体 6 之间滚动，同时绕本体 6 循环滚动，滚柱 3 与运动部件的导轨面不接触，所以运动部件的导轨面不须淬硬磨光。滚动导轨块的特点是刚度高、承载能力大、导轨行程不受限制。

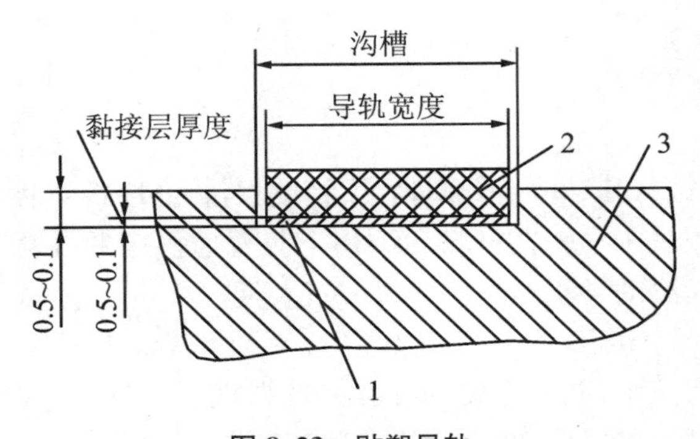

图 8.23　贴塑导轨

1—黏接材料；2—导轨软管；3—滑座

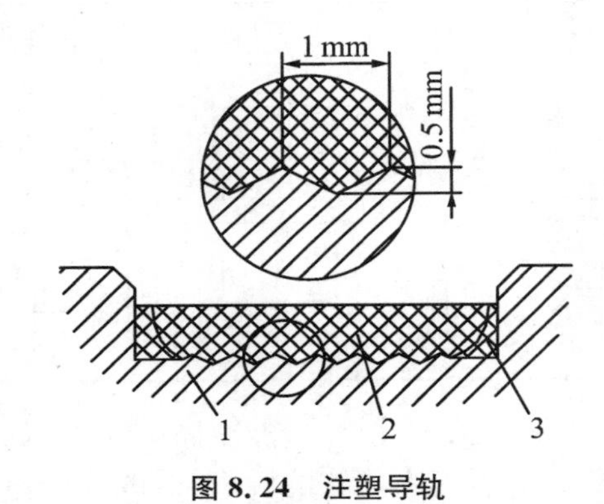

图 8.24　注塑导轨

1—滑座；2—注塑层；3—胶条

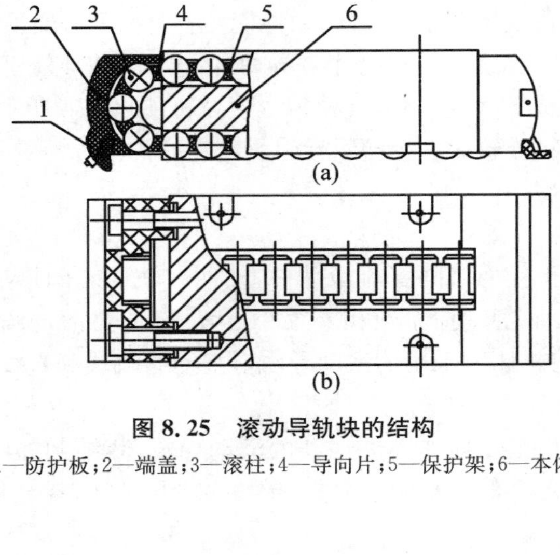

(a)

(b)

图 8.25　滚动导轨块的结构

1—防护板；2—端盖；3—滚柱；4—导向片；5—保护架；6—本体

(2) 直线滚动导轨

直线滚动导轨突出的优点为无间隙，并且能够施加预紧力。导轨的结构如图 8.26 所示，由直线滚动导轨体、滑体、滚珠、保持器、端盖等组成。它由生产厂组装，故又称单元式直线滚动导轨。使用时，导轨固定在不运动的部件上，滑块固定在运动的部件上。当滑块沿导轨体移动时，滚珠在导轨体和滑块之间的圆弧直槽内滚动，并通过端盖内的滚道，从工作负荷区到非工作负荷区，然后再滚回工作负荷区，不断循环，从而把导轨体和滑块之间的移动变成滚珠的滚动。

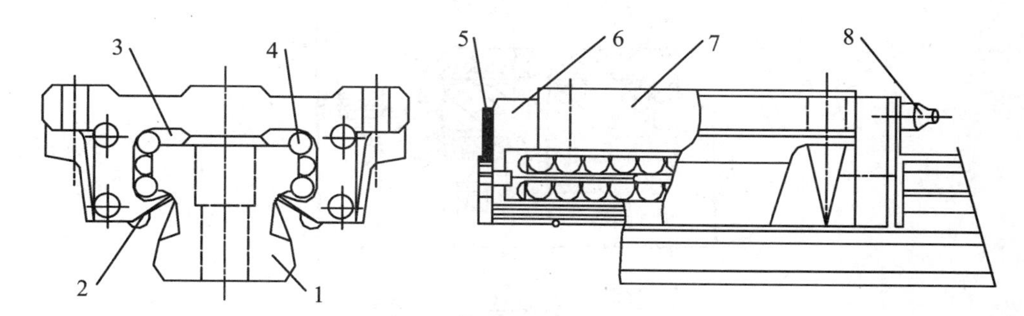

图 8.26　单元式直线滚动导轨

1—导轨体；2—侧面密封垫；3—保持架；4—滚珠；5—端部密封垫；6—端盖；7—滑块；8—润滑油杯

3. 静压导轨

静压导轨是将具有一定压力的油液，经节流器输送到导轨面上的油腔中，形成承载油膜，将相互接触的导轨表面隔开，实现液体摩擦。静压导轨的摩擦系数小(一般为 0.005～0.001)，效率高，能长期保持导轨的导向精度。承载油膜有良好的吸振性，低速下不易产生爬行，所以在机床上得到日益广泛的应用。静压导轨的缺点是结构复杂，须配置供油系统，且油的清洁度要求高。一般多用于重型机床。静压导轨有开式和闭式两大类。

(1) 开式静压导轨

图 8.27 所示为开式静压导轨工作原理图。来自液压泵的压力油，压力为 p_0，经节流器压力降至 p_1，进入导轨的各个油腔内，借油腔内的压力将动导轨浮起，使导轨面间以一层厚度为 h_0 的油膜隔开，油腔中的油不断地穿过各油腔的封油间隙流回油箱，压力降为零。当动导轨受到外载 W 作用时，就向下产生一个位移，导轨间隙由 h_0 降为 $h(h<h_0)$，使油腔回油阻力增大，油腔中压力也相应增大，变为 $p_0(p_0>p_1)$，以平衡负载，使导轨仍在纯液体摩擦下工作。

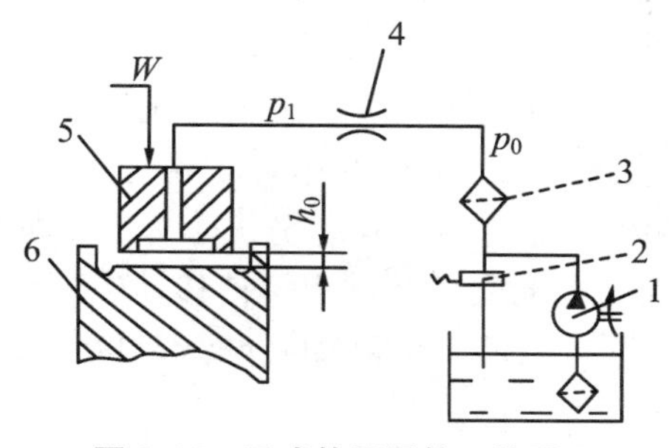

图 8.27　开式静压导轨工作原理

1—液压泵；2—溢流阀；3—过滤器；4—节流器；5—运动导轨；6—床身导轨

(2) 闭式静压导轨

图 8.28 所示为闭式静压导轨工作原理图。闭式静压导轨在各方向导轨面上都开有油腔,所以闭式导轨具有承受各方面载荷和颠覆力矩的能力。设油腔各处的压强分别为 p_1、p_2、p_3、p_4、p_5、p_6,当受颠覆力矩 M 时,p_1、p_6 处间隙变小,则 p_1、p_6 增大;p_3、p_4 间隙变大,则 p_3、p_4 减小,这样就形成一个与颠覆力矩呈反向的力矩,从而使导轨保持平衡。

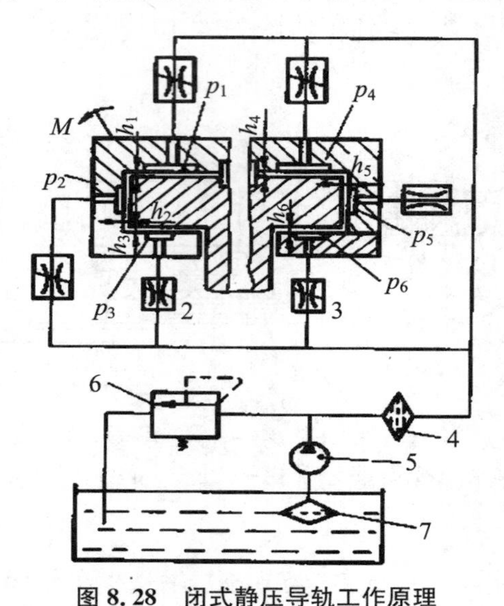

图 8.28 闭式静压导轨工作原理

1—床身;2—导轨;3—节流器;4、7—过滤器;5—液压泵;6—溢流阀

8.4.2 回转工作台

为了扩大工艺范围,数控机床除了沿 X、Y 和 Z 三个坐标轴的直线进给运动外,往往还须带有绕 X、Y 和 Z 轴的圆周进给运动。一般数控机床的圆周进给运动由回转工作台来实现。数控机床中常用的回转工作台有分度工作台和数控回转工作台。

1. 分度工作台

数控机床的分度工作台是按照数控装置的指令,在须要分度时,工作台连同工件回转规定的角度,有时也可采用手动分度。分度工作台只能完成分度运动,而不能实现圆周进给,并且其分度运动只限于完成规定的角度(如 90°、60°或 45°等)。

(1) 定位销式分度工作台

图 8.29 所示为 THK6380 型自动换刀数控卧式镗铣床的定位销式分度工作台。这种工作台依靠定位销和定位孔实现分度。分度工作台 2 的两侧有长方形工作台 11,当不单独使用分度工作台时,可以作为整体工作台使用。分度工作台 2 的底部均匀分布着 8 个削边定位销 8,在底座 12 上有一个定位衬套 7 及供定位销移动的环形槽。因为定位销之间的分布角度为 45°,因此工作台只能作二、四、八等分的分度(定位精度取决于定位销和定位孔的精度,最高可达±5″)。

分度时,由数控装置发出指令,由电磁阀控制下底座 20 上 6 个均布的锁紧液压缸 9 中的压力油经环形槽流回油箱，活塞22被弹簧21顶起，工作台处于松开状态。同时消除间隙液压缸6卸荷，液压缸中的压力油流回油箱。油管15中的压力油进入中央液压缸16使活塞17上升，并通过螺柱18，支座5把推力轴承13向上抬起15 mm。固定在工作台面上的定位销8从定位衬套7中拔出，完成了分度前的准备工作。

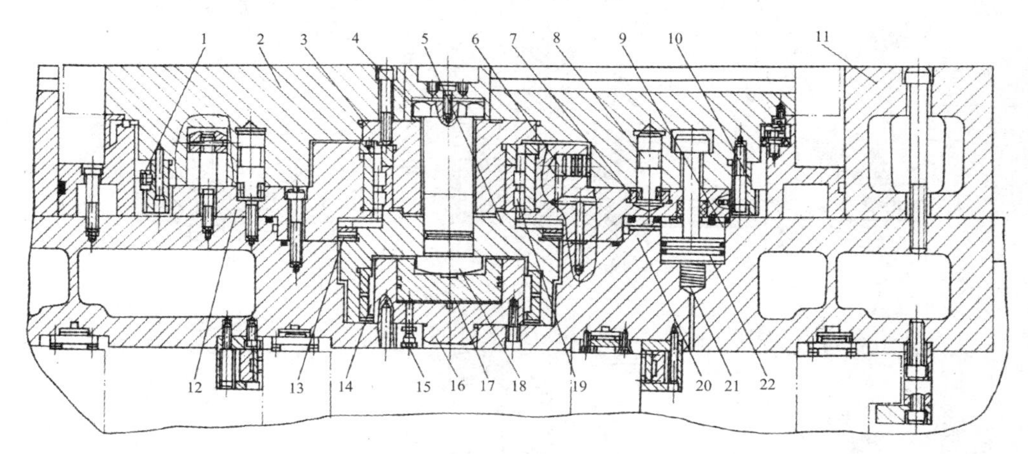

图8.29　THK6380型自动换刀数控卧式镗铣床定位销式分度工作台

1—挡块；2—分度工作台；3—锥套；4—螺钉；5—支座；6—消除间隙液压缸；7—定位衬套；8—定位销；9—锁紧液压缸；10—大齿轮；11—长方形工作台；12—底座；13、14、19—轴承；15—油管；16—中央液压缸；17—活塞；18—止推螺柱；20—下底座；21—弹簧；22—活塞

然后，数控装置再发出指令使液压马达转动，驱动两对减速齿轮(图中未表示出)，带动固定在分度工作台2下面的大齿轮10转动进行分度。分度时工作台的旋转速度由液压马达和液压系统中的单向节流阀调节，分度初始时作快速转动，在将要到达规定位置前减速，减速信号由大齿轮10上的挡块1(共8个，周向均布)碰撞限位开关发出。当挡块1碰撞第二个限位开关时，分度工作台停止转动，同时另一定位销8正好对准定位衬套7的孔。

分度完毕后，数控装置发出指令使中央液压缸16卸荷。液压油经油管15流回油箱，分度工作台2靠自重下降，定位销8进入定位衬套7孔中，完成定位工作。定位完毕后，消除间隙液压缸6的活塞顶住分度工作台2，使可能出现的径向间隙消除，然后再进行锁紧。压力油进入锁紧液压缸9，推动活塞22下降，通过活塞22上的T形头压紧工作台。至此，分度工作全部完成，机床可以进行下一工位的加工。

(2) 鼠牙盘式分度工作台

鼠牙盘式分度工作台是目前应用较多的一种精密的分度定位机构，主要由工作台、底座、夹紧液压缸、分度液压缸及鼠牙盘等零件组成，如图8.30所示。

鼠牙盘式分度工作台分度运动时，其工作过程分为以下4个步骤：

① 分度工作台上升，鼠牙盘脱离啮合

当需要分度时，数控装置发出分度指令(也可用手压按钮进行手动分度)。由电磁铁控制液压阀(图中未表示出)，使压力油经管道23至分度工作台7中央的夹紧液压缸下腔10，推动活塞6上移，经推力轴承5使分度工作台7抬起，上鼠牙盘4和下鼠牙盘3脱离啮合。工作台上移的同时带动内齿圈12上移并与齿轮11啮合，完成了分度前的准备工作。

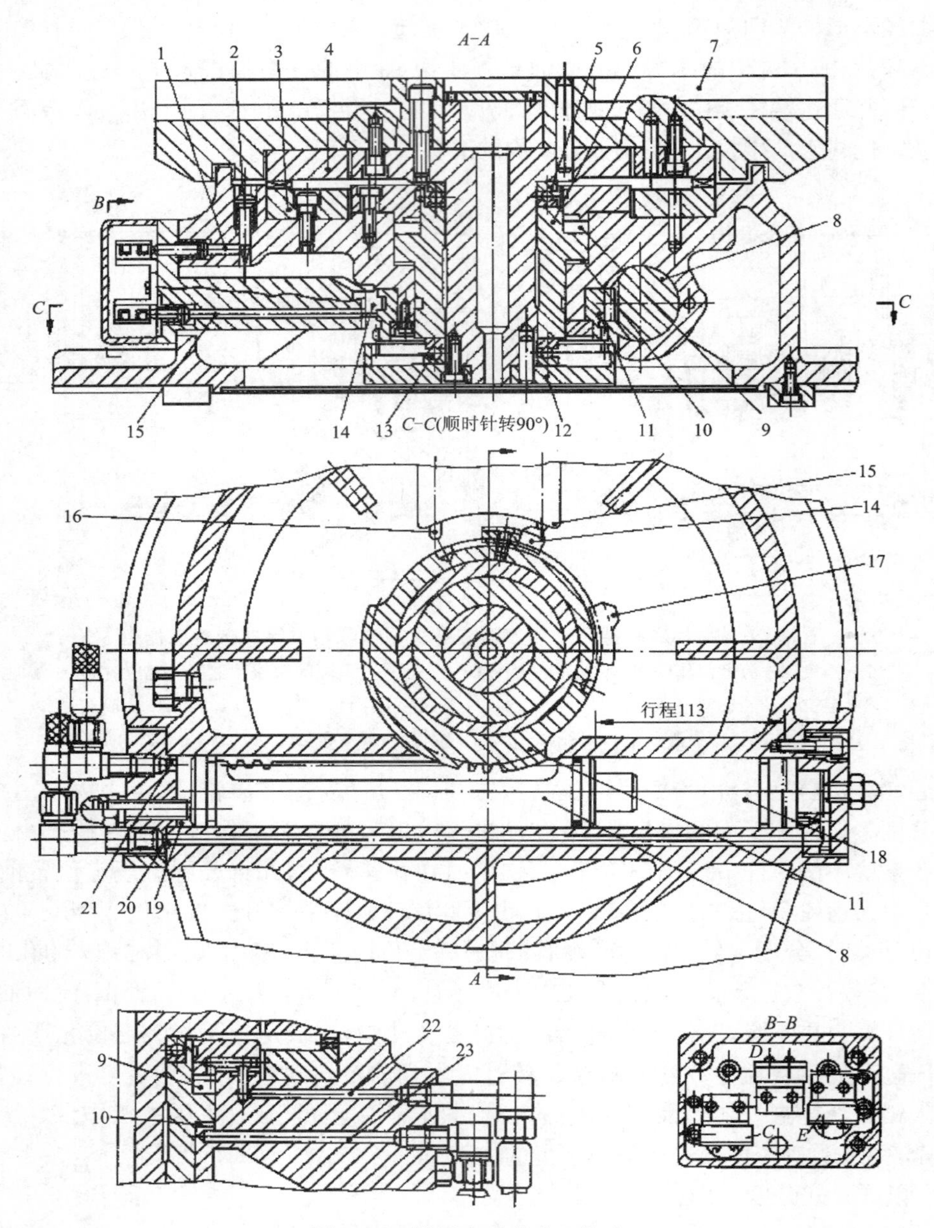

图 8.30 鼠牙盘式分度工作台

1、2、15、16—推杆；3—下鼠牙盘；4—上鼠牙盘；5、13—推力轴承；6—活塞；
7—分度工作台；8—齿条活塞；9—夹紧液压缸上腔；10—夹紧液压缸下腔；11—齿轮；
12—内齿圈；14、17—挡块；18—分度液压缸右腔；19—分度液压缸左腔；
20、21—分度液压缸进回油管道；22、23—升降液压缸进回油管道

② 工作台回转分度

当分度工作台 7 向上抬起时，推杆 2 在弹簧作用下向上移动，使推杆 1 在弹簧的作用下右移。松开微动开关 S 的触头，控制电磁阀(图中未表示出)使压力油从管道 21 进入分度液压缸的左腔 19 内，推动齿条活塞 8 右移，与它相啮合的齿轮 11 作逆时针转动。根据设计要

求，当活塞齿条 8 移动 113 mm 时，齿轮 11 回转 90°，因这时内齿圈 12 已与齿轮 11 啮合，故分度工作台 7 也转动了 90°。分度运动的速度，由节流阀控制齿条活塞 8 的运动速度来实现。

③ 分度工作台下降，并定位压紧

当齿轮 11 转过 90°时，它上面的挡块 17 压推杆 16，微动开关 E 的触头被压紧。通过电磁铁控制液压阀(图中未表示出)，使压力油经管道 22 流入夹紧液压缸上腔 9，活塞 6 向下移动，分度工作台 7 下降，于是上鼠牙盘 4 及下鼠牙盘 3 又重新啮合，并定位夹紧，分度工作完毕。

④ 分度齿条活塞退回

当分度工作台 7 下降时，推杆 2 被压下，推杆 1 左移，微动开关 D 的触头被压下，通过电磁铁控制液压阀，使压力油从管道 20 进入分度液压缸的右腔 18，推动活塞齿条 8 左移，使齿轮 11 顺时针旋转。它上面的挡块 17 离开推杆 16，微动开关 E 的触头被放松。因工作台下降，夹紧后齿轮 11 已与内齿圈 12 脱开，故分度工作台不转动。当活塞齿条 8 向左移动 113 mm 时，齿轮 11 就顺时针转动 90°，齿轮 11 上的挡块 14 压下推杆 15，微动开关 C 的触头又被压紧，齿轮 11 停止在原始位置，为下一次分度作好准备。

鼠牙盘式分度工作台具有很高的分度定位精度，可达±0.4″～3″，定位刚性好，精度保持性好，只要分度数能除尽鼠牙盘齿数，都能分度。其缺点是鼠牙盘的制造比较困难，不能进行任意角度的分度。

2. 数控回转工作台

数控回转工作台(简称数控转台)的主要作用是根据数控装置发出的指令脉冲信号，完成圆周进给运动，进行各种圆弧加工或曲面加工；另外，也可以进行分度工作。数控转台可分为开环和闭环两种，这里仅介绍开环数控转台。闭环数控转台结构与开环数控转台相似，但其有转动角度的测量元件，按闭环原理工作，故定位精度更高。

图 8.31 所示为自动换刀数控卧式镗铣床的数控回转工作台。这是一种补偿型的开环数控回转工作台，它的进给、分度转位和定位锁紧都由给定的指令进行控制。

数控转台由电液脉冲马达 1 驱动，经齿轮 2 和 4 带动蜗杆 9，通过蜗轮 10 使工作台回转。为了消除传动间隙，齿轮 2 和 4 相啮合的侧隙，是靠偏心环 3 来消除。齿轮 4 与蜗杆 9 靠楔形拉紧圆柱销 5 来连接，这种连接方式能消除轴与套的配合间隙。蜗杆 9 是双导程渐厚蜗杆，这种蜗杆左右两侧面具有不同的导程，因此蜗杆齿厚从一端向另一端逐渐增厚，可用轴向移动蜗杆的方法来消除蜗轮副的传动间隙。调整时先松开螺母 7 上的锁紧螺钉 8，使压块 6 与调整套 11 松开，同时将楔形拉紧圆柱销 5 松开，然后转动调整套 11，带动蜗杆 9 作轴向移动。根据设计要求，蜗杆有 10 mm 的轴向移动调整量，这时蜗轮副的侧隙可调整 0.2 mm。调整后锁紧调整套 11 和楔形拉紧圆柱销 5，蜗杆的左右两端都有双列滚针轴承支承。左端为自由端，可以伸缩以消除温度变化的影响；右端装有双列推力轴承，能轴向定位。

当工作台静止时必须处于锁紧状态。工作台面用沿其圆周方向分布的 8 个夹紧液压缸 13 进行夹紧。当工作台不回转时，夹紧液压缸 13 的上腔进压力油，使活塞 14 向下运动，通过钢球 16、夹紧瓦 12 将蜗轮夹紧；当工作台须要回转时，数控装置发出指令，使夹紧液压缸 13 上腔的压力油流回油箱。在弹簧 15 的作用下，钢球 16 向上抬起，夹紧瓦 12 松开蜗轮 10，然后由电液脉冲马达 1 通过传动装置，使蜗轮和回转工作台按控制系统的指令作回转运动。

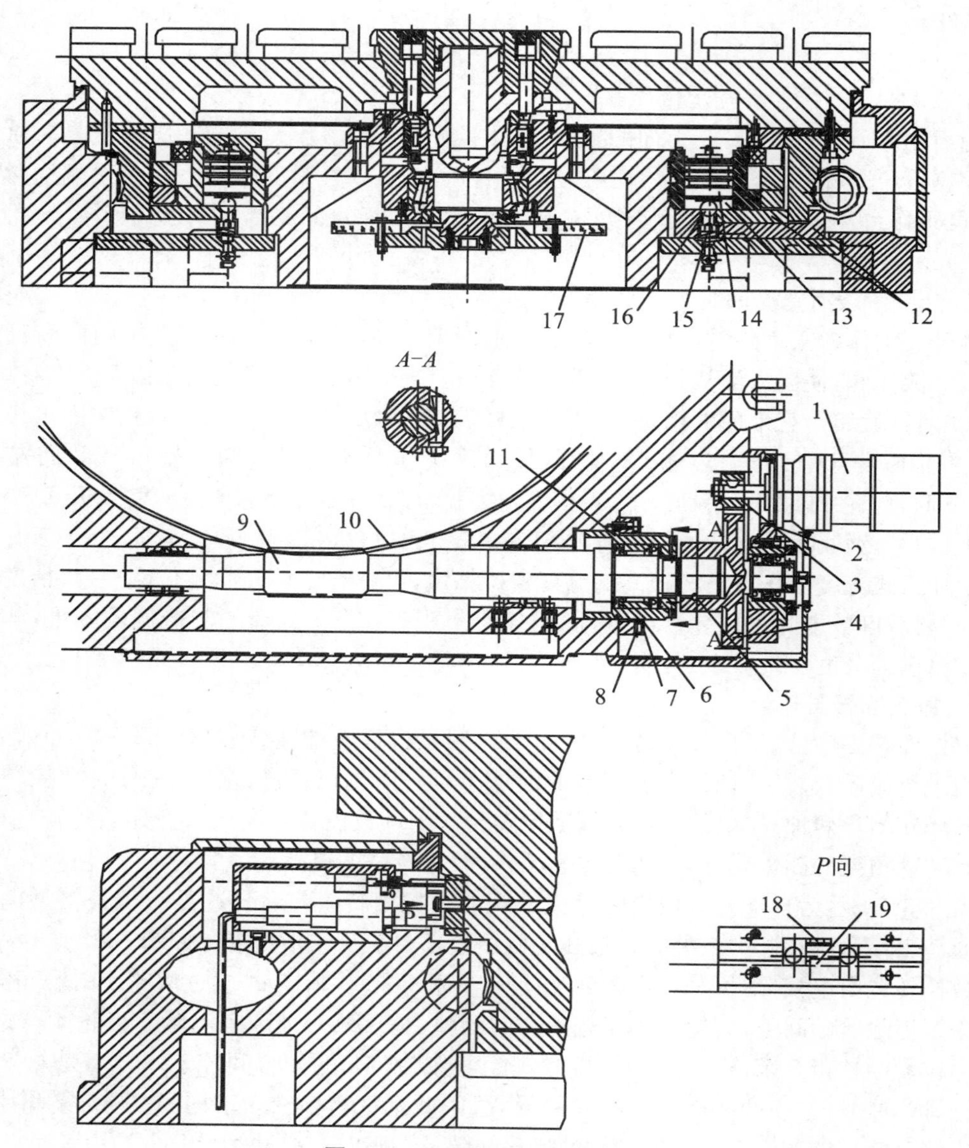

图 8.31　开环数控回转工作台

1—电液脉冲马达；2、4—齿轮；3—偏心环；5—楔形拉紧圆柱销；6—压块；7—螺母；8—锁紧螺钉；9—蜗杆；10—蜗轮；11—调整套；12—夹紧瓦；13—夹紧液压缸；14—活塞；15—弹簧；16—钢球；17—圆光栅；18—撞块；19—感应块

数控回转工作台设有零点，返回零点时分两步完成：首先由安装在蜗轮上的撞块 18 撞击行程开关，使工作台减速；再通过感应块 19 和无触点开关，使工作台准确地停在零点位置上。

该数控工作台可作任意角度的回转和分度，由圆光栅 17 进行读数，光栅 17 在圆周上有 21600 条刻线，通过 6 倍频电路，使刻度分辨率为 10″，故分度精度可达±10″。

8.5　数控机床的自动换刀装置

数控机床为了能在工件一次安装中完成多个工序甚至所有工序的加工，缩短辅助时间，减少因多次安装工件所引起的误差，应带有自动换刀装置。

自动换刀装置应当满足换刀时间短，刀具重复定位精度高，足够的刀具储存量，刀库占地面积小，以及安全可靠等基本要求。

8.5.1　数控车床的自动转位刀架

1. 数控车床方刀架

图 8.32 为数控车床方刀架结构，该刀架可以安装 4 把不同的刀具，转位信号由加工程序指定。其工作过程如下：

(1) 刀架抬起

当换刀指令发出后，电动机 1 启动正转，通过平键套筒联轴器 2 使蜗杆轴 3 转动，从而带动蜗轮 4 转动。刀架体 7 内孔加工有螺纹，与丝杠连接，蜗轮与丝杠为整体结构。当蜗轮开始转动时，由于加工在刀架底座 5 和刀架体 7 上的端面齿处在啮合状态，且蜗轮丝杠轴向固定，这时刀架体 7 抬起。

(2) 刀架转位

当刀架体抬至一定距离后，端面齿脱开。转位套 9 用销钉与蜗轮丝杠 4 连接，随蜗轮丝杠一同转动，当端面齿完全脱开，转位套正好转过 160°(图 8.32$A-A$ 剖示所示)，球头销 8 在弹簧力的作用下进入转位套 9 的槽中，带动刀架体转位。

(3) 刀架定位

刀架体 7 转动时带着电刷座 10 转动，当转到程序指定的刀号时，定位销 15 在弹簧的作用下进入粗定位盘 6 的槽中进行粗定位，同时电刷 13 接触导体使电动机 1 反转，由于粗定位槽的限制，刀架体 7 不能转动，使其在该位置垂直落下，刀架体 7 和刀架底座 5 上的端面齿啮合实现精确定位。

(4) 夹紧刀架

电动机继续反转，此时蜗轮停止转动，蜗杆轴 3 自身转动，当两端面齿增加到一定夹紧力时，电动机 1 停止转动。

译码装置由发信体 11、电刷 13、14 组成，电刷 13 负责发信，电刷 14 负责位置判断。当刀架定位出现过位或不到位时，可松开螺母 12 调好发信体 11 与电刷 14 的相对位置。

2. 车削中心用动力刀架

图 8.33(a)为全功能数控车及车削中心的动力转塔刀架。刀盘上既可以安装各种非动力辅助刀夹(车刀夹、镗刀夹、弹簧夹头、莫氏刀柄)，夹持刀具进行加工；还可安装动力刀夹进行主动切削，配合主机完成车、铣、钻、镗等各种复杂工序，实现加工程序自动化、高效化。

图 8.33(b)为该转塔刀架的传动示意图。刀架采用端齿盘作为分度定位元件，刀架转

位由三相异步电动机驱动，电动机内部带有制动机构，刀位由二进制绝对编码器识别，并可双向转位和任意刀位就近选刀。动力刀具由交流伺服电动机驱动，通过同步齿形带、传动轴、传动齿轮、端面齿离合器将动力传递到动力刀夹，再通过刀夹内部的齿轮传动，刀具回转，实现主运动切削。

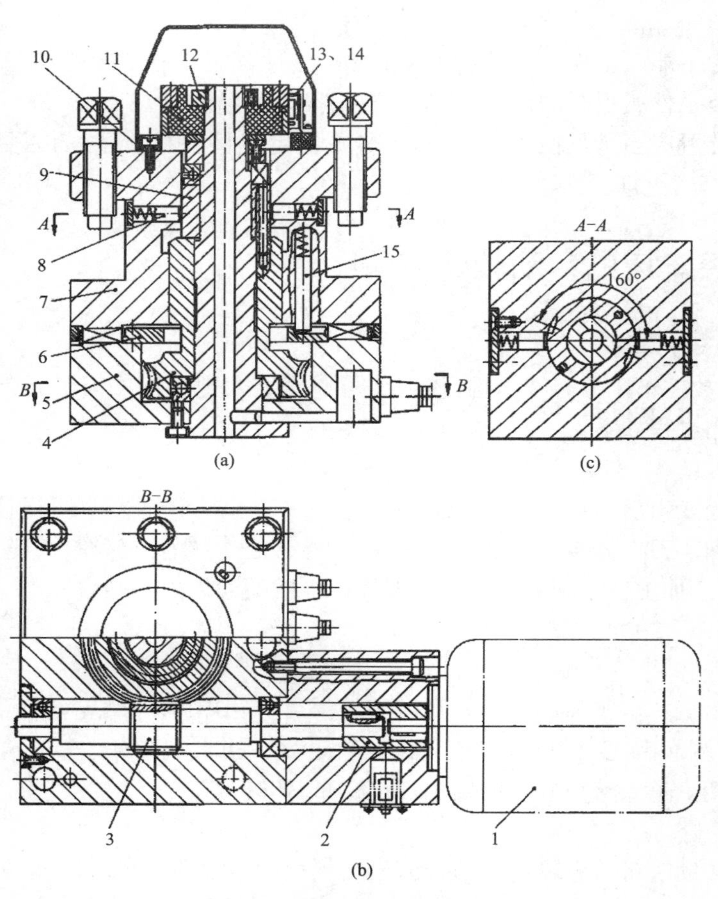

图 8.32 数控车床方刀架结构

1—电动机；2—联轴器；3—蜗杆轴；4—蜗轮丝杠；5—刀架底座；6—粗定位盘；7—刀架体；8—球头销；9—转位套；10—电刷座；11—发信体；12—螺母；13、14—电刷；15—粗定位销

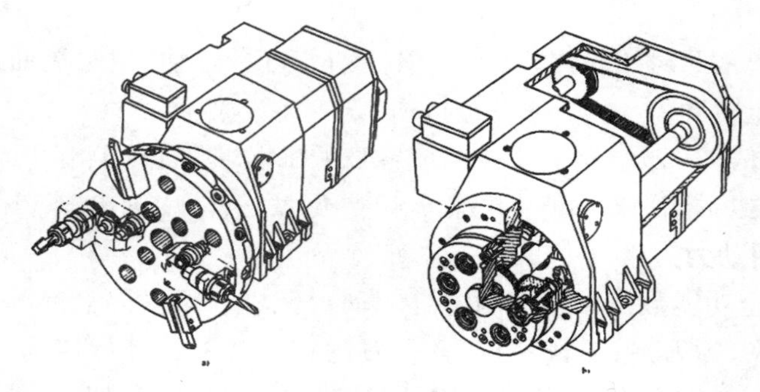

图 8.33 动力刀架

8.5.2 镗铣加工中心自动换刀装置

镗铣加工中心一般须配备较多刀具，故多采用刀库式自动换刀装置，由刀库和刀具交换机构组成。整个换刀过程较为复杂，首先把加工过程中须要使用的全部刀具分别安装在标准的刀柄上，在机外进行尺寸预调整之后，按一定的方式放入刀库，换刀时先在刀库中进行选刀，并由刀具交换装置从刀库和主轴上取出刀具；在进行刀具交换之后，将新刀具装入主轴，把旧刀具放入刀库。存放刀具的刀库具有较大的容量，它既可安装在主轴箱的侧面或上方，也可作为单独部件安装到机床以外。常见的刀库形式有 3 种：① 盘形刀库，② 链式刀库，③ 格子箱刀库。换刀形式很多，以下介绍几种典型换刀方式。

1. 直接在刀库与主轴(或刀架)之间换刀的自动换刀装置

这种换刀装置只具备一个刀库，刀库中储存着加工过程中需使用的各种刀具，利用机床本身与刀库的运动实现换刀过程。图 8.34 所示为自动换刀数控立式车床的示意图，刀库 7 固定在横梁 4 的右端，它可作回转以及上下方向的插刀和拔刀运动。机床自动换刀的过程如下。

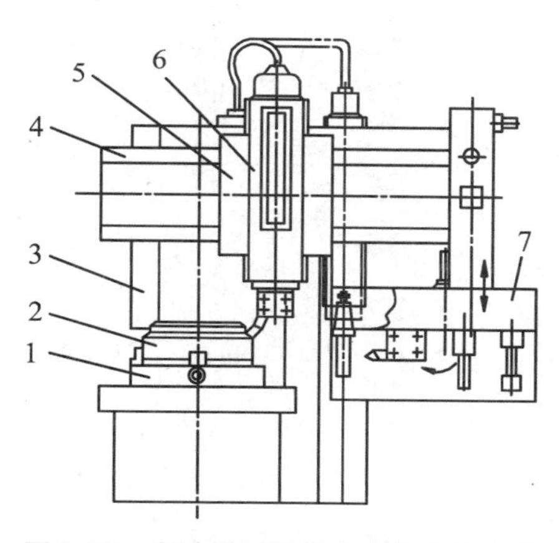

图 8.34　自动换刀数控立式车床示意图

1—工作台；2—工件；3—立柱；4—横梁；5—刀架滑座；6—刀架滑枕；7—刀库

(1) 刀架快速右移，使其上的装刀孔轴线与刀库上空刀座的轴线重合，然后刀架滑枕向下移动，把用过的刀具插入空刀座；

(2) 刀库下降，将用过的刀具从刀架中拔出；

(3) 刀库回转，将下一工步所需使用的新刀具轴线对准刀架上装刀孔轴线；

(4) 刀库上升，将新刀具插入刀架装刀孔，接着由刀架中自动夹紧装置将其夹紧在刀架上；

(5) 刀架带着换上的新刀具离开刀库，快速移向加工位置。

2. 用机械手在刀库与主轴之间换刀的自动换刀装置

这是目前应用最为普遍的一种自动换刀装置，其布局结构多种多样。图 8.35 为 JCS—013 型自动换刀数控卧式镗铣床的换刀装置。4 排链式刀库分置机床的左侧，由装在刀库与主轴之间的单臂往复交叉双机械手进行换刀。换刀过程可用图 8.35 中的(a)～(i)分图所示实例加以说明。

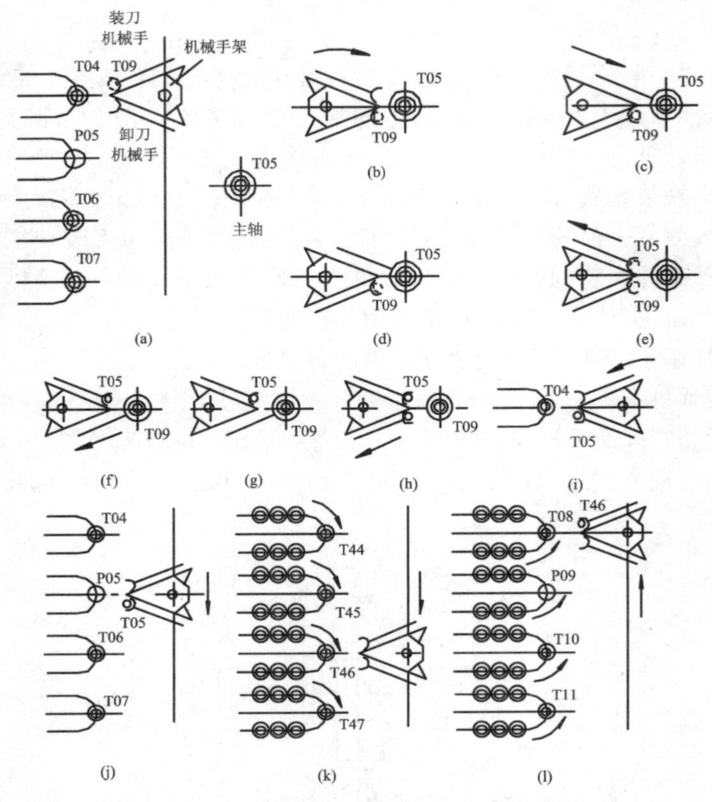

图 8.35 JCS—013 型自动换刀机床的自动换刀过程

(1) 开始换刀前状态:主轴正在用 T05 号刀具进行加工,装刀机械手已抓住下一工步须用的 T09 号刀具,机械手架处于最高位置,为换刀做好了准备;

(2) 上一工步结束,机床立柱后退,主轴箱上升,使主轴处于换刀位置。接着下一工步开始,其第一个指令是换刀,机械手架回转 180°,转向主轴;

(3) 卸刀机械手前伸,抓住主轴上已用过的 T05 号刀具;

(4) 机械手架由滑座带动,沿刀具轴线前移,将 T05 号刀具从主轴上拔出;

(5) 卸刀机械手缩回原位;

(6) 装刀机械手前伸;使 T09 号刀具对准主轴;

(7) 机械手架后移,将 T09 号刀具插入主轴;

(8) 装刀机械手缩回原位;

(9) 机械手架回转 180°,使装刀、卸刀机械手转向刀库;

(10) 机械手架由横梁带动下降,找第二排刀套链,卸刀机械手将 T05 号刀具插回 P05 号刀套中;

(11) 刀套链转动,把在下一个工步需用的 T46 号刀具送到换刀位置;机械手架下降,找第三排刀链,由装刀机械手将 T46 号刀具取出;

(12) 刀套链反转,把 P09 号刀套送到换刀位置,同时机械手架上升至最高位置,为再下一个工步的换刀做好准备。

3. 用机械手和转塔头配合刀库进行换刀的自动换刀装置

这种自动换刀装置实际是转塔头式换刀装置和刀库换刀装置的结合，其工作原理如图 8.36 所示。转塔头 5 上有两个刀具主轴 3 和 4。当用一个刀具主轴上的刀具进行加工时，可由机械手 2 将下一工步须用的刀具换至不工作的主轴上，待上一工步加工完毕后，转塔头回转 180°，即完成了换刀工作。因此，所需换刀时间很短。

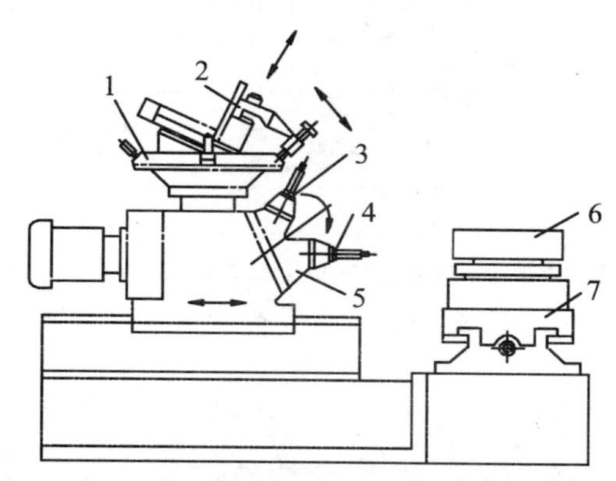

图 8.36　机械手和转塔头配合刀库换刀的自动换刀过程

1—刀库；2—换刀机械手；3、4—刀具主轴；5—转塔头；6—工件；7—工作台

8.5.3　刀具交换装置

实现刀库与机床主轴之间传递和装卸刀具的装置称为刀具交换装置。刀具的交换方式通常分为由刀库与机床主轴的相对运动实现刀具交换和采用机械手交换刀具两类。刀具的交换方式和它们的具体结构对机床生产率和工作可靠性有着直接的影响。

1. 利用刀库与机床主轴的相对运动实现刀具交换的装置

此装置在换刀时必须首先将用过的刀具送回刀库，然后再从刀库中取出新刀具，这两个动作不可能同时进行，因此换刀时间较长。图 8.37 所示的数控立式镗铣床就是采用这类刀具交换方式的实例。由图可见，该机床的格子式刀库的结构极为简单，然而换刀过程却较为复杂。它的选刀和换刀由 3 个坐标轴的数控定位系统来完成，因而每交换一次刀具，工作台和主轴箱就必须沿着 3 个坐标轴作两次来回的运动，因而增加了换刀时间。另外由于刀库置于工作台上，减少了工作台的有效使用面积。

2. 刀库-机械手的刀具交换装置

采用机械手进行刀具交换的方式应用得最为广泛，这是因为机械手换刀有很大的灵活性，而且可以减少换刀时间。在各种类型的机械手中，双臂机械手集中地体现了以上的优点。在刀库远离机床主轴的换刀装置中，除了机械手以外，还带有中间搬运装置。

双臂机械手中最常用的几种结构如图 8.38 所示，它们分别是钩手、抱手、伸缩手和叉手。这几种机械手能够完成抓刀、拔刀、回转、插刀以及返回等全部动作。为了防止刀具掉落，各机械手的活动爪都必须带有自锁机构。由于双臂回转机械手（图 8.38(a)、(b)、(c)）的动作比较简单，而且能够同时抓取和装卸机床主轴和刀库中的刀具，因此换刀时间可以进一步缩短。

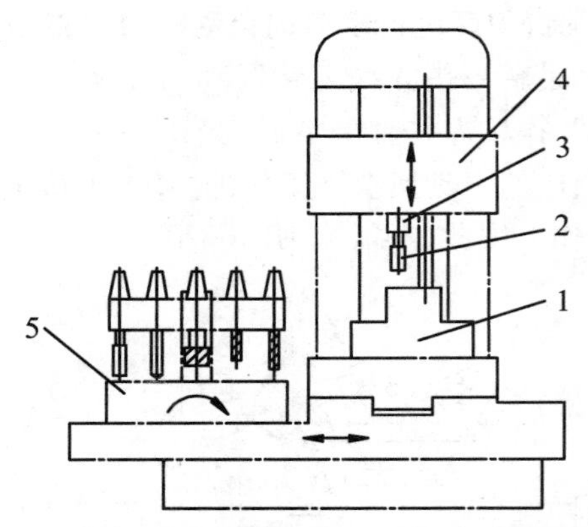

图 8.37 利用刀库及机床本身运动进行自动换刀的数控机床

1—工件；2—刀具；3—主轴；4—主轴箱；5—刀库

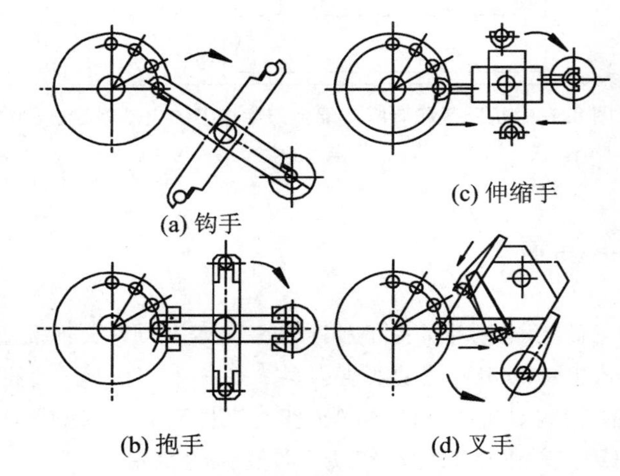

图 8.38 双臂机械手常用机构

图 8.39 是双刀库机械手换刀装置，其特点是用两个刀库和两个单臂机械手进行工作，因而机械手的工作行程大为缩短，有效地节省了换刀时间。还由于刀库分设两处使布局较为合理。

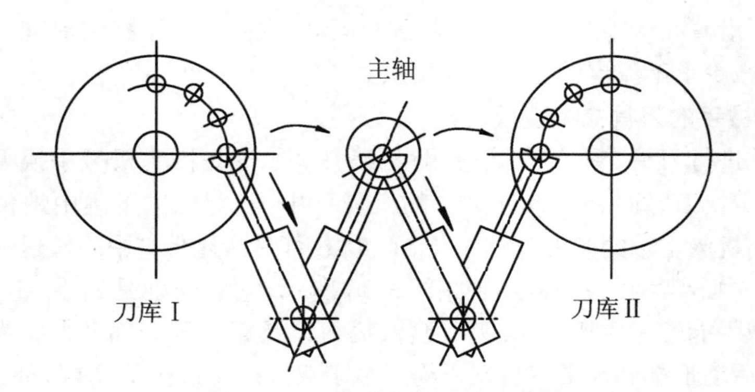

图 8.39 双刀库机械手换刀装置

根据各类机床的需要，自动换刀数控机床使用的刀具的刀柄有圆柱形和圆锥形两种。为了使机械手能可靠地抓取刀具，刀柄必须有合理的夹持部分，而且应当尽可能使刀柄标准化。图 8.40 所示为常用的两种刀柄结构。V 形槽夹持结构(图 8.40(a))适用于图 8.38 的各种机械手，这是由于机械手爪的形状和 V 形槽能很好地吻合使刀具能保持准确的轴向和径向位置，从而提高了装刀的重复精度。法兰盘夹持结构(图 8.40(b))适用于钳式机械手装夹，这是由于法兰盘的两边可以同时伸出钳口，因此在使用中间辅助机械手时，能够方便地将刀具从一个机械手传递给另一个机械手。

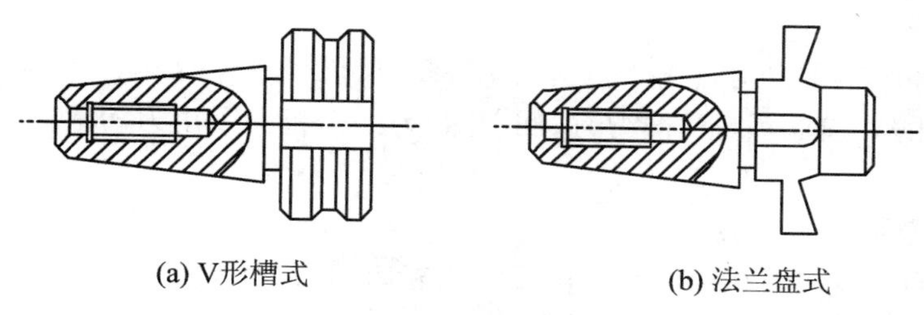

(a) V形槽式　(b) 法兰盘式

图 8.40　刀柄结构

8.5.4　机械手

在自动换刀数控机床中，机械手的形式也是多种多样的，常见的有图 8.41 中的几种形式。

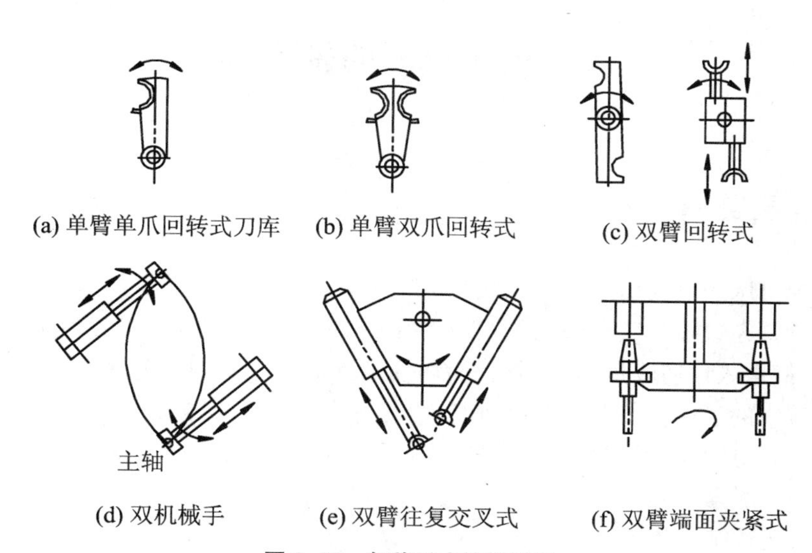

(a) 单臂单爪回转式刀库　(b) 单臂双爪回转式　(c) 双臂回转式

(d) 双机械手　(e) 双臂往复交叉式　(f) 双臂端面夹紧式

图 8.41　各种形式的机械手

1. 单臂单爪回转式机械手

如图 8.41(a)，这种机械手的手臂可以回转不同的角度，进行自动换刀，手臂上只有一个卡爪，不论在刀库上或是在主轴上，均靠这一个卡爪来装刀及卸刀，因此换刀时间较长。

2. 单臂双爪回转式机械手

如图 8.41(b)，这种机械手的手臂上有两个卡爪，两个卡爪有所分工，一个卡爪只执行从主轴上取下“旧刀”送回刀库的任务。另一个卡爪则执行由刀库取出“新刀”送到主轴的任务,其换刀时间较上述单爪回转式机械手要少。

3. 双臂回转式机械手

如图 8.41(c),这种机械手的两臂各有一个卡爪,两个卡爪可同时抓取刀库及主轴上的刀具,回转 180°后又同时将刀具放回刀库及装入主轴。换刀时间较以上两种单臂机械手均短,是最常用的一种形式。图 8.41(c)右边的一种机械手在抓取或将刀具送入刀库及主轴时,两臂可伸缩。

4. 双机械手

如图 8.41(d),这种机械手相当于两个单臂单爪机械手,互相配合起来进行自动换刀。其中一个机械手从主轴上取下“旧刀”送回刀库,另一个机械手由刀库取出“新刀”装入机床主轴。

5. 双臂往复交叉式机械手

如图 8.41(e),这种机械手的两手臂可以往复运动,并交叉成一定角度。一个手臂从主轴上取下“旧刀”送回刀库,另一个手臂由刀库取出“新刀”装入机床主轴。整个机械手可沿某导轨直线移动或绕某个转轴回转,以实现刀库与主轴间的运刀工作。

6. 双臂端面夹紧式机械手

如图 8.41(f),这种机械手只是在夹紧部位上与前几种不同。前几种机械手均靠夹紧刀柄的外圆表面以抓取刀具,这种机械手则夹紧刀柄的两个端面。

8.6 数控机床的辅助装置

8.6.1 排屑装置

为了数控机床的自动切削加工能顺利进行和减少数控机床的发热,数控机床应具有合适的排屑装置。在数控车床和磨床的切屑中往往混合着切削液,排屑装置应从其中分离出切屑,并将它们送入切屑收集箱(车)内;而切削液则被回收到切削液箱。数控铣床、加工中心和数控镗铣床的工件安装在工作台面上,切屑不能直接落入排屑装置,往往须要采用大流量切削液冲刷,或压缩空气吹扫等方法使切屑进入排屑槽,然后再回收切削液并排出切屑。下面简要介绍几种常见排屑装置。

(1) 平板链式排屑装置

如图 8.42(a)所示,该装置以滚动链轮牵引钢质平板链带在封闭箱中运转,加工中的切屑落到链带上被带出机床。这种装置能排除各种形状的切屑,适应性强,各类机床都能采用。

(2) 刮板式排屑装置

如图 8.42(b)所示,该装置的传动原理与平板链式基本相同,只是链板不同,它带有刮板链板。这种装置常用于输送各种材料的短小切屑,排屑能力较强。因负载大,故须采用较大功率的驱动电动机。

(3) 螺旋式排屑装置

如图 8.42(c)所示，该装置是利用电动机经减速装置驱动安装在沟槽中的一根长螺旋杆进行工作的。螺旋杆转动时，沟槽中的切屑即由螺旋杆推动连续向前运动，最终排入切屑收集箱。螺旋杆有两种结构型式，一种是用扁型钢条卷成螺旋弹簧状；另一种是在轴上焊有螺旋形钢板。这种装置占据空间小，适于安装在机床与立柱间空隙狭小的位置上。螺旋式排屑结构简单，排屑性能良好，但只适合沿水平或小角度倾斜的直线方向排运切屑，不能大角度倾斜、提升或转向排屑。

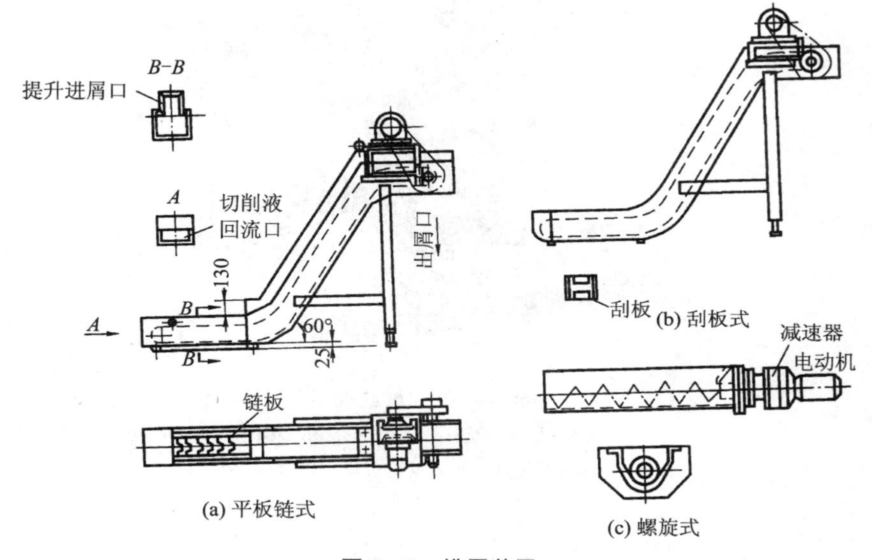

图 8.42　排屑装置

排屑装置是一种具有独立功能的部件，已逐步趋向标准化和系列化，应根据机床的种类、规格、加工工艺特点、工件的材质和使用的切削液种类等来选择。排屑装置的安装位置一般都尽可能靠近刀具切削区域。如车床的排屑装置装在旋转工件下方，铣床和加工中心的排屑装置装在床身的回水槽上或工作台边侧位置，以利于简化机床和排屑装置结构，减小机床占地面积，提高排屑效率。排出的切屑一般都落入切屑收集箱或小车中，有的则直接排入车间排屑系统。

8.6.2　刀具预调仪

刀具预调仪可以把加工前刀具的准备工作尽量不占用机床的工时，即把测定和调整刀具相对于刀架或刀柄基准尺寸的工作预先在刀具预调仪上完成。

预调仪的测量装置有光学刻度、光栅或感应同步器等多种，其测量精度一般径向为 ±0.0005 mm，轴向为 ±0.01 mm。预调仪上测得的刀尖位置是在无负载的静态条件下进行的，而由于切削力的因素，实际加工尺寸要偏离测量值 0.01～0.02 mm。为此，须在首件试切后进行刀尖位置补偿。

对刀仪的基本结构如图 8.43 所示，图中对刀仪平台 7 上装有刀柄夹持轴 2，用于安装被测刀具。若被测刀具为如图 8.44 所示钻削刀具。通过快速移动对刀仪单键按钮 4 和微调旋钮 5 或 6，可调整刀柄夹持轴 2 在对刀仪平台 7 上的位置。当光源发射器 8 发光，将刀具刀刃放大投影到显示屏幕 1 上时，如图 8.45 所示，即可测得刀具在 X（径向尺寸）、Z（刀柄基准面到刀尖的长度尺寸）方向的尺寸。

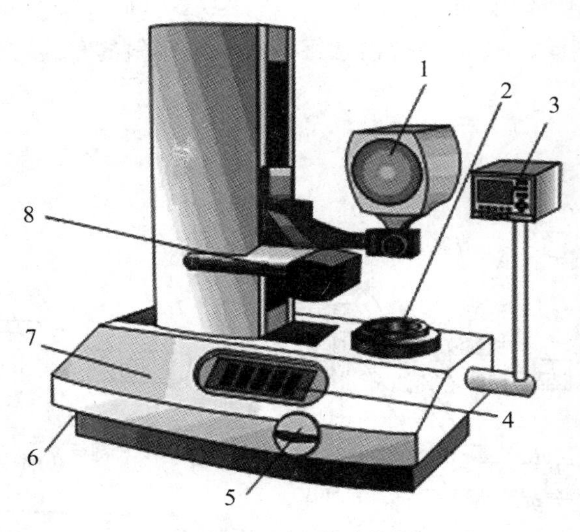

图 8.43 对刀仪结构图

1—显示屏幕；2—夹持轴；3—电气系统；4—单键按钮；
5、6—微调旋钮；6—对刀仪平台；7—光源发射器

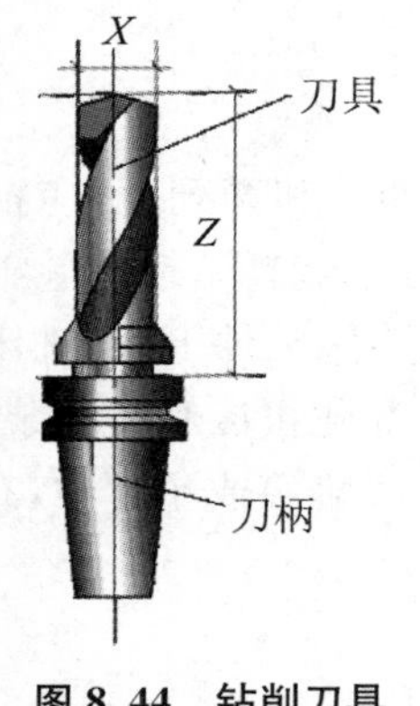

图 8.44 钻削刀具

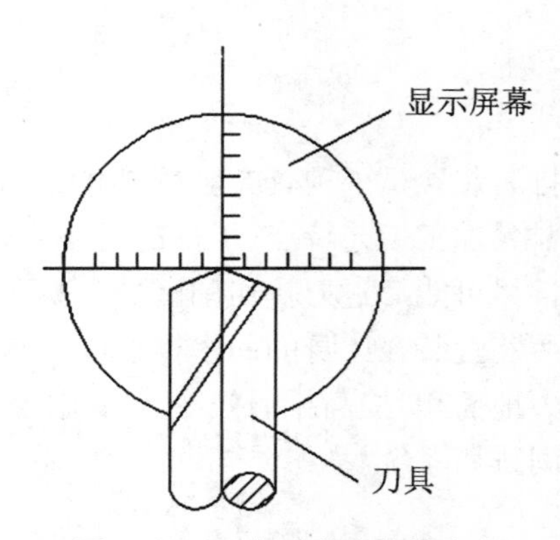

图 8.45 刀尖对准十字线中心

思考与练习题

8.1 数控机床在机械结构方面有哪些主要特点？

8.2 数控机床的主轴轴承配置有哪些方式？各适用于什么场合？

8.3　加工中心主轴内的刀具自动装卸的工作原理是什么？

8.4　主轴准停的意义是什么，如何实现主轴准停？

8.5　数控机床进给传动系统中有哪些机械环节，各有什么要求？

8.6　分别说明直齿圆柱齿轮、斜齿圆柱齿轮，以及锥齿轮的传动间隙的消除方法有哪些？

8.7　滚珠丝杠螺母副的特点是什么？

8.8　滚珠丝杠螺母副的滚珠有哪两类循环方式？常用的结构型式是什么？

8.9　试述滚珠丝杠螺母副轴向间隙调整和预紧的基本原理，常用哪几种结构型式？

8.10　滚珠丝杠螺母副在机床上的支承方式有几种？各有何优缺点？

8.11　数控机床的导轨有哪些类型？各有何特点？

8.12　数控回转工作台的功用如何？试述其工作原理。

8.13　分度工作台的功用如何？试述其工作原理。

8.14　螺旋升降式四方刀架有何特点？简述其换刀过程。

8.15　转塔头式换刀装置有何特点？简述其换刀过程。

8.16　JCS-013 型机床的换刀有何特点？并简述其换刀过程。

8.17　常用的刀具交换装置有哪几种？各有何特点？

8.18　常见的机械手有几种型式？各有何特点？

8.19　数控机床为何须专设排屑装置？目的何在？

8.20　常见排屑装置有几种？各应用于何种场合？

附　　录

A　FANUC 0i Mate TC 系统车床 G 代码指令系列

G 指令	模　态	功　能
G00 *	01	快速点定位运动
G01		直线插补运动
G02		顺时针圆弧插补
G03		逆时针圆弧插补
G04	#	暂停
G10	02	可编程数据输入
G11		取消可编程数据输入
G18 *	03	XZ 平面选择
G20	04	英制编程选择
G21		公制编程选择
G22 *	05	存储行程校验功能开
G23		存储行程校验功能关
G27	#	返回参考点检查
G28	#	返回参考点
G29	#	从参考点返回
G30	#	返回第 2、3、4 参考点
G31	#	跳转功能
G32	01	螺纹切削
G40 *	06	取消刀具半径补偿
G41		刀具半径左补偿
G42		刀具半径右补偿

续表

G 指令	模 态	功 能
G50	#	设定工件坐标系或限定主轴最高转速
G52	#	局部坐标系设定
G53	#	机床坐标系选择
G54 *	07	选择工件坐标系 1
G55		选择工件坐标系 2
G56		选择工件坐标系 3
G57		选择工件坐标系 4
G58		选择工件坐标系 5
G59		选择工件坐标系 6
G65	#	调出用户宏程序
G66	08	模态调出用户宏程序
G67 *		取消 G66
G68	09	双刀架镜像开
G69		双刀架镜像关
G70	#	精车固定循环
G71	#	粗车内外圆固定循环
G72	#	粗车端面固定循环
G73	#	固定形状粗车固定循环
G74	#	Z 向端面钻削循环
G75	#	X 向外圆/内孔切槽循环
G76	#	螺纹切削循环
G80 *	10	取消钻孔固定循环
G83		正面钻孔循环
G84		正面攻螺纹循环
G85		正面镗孔循环
G87		侧面钻孔循环
G88		侧面攻螺纹循环
G89		侧面镗孔循环
G90	01	外径/内径车削循环
G92		螺纹内外圆切削循环
G94		端面内外圆切削循环

续表

G指令	模　态	功　能
G96	11	表面恒线速控制
G97 *		恒转速控制
G98 *	12	每分钟进给量
G99		每转进给量

注：① 表中模态列中01,02,…,12等数字指示的为模态指令，同一数字指示的为同一组模态指令。

② 表中模态列中“#”指示的为非模态指令。

③ 在程序中，模态指令一旦出现，其功能在后续的程序段中一直起作用，直到同一组的其他指令出现才终止。

④ 非模态指令的功能只在它出现的程序段中起作用。

⑤ 带“*”者表示是开机或按下复位键时会初始化的指令。

B　FANUC 0i Mate MC 系统铣床及加工中心 G 代码指令系列

G指令	模　态	功　能
G00 *	01	快速定位运动
G01 *	01	直线插补运动
G02	01	顺时针圆弧插补
G03	01	逆时针圆弧插补
G04	#	暂停
G09	#	准确停止
G10	02	可编程数据输入
G11	02	取消可编程数据输入
G17 *	03	*XY* 平面选择
G18 *	03	*XZ* 平面选择
G19 *	03	*YZ* 平面选择
G20	04	英制编程选择
G21	04	公制编程选择
G22 *	05	存储行程校验功能开
G23	05	存储行程校验功能关
G27	#	返回参考点检查

续表

G 指令	模　态	功　能
G28	#	返回参考点
G29	#	从参考点返回
G30	#	返回第 2、3、4 参考点
G31	#	跳转功能
G33	01	螺纹切削
G40 *	06	取消刀具补偿
G41	06	刀具左补偿
G42	06	刀具右补偿
G43	07	刀具长度正偏置
G44	07	刀具长度负偏置
G45	#	刀具偏置值增加
G46	#	刀具偏置值减少
G49 *	07	取消刀具长度偏置
G50	08	取消比例缩放
G51	08	比例缩放有效
G52	#	局部坐标系设定
G53	#	机床坐标系选择
G54 *	09	选择工件坐标系 1
G55	09	选择工件坐标系 2
G56	09	选择工件坐标系 3
G57	09	选择工件坐标系 4
G58	09	选择工件坐标系 5
G59	09	选择工件坐标系 6
G61	10	准确停止
G62	10	自动拐角倍率
G63	10	攻螺纹方式
G64 *	10	切削方式
G65	#	宏程序调用
G66	11	宏程序模态调用
G67 *	11	取消宏程序模态调用

续表

G指令	模　态	功　能
G68	12	坐标旋转
G69 *	12	取消坐标旋转
G73	13	深孔往复排屑钻固定循环
G74	13	左旋攻螺纹固定循环
G76	13	精镗固定循环
G80 *	13	取消孔加工固定循环
G81	13	钻孔或锪镗固定循环
G82	13	钻孔或背镗固定循环
G83	13	排屑钻孔固定循环
G84	13	攻螺纹固定循环
G85	13	镗孔固定循环
G86	13	镗孔固定循环
G87	13	背镗固定循环
G88	13	镗孔固定循环
G89	13	镗孔固定循环
G90 *	14	绝对尺寸编程
G91 *	14	相对尺寸编程
G92	#	设定工件坐标系或限定主轴最高转速
G94 *	15	每分钟进给量
G95	15	每转进给量
G96	16	表面恒线速控制
G97 *	16	恒转速控制
G98 *	17	固定循环返回初始点
G99	17	固定循环返回参考点

注:① 表中模态列中 01,02,…,17 等数字指示的为模态指令,同一数字指示的为同一组模态指令。

② 表中模态列中"#"指示的为非模态指令。

③ 在程序中,模态指令一旦出现,其功能在后续的程序段中一直起作用,直到同一组的其他指令出现才终止。

④ 非模态指令的功能只在它出现的程序段中起作用。

⑤ 带"*"者表示是开机或按下复位键时会初始化的指令。

C　FANUC 数控系统 M 指令代码系列

M 指令	车床及车削中心功能	铣床及加工中心功能
M00	程序停止	同车床
M01	程序选择停止	同车床
M02	程序结束	同车床
M03▲	主轴顺时针转(正转)	同车床
M04▲	主轴逆时针转(反转)	同车床
M05▲	主轴停止	同车床
M06	—	自动换刀(加工中心)
M08▲	冷却液打开	同车床
M09▲	冷却液关闭	同车床
M10▲	接料器前进	—
M11▲	接料器退回	—
M13▲	1 号压缩空气吹管打开	—
M14▲	2 号压缩空气吹管打开	—
M15▲	压缩空气吹管关闭	—
M19▲	主轴准停	—
M30	程序结束并返回	同车床
M32▲	尾座顶尖进给	—
M33▲	尾座顶尖后退	—
M40▲	低速齿轮	—
M41▲	高速齿轮	—
M46▲	自动门打开	同车床
M47▲	自动门关闭	同车床
M52▲	C 轴锁紧(车削中心)	—
M53▲	C 轴松开(车削中心)	—
M54▲	C 轴离合器合上(车削中心)	—
M55▲	C 轴离合器松开(车削中心)	—
M68▲	液压卡盘夹紧	—
M69▲	液压卡盘松开	—
M80▲	机内对刀器送进	—

续表

M指令	车床及车削中心功能	铣床及加工中心功能
M81▲	机内对刀器退回	—
M82▲	尾座体进给	—
M83▲	尾座体后退	—
M89▲	主轴高压夹紧	—
M90▲	主轴低压夹紧	—
M98▲	子程序调用	同车床
M99▲	子程序结束	同车床

注：带“▲”者为模态指令，其余为非模态指令。

D SINUMERIK 802D 系统车床 G 代码指令系列

分组	指令	意义
1	G00	快速插补
	G01 *	直线插补
	G02	在圆弧轨迹上以顺时针方向运行
	G03	在圆弧轨迹上以逆时针方向运行
	G33	恒螺距的螺纹切削
14	G90 *	绝对尺寸
	G91	增量尺寸
13	G70	英制尺寸
	G71 *	公制尺寸
6	G17	工作面 XY
	G18 *	工作面 ZX
3	G53	按程序段方式取消可设定零点设置
8	G500 *	取消可设定零点设置
	G54	第一可设定零点偏值
	G55	第二可设定零点偏值
	G56	第三可设定零点偏值
	G57	第四可设定零点偏值
	G58	第五可设定零点偏值
	G59	第六可设定零点偏值

续表

分　组	指　令	意　义
2	G74	回参考点(原点)
	G75	回固定点
7	G40 *	刀尖半径补偿方式的取消
	G41	调用刀尖半径补偿,刀具在轮廓左侧移动
	G42	调用刀尖半径补偿,刀具在轮廓左侧移动
15	G94	进给率 F,单位毫米/分
	G95	主轴进给率 F,单位毫米/转
18	G450 *	圆弧过渡,即刀补时拐角走圆角
	G451	等距线的交点,刀具在工件转角处切削
2	G04	暂停时间

注:带“ * ”者表示是开机或按下复位键时会初始化的指令。

E　SINUMERIK 802D 系统铣床及加工中心 G 代码指令系列

分　组	指　令	意　义
1	G00	快速插补
		快速插补
	G01 *	直线插补
		直线插补
	G02	顺时针圆弧插补
	G3	逆时针圆弧插补
	G33	恒螺距的螺纹切削
	G331	螺纹插补
	G332	不带补偿夹具切削内螺纹——退刀
6	G17 *	指定 X/Y 平面
	G18	指定 Z/X 平面
	G19	指定 Y/Z 平面
14	G90 *	绝对尺寸
	G91	增量尺寸

续表

分组	指令	意义
13	G70	英制尺寸
	G71 *	公制尺寸
2	G04	暂停时间
	G74	回参考点(原点)
	G75	回固定点
8	G500 *	取消可设定零点偏值
	G55	第二可设定零点偏值
	G56	第三可设定零点偏值
	G57	第四可设定零点偏值
	G58	第五可设定零点偏值
	G59	第六可设定零点偏值
7	G40 *	刀尖半径补偿方式的取消
	G41	调用刀尖半径补偿,刀具在轮廓左侧移动
	G42	调用刀尖半径补偿,刀具在轮廓左侧移动
9	G53	按程序段方式取消可设定零点偏值
18	G450 *	圆弧过渡
	G451	等距线的交点,刀具在工件转角处不切削

注:带“*”者表示是开机或按下复位键时会初始化的指令。

F SINUMERIK 数控系统其他指令

指令	意义
IF	有条件程序跳跃
COS( )	余弦
SIN( )	正弦
SQRT( )	开方
TAN( )	正切
POT( )	平方值
TRUNC( )	取整
ABS( )	绝对值

续表

指　令	意　义
GOTOB	向后跳转指令
GOTOF	向前跳转指令
MCALL	循环调用
CYCLE82	平底扩孔固定循环
CYCLE83	深孔钻削固定循环
CYCLE84	攻螺纹固定循环
CYCLE85	钻孔循环 1
CYCLR86	钻孔循环 2
CYCLE88	钻孔循环 4
CYCLE93	切槽循环
CYCLE94	凹凸切削循环
CYCLE95	毛坯切削循环
CYCLE97	螺纹切削

G　数控技术常用术语中英文对照

(1) 计算机数字控制——Computerized Numerical Control，CNC
(2) 轴——Axis
(3) 机床坐标系——Machine Coordinate System
(4) 机床坐标原点——Machine Coordinate Origin
(5) 工件坐标系——Work Piece Coordinate System
(6) 工件坐标原点——Work Piece Coordinate Origin
(7) 机床零点——Machine Zero
(8) 参考位置——Reference Position
(9) 绝对尺寸/绝对坐标值——Absolute Dimension/Absolute Coordinates
(10) 增量尺寸/增量坐标值——Incremental Dimension/Incremental Coordinates
(11) 最小输入增量——Least Input Increment
(12) 最小命令增量——Least Command Increment
(13) 插补——Interpolation
(14) 直线插补——Line Interpolation
(15) 圆弧插补——Circular Interpolation

(16) 顺时针圆弧——Clockwise Arc
(17) 逆时针圆弧——Counterclockwise Arc
(18) 手工编程——Manual Programming
(19) 自动编程——Automatic Programming
(20) 绝对编程——Absolute Programming
(21) 增量编程——Increment programming
(22) 字符——Character
(23) 控制字符——Control Character
(24) 地址——Address
(25) 程序段格式——Block Format
(26) 指令码/机器码——Instruction Code/Machine Code
(27) 程序号——Program Number
(28) 程序名——Program Name
(29) 指令方式——Command Mode
(30) 程序段——Block
(31) 零件程序——Part Program
(32) 加工程序——Machine Program
(33) 程序结束——End of Program
(34) 数据结束——End of Data
(35) 程序暂停——Program Stop
(36) 准备功能——Preparatory Function
(37) 辅助功能——Miscellaneous Function
(38) 刀具功能——Tool Function
(39) 进给功能——Feed Function
(40) 主轴速度功能——Spindle Speed Function
(41) 进给保持——Feed Hold
(42) 刀具轨迹——Tool Path
(43) 零点偏置——Zero Offset
(44) 刀具偏置——Tool Offset
(45) 刀具长度偏置——Tool Length Offset
(46) 刀具半径偏置——Tool Radius Offset
(47) 刀具补偿——Cutter Compensation
(48) 固定循环——Fixed Cycle，Canned Cycle
(49) 子程序——Subprogram
(50) 工序单——Planning Sheet
(51) 执行程序——Executive Program
(52) 倍率——Override
(53) 伺服系统——Servo System

(54) 误差——Error
(56) 分辨率——Resolution
(57) 数控车床——CNC Lathe
(58) 数控铣床——CNC Milling Machine
(59) 加工中心——Machining Center

参考文献

[1] 徐元昌.数控技术[M].北京:中国轻工业出版社,2004.
[2] 赵玉刚,宋现春.数控技术[M].北京:机械工业出版社,2003.
[3] 朱晓春.数控技术[M].北京:机械工业出版社,2001.
[4] 叶云岳.直线电机原理及应用[M].北京:机械工业出版社,2001.
[5] 王永章,杜君文,程国全.数控技术[M].北京:高等教育出版社,2001.
[6] 胡占齐,杨莉.机床数控技术[M].北京:机械工业出版社,2002.
[7] 娄锐.数控应用关键技术[M].北京:电子工业出版社,2005.
[8] 黄国全.数控技术[M].哈尔滨:哈尔滨工程大学出版社,2004.
[9] 赵燕伟.现代数控技术[M].杭州:浙江科学技术出版社,2004.
[10] 邓星钟.机电传动控制[M].武汉:华中科技大学出版社,2001.
[11] 汪木兰.数控原理与系统[M].北京:机械工业出版社,2004.
[12] 李郝林.机床数控技术[M].北京:机械工业出版社,2000.
[13] 焦振学.微机数控技术[M].北京:北京理工大学出版社,2000.
[14] 白恩远.现代数控技术伺服及检测技术[M].北京:国防工业出版社,2002.
[15] 林宋,田建君.现代数控技术[M].北京:化学工业出版社,2003.
[16] 叶蓓华.数字控制技术[M].北京:清华大学出版社,2002.
[17] 徐宏海.数控加工工艺[M].北京:化学工业出版社,2004.
[18] 杨继宏.数控加工工艺手册[M].北京:化学工业出版社,2008.
[19] 蔡兰,王霄.数控加工工艺学[M].北京:化学工业出版社,2005.
[20] 陈文杰.数控加工工艺与编程[M].北京:机械工业出版社,2009.
[21] 张兆隆.数控加工工艺与编程[M].北京:机械工业出版社,2008.
[22] 田萍.数控机床加工工艺与设备[M].北京:中国电力出版社,2009.
[23] 卢志刚,等.数字伺服控制系统与设计[M].北京:机械工业出版社,2007.
[24] 厉虹,等.伺服技术[M].北京:国防工业出版社,2008.
[25] 杨晓京,张仲彦,李浙昆,等.几种开放式微机数控系统比较[J].制造自动化,2002,24(1):21.
[26] 王斌.嵌入式可重构数控系统及其关键技术研究[D].上海:上海大学.2007.
[27] 戴勇.控钻床运动控制卡设计及其研制[D].乌鲁木齐:新疆大学,2009.
[28] 游有鹏.开放式数控系统关键技术研究[D].南京:南京航空航天大学,2001.
[29] 刘兵.基于DSP的开放式数控系统开发[D].哈尔滨:哈尔滨理工大学,2005.
[30] 王宏.机床开放式数控系统控制算法与软件开发[D].西安:西安理工大学,2002.
[31] 王伟中.基于DSP的电主轴伺服控制系统设计[D].杭州:浙江工业大学,2009.
[32] 靳亚平.基于微机的数控系统配套软件设计及研究[D].合肥:合肥工业大学,2006.